MANUEL PRATIQUE

DU

TEINTURIER

Envoi franco, joindre un mandat-poste à la demande

BIBLIOTHÈQUE DES ACTUALITÉS INDUSTRIELLES
80 volumes in-16, avec nombreuses gravures

ÉLECTRICITÉ

INDUSTRIE, ARTS-ET-MÉTIERS CHIMIE

MÉTALLURGIE MÉCANIQUE ART DE L'INGÉNIEUR

VARIÉTÉS

MANUEL PRATIQUE

DU

TEINTURIER

MATIÈRES COLORANTES

PAR

J. HUMMEL
Directeur du Collège de Teinture de Leeds

ÉDITION FRANÇAISE

PAR

F. DOMMER
Ingénieur des Arts et Manufactures.
Professeur à l'École de Physique et de Chimie industrielles de la ville de Paris.
et à l'École des Hautes Études Commerciales

PARIS

LIBRAIRIE BERNARD TIGNOL
Acquéreur de la
LIBRAIRIE DE L'ÉCOLE CENTRALE DES ARTS ET MANUFACTURES
53 bis, QUAI DES GRANDS-AUGUSTINS, 53bis.

PRÉFACE DU TRADUCTEUR

Le *Traité de la Teinture des tissus*, du professeur Hummel, est le livre classique des teinturiers anglais. La première édition a obtenu un succès considérable, et des traductions en ont été faites en Allemagne, en Italie, au Japon.

Nous avons pensé qu'il ne serait pas sans intérêt, pour les teinturiers français, de connaître cet ouvrage, où le praticien trouvera, à côté de la théorie, la pratique raisonnée des opérations de teinture, en même temps qu'une étude complète des matières colorantes, considérées au point de vue de leurs applications. C'est dans ce but que nous publions cette traduction, faite d'après *une nouvelle édition du Traité*, parue par livraisons dans le « Technical Educator ».

Pour les renseignements complémentaires, relatifs aux apprêts des tissus et à l'impression, en même temps qu'à la partie mécanique de cette industrie, le lecteur pourra se reporter au livre que nous avons précédemment publié (1).

---

1. *Blanchiment et apprêts ; Teinture et impression ; Matières colorantes*, par GUIGNET, DOMMER et GRANDMOUGIN,

Nous tenons à adresser ici nos vifs remercîments à M. Grandmougin, le savant chimiste coloriste des Établissements Koëchlin frères de Mulhouse, du précieux concours qu'il nous a prêté pour la mise au point de cet ouvrage, lequel nous l'espérons, recevra en France le même accueil qu'à l'étranger. F. D.

NOTE

Conversion des degrés Twaddell en degrés Baumé et réciproquement.

$$Tw = \frac{1000 \times B^{é}}{(144 - B^{é})\,5}$$

$$B^{é} = \frac{Tw \times 144 \times 5}{Tw \times 5 \times 1000}$$

Relations entre le poids spécifique et les degrés Twadell, et réciproquement.

$$p = \frac{Tw \times 5 + 1000}{1000}.$$

$$Tw = \frac{1000\,(p - 1)}{5}.$$

TABLE ALPHABÉTIQUE DES CHAPITRES

MANUEL

DE LA

TEINTURE DES TISSUS

CHAPIPRE I

COTON

1. — *Le coton* est la substance fibreuse, blanche et duveteuse, qui entoure les graines de diverses variétés de *Gossypium*. Après la récolte et le séchage du coton, on en sépare les graines par une opération mécanique, appelée *égrenage*; le coton brut, ainsi obtenu, est envoyé à la filature. Il existe de nombreuses variétés de cotonniers, dont les principales sont les suivantes :

1° Le *Gossypium barbadense*. Il produit le coton *Sea Island*, renommé pour la ténacité de ses fibres, leur longueur et leur brillant. Il croît dans les États de la Caroline du Sud, de la Géorgie et de la Floride, dans l'Amérique du Nord et dans les Antilles.

2º Le *Gossypium hirsutum*. Il croît dans les États d'Alabama, de la Louisiane, du Texas et du Mississipi.

3º Le *Gossypium herbaceum*. Il croît aux Indes, en Chine, en Égypte, en Amérique. Il donne le coton de Madras, de Surate, le coton égyptien court, et aussi quelques cotons américains.

4º Le *Gossypium peruvianum*, originaire de l'Amérique du Sud. Il donne les cotons à longue soie, bien connus, du Pérou et du Brésil.

5º Le *Gossypium religiosum*. Il croît en Chine et aux Indes, et donne la variété appelée coton Nankin, remarquable par sa couleur fauve.

6º Le *Gossypium arboreum*. C'est une plante vivace, cultivée aux Indes, et qui donne un coton de bonne qualité.

2. — *Structure physique*. — Vues au microscope, les fibres de coton ont l'aspect de bandes enroulées en spirale. En section transversale, elles ont l'aspect de tubes aplatis.

La fibre de coton est, en réalité, une cellule végétale allongée et affaissée. On trouve parfois des fibres larges, ayant l'aspect d'un ruban, et remarquablement transparentes. Leur section transversale ne présente aucune trace de cavité centrale. Ce sont des fibres qui ne sont pas arrivées à leur développement complet, et dans lesquelles la séparation des parois de la cellule ne s'est pas encore opérée. Elles ne prennent pas la teinture comme les fibres ordinaires arrivées à leur maturité, et elles se présentent de place en place, sous forme de taches blanches, sur les pièces de calicots teints à l'indigo ou à la garance, d'où leur nom de *coton mort*. L'aspect sous lequel le coton se présente au-microscope, sert à le distinguer des autres fibres animales ou végétales.

3. — *Composition chimique*. — Le coton est composé d'une substance appelée *cellulose*, et renferme à peu près 5 0/0 d'impuretés, qui sont les suivantes : l'acide pectique, une matière colorante brune, la cire de coton ; les acides gras (acide margarique), et des matières albuminoïdes. L'acide pectique s'y rencontre dans la plus grande proportion.

Outre ces impuretés, il semble que la paroi de la fibre de coton brut soit recouverte d'une membrane ou pellicule, extrêmement délicate, et qui n'est pas de la cellulose. Lorsqu'en examinant le coton au microscope, on vient à l'humecter d'une solution ammoniacale d'hydrate d'oxyde de cuivre, la fibre se gonfle sous l'influence de cette solution, tandis que la pellicule n'est pas attaquée, et se présente sous forme d'étranglements de largeurs variables. Si l'on ajoute alors une goutte d'acide sulfurique, la cellulose se sépare sous la forme d'une masse gélatineuse, qui, par l'addition d'une goutte de solution iodée, se colore en bleu, tandis que la pellicule se colore en jaune. L'humidité moyenne du coton brut est d'environ 8 0/0.

La formule chimique de la cellulose est $C^6H^{10}O^5$. Par sa composition, elle se rapproche beaucoup de l'amidon, de la dextrine et du glucose ; elle est classée avec eux parmi les hydrates de carbone. Elle est incolore, insipide, inodore. Sa densité est d'environ

1,5. Chauffée au-dessus de 230° centigrades, elle brunit et commence à se décomposer. Au contact de l'air, elle brûle sans dégager d'odeur forte, et c'est là un fait qui peut quelquefois servir à la distinguer de la laine et de la soie. Elle est complètement insoluble dans les dissolvants ordinaires, mais elle se dissout rapidement dans une solution d'oxyde de cuivre ammoniacal.

Action de divers agents sur le coton

4. — *Trésalage* — A cause de sa pureté relative, le coton peut être emmagasiné pendant un temps assez long, sans s'altérer, surtout s'il est blanchi et conservé bien sec.

Le coton mis en contact avec des matières organiques étrangères, telles que l'amidon, la gomme, etc. (comme dans les calicots apprêtés et écrus), et exposé alors à une atmosphère humide et chaude, peut s'affaiblir graduellement et s'altérer. Cette altération est due au développement d'organismes végétaux d'un ordre très inférieur, qui provoquent des *trésalures* et *moisissures*. Cette végétation se développe aux dépens des matières amylacées, dont elle favorise la décomposition, et en peu de temps, la fibre du coton elle-même est attaquée.

5. — *Action de la gelée.* — On avait supposé à tort que les fibres du calicot humide s'affaiblissent par l'action de la gelée. Cette idée provient peut-être de ce que, à l'état rigide, les fibres de coton se brisent aisément. La fibre peut se trouver dans un état aussi friable, si on la rend rigide avec de l'amidon ou de la gomme.

6. — *Action des acides*. — Les acides minéraux, froids et étendus, ont peu ou point d'action ; mais, lorsqu'on les laisse sécher sur le coton, ils deviennent graduellement assez concentrés pour attaquer la fibre et l'affaiblir. La même action corrosive se produit lorsque le coton, imprégné de ces mêmes acides, est chauffé (ou soumis à l'action du gaz acide chlorhydrique). Le procédé de séparation du coton de la laine, par carbonisation des chiffons de laine contenant du coton (c'est-à-dire la destruction et la disparition de ce dernier), au moyen des acides sulfurique ou chlorhydrique, est basé sur ce fait.

L'action des acides forts varie beaucoup selon la nature, le degré de concentration et la température de l'acide, et aussi, suivant la durée de son contact avec la fibre.

L'*acide sulfurique* très concentré fait gonfler le coton, et le transforme en une masse gélatineuse. L'addition de l'eau à cette substance peut faire précipiter une matière analogue à l'amidon, et appelée *amyloïde*. Une solution d'iode colore cette dernière substance en bleu. On augmente l'affinité du coton pour les matières colorantes basiques, extraites du goudron de houille, en le traitant par un acide, même quand cet acide est étendu à 84° Tw (densité 1,42), quoique l'aspect du coton reste alors le même. Le coton complètement décomposé par un acide, peut être obtenu sous forme d'une poudre fine, et semble contenir une molécule d'eau de plus que la cellulose ordinaire ; cette substance, ainsi obtenue, a été appelée, en conséquence, *hydrocellulose*.

Si on laisse l'*acide sulfurique* concentré agir plus longtemps, le coton se transforme en dextrine $C^6H^{10}O^5$, et devient soluble.

· Quand la solution est étendue d'eau et soumise à l'ébullition, pendant quelque temps, cette dextrine se transforme elle-même en glucose ($C^6H^{12}O^6$).

· Si l'on chauffe le coton avec de l'*acide azotique* concentré, il est complètement décomposé, et produit de l'acide oxalique et une cellulose oxydée, soluble dans les alcalis. L'action de l'acide azotique froid, concentré, ou mieux encore, celle d'un mélange d'acides azotique et sulfurique concentrés, transforme la cellulose en ce qu'on appelle nitrocellulose. La structure physique du coton n'a pas changé, mais sa composition chimique et ses propriétés sont complètement altérées. Le composé le plus nitré forme le pyroxyle ou fulmi-coton ; c'est un corps très explosible, insoluble dans l'alcool et dans l'éther. Le produit le moins nitré forme ce qu'on appelle le pyroxyle soluble. Sa solution, dans un mélange d'éther et d'alcool, constitue le collodion des photographes. Le fulmi-coton a une affinité considérable pour les matières colorantes, mais on n'a pas tiré parti de cette propriété, dans la pratique.

·La *soie artificielle*, découverte par de Chardonnet, s'obtient en forçant une solution contenant 6 1/2 0/0 de collodion, à passer au travers d'un tube capillaire très fin. Ce tube est immergé dans un courant d'eau froide, dirigé dans la direction du collodion sortant du tube. Au contact de l'eau, le collodion se solidifie, et la fibre ainsi formée est immédiatement dévidée. On la traite ensuite par l'acide azotique étendu, et par une solution de phosphate d'ammoniaque, pour lui enlever son inflammabilité excessive. La fibre est analogue.en apparence,à de la soie cuite, et on peut la teindre de la même manière que la soie, mais à basse température seulement.

L'acide chlorhydrique concentré a, sur le coton, une action analogue à celle de l'acide sulfurique, mais moins énergique. Les solutions d'*acide tartrique, citrique, oxalique* n'ont pas d'action destructive sur le coton, si ce dernier est simplement trempé dans le liquide ; mais, s'il est saturé d'une solution contenant 2 0/0 d'un des acides ci-dessus, puis séché,et chauffé pendant une heure à 100° centigrades, la fibre s'affaiblit légèrement.

L'acide acétique, dans les circonstances ordinaires, n'a pas d'action appréciable sur le coton.

7. — *Action des alcalis.* — A froid, les solutions faibles de *potasse* ou de *soude* caustique, n'ont ordinairement pas d'action sur le coton, quoique cependant, la fibre s'affaiblisse par une succession d'immersions et d'expositions à l'air. On peut même faire bouillir, pendant plusieurs heures, du coton dans les alcalis caustiques de faible concentration, en veillant à ce qu'il soit complètement immergé pendant toute la durée de l'opération ; car, autrement, il court le risque de se détériorer, principalement dans le cas où les parties exposées sont en même temps soumises à l'influence de la vapeur. Il faut éviter que

le coton soit ainsi exposé pendant la durée de certaines opérations du blanchiment. L'affaiblissement de
la fibre est probablement dû à l'oxydation. Il est
utile de mentionner que la fibre désorganisée (oxycellulose),a une affinité considérable pour les matières colorantes basiques, extraites du goudron de
houille.

L'action de solutions *concentrées* de potasse ou de
soude caustiques est très remarquable. Si l'on plonge
un morceau de calicot, pendant quelques minutes,
dans une solution de soude caustique, marquant environ 50° Tw. (densité 1,25), il devient gélatineux et
translucide ; après un lavage destiné à faire disparaître toute trace d'alcali, on constate qu'il s'est ré-
tréci considérablement, et que le tissu est devenu
plus serré. Si l'on examine au microscope une fibre
de coton ayant subi cette opération, on reconnaît
qu'elle a perdu l'aspect caractéristique qu'elle avait
à l'origine : il n'existe pas de marques à la surface,
et la fibre n'est plus aplatie, ni enroulée en spirale ;

Fig. 1. — Sections transversales de la fibre de coton,
après traitement à la soude caustique.

elle semble, au contraire, épaisse, droite et transpa-
rente. Une section transversale montre qu'elle est
cylindrique, et que la paroi est devenue beaucoup
plus épaisse,tandis que l'ouverture centrale se réduit
à un point (Fig. 1). Il y a bien des années déjà, un
imprimeur sur calicot du comté de Lancastre, John

Mercer, constata que le calicot qui avait subi l'opération indiquée ci-dessus, était devenu non seulement plus solide, mais que son affinité pour les matières colorantes s'était accrue ; le coton ainsi traité est dit *mercerisé*. Cependant, le procédé n'a jamais été adopté. d'une manière générale, dans la pratique.

L'*ammoniaque caustique*, les solutions de *carbonates* de *potasse*, de *soude* ou d'*ammoniaque*, le *silicate* de *soude*, le *borax* et le *savon*, dans les circonstances·ordinaires, n'ont pour ainsi dire pas d'action sur le coton.

8. — *Action de la chaux*. — Le lait de chaux, même à la température d'ébullition. n'a que peu ou point d'action sur le coton, tant que ce dernier est complètement immergé au-dessous de la surface du liquide ; mais s'il est en même temps exposé à l'action de la vapeur d'eau, il s'affaiblit par l'oxydation de la fibre. On doit éviter que cette exposition se produise dans le blanchiment du coton.

9. — *Action du chlore et des hypochlorites sur le coton*. — Le coton s'affaiblit rapidement s'il est exposé humide à l'action du chlore gazeux, plus spécialement en pleine lumière solaire. Des solutions d'*hypochlorites* (chlorure de chaux, etc.), affaiblissent le coton plus ou moins rapidement. selon la force et la température des solutions, et la durée de leur action. Une solution, même très faible, de chlorure de chaux affaiblit le coton, si on le laisse bouillir dans cette solution ; mais à froid, l'action destructive n'est pas appréciable. Si l'on humecte un morceau de calicot d'une solution de chlorure de chaux à 5° Tw. (densité 1.025), qu'on l'expose à l'air pendant une heure environ et qu'on le lave, on constatera qu'il a acquis, pour les principes colorants basiques provenant du goudron, une affinité analogue à celles que possèdent les fibres animales. Ce changement remarquable est dû à l'action de l'acide hypochloreux, qui se dégage sous l'influence de l'acide carbonique de l'air. Le coton est ainsi oxydé et transformé en oxy-cellulose.

10. — *Action des sels métalliques.* — Dans les circonstances ordinaires, les solutions de sels neutres n'ont pas d'action sur le coton ; avec les sels acides, l'effet est analogue à celui des acides libres, quoiqu'un peu atténué. Si le coton est imprégné de solutions de sels de métaux terreux et lourds, puis séché, et chauffé ou soumis à l'action de la vapeur, les sels sont décomposés rapidement : un sel basique se précipite sur la fibre, et l'acide, rendu libre, attaque celle-ci avec une intensité dépendant de la nature et de la force de la solution employée.

L'application du procédé des couleurs vapeur et du mordançage, employé par les imprimeurs sur calicot, est basée sur les faits ci-dessus mentionnés.

La toile de coton, imprégnée d'une solution d'oxyde de cuivre ammoniacal, exprimée et séchée, prend une teinte verdâtre, et se trouve enduite d'un vernis de cellulose amorphe. Ce produit est connu en Angleterre sous le nom de *toile de Willesden* ; il est très utilisé pour les tentes, etc., car il est imperméable à la pluie, et ne s'altère pas.

11. — *Action des matières colorantes*. — A l'exception de l'indigo, du curcuma, des couleurs benzidines et de quelques autres, les matières colorantes ne se fixent pas directement sur la fibre de coton ; de sorte qu'il y a différentes préparations à faire subir à celle-ci, pour la rendre propre à fixer les autres teintures ; c'est le but du mordançage, dont nous nous occuperons dans la suite.

CHAPITE II

LIN, JUTE ET RAMIE

12. — *Lin*. — La fibre de lin provient de l'écorce intérieure du *linum usitatissimum*, cultivé à peu près dans toutes les parties de l'Europe.

Pour avoir une bonne fibre, on récolte la plante avant sa complète maturité, c'est-à-dire quand la partie inférieure de la tige (les deux tiers de la tige entière) devient jaune. Dans ces conditions, on arrache la plante soigneusement, et on soumet aussitôt le lin à une première opération, qui a pour but de séparer les capsules contenant la graine. Cette opération se fait à la main, en faisant passer les paquets de lin sur les pointes verticales de grands peignes fixes en fer. Si le lin arraché a été séché, puis mis en grange, l'expulsion des graines se fait ordinairement à l'aide de la machine à extraire les graines, qui se compose essentiellement d'une paire de cylindres en fer, entre lesquels passent les tiges de lin.

13. — *Rouissage*. — Le rouissage est une opération de la plus grande importance, destinée à séparer les fibres, et dont le but est de décomposer, de rendre solubles par la fermentation, et d'expulser certaines substances adhésives, qui fixent les fibres du liber non seulement les unes aux autres, mais aussi à la partie ligneuse centrale de la tige.

Les procédés ordinaires de rouissage sont les suivants :

1° *Rouissage en eau froide* — On peut le faire soit en eau *courante*, soit en eau *stagnante*.

2° *Rouissage à la rosée.*

Rouissage en eau froide. — Le meilleur procédé de rouissage est celui en *eau courante*, qui se pratique dans les environs de Courtrai, en Belgique, où l'on emploie l'eau de la Lys, rivière de faible courant. Les paquets de tiges de lin sont entassés verticalement dans de grandes cages en bois entourées de paille. On place ensuite des planches à la partie supérieure de la paille, et la cage, ainsi garnie, est fixée dans la rivière et chargée de pierres, de façon à être immergée à quelques pouces au-dessous de la surface. Au bout de quelques jours, la fermentation commence, et au fur et à mesure qu'elle se continue, on doit de temps à autre augmenter le poids que la cage supporte, pour empêcher qu'elle n'émerge sous l'influence de l'évolution des gaz. En règle générale, après une courte immersion, on retire le lin des cages ; on le dispose en gerbes à claire-voie pour le sécher ; on le replace ensuite dans les cages, et il est alors immergé de nouveau, jusqu'à complet rouissage. Selon la température, la qualité du lin, etc., l'immersion peut varier de 10 à 20 jours. L'opération doit être

Coton de Smyrne.

Coton de Surate.
Fig. 2.

terminée au moment précis ; pour cela, on examine
de temps en temps l'apparence de la tige, et l'on fait
certaines expériences. Les paquets de lin doivent
être mous, et les tiges doivent être couvertes d'une
matière gluante verdâtre, dont on peut facilement
les débarrasser en les passant entre le pouce et l'index ; lorsqu'après séchage, on courbe la tige sur
l'index, la partie ligneuse centrale doit jaillir aisément de la gaine fibreuse. Si l'on sépare de la tige
une portion de la fibre, et qu'on la tire d'un seul coup,
elle doit se séparer en deux, en produisant un son
doux et non un son aigu.

Une fois le rouissage terminé, on retire soigneusement le lin des cages, et on le dispose en gerbes pour
le sécher. Le rouissage en *eau stagnante* se fait d'ordinaire en Irlande et en Russie. Le lin, dans ce cas,
est immergé dans des étangs situés près d'une
rivière, si cela est possible, et ayant des agence-
ments convenables pour permettre l'admission ou
l'expulsion de l'eau.

Cette façon d'opérer est plus expéditive que le
rouissage en eau courante, parce que les matières
organiques retenues par l'eau aident matériellement
à la fermentation. Cependant on peut toujours,
dans ce cas, redouter d'avoir un rouissage trop
accentué, c'est-à-dire que la fermentation peut devenir tellement énergique, que la fibre elle-même
est attaquée et plus ou moins affaiblie. Le danger
est de beaucoup amoindri en changeant l'eau de
temps en temps, pendant l'immersion.

Après le rouissage en *eau stagnante*, le lin est
égoutté et étendu en couche mince sur un champ.

On l'y laisse une semaine et même plus, et on le retourne de temps en temps. Cette opération n'a pas seulement pour but de sécher le lin, mais aussi de produire la destruction et l'expulsion des matière adhésives dont il a été question, par l'action combinée de la rosée, de la pluie, de l'air et de la lumière.

La qualité de l'eau employée pour le rouissage a une grande importance : l'eau douce pure est la meilleure ; l'eau calcaire est tout à fait impropre.

Le rouissage à la rosée consiste simplement à étendre le lin sur le champ, et à l'exposer à l'action des agents atmosphériques, pendant 6 à 8 semaines, sans recourir à l'immersion. Un temps humide est celui qui convient le mieux pour la réalisation de cette méthode, puisque toute fermentation cesse si le lin devient sec. On pratique beaucoup ce mode de rouissage en Russie, et dans quelques parties de l'Allemagne.

Le *rouissage à l'eau chaude* de Schenck, le *rouissage chimique,* de Baur, et le *rouissage à la vapeur,* de Dogny, n'ont pas encore réussi à supplanter les procédés plus anciens que nous venons de décrire.

14. — *Phénomène chimique du rouissage.* — Les expériences de Kolb montrent que la matière adhésive, qui unit les fibres de lin entre elles, se compose essentiellement d'une substance appelée *pectose.* Pendant le rouissage, la fermentation décompose cette pectose insoluble, la tranforme en *pectine* soluble, et en *acide pectique* insoluble. La première est enlevée par l'eau, le second reste fixé sur la fibre.

15. — *Broyage.* — Cette opération a pour but de séparer le centre ligneux du lin roui et séché; après quoi, il faut séparer les fibres les unes des autres. Les diverses opérations mécaniques destinées à effectuer ce travail, comprennent le broyage, le battage et le peignage.

La première opération, a pour but de briser le centre ligneux de la tige, qui est très fragile, en petits fragments, en la frappant au moyen d'un maillet de bois muni de dents, ou en la pinçant avec une broie à plusieurs lames. On exécute aujourd'hui cette opération à la machine, en passant le lin entre une série de cylindres cannelés.

16. — *Battage.* — Cette opération a pour but de battre les poignées de lin avec un large couteau en bois. Les particules brisées de la partie ligneuse adhérant aux fibres sont ainsi détachées, et le liber est partiellement séparé en fibres. Le battage se fait aussi à la machine. La fibre de rebut obtenue est appelée étoupe de battage.

17. — *Peignage.* — Le but de cette opération est de séparer encore les fibres en leurs filaments les plus fins, en les peignant soit à la main, soit à la machine. Le produit obtenu se compose du lin et de l'étoupe. Le premier est formé de fibres longues, celles qui ont le plus de valeur ; le second, de celles qui sont courtes et emmêlées.

18. — *Lin.* — Les fibres de lin supérieur sont longues, fines, douces et brillantes, variant en couleur du jaune chamois du lin belge, au gris foncé ver-

dâtre du lin russe. Cette différence de couleur est
due principalement au procédé de rouissage employé.

19. — *Structure physique et propriétés*. — Vue au
microscope, la fibre de lin ressemble à un long tube
droit, transparent, et souvent légèrement strié dans
le sens de la longueur (Fig. 3).

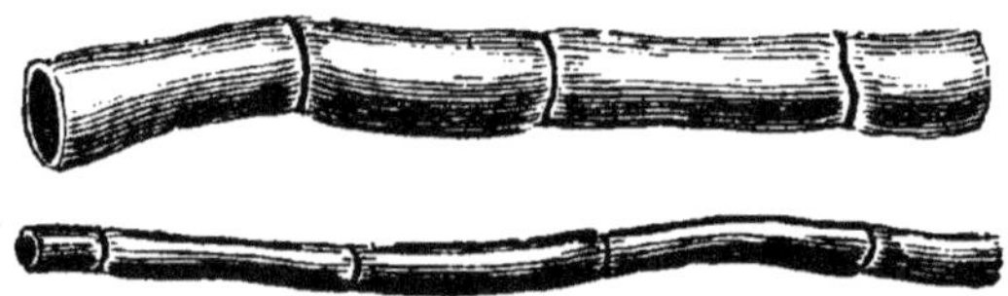

Fig. 3. — Lin d'après Bauer.

A des intervalles irréguliers, elle est légèrement
distendue, et en ces endroits, on peut observer de
légères marques transversales~qui, vues avec des
instruments puissants, semblent se composer d'une
succession de très petites fentes ; selon Vétillart, ce
sont simplement des brisures, ou des faux plis produits en courbant la fibre, et non des divisions de
cellules ou nœuds, comme on l'avait souvent supposé.

La section transversale de la fibre de lin montre
des parois épaisses, un canal central extrêmement
réduit, et un contour polygonal plus ou moins
arrondi.

Les principaux caractères physiques de la fibre
de lin, débarrassée de toute matière incrustante, sont
sa blancheur neigeuse, son lustre soyeux et sa
grande ténacité.

Le lin possède à peu près le même degré hygrométrique que le coton, et il renferme, après séchage
à l'air, environ 3 0/0 d'humidité. Il conduit mieux
la chaleur que le coton, et semble par conséquent
plus froid. Il est aussi moins souple et moins
élastique.

20. — *Composition chimique*. — Traitée par l'acide
sulfurique et une solution iodée, la paroi épaisse
prend une coloration bleue, tandis que les dépôts secondaires, existant dans le canal central, deviennent
jaunes. La fibre de lin se compose donc essentiellement de cellulose, mais lorsqu'elle est à l'état brut,
c'est-à-dire non blanchie, elle contient environ 15 à
30 0/0 de matières étrangères, et principalement de
l'acide pectique. Il existe aussi des matières grasses
dans la proportion de 5 0/0, une matière colorante,
et d'autres substances peu étudiées jusqu'ici.

Action de divers agents sur le lin. — La fibre de lin
pure étant constituée par la cellulose, l'action des
agents chimiques sur cette fibre est analogue à celle
qu'ils exercent sur le coton ; mais en général, le lin
se décompose plus facilement, particulièrement sous
l'influence des alcalis caustiques, de l'hydrate de
chaux et de puissants agents oxydants, tels que le
chlore et les hypochlorites, etc.

La fibre de lin se teint moins facilement que la
fibre de coton ; la grande épaisseur de la paroi des
cellules, la structure physique, et la présence possible des matières pectiques, ont sans doute une influence restrictive.

21. — Le *jute* se compose des fibres du liber, de
diverses espèces de *Corchorus*, notamment le *C. cap-*

sularis.appartenant la famille des *Tiliacées*, principalement cultivé au Bengale. La fibre est séparée de la plante par des procédés analogues à ceux employés pour le lin, c'est-à-dire le rouissage, le battage, le lavage, le séchage, etc. La fibre brute, telle qu'on l'exporte, se compose des 5/6 supérieurs du liber isolé, et a une longueur de 2 m. environ. Au microscope, on voit qu'elle se compose de faisceaux de fibres raides, brillantes et cylindriques, à parois d'épaisseur variable, et présentant une cavité centrale relativement grande. La couleur de la fibre varie du brun au gris argenté. On la distingue du lin, en ce qu'elle se colore en jaune sous l'influence de l'acide sulfurique, et de la solution iodée.

Selon Cross et Bevan, la substance dont se compose la fibre de jute n'est pas de la cellulose, mais une matière particulière qui en dérive, et qu'on nomme *bastose*. Sous l'influence du chlore, il se forme un composé chloré, qui, lorsqu'il est soumis à l'action du sulfite de soude, prend une teinte fuchsine vive. Ce phénomène se produit aussi avec le coton mordancé au tannin, avec lequel le jute présente une grande analogie ; ceci est encore prouvé par ce fait que le jute prend aisément et *directement* les matières colorantes basiques extraites du goudron de houille, c'est-à-dire exactement comme le coton mordancé au tannin. On peut, en vérité, considérer le jute comme formé de cellulose, dont une partie se serait transformée plus ou moins en une substance analogue au tannin.

Les acides, et notamment les acides minéraux, même à basse température, décomposent rapidement le jute en substances solubles. Cette action destructive des acides doit être prise en considération, pour la teinture et le blanchiment de cette fibre.

22. — *Ramie*. — Cette matière textile se compose du liber du *Bœhmeria nivea* (*Urtica nivea*), arbuste vivace appartenant à la famille des orties (*Urticées*). Cette plante croît en abondance en Chine, au Japon et dans l'Archipel oriental. On ne possède pas, jusqu'à présent, de procédé tout à fait satisfaisant pour obtenir la fibre sans déchet. Le rouissage ordinaire n'est pas complètement efficace. Les principaux caractères de la fibre sont sa force, sa durabilité extraordinaire, son lustre soyeux, sa couleur blanche pure et sa ténuité. L'acide sulfurique et la solution iodée la colorent en bleu ; elle se compose donc essentiellement de cellulose. Au microscope, les fibres paraissent raides et droites, et analogues à celles du lin.

CHAPITRE III

LAINE

23. — *Variétés de laines.* — Sous le nom de « laine »,
nous décrirons les poils dont sont couvertes certaines
espèces de mammifères, et plus spécialement le mouton. Elle diffère cependant du poil, dont on peut la
considérer comme une variété.

Beaucoup de mammifères ont simultanément laine
et poil, et il est probable qu'il en a été de même du
mouton, alors qu'il était à l'état sauvage. Sous
l'influence de la domesticité, les poils ont disparu
en grand nombre, et la laine s'est considérablement
développée.

Le climat, l'espèce, la nourriture et l'élevage du
mouton, ont une influence particulière sur la qualité
de la laine.

La laine du mouton peut être longue, droite, grossière, et présenter l'aspect de poils, comme dans
certaines espèces anglaises (Leicester, Lincolnshire,
etc.), ou se présenter sous forme de la laine courte,
ondulée, fine, douce, du mouton mérinos.

Il existe des différences très marquées dans la laine

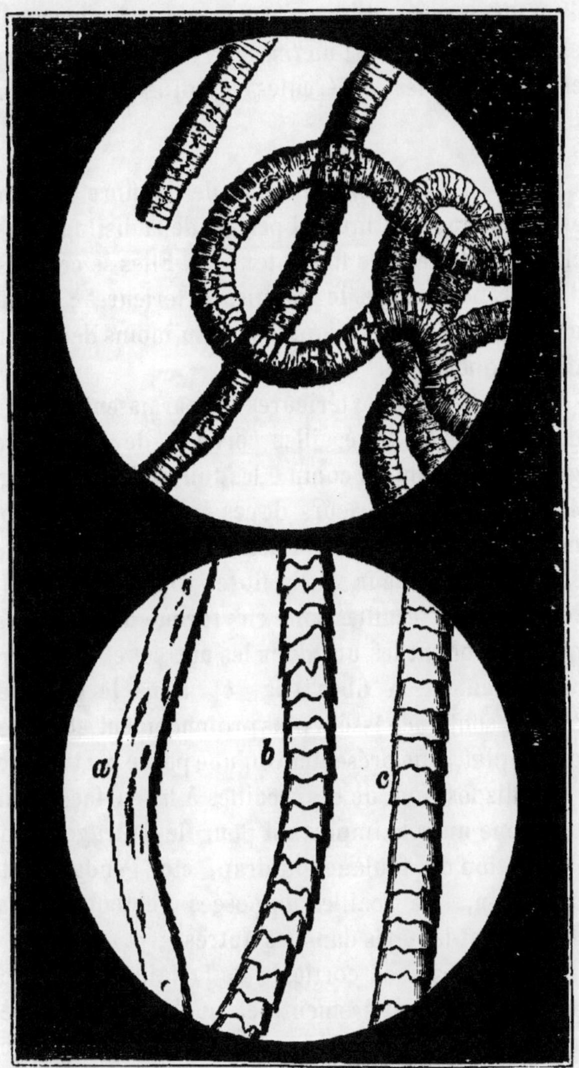

Fig. 4. — Laine de mérinos d'Australie.
a Laine de Leicestershire. — *b* Laine de Saxe. — *c* Laine d'Espagne.

d'un même animal, selon la partie du corps dont elle provient, et c'est au *trieur de laines* à distinguer et à séparer les différentes qualités d'une même toison.

24. — La *structure physique* de la fibre de laine est très caractéristique, et permet de la distinguer facilement des autres fibres textiles. Elles se compose d'un grand nombre de cellules extérieures ; vue au miscroscope, elle se compose d'au moins deux parties, et quelquefois de trois.

1) Les cellules extérieures apparaissent comme des plaques ou des écailles cornées, de forme irrégulière, imbriquées comme les tuiles d'un toit (fig. 4). Les bords supérieurs de ces écailles sont plus ou moins libres ; les bords inférieurs semblent enchâssés dans l'intérieur de la fibre. Dans la laine du mérinos, les écailles sont en forme d'entonnoirs, qui s'emboîtent les uns dans les autres, et entourent complètement la fibre (fig. 4). Dans le poil, les écailles sont enchâssées plus profondément, et posées plus à plat, et ne présentent qu'une petite partie libre.

La disposition de ces écailles à la surface des fibres joue un rôle important pour le feutrage, dans l'opération du foulage du drap, etc. Pendant cette opération, les écailles opposées s'emboîtent graduellement les unes dans les autres.

2) La substance corticale de la laine, qui compose presque entièrement, et quelquefois complètement, la totalité de la portion interne de la fibre, se compose de longues cellules en forme de fuseau. Cette structure qui donne à la partie interne de la

fibre une apparence fibreuse, se voit beaucoup mieux en la chauffant légèrement avec de l'acide sulfurique.

La fig. 5 B montre l'aspect de la fibre vue au microscope, après traitement par l'acide, et A montre quelques cellules corticales séparées.

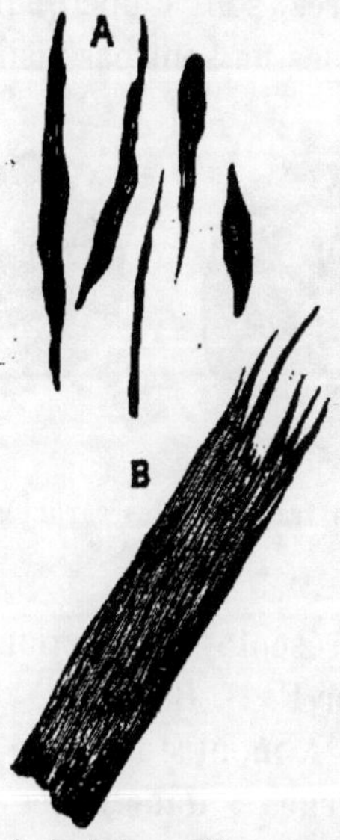

Fig. 5. Cellules de la laine. Fibre vue au microscope.

Il est intéressant de signaler que ces cellules internes décomposées ont une plus grande affinité pour la matière colorante que les écailles externes, ce qui semblerait expliquer pourquoi la laine régénérée par épaillage ou « carbonisée » se teint en ton plus foncé, et plus rapidement que la laine ordinaire.

3) La partie centrale ou médullaire de la fibre de laine, se compose de cellules rhomboédriques ou cubiques représentant la moëlle de la fibre, qui peut

en occuper toute la longueur, ou être localisée en certains endroits. Dans les laines de bonne qualité (mérinos, etc.), elle semble ne pas exister, ou plutôt, on ne peut la distinguer de la partie corticale.

Les fibres de laine dans lesquelles on aperçoit les cellules médullaires, sont d'une qualité inférieure à celles où ces cellules ne sont pas visibles.

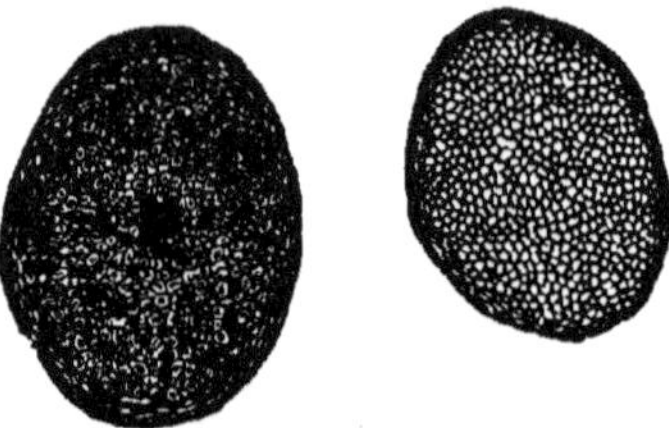

Fig. 6. — Sections transversales caractéristiques de fibres de laine.

La fig. 6 représente des sections transversales, d'après le docteur F. H. Bowman, de fibres de laine caractéristiques. A montre les cellules médullaires, corticales et externes ; dans B, les cellules médullaires n'existent pas.

Certaines fibres de laine n'ont pas la structure normale de la bonne laine ; les écailles sont moins distinctes et même invisibles, et la substance entière de la fibre semble plus ou moins opaque. Elles manquent de ténacité, de brillant, de la faculté de se feutrer, et d'affinité pour les matières colorantes.

25. *Laines étrangères.* — Les laines d'alpaca, de vigogne et de lama, proviennent de différents animaux de l'espèce Anchenia (*A. alpaca*, *A. vicugina*,

A. lama), qui habitent les montagnes du Pérou et du Chili.

La laine *mohair* provient de la chèvre angora (*Capra hircus angorensis*), d'Asie Mineure.

La laine *Cachemire* se compose du duvet soyeux qui se trouve au-dessous des poils de la chèvre de Cachemire (*Capra hircus lanniger*), du Thibet.

On utilise également, chez le chameau, le duvet soyeux qui se développe au-dessous des poils, au printemps. De toutes ces laines, l'alpaca et le mohair sont les plus employées.

Certaines variétés de ces laines étrangères, et plus particulièrement les variétés mohair, alpaca, le poil de chameau, le cachemire et la laine de Perse, peuvent nuire à la santé du trieur de laines. Elles contiennent souvent un organisme microscopique, appelé *Bacillus anthracis*, qui occasionne la fièvre splénique chez le bétail et les chevaux. Quand il pénètre dans les bronches, il provoque une sorte d'empoisonnement du sang, connu sous le nom de « maladie du trieur de laines. » Les chambres destinées au triage de la laine doivent donc être bien ventilées, et pendant leur travail, les trieurs devraient, dans la mesure du possible, avoir des appareils spéciaux pour respirer.

26. *Propriétés physiques. Hygroscopicité.* — La fibre de laine peut absorber une grande quantité d'eau sans paraître humide, c'est-à-dire qu'elle est très hygroscopique. Exposée à l'air par un temps chaud et sec, elle contient 8 à 12 0/0 d'humidité ; mais si elle est exposée dans une atmosphère humide, elle peut arriver à prendre de 30 à 50 0/0 d'humidité. Il est bon de dire que la laine humide n'est pas aussi sujette à se piquer, que les fibres végétales.

Dans la laine non lavée, le degré d'humidité varie avec la matière grasse qu'elle contient ; moins il y en a, plus la laine est humide.

Ce caractère hygroscopique de la laine montre qu'il est bon, pour ceux qui font le commerce des laines, de se rendre compte de la quantité d'eau contenue dans celles-ci, au moment de l'achat ou de la vente. C'est pourquoi, sur le continent, on a fondé des établissements pour le conditionnement des laines, dans plusieurs centres de l'industrie lainière : Roubaix, Reims, Paris, où l'on peut déterminer officiellement la quantité exacte d'humidité et de matières étrangères contenues dans la laine. Ces établissements sont établis sur les mêmes principes que ceux destinés au conditionnement de la soie. La teneur légale d'humidité, admise sur le continent, est 18,25 0/0.

Lorsqu'on plonge la fibre de laine dans l'eau chaude, elle s'amollit considérablement, et alors, comme toutes les substances analogues à la corne, elle devient *plastique*, et conserve la position qu'on lui fait prendre.

L'*élasticité* est une propriété que la fibre de laine possède à un très haut degré, et qui provient non seulement de sa forme ondulée, mais encore de sa composition et de sa structure.

La nature hygrométrique et plastique de la laine joue un rôle dans les opérations du fixage, du vaporisage, de l'apprêt du drap (pressage à chaud), et de l'étirage des fils.

De plus, sous l'influence combinée de la pression, du frottement et de la température, les propriétés mentionnées ci-dessus (surface écailleuse de la fibre, sa forme ondulée, sa nature hygrométrique, élastique et plastique) jouent un très grand rôle dans les opérations du feutrage, dans le foulage du drap.

Le *lustre* de la laine est très variable. La laine droite, lisse, présente l'aspect de poils, et a plus de lustre que la laine mérinos frisée. Les différences existantes dépendent surtout de la disposition et de la transparence des écailles, à la surface de la fibre. Plus elles sont aplaties, et plus elles ont tendance à se trouver dans le même plan, plus le lustre est grand. Les laines qui ont à un haut degré le lustre soyeux, telles que les laines de Lincoln et de Leicester, sont rangées dans la catégorie des *laines lustrées*, pour les distinguer des laines non lustrées, comme les laines mérinos, coloniales, etc. La laine lustrée a l'aspect du poil ; elle contient plus de matière cornée que la laine non lustrée, et ne prend pas aussi facilement la teinture.

La meilleure qualité de laine est incolore, mais les laines de qualité inférieure sont souvent jaunâtres, et peuvent même être noires, brunes, rouges, etc.

Ces couleurs naturelles ne sont pas aussi résistantes à l'action de la lumière, qu'on le suppose généralement. C'est là un fait déjà connu, que la partie de la toison exposée à la lumière paraît décolorée.

La bonne qualité d'une laine se détermine en observant avec soin un certain nombre de ses propriétés : douceur, ténuité, longueur des fibres, ondulation, lustre, force, élasticité, flexibilité, couleur, facilité avec laquelle elle prend la teinture. La *laine* prise sur l'animal vivant est d'une qualité supérieure à la *laine de peaux*, qui est séparée de la peau après la mort, par l'action de la chaux ; cette opération est faite ordinairement par les tanneurs. Mais si elle est coupée sur la peau, elle est de qualité équivalente à la laine de toison. La laine séparée par le traitement à la chaux, doit toujours être traitée par l'acide chlorhydrique étendu, puis lavée à l'eau, avant le dégraissage.

27. *Composition chimique.* — Si l'on considère la composition chimique de la laine, il faut faire une distinction entre la *fibre propre*, et les *matières étrangères* qui l'enduisent. Ces dernières se composent principalement de substances adhérant mécaniquement à la fibre, et venant généralement du dehors ; mais elles sont en grande partie secrétées par l'animal, et constituent ce qu'on appelle le *suint*.

La *fibre de laine*, complètement débarrassée de ces matières étrangères, a une composition chimique analogue à celle de la corne et des plumes, et se compose de *kératine*. Sa composition élémentaire varie selon la qualité. Cependant, l'analyse suivante d'une laine allemande peut servir de type :

Carbone	49,25 0/0
Hydrogène . . .	7,57
Oxygène	23,66
Azote	15,86
Soufre	3,66
	100,00

La question de savoir si le soufre entre comme partie essentielle dans la composition a été bien discutée. La proportion dans laquelle on le trouve, dans les diverses laines, varie de 0,8 à 3,8 0/0. Sa présence constante, et dans une proportion comparativement grande, exclut l'idée qu'il est là comme partie accidentelle de la composition, et il a été jusqu'ici impossible de débarrasser *complètement* la laine de son soufre, sans la détruire en même temps.

La présence du soufre dans la laine lui communique certains inconvénients. Elle est facilement sujette à se tacher ; il faut donc éviter son contact avec des surfaces métalliques, comme celles de plomb, de cuivre, d'étain, pendant les opérations du dégraissageet même de la teinture.

Une solution bouillante de plombite de soude noircit immédiatement la laine, et peut ainsi, dans certains cas, servir à la distinguer de la soie ou du coton.

Quand dans la teinture, on emploie des teintes claires, il peut être utile d'enlever une grande partie du soufre, par une immersion de la laine dans des solutions alcalines faibles, par exemple dans un lait de chaux ; on fait suivre d'un lavage à l'eau, puis d'un traitement à l'acide chlorhydrique étendu, après quoi, on lave encore à l'eau. On répète ces opérations plusieurs fois. La laine ainsi traitée, contient encore du soufre, mais évidemment sous une autre forme, car elle ne réagit pas sur le plombite de soude.

Action de divers agents sur la laine

28. — *Action de la chaleur*. — Chauffée à 130° centigrades, la laine commence à se décomposer et laisse dégager de l'ammoniaque ; de 140° à 150° centigrades, il se dégage de la vapeur contenant du soufre.

Lorsque la fibre de laine est mise au contact d'une flamme, elle brûle avec difficulté, dégage une odeur désagréable de plumes brûlées, et il se forme, à son extrémité, un globule de carbone poreux. Ces réactions servent à distinguer la laine des autres fibres végétales.

Une solution froide d'hydrate d'oxyde de cuivre ammoniacal n'a pas d'action sur la laine, mais à *chaud*, la laine est dissoute. La solution a moins d'action sur les poils qui ne se dissolvent pas.

29. — *Action des acides*. — Les solutions étendues *d'acide chlorhydrique* ou *d'acide sulfurique* n'ont que peu d'action sur la laine, soit à froid, soit à chaud, et ne font qu'ouvrir les écailles, ce qui fait paraître la fibre plus grossière au toucher. Il est de toute importance de se rappeler que la laine attire et absorbe une grande quantité de l'acide à l'action duquel on la soumet. et qu'il est très difficile d'enlever cet acide, soit par le lavage, soit par l'action de l'eau bouillante. La laine portée à l'ébullition dans de l'acide étendu, et ensuite dans de l'eau, peut prendre les couleurs acides dérivées du goudron de

houille sans addition d'acide, comme cela se fait ordinairement.

Quand on traite la laine par des solutions acides
trop concentrées, la fibre est rapidement attaquée ;
mais en tous cas, l'action destructive n'est pas aussi
énergique avec la laine qu'avec le coton. On se base
sur ce fait pour séparer le coton de la laine, par
l'épaillage la ou carbonisation des chiffons qui contiennent un mélange de ces deux fibres. Les chiffons
sont immergés dans l'acide sulfurique étendu, et,
après avoir extrait l'excès de liquide, on les sèche
dans une étuve à 110° centigrades environ. Le coton
décomposé tombe alors en poussière, tandis que la
laine est relativement peu endommagée. Une autre
méthode consiste à soumettre les chiffons, pendant
plusieurs heures, à l'action de l'acide chlorhydrique
gazeux, à chaud.

En chauffant la laine avec de l'acide chlorhydrique
concentré, elle se dissout presque entièrement, et la
solution contient ce qu'on appelle *l'acide lanuginique*,
substance qui joue un rôle essentiel dans certains
cas de teinture.

L'acide azotique agit d'une façon analogue à celle
des acides mentionnés, mais il communique aussi à
la laine une couleur jaune, due à la production de
l'acide xanthoprotéïque. A cause de cette teinte jaunâtre, relativement légère, qu'il donne à la laine, et
de son action destructive sur les matières colorantes,
l'acide azotique, bouillant et étendu, est fréquemment employé pour démonter la couleur de la laine
déjà teinte, afin de la teindre à nouveau (petits travaux de teinture, rectification d'erreurs). Il faut tou-

tefois prendre garde que l'acide ne soit pas trop fort (environ 3o à 4° Tw., densité 1,02),et que l'opération ne se prolonge pas plus de trois ou quatre minutes.

L'acide sulfureux enlève la couleur jaune naturelle de la laine ordinaire ; il est l'agent de blanchiment le plus employé pour cette fibre. La laine retient le gaz sulfureux avec persistance, et l'on doit le faire disparaître de la laine blanchie, avant la teinture en couleurs claires. Ceci s'effectue en plongeant la laine dans des solutions très étendues de carbonate de soude, d'hypochlorites, ou dans de l'eau oxygénée, et en donnant un lavage complet. Avec le premier procédé, l'acide est simplement neutralisé, mais avec les deux derniers, l'acide sulfureux est oxydé et transformé en acide sulfurique. Si cette précaution était négligée, la laine ne se teindrait pas convenablement, ou après teinture, elle pourrait se décolorer à nouveau, par l'action réductrice de l'acide sulfureux retenu par la fibre.

30. — *Action des alcalis*. — Les solutions alcalines ont une grande influence sur la laine, mais les effets diffèrent complètement, suivant la nature de l'alcali, le degré de concentration, la température de la solution et la durée du contact.

Alcalis caustiques (KOH, NaOH). — Ils détériorent rapidement la laine dans tous les cas ; c'est pourquoi ils ne peuvent jamais être employés pour le dégraissage.

A chaud, même très étendus, ils dissolvent graduellement la laine ; il se dégage de l'hydrogène

sulfuré, et la solution contient des amido-acides organiques, et un corps renfermant du soufre, appelé
acide lanuginique. Cette substance, en solution
aqueuse, a la propriété de précipiter toutes les matières colorantes qui teignent directement, l'acide tannique, l'acide chromique et de nombreux acétates
métalliques.

Les solutions de savon et de carbonates alcalins
ont peu ou point d'action destructive sur la laine, si
elles ne sont pas trop concentrées, et si la température ne dépasse pas 50° centigrades. L'action destructive du savon et du carbonate d'ammoniaque
est la plus faible, tandis que les carbonates de potasse et de soude donnent à la laine une teinte jaunâtre, et la font paraître plus dure et moins élastique.

Cette différence marquée entre l'action des alcalis
caustiques et des carbonates alcalins, montre qu'il
est de toute importance que, pour le dégraissage de
la laine, les savons ne contiennent pas un excès d'alcali, et que le carbonate de soude ne contiennent pas
de soude caustique.

La *chaux* a une action destructive sur la laine,
mais à un degré moindre que les alcalis.

31. — Le *chlore* et les *hypochlorites* détériorent la
laine et ne peuvent jamais, par conséquent, servir
au blanchiment. Un solution chaude ou bouillante
de chlorure de chaux détruit complètement la fibre,
avec dégagement d'azote ; cependant, si la laine
est soumise à une action *très légère* du chlore ou de
l'acide hypochloreux, elle acquiert une teinte jaunâtre, et son affinité pour bien des matières colo-

rantes est augmentée. L'effet est dû, probablement, à une oxydation de la fibre, puisque la laine fortement blanchie à l'eau oxygénée, ou au permanganate de potasse, se comporte d'une manière analogue.

L'imprimeur de mousseline de laine et demi-laine en fait usage dans la pratique. Le teinturier de laine peut aussi le faire quelquefois, quand il doit opérer à basse température.

32. — *Action des sels métalliques.* — Comme toutes les fibres d'origine animale, la laine a la propriété de décomposer rapidement certaines solutions de sels métalliques. Quand, par exemple, la laine est placée dans une solution bouillante de sulfates, de chlorures, d'azotates d'aluminium, d'étain, de cuivre, de fer, de chrome, etc., une petite quantité, probablement de sels basiques insolubles de ces métaux, se dépose ou est fixée par la fibre, et un sel plus acide reste en solution. C'est sur ce fait que repose le mordançage de la laine.

Les sels neutres des alcalis ($NaCl$, Na^2SO^4) n'ont pas d'action appréciable sur la laine.

33. — *Action des matières colorantes.* — La laine a une affinité marquée pour certaines matières colorantes substantives, ou se teignant directement (Fuchsine, couleurs azoïques, orseille), si l'on présente leurs solutions dans un état convenable de neutralité ou d'acidité.

S'il s'agit de matières colorantes qui ne produisent leur couleur qu'en se combinant avec un oxyde métallique ou mordant, la laine doit être mordancée.

34. — *Matières étrangères existant dans la laine brute. Suint.* — La matière étrangère ou *suint*, qui enveloppe la fibre de laine pure, a un intérèt spécial pour le teinturier, parce que, de sa complète élimination, dépend, dans une grande mesure, le succès de la teinture pour l'obtention d'une couleur solide, pure et uniforme. Elle a, de mème, une grande importance pour le marchand et le fabricant, puisque la proportion varie beaucoup suivant les laines, et que cette matière influe sur leur valeur commerciale.

Le *suint*, dans le sens commercial ordinaire, comprend toutes les impuretés adhérentes à la fibre.

Selon quelques observateurs, les parties constituant la laine en suint, c'est-à-dire telle qu'elle **est** prise sur le dos du mouton, varient beaucoup en proportion, suivant leur origine, comme suit :

Humidité	4 à 24 0/0
Suint	12 à 47
Fibre de laine . . .	15 à 72
Matières terreuses .	3 à 24

Les meilleures laines (laine mérinos), en règle générale, contiennent plus de suint que les laines grossières.

Par un lavage à l'eau, on enlève de la laine certaines matières analogues au savon, comme les oléates alcalins, et aussi certaines matières grasses non saponifiables.

Pour séparer ces deux substances, il est bon de traiter d'abord la laine sèche par de l'éther. Ce dernier dissout la matière grasse principalement, et bien qu'il prenne aussi une partie des oléates présents, un lavage à l'eau répété, de la solution éthérée, élimine de celle-ci presque complètement les oléates.

On peut, dans la laine brute, distinguer les substances suivantes : la *matière grasse* (soluble dans l'éther) ; le *suint* (soluble dans l'eau) ; la *fibre de laine*, les *impuretés. l'humidité.*

On peut déterminer ces substances de la manière suivante :

a). — On pèse la laine brute, on la sèche à 100° centigrades, elle est pesée à nouveau. La différence de poids indique la quantité d'humidité.

b). — On traite la laine sèchée par l'éther, on lave la solution éthérée à l'eau pour enlever les oléates. On évapore l'éther séparé. à siccité, et l'on pèse le corps gras résidu. Ce poids donne le montant de la *matière grasse de la laine.*

On évapore à siccité l'eau de lavage séparée, le résidu est pesé, et on ajoute le poids à celui de la portion soluble dans l'eau. c'est-à-dire les oléates.

c). — On lave plusieurs fois la laine traitée par l'éther, avec de l'eau distillée froide, et l'on évapore la solution à siccité. Le poids du résidu, ajouté à celui des oléates dissous par l'eau provenant du lavage de la solution éthérée (voir *b*), donne le montant principal des *oléates alcalins* présents. La laine est ensuite lavée à l'alcool, qui dissout toujours les minimes quantités d'oléates ayant échappé. et dont le poids est ajouté au poids indiqué ci-dessus. Les *oléates terreux*, qui restent dans la laine, sont décomposés par un traitement de celle-ci à l'acide chlorhydrique étendu. On chasse l'acide par un lavage à l'eau, et la laine est ensuite séchée et traitée par l'éther et l'alcool. Par le poids du résidu obtenu en évaporant complètement ces deux derniers dissolvants, on peut calculer la quantité d'*oléates terreux*.

d). — La laine restante est séchée et cardée à la main, au-dessus d'une grande feuille de papier, pour séparer les impuretés, le sable, etc. La *laine* est lavée, séchée et pesée. La différence détermine la quantité de matières terreuses, de *sable*, etc.

35. — *Matière grasse de la laine*. — La composition de cette substance est assez complexe. En la traitant par l'alcool bouillant, on peut la séparer en deux portions : l'une soluble, l'autre, la plus considérable, insoluble dans ce liquide. La portion soluble se compose principalement d'un alcool possédant le caractère d'un corps gras : la *cholestérine*, avec de l'*isocholestérine*, toutes deux à l'état libre, et probablement aussi des composés de ces deux corps avec des acides organiques, comme l'acide acétique. La portion insoluble se compose essentiellement de composés de cholestérine et d'isocholestérine avec de l'acide oléique, et, en plus faible proportion, avec des acides gras solides, comme l'acide stéarique.

Le corps gras de la laine n'est pas un composé de la glycérine, et n'est par conséquent pas un corps gras comme on les comprend ordinairement. Ceci explique la difficulté que l'on éprouve à l'éliminer, par de faibles agents de dégraissage, de la laine qui le contient en grande quantité.

36. — *Sueur de la laine*. — Cette partie du suint, qui est soluble dans l'eau, se compose essentiellement des *composés* du potassium et des acides oléique et stéarique, et probablement aussi, d'autres acides gras fixes ; elle contient aussi des sels de potassium de certains acides volatils (surtout l'acide acétique), des sels ammoniacaux, du chlorure de potassium, les phosphates, sulfates, etc.

En règle générale, l'eau de lavage de la laine brute a une forte réaction alcaline, due à la présence du carbonate de potasse. Quelques observateurs ont cependant reconnu qu'il manquait parfois complètement. Lorsqu'on lave la laine sur le dos du mouton et que ce carbonate de potasse existe, il a avec les savons de potasse du suint une action avantageuse dans l'élimination des impuretés de la toison.

Le suint, extrait et séché, contient environ 60 0/0 de matières organiques, et 40 0/0 de matières minérales. Les cendres de suint se composent principalement de sels de potasse, et surtout de carbonate.

Maumené et Rogelet donnent l'analyse suivante :

Carbonate de potasse. . .	86,78 0/0
Chlorure de potassium . .	6,18
Sulfate de potasse.	2,83
$SiO^2, P^2O^5, CaO, MgO, Al^2O^3$	
F^2O^3, Mn^2O^3, CuO. . . .	4,21
	100,00

Il est évident que, d'après ceci, le fermier perd complètement une grande quantité de potasse, lorsque la laine est lavée à dos.

37. — *Produits extraits de l'eau de lavage de la laine brute*. — La plus grande partie de la laine du commerce est en suint, de sorte que le laveur de

laine a l'occasion d'en retirer la totalité du suint, et
d'en extraire les sels de potasse.

Il est intéressant de savoir que, depuis 1860, après
les recherches de Maumené et Rogelet, l'extraction
des sels de potasse des eaux de lavage de la laine
brute, employée dans les centres de l'industrie lainière de France et de Belgique, est devenue un fait
accompli, la production annuelle de carbonate de
potasse étant estimée à un million de kilogrammes
environ.

Après avoir lavé la laine méthodiquement dans
l'eau, la solution saturée est évaporée à siccité. Le
résidu est chauffé dans des cornues à gaz, et le gaz
qui s'échappe peut servir pour l'éclairage. Le coke
qui en résulte est calciné à l'air, lavé à l'eau, et il donne
du carbonate de potasse brut ; 100 kg. de laine
en suint donnent 7 à 9 kg. de ce carbonate de potasse, qui contient 85 0/0 de CO^3K^2. Il peut n'être
pas pratique de traiter de cette manière toute la laine,
mais puisque la plus grande partie de cette laine est
lavée avant l'importation, il serait peut-être bon,
pour les éleveurs coloniaux, de prendre en considération cette extraction des sels de potasse des eaux
de lavage de la laine brute.

Cette question a aussi un grand intérêt pour les
agriculteurs, puisqu'il est évident que chaque année,
il est absorbé, au détriment du sol, une grande
quantité d'éléments de valeur.

Une autre méthode d'utilisation du suint a été
proposée par Havrez. Elle consisterait à utiliser
cette matière brute naturelle, pour la fabrication du

prussiate jaune de potasse; cependant, le procédé n'a pas été adopté dans la pratique.

Il ne nous semble pas qu'on ait fait, en Angleterre, des tentatives pour obtenir la séparation de la partie soluble du suint. dans le but d'en extraire les sels de potasse. Le fabricant se dispense de faire le lavage préliminaire à l'eau, et la laine est traitée immédiatement par les solutions de savons, de carbonates alcalins, etc.

Cette opération, appelée dégraissage, sera exposée en détail par la suite.

Un autre produit, récemment extrait de l'eau de lavage de la laine, est appelée *lanoline*; c'est essentiellement un corps gras de la laine. Son mode de production sera décrit dans le chapitre du dégraissage de la laine.

CHAPITRE IV

SOIE

38. — *Origine et culture de la soie*. — La soie diffère entièrement des fibres végétales et de la laine, en ce qu'elle n'a pas de structure cellulaire. Elle est constituée par une fibre jaune pâle, couleur chamois ou blanche, que le ver à soie file autour de lui même, lorsqu'il est sur le point de se transformer en chrysalide.

Fig. 7. — Papillon du ver à soie (Bombyx mori).

Les nombreuses variétés de soie peuvent se diviser en deux classes : la soie cultivée et la soie sauvage. Cette dernière est le produit des larves de diverses espèces de papillons sauvages, originaires de l'Inde, de la Chine et du Japon. La première classe, la plus importante, est produite par le ver à soie ordinaire du papillon *Bombyx mori* (fig. 7),qui est devenu l'objet d'une culture spéciale. Les principaux centres de cette culture se trouvent dans l'Europe méridionale (**y** compris le midi de la France, l'Italie, la Turquie), la Chine et l'Inde.

L'élevage du ver à soie est en grande partie fait dans des établissements appelés *magnaneries*. Dans celles-ci, la chambre d'incubation doit être une salle bien éclairée, bien aérée ; les œufs y sont disposés sur des feuilles de papier reposant sur des treillages.

Fig. 8. — Ver à soie (Bombyx mori).

Une température et un degré d'humidité convenables doivent être maintenus pendant 10 ou 12 jours. Aussitôt que les jeunes chenilles apparaissent, on les place dans une chambre plus spacieuse, où se trouve un cadre en lattes, garni de fils et de feuilles de papier perforées. On les nourrit régulièrement, pendant 30 à 33 jours, c'est-à-dire jusqu'à ce qu'elles commencent à filer. Leur nourriture se compose de feuilles de mûrier: *Morus alba*; de là vient que la soie est fréquemment appelée *soie de mûrier*. Pendant cette période d'alimentation, le ver à soie (fig. 8) devient beaucoup plus gros,et change plusieurs fois de peau ; la mue a lieu trois ou quatre fois. à des intervalles assez réguliers de 4 à 6 jours. Vers le 30ᵉ jour, l'animal cesse de prendre de la nourriture, et montre une grande activité. A cette époque, on le place sur de petites branches de bouleau, etc., où il ne tarde pas à filer. La substance qui constitue la soie, est un liquide clair, incolore, gélatineux, sécrété par deux glandes situées symétriquement de chaque côté du corps de la chenille. Chaque glande, comme le montre la fig. 9, se compose de trois parties : un tube étroit (E. G) tortueux, qui est le véritable organe de secrétion ; une partie centrale (E. C) un peu renflée,

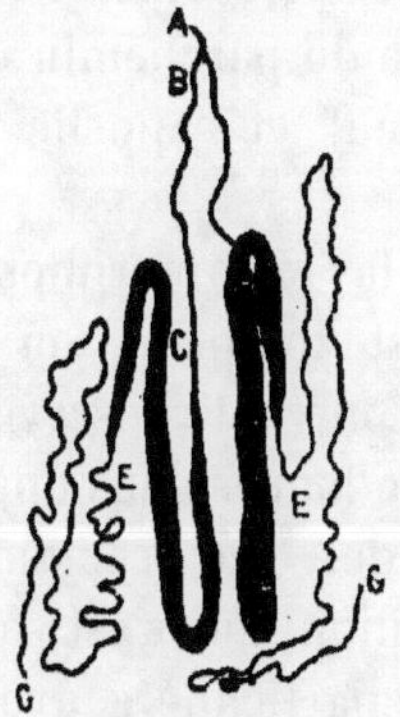

Fig. 9. — Les glandes à soie du ver à soie.

et constituant le réservoir de la soie ; un tube capillaire (B A), faisant communiquer le réservoir avec un canal capillaire A, commun aux deux glandes, et situé dans la tête de l'animal. A son arrivée dans le tube capillaire, en A (fig. 9), la substance de la soie se solidifie, et sort sous forme d'une double fibre.

Quelquefois, les deux fibres peuvent être légèrement séparées par intervalles, et forment, à ces endroits, deux cylindres solides transparents.

Au début du filage, le ver à soie jette autour de lui un léger échafaudage de courtes fibres, reliant les points d'appui voisins.

Lorsqu'il a complété ce travail, ses mouvements deviennent plus lents, et en faisant aller sa tête d'un côté et de l'autre, il forme et limite son habitation par de nombreuses couches en forme de treillage. Vers l'intérieur, les couches deviennent plus fermes et plus denses, et la dernière, celle qui protège immédiatement l'insecte, forme une membrane mince, ayant l'apparence du parchemin. Le produit obtenu a la forme d'un œuf, et s'appelle *cocon* ; il peut être blanc ou jaune.

Aussitôt que la métamorphose de la chenille en chrysalide est complète, on recueille les cocons. Ceux que l'on veut conserver pour la reproduction sont abandonnés dans une salle chauffée de 19 à 20° centigrades. Trois semaines après le filage du cocon, le papillon qui s'est formé à l'intérieur sécrète une salive particulière, avec laquelle il ramollit une des extrémités du cocon, et s'ouvre un passage. Les femelles meurent quelques jours après avoir déposé leurs œufs, car elles n'ont pas d'organes pour la nutrition. Les œufs sont séchés lentement, et déposés en flacons de verre dans un endroit sec et obscur, jusqu'au printemps suivant.

La soie de bonne qualité provient des cocons où l'on a tué la nymphe, en les soumettant à l'action de la vapeur d'eau pendant dix minutes.

Après cette opération, on procède au triage des

cocons. On les divise en classes de différentes qualités. Dans tout tissu de soie, les fils de chaîne ont à
supporter la plus grande tension, et doivent, en

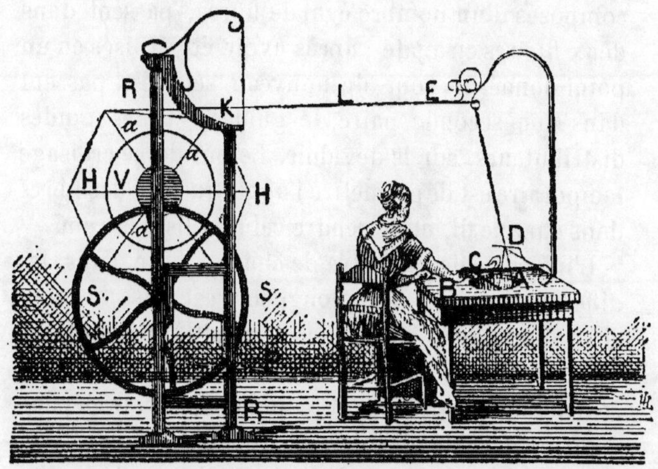

Fig. 10. — Machine à dévider la soie.

général, paraître à la surface du tissu ; on choisit
donc pour la chaîne les meilleurs cocons, puisqu'ils
doivent fournir des fibres fortes, douces, unies et
lustrées. En outre, ces fibres, dans l'opération du
dévidage, sont manipulées d'une façon différente de
celle des fils de trame. Le produit de ce choix et de
ce traitement particulier donne la soie de meilleure
qualité, c'est-à-dire la soie de chaîne, connue sous le
nom *d'organsin*. On emploie des cocons d'une qualité un peu inférieure pour la soie de trame, qu'on
appelle *trame*.

39. — *Dévidage de la soie*. — Dans le dévidage de
la soie (la fig. 10 représente la machine dont on se

sert),on jette dans une bassine de 4 à 18 cocons, afin de ramollir l'enveloppe gommeuse des fils, et de permettre ainsi de les séparer du cocon. Deux fils, composés d'un nombre égal de fibres, passent dans deux filières en agate ; après avoir été croisés en un point donné, ils sont de nouveau séparés, passent dans une seconde paire de guides, et des guides distributeurs. sur le dévidoir. Le but de ce croisage temporaire est de permettre l'agglutination des fibres dans chaque fil, et de rendre celui-ci lisse et rond.

L'inégalité de diamètre de chaque fibre, dans les différentes parties de sa longueur, est prise en considération par le dévideur, lorsqu'il introduit de nouvelles fibres dans le fil pour remplacer celles qui se sont épuisées. La qualité de la soie brute dépend en grande partie du soin apporté au dévidage.

La perte provenant de l'élimination de la bourre varie de 18 à 30 0/0, suivant les cocons et le soin apporté par l'ouvrier.

La *soie écrue* ou *soie grège*, comme on l'appelle en général, constitue la matière première du fabricant de soie. Avant de l'employer au tissage, deux ou plusieurs fils de soie sont moulinés ensemble, et légèrement tordus par le filateur ou moulineur de soie, et c'est ainsi qu'on obtient les différentes qualités d'organsin et de trame, ainsi que la soie à broder, etc.

La *trame* est le produit de la réunion de deux ou plusieurs fils uniques, non tordus, et qui sont doublés et légèrement tordus.

L'*organsin* est produit par la réunion de deux ou plusieurs fils simples, tordus séparément dans la

même direction, et qui sont doublés et todus à nour-
veau dans la direction opposée.

40. — Les *déchets de soie* proviennent de cocons qui
ont été abîmés et qui ne donnent pas un fil continu.

Tous ces déchets (bourre de soie, frisons, etc.),
sont lavés, bouillis avec du savon et séchés. La soie
ainsi obtenue ensuite cardée et filée comme le coton.
Le produit obtenu est la *soie filée*, *Schappe*, etc.

41. — *Soie sauvage*. — De toutes les *soies sauvages*,
la plus importante est la soie *Tussur* (en Indou,
Tusuru veut dire navette), aussi appelée Tuser, Ta-
sar, Tussorc et Tussah. C'est le produit de la larve
du papillon *Antheræa mylitta*.

Les cocons, qui sont beaucoup plus gros que ceux
du *Bombyx mori*, ont la forme d'œufs et sont d'un
brun argenté. Ils sont attachés aux branches des
arbres nourriciers, par une tige portant une bague
terminale.

La soie tussur est employée à la fabrication des
soies indiennes, brunes et couleur chamois. Les
cocons sont bouillis et cardés, ou même dévidés,
quoique ce dernier procédé présente des difficultés.

La peluche de soie, l'imitation de peau de veau
marin, etc., se font beaucoup en soie tussur.

Parmi les autres soies sauvages, il faut citer : la
soie Eria de l'*Attacus ricini*, la *soie Muga* de *l'Antheræa assama*, la *soie de l'Atlas* de l'*Attacus atlas* ;
la soie *Yama-maï*, de l'*Antheræa yamamaï* du
Japon, etc.

Vue au microscope, la fibre brute de soie du
mûrier paraît être formée d'une fibre double, con-

sistant en deux brins solides, sans structure, plus ou moins unis ; après ébullition avec du savon, cette double fibre se sépare en une paire de fibres distinctes, ayant une section triangulaire arrondie, plus ou moins irrégulière.

La soie sauvage se distingue de la soie du mûrier par les stries longitudinales, que l'on remarque au microscope sur chaque double fibre (fig. 11), et par la contraction apparente de la fibre à certains endroits. La première particularité est due à ce que la fibre de soie sauvage contient un grand nombre de canaux d'air ; la seconde est due à ce que les fibres, plus ou moins aplaties, sont tordues à ces endroits.

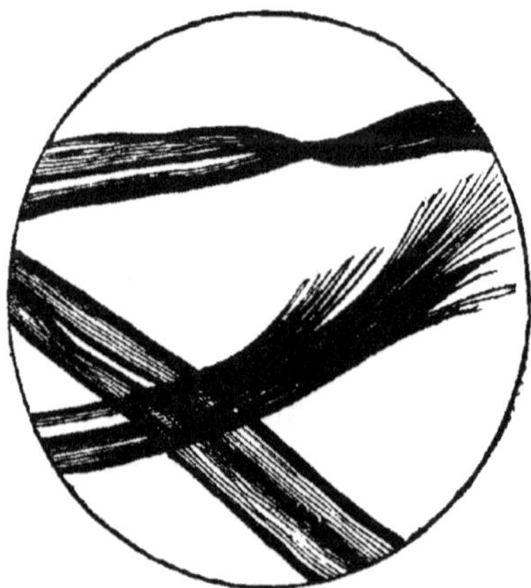

Fig. 11. — Fibre de soie tussor vue au microscope.

42. — *Propriétés physiques*. — Les propriétés physiques les plus importantes de la soie sont : son lustre, sa force et son hygroscopicité.

La soie possède, dans certaines conditions, une

autre propriété distinctive, c'est celle d'émettre un cri, par exemple quand un paquet de fils de soie est tordu très fortement. Cette propriété particulière s'appelle le craquant de la soie.

Elle n'existe pas dans la soie brute, ou dans la soie cuite ou souple ; elle se manifeste seulement si le dernier bain dans lequel la soie a passé, contient un sel acide ou un acide libre. La soie qui a été travaillée dans un bain neutre ou dans un bain alcalin (comme dans un bain de savon), n'a pas de craquant et est douce au toucher.

Afin de développer au plus haut degré les qualités de douceur et de lustre de la soie, on la soumet (étant encore en écheveaux) aux opérations mécaniques suivantes.

43. — *Secouage.* — Le but de cette opération est d'ouvrir et de battre les écheveaux de soie, de manière à donner à la soie une apparence d'uniformité, en lui enlevant toute tendance à friser ou à se plisser. L'opération consiste à suspendre l'écheveau à une cheville de bois, lisse, très forte, et fixée dans le mur ; on passe dans l'écheveau une barre de bois bien lisse, qu'on tire rapidement et vigoureusement. Le point de suspension est fréquemment changé, et le secouage est répété. On peut aussi opérer à la machine.

44. — *Chevillage.* — A l'origine, cette opération ne se faisait que conjointement avec le secouage, dans le but de redresser les fils et d'apprêter les écheveaux après les opérations de teinture ; elle a maintenant acquis une grande importance, surtout

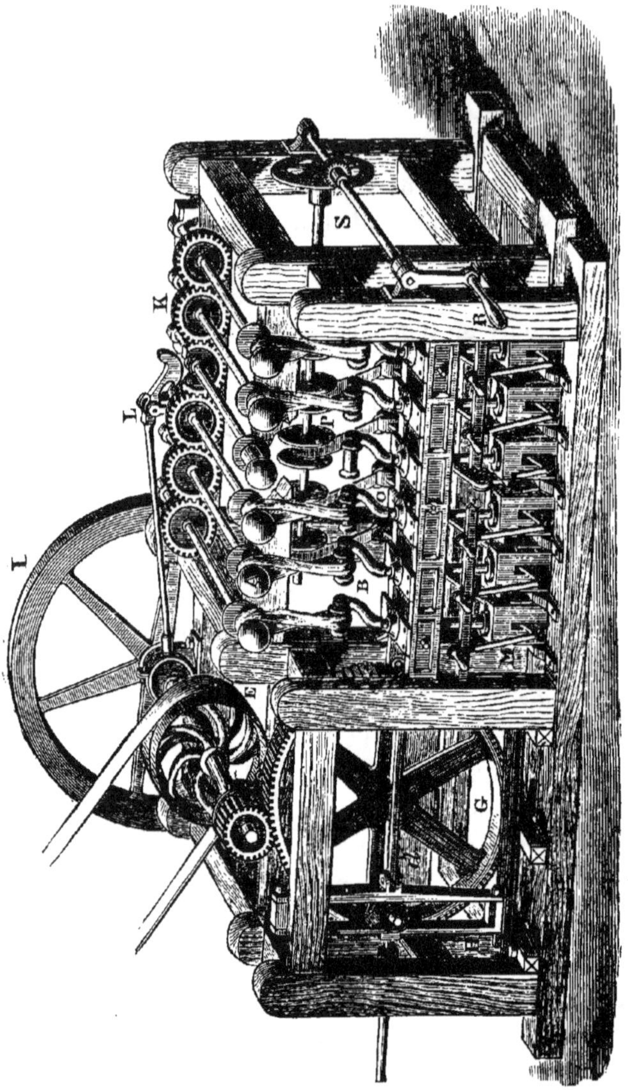

Fig. 12. — Machine pour le chevillage de la soie.

lorsqu'il s'agit de soie souple, pour laquelle elle constitue l'opération finale, le travail subséquent se faisant sur la soie à l'état sec. Son objet, dans ce cas, est de compléter la séparation de la fibre double de soie en ses fibres constitutives, et d'augmenter le lustre.

L'opération consiste à tordre les écheveaux de soie lorsqu'ils sont parfaitement secs. On les suspend à des chevilles, comme dans l'opération précédente, à laquelle elle fait généralement suite. On les soumet à une tension fixe et progressive, ce qui donne aux fibres de la douceur et du brillant. On peut faire l'opération à la machine.

La machine à cheviller (fig. 12) se compose d'une série de chevilles horizontales A, que l'on peut faire tourner au moyen du levier, du rochet L et des roues dentées K. Une série de cylindres horizontaux B, situés directement sous les chevilles A, et fixés sur un axe coudé, possèdent deux mouvements : le premier autour de leur axe (la partie horizontale du coude) comme poulies mobiles, et le deuxième autour de l'axe vertical, qui leur est communiqué par une crémaillère et des pignons, fixés sur l'axe des cylindres B.

Supposons maintenant que les écheveaux de soie soient placés sur les supports A et B. Par l'action du rochet et du levier *d*, les rouleaux B tournent, et les écheveaux se tordent, les rouleaux B et les poids qui y sont fixés étant en même temps soulevés, par suite du raccourcissement de l'écheveau. Le mouvement du levier *d*, qui commande la crémaillère, peut être renversé automatiquement ; les écheveaux se détordent, et restent tendus sous l'influence des poids qui descendent. A un moment donné, juste à l'instant où les écheveaux sont complètement détordus, le levier L entre en action, et fait tourner légèrement les chevilles A ; les écheveaux se trouvent ainsi suspendus dans une nouvelle position, et ils sont de nouveau tordus par l'action du levier *d*. Tous les mouvements se font automatiquement, et l'opération sera complète après que les écheveaux auront été tordus, détordus et déplacés plusieurs fois.

45. — *Lustrage de la soie.* — Le lustrage, qui se fait au moyen d'une machine que représente la fig.

Fig. 13. — Machine à lustrer la soie.

13, sert à donner à la fibre son maximum de brillant. Elle facilite aussi le bobinage. La soie teinte et

sèche, ou parfois incomplètement sèche, est soumise
à une légère tension entre les deux cylindres polis C
et D, tournant dans la même direction, et enfermés
dans une boîte de fonte, dont le couvercle A et le
côté B peuvent être enlevés rapidement, quand cela
est nécessaire. Pendant la rotation des cylindres, on
fait entrer de la vapeur. La tension (tirage) de la
soie s'effectue en éloignant le rouleau C du rouleau D,
au moyen du crochet F, qui est actionné par les
roues dentées E.

46. — *Ténacité et élasticité de la soie*. — La ténacité
et l'élasticité de la soie sont remarquablement grandes. Si l'on humecte d'eau la soie parfaitement
sèche, elle se contracte d'environ 0,7 0/0, et dans une
plus grande proportion encore, si l'eau contient des
matières minérales ou des matières organiques, qui
sont absorbées par la fibre et la font gonfler. Ces
faits se produisent pendant les diverses opérations
de la teinture ; d'où la nécessité du chevillage, de
l'étirage et du lustrage, ci-dessus mentionnés, afin
d'empêcher ou de contrecarrer la contraction.

Si la fibre est enduite simplement de matières
telles que la gélatine, l'albumine, l'amidon, etc., la
ténacité en sera la plupart du temps augmentée.
Quelques agents, les matières colorantes par exemple, n'ont pas d'influence appréciable, tandis que
d'autres, comme les astringents, les sels métalliques,
employés à l'excès, arrivent graduellement à détruire complètement les propriétés précieuses de la
soie.

Chauffée à 110° centigrades, la soie perd toute son

humidité naturelle, mais elle conserve ses propriétés. Soumise à une température de 170° centigrades
et plus, elle ne tarde pas à se décomposer et à se car-
boniser. Si l'on expose à la flamme une fibre de soie,
elle donne une perle de carbone comme la laine, mais
ne répand pas une odeur aussi désagréable.

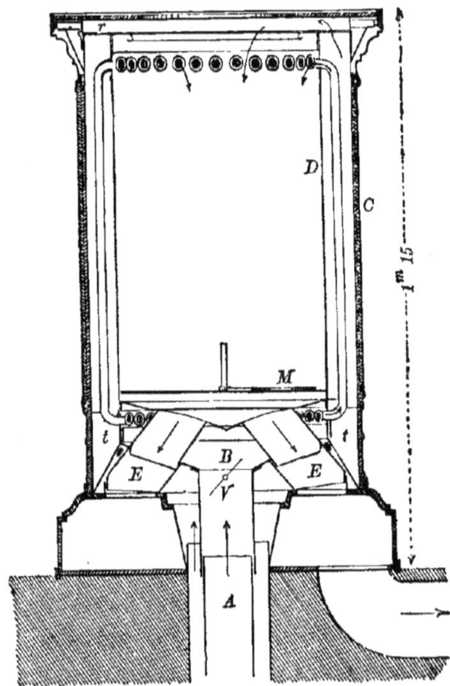

Fig. 14. — Appareil de conditionnement.

47. — *Conditionnement de la soie*. — Exposée à une
atmosphère humide, la soie brute peut absorber
30 0/0 de son poids d'humidité, sans que cela soit
visible. Les propriétés hygrométriques et le prix
élevé de la soie grège exigent, pour le commerce de

la soie, la connaissance de la quantité de soie normale qui se trouve dans un lot donné. Pour faire

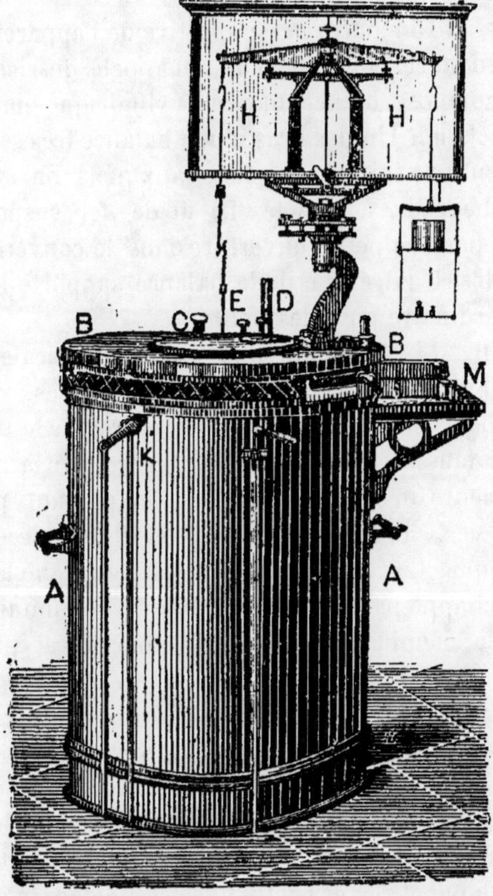

Fig. 15. — Perspective de la chambre de conditionnement.

cette détermination, on a établi dans 37 centres de
l'industrie de la soie, ce qu'on appelle des établisse-

ments pour le *conditionnement* de la soie : à Lyon, Crefeld, Zurich, Bâle, Turin, Milan, Vienne, Paris, Londres, etc., etc.

La fig. 15 montre la perspective de l'appareil employé dans ces établissements, et appelé dessicateur : il se compose d'une chambre cylindrique émaillée, à air chaud. Un des bras d'une balance très sensible soutient une suite de crochets, auxquels on attache les écheveaux à sécher. Le fil de fer suspenseur passe par une petite ouverture dans le couvercle du cylindre. L'autre bras de la balance supporte le plateau ordinaire pour les poids.

La fig. 14 représente une section verticale de la chambre. De l'air chaud à 110° centigrades, venant d'un poêle situé dans le sous-sol, entre par le tube A, passe dans l'espace B, et de là, entre par la partie supérieure du cylindre intérieur, en passant par 32 tubes verticaux *t*, placés entre les 2 cylindres concentriques C et D. L'air chaud descend, sèche la soie, et s'échappe par les tuyaux E, qui communiquent avec la cheminée de sortie. L'appareil est pourvu d'une valve V, actionnée par le levier K (fig. 15), pour régulariser ou arrêter le courant d'air chaud. L'air qui circule à l'extérieur du foyer du poêle, et qui est ainsi à une température modérée, se dirige verticalement entre les cylindres C et D, dans la partie *r*. On peut, au moyen du bouton L, qui actionne une soupape, régler l'entrée de cet air dans la chambre centrale. On peut donc, au moyen du levier K et du bouton C, régler parfaitement l'entrée de l'air chaud et de l'air froid dans la chambre intérieure. La température du mélange est indiquée par un thermomètre D. Le bouton E actionne une soupape, qui interrompt la communication avec la cheminée d'échappement et arrête le courant d'air, pendant l'opération finale de pesage.

On prend plusieurs écheveaux de soie de la balle à examiner, que l'on divise en 3 lots, afin de pouvoir faire deux essais comparatifs, et même un troisième, si cela est nécessaire. On pèse d'abord rapidement, dans les circonstances ordinaires, avec une balance sensible. Les écheveaux sont ensuite mis dans le dessicateur, et on établit l'équilibre. On fait circuler le courant d'air chaud jusqu'à ce qu'il n'y ait plus de perte de poids. Un essai peut durer d'une demi-heure à trois quarts-d'heure.

La perte en poids, que l'on constate habituellement, est d'environ 12 0/0. On ne prend pas comme type la soie complètement sèche, mais celle qui contient environ 90 0/0 de soie sèche et 10 0/0 d'humidité. On obtient le poids légal en ajoutant 11 0/0 au poids, à l'état sec.

48. — *Composition chimique*. — La fibre de soie se compose essentiellement de 2 parties distinctes : 1° celle qui constitue la portion centrale de la fibre, la *fibroïne*; 2° l'enduit, ou enveloppe, la *séricine*, consistant, en apparence, en un mélange de matières qu'on peut, pour la plupart, éliminer avec de l'eau chaude et du savon.

Fibroïne. — Afin de déterminer le caractère et la quantité de ces diverses substances, Mulder a soumis la soie grège italienne à l'action successive de l'eau bouillante, de l'alcool, de l'éther et de l'acide acétique, et a ainsi obtenu, dans un état de pureté relative, la substance centrale de la soie, à laquelle il a donné le nom de *fibroïne*.

Les chiffres suivants indiquent le résultat de son analyse :

	Soie jaune italienne	Soie blanche du Levant
Fibre de soie (fibroïne) . .	53,35	54,05
Substances solubles :		
dans l'eau.	28,86	28,10
dans l'alcool	1,48	1,30
dans l'éther	0,01	0,05
dans l'acide acétique. . . .	16,30	16,50
	100	100

La fibroïne est un peu soluble dans l'acide acétique concentré ; il est donc probable que ce que Mulder indique comme soluble dans l'acide acétique est de la fibroïne décomposée, et la proportion qu'il donne pour cette substance dans la soie est ainsi trop faible.

La perte ordinaire, pendant le décreusage, est de 25 à 30 0/0, ce qui laisse 70 à 75 0/0 de fibroïne. La formule de la *fibroïne* pure a été indiquée de diverses manières. Selon Cramer, ce serait $C^{15}H^{23}Az^5O^6$.

Séricine. — Cette partie de la soie, soluble dans l'eau chaude, peut être précipitée de sa solution par l'acétate de plomb. En soumettant ce précipité à une série d'opérations chimiques assez longues, on peut obtenir la matière essentielle de l'enveloppe externe de la soie, à l'état de poudre incolore, insipide, inodore. Elle se gonfle dans l'eau froide, et est dissoute par l'eau chaude. Une solution à 6 0/0 prend une consistance gélatineuse en se refroidissant, et ses solutions sont précipitées par l'alcool, l'acide tannique et les solutions de sels métalliques. Ses propriétés physiques et chimiques sont, dans l'ensemble, très analogues à celles de la colle ordinaire ; d'où le nom de colle de la soie, que l'on donne souvent à la séricine, et quelquefois. mais plus improprement, le nom de gomme de la soie. Sa composition chimique est représentée par la formule $C^{15}H^{25}Az^5O^8$. Elle se distingue cependant de la colle ordinaire, selon quelques observateurs, en ce que, soumise à l'ébullition avec des acides minéraux étendus, elle donne des produits de décomposition différents. Si l'on compare les deux formules données pour la fibroïne et la séricine, on remarque entre elles une relation qu'on peut exprimer par l'équation.

$$C^{15}H^{23}Az^5O^6 + H^2O = C^{15}H^{25}Az^5O^8$$
Fibroïne   Séricine

De cette comparaison, quelques chimistes ont admis qu'à l'origine, c'est à-dire au moment de la sécrétion, la fibre de soie ne se compose probablement que de fibroïne, qui, par l'action de l'air et de l'humidité, se change superficiellement en séricine. Cette manière de voir s'appuie sur l'observation suivante : si de la fibroïne humide est exposée à l'air, pendant une période prolongée, elle devient partiellement soluble dans l'eau. Bolley et Rosa ont aussi reconnu que les sacs à soie, pris sur l'animal vivant, se composent entièrement de fibroïne, puisque 1,7 0/0 seulement, est soluble dans l'eau bouillante, et l'analyse élémentaire est en rapport avec la formule de la fibroïne.

Une autre manière de voir semblerait s'imposer par l'examen au microscope : déjà, dans les sacs à soie (appareils de sécrétion), on constate la présence de la fibroïne et de la séricine, la première étant entourée de la seconde.

49. — *Influence des réactifs sur la soie. Action de l'eau*. — Un bain prolongé dans l'eau bouillante fait perdre à la soie grège sa séricine. Chauffée dans l'eau, à haute température et dans un tube fermé, la soie est décomposée et complètement dissoute.

50. — *Action des acides*. — En général, les acides minéraux concentrés détruisent rapidement la soie, mais suffisamment étendus, ils n'ont aucune action. A chaud, les acides étendus dissolvent cependant la séricine de la soie grège, et ainsi, ils peuvent servir au dégommage de la soie. L'*acide sulfurique* concentré dissout la soie, et donne un liquide brun, visqueux.

L'*acide azotique* concentré détruit aussi rapidement la soie, mais étendu, il attaque faiblement la fibre et la colore en jaune, à cause de la formation d'acide xanthoprotéique. On se sert de cette réaction pour distinguer la soie des fibres végétales. Elle était même utilisée autrefois pour l'impression sur soie.

L'*acide chlorhydrique* gazeux détruit la fibre sans la liquéfier, mais une solution concentrée aqueuse la dissout rapidement.

L'*acide sulfureux* sert au blanchiment de la soie. A chaud, les *acides organiques* étendus enlèvent la séricine de la soie grège, mais n'attaquent pas matériellement la fibroïne.

51. — *Action des alcalis*. — Les solutions concentrées de *potasse* et de *soude caustiques* dissolvent rapidement la soie grège, surtout à chaud.

Les alcalis caustiques, suffisamment étendus pour ne pas agir d'une manière appréciable sur la fibroïne, dissolvent la séricine, et l'on s'en est servi comme agents pour le dégommage. Pour l'usage courant, il faut cependant les éliminer, car la soie perd toujours de sa blancheur et de son lustre.

Une solution *d'ammoniaque*, même à chaud, n'a pas d'action sensible sur la soie décreusée.

Les *carbonates alcalins* agissent comme les alcalis caustiques, moins énergiquement cependant ; mais on ne les emploie pas au décreusage. De toutes les solutions alcalines, celle de *savon* produit l'action la moins destructive sur la soie ; à chaud, elle enlève rapidement la séricine de la soie brute, et la fibroïne reste lustrée et brillante ; c'est pourquoi le savon est l'agent employé par excellence pour le décreusage de la soie.

Si l'on plonge, pendant 24 heures, de la soie grège dans de l'*eau de chaux* claire et froide, elle gonfle considérablement, la chaux semblant ramollir fortement la séricine. L'action prolongée de l'eau de chaux rend la soie fragile, et décompose la fibre.

Le *chlore* et les *hypochlorites* attaquent et détruisent rapidement la soie, et ne peuvent servir au blanchiment. Lorsqu'on les emploie à l'état de solutions faibles, et que l'on expose ensuite la fibre à l'air, ils augmentent l'affinité de la soie pour certaines matières colorantes.

52. — *Action des sels métalliques.* — Si l'on chauffe la soie avec les solutions de certains sels métalliques, ou même si elle est plongée dans certaines solutions comme celles de plomb, d'étain, de cuivre, de fer, d'aluminium, etc., elle les absorbe et les décompose en partie, de sorte que des sels basiques moins solubles restent sur la fibre. Les procédés de mordançage de la soie reposent sur ce fait. Parfois, dans le cas des sels ferrique et stannique, la quan·tité de sel basique précipitée sur la fibre est suffisante pour servir comme matière à produire la charge de la soie.

La liqueur ammonio-cuprique dissout la soie ; la solution n'est pas précipitée par les sels neutres, le sucre ou la gomme, comme la solution du coton dans le même dissolvant.

Un excellent dissolvant de la soie est une solution alcaline de cuivre et de glycérine, préparée comme suit : on dissout 16 gr. de sulfate de cuivre dans 140 à 160 cc. d'eau distillée, et l'on ajoute 8 à 10 gr. de glycérine pure (densité 1,24) On verse peu à peu dans le mélange une solution de soude caustique, jusqu'au moment où le précipité d'abord formé, se redissout. On doit éviter un excès de soude. Cette solution ne dissout ni la laine, ni les fibres végétales, et peut ainsi servir à distinguer la soie de ces différentes fibres.

Une solution concentrée de chlorure de zinc à 138° Tw (densité 1,69) agit d'une manière analogue.

53. — *Action des matières colorantes.* — La soie, d'une manière générale, possède une grande affinité pour les matières colorantes. On peut la teindre directement avec les couleurs d'aniline, par exemple, et très facilement.

L'examen des sections de la fibre de soie teinte révèle ce fait, que la matière colorante (ou le mordant) pénètre la substance de la fibre de soie plus ou moins profondément, selon le degré de solubilité de la matière colorante, la durée de l'opération de la teinture, et la température.

L'action des matières colorantes sur la soie *grège* est analogue ; mais dans bien des cas, comme dans la teinture en noir de la soie souple, la matière colorante reste en majorité dans le grès, qui devient friable sous l'influence des nombreuses matières colorantes qu'il contient, se brise, et prend la forme de petites perles microscopiques.

Soie Tussur. — Cette soie diffère de la soie ordinaire non seulement physiquement, mais chimiquement, dit-on. La soude caustique, l'acide chlorhydrique, le chlorure de zinc concentré, etc., ont une action moins rapide ; et son affinité pour les matières colorantes est moins grande.

CHAPITRE V

OPÉRATIONS PRÉCÉDANT LA TEINTURE

Blanchiment du Coton

54. — *But du blanchiment*. — Le coton brut est incrusté par certaines impuretés naturelles, qui diminuent le brillant du blanc de la cellulose pure. Le fil de coton sortant de la filature est donc d'une couleur gris sale. Lorsque ce fil est tissé, il est encore souillé par toutes les substances (pouvant s'élever jusqu'à 30 0/0 environ) qui s'introduisent pendant le parage des chaînes, comme le kaolin, la graisse, l'amidon, etc.

Le blanchiment a pour objet la décoloration complète et l'élimination de toutes ces impuretés, naturelles et artificielles.

55. — *Blanchiment du coton non filé* (coton en fibre). — Le coton en fibre n'est blanchi qu'en petite quantité, et est employé pour pansements, etc., sous le nom de coton absorbant. Habituellement, la seule opération qu'on lui fasse subir avant la teinture est de le faire bouillir dans l'eau, jusqu'à qu'il soit complètement traversé.

56. — *Blanchiment du fil de coton.* — S'il s'agit de couleurs noires ou foncées, on ne blanchit ordinairement pas le coton, mais on le laisse dans l'eau bouillante, jusqu'à ce qu'il soit bien ramolli et bien humecté. Pour les couleurs claires, on pratique un blanchiment rapide, mais plus ou moins incomplet, en passant le fil humide dans une solution de carbonate de soude, bouillante et faible, puis en lui donnant un bain de plusieurs heures dans une faible solution froide de chlorure de chaux. On lave ensuite, puis on plonge dans un bain d'acide chlorhydrique étendu et, finalement, on fait un lavage soigné.

Un blanchiment plus complet est celui qui comprend les opérations que nous allons exposer brièvement.

Les chaînes sont d'abord pliées légèrement, à la main ou à la machine, afin d'en réduire la longueur. Si le fil est en écheveaux, on lui laisse cette forme, ou bien on attache ensemble les écheveaux, de manière à former une chaine.

(1) *Lessivage.* — Pour 1500 kg. de fil, faire bouillir dans 2000 l. d'eau avec 300 l. de soude caustique, à 32° Tw (densité 1,16) ; plonger dans l'eau pendant 45 minutes, et laver.

(2) *Chlorage.* — Traiter le fil pendant deux heures, sous tamis, par une solution de chlorure de chaux à 2° Tw (densité 1,01) ; laver ensuite pendant une demi-heure, sous un tamis.

(3) *Acidage.* — Plonger le fil pendant une
demi-heure sous un tamis, dans de l'acide sulfurique

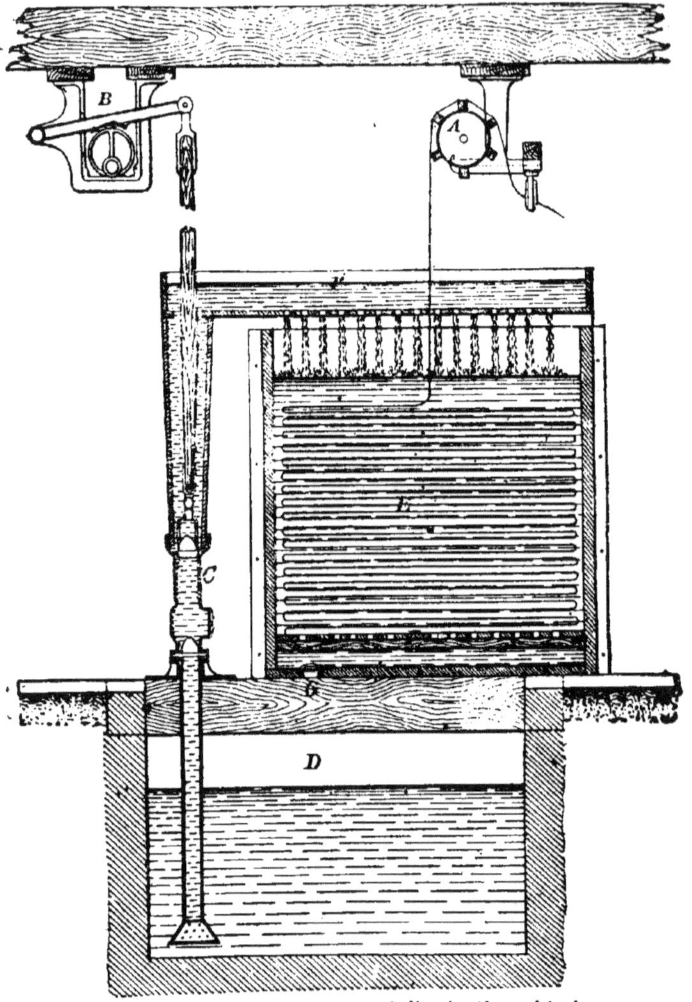

Fig. 16. — Appareil servant à l'opération chimique,
à l'acidification et au lavage.

étendu à 11º Tw (densité 1,005) ; laver ensuite pendant une demi-heure sous un tamis, puis dans une laveuse.

Si le fil doit rester blanc, on augmente sa pureté en l'azurant avec une solution chaude de savon et du bleu (pourpre d'indigo, etc.) ; on essore, et l'on sèche.

Dans le blanchiment du fil retors, à cause de sa texture plus serrée, on répète les trois premières opérations.

Le lessivage se fait dans de grandes chaudières en fer, ou cuves. La manière habituelle de procéder consiste à remplir la cuve de fil, et après avoir fait passer de la vapeur pendant environ une heure, à faire arriver une solution de soude, et à faire bouillir pendant dix à douze heures.

Le chlorage, l'acidification et le lavage sous tamis, se font au moyen de l'appareil que montre la fig. 16. Il se compose d'un réservoir en pierre E, muni d'un double fond F, et d'une soupape G communiquant avec la citerne D, située par-dessous ; B est l'arbre qui commande la pompe C ; F' est un tamis mobile recouvrant la surface entière du réservoir E ; A est un traquet pour amener la chaîne de fil dans le réservoir. Supposons le réservoir rempli de coton en fil, la pompe fait monter le liquide de D sur le tamis F, au travers duquel il tombe en pluie fine sur le coton, qui est au-dessous. Le liquide filtre au travers de la masse et passe de nouveau dans le réservoir D, pour revenir comme la première fois.

La *machine à azurer* est construite essentiellement comme la machine servant au lavage final, dans le blanchiment de la toile de coton, la principale diffé-rence consistant en ce que le traquet à section carrée est remplacé par un rouleau, et que le cylindre presseur supérieur, qui est recouvert de corde de co-ton, repose librement de son propre poids sur le cy-lindre inférieur. Au fur et à mesure que le fil, im-bibé de la solution de savon et de bleu, passe rapidement entre les rouleaux presseurs, les irré-gularités d'épaisseur produites par le pliage ou les attaches, impriment au cylindre presseur supérieur un mouvement continu de haut en bas, qui fait péné-trer le liquide jusqu'au centre du fil, augmentant ainsi de beaucoup la pureté du blanc.

57. — *Blanchiment de la toile de coton ou calicot*. — Ce mode de blanchiment varie selon le but immédiat auquel on destine le calicot ; on peut ainsi choisir entre le *blanc pour impression*, le *blanc pour rouge turc*, et le *blanc de vente*.

Blanc pour impression. — Ce mode de blanchi-ment, appelé aussi autrefois *blanc pour garance* par-ceque à l'origine, on l'avait reconnu éminemment propre aux tissus qui devaient être imprimés. et en-suite teints à la garance, est le plus efficace pour la toile de coton.

Marquage et couture. — Dans le but de reconnaître les tissus dans la suite, on marque les chefs de chaque pièce avec des lettres et des chiffres, qu'on fait avec du noir de goudron ou d'aniline. On coud ensuite les pièces bout à bout, au moyen d'une ma-chine.

Grillage. — Cette opération consiste à brûler les

poils ou fibres libres qui font saillie à la surface du
tissu, parce qu'ils nuisent à la production de belles
impressions. On pratique ce flambage en faisant passer rapidement le tissu, dans toute sa largeur, sur
des plaques ou des cylindres chauffés au rouge, ou
bien au-dessus d'une rampe à gaz.

La fig. 17 montre la disposition d'une machine à
griller à la plaque. Au moyen des rouleaux R, mus
par une petite machine, la pièce G est passée rapidement sur les deux plaques de cuivre PP, chauffées
au rouge, contre lesquelles elle est abaissée par les
quatre barres du cadre de fer D, qu'on peut relever
ou rabaisser au moyen de la chaîne C. Immédiate-

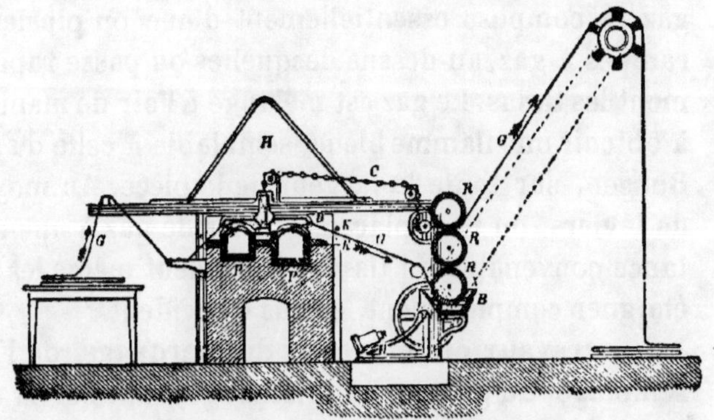

Fig. 17. — Machine à griller à la plaque.

ment après avoir quitté les plaques, la pièce passe
entre deux tuyaux de vapeur perforés KK, et dans
l'auge à eau B, de sorte que toutes les étincelles
adhérentes sont éteintes immédiatement. Il est une
hotte qui sert au dégagement des produits de la combustion. Les deux plaques sont chauffées au moyen
d'un foyer placé au-dessous.

La grande difficulté, dans le grillage à la plaque, est de conserver aux plaques la température du rouge vif, à cause du refroidissement rapide dû au passage de la pièce : d'où l'on conclut que le cylindre mobile de grillage est un perfectionnement de la plaque. Dans cet appareil, les flammes venues du foyer passent dans un cylindre de cuivre qui tourne lentement, de sorte que l'on présente continuellement à la pièce une nouvelle surface chauffée au rouge, et l'on obtient ainsi un grillage régulier.

En général, on préfère le grillage à la plaque ou aux cylindres pour les tissus, épais ; mais pour les tissus légers, comme les mousselines, etc., on adopte surtout le grillage au gaz. La machine à griller au gaz se compose essentiellement d'une ou plusieurs rampes à gaz, au-dessus desquelles on passe rapidement les tissus. Le gaz est mélangé à l'air de manière à obtenir une flamme bleue, semblable à celle du bec Bunsen, sur toute la largeur de la pièce. Au moyen de leviers, on peut placer les becs de gaz à une distance convenable du tissu, et l'on peut même les en éloigner complètement, en cas d'accident.

Les travaux préliminaires du marquage, de l'assemblage, du grillage, du flambage, sont suivis des opérations du blanchiment proprement dites, que l'on peut exposer sommairement comme suit, pour 24.000 kg. de tissu, et avec des cuves à basse pression.

1. — Lavage après flambage ;

2. — Bain bouillant à la chaux, 1.000 kg. de chaux, ébullition de 12 heures ; lavage.

3. — Acide chlorhydrique à 2º Tw (densité 1,01) ; lavage.

4. — Lessivage.

    1° 340 kg. de carbonate de soude, ébullition 3 heures.

    2° 860 kg. de carbonate de soude, 380 kg. de résine, 190 kg. de soude caustique solide ; ébullition 12 heures.

    3° 380 kg. de carbonate de soude, ébullition 3 heures ; lavage.

5. — Chlorage : solution de chlorure de chaux de $\frac{1}{4}$ à $\frac{1°}{2}$ Tw (densité 1,00125 à 1,0025) ; lavage.

6. — Acidification : acide chlorhydrique 2° Tw. (densité 1,01) ; laisser de 1 à 3 heures.

7. — Lavage, essorage, séchage.

(1) *Lavage après flambage.* — Le but de cette opération est d'humecter le tissu, d'augmenter son pouvoir absorbant, et d'enlever aussi une partie de l'apprêt du tisseur. Les pièces viennent directement de la salle de flambage voisine, guidées au moyen de bagues en faïence émaillée, dans la laveuse ; on les plie immédiatement sur le sol, et on les y laisse en piles pour qu'elles s'amollissent. Cette première opération, une fois terminée, les pièces qui, jusqu'ici, étaient ouvertes dans toute leur largeur, prennent la forme de boyaux, qu'elles gardent dans toutes les opérations suivantes.

(2) *Bain bouillant à la chaux.* — On passe les pièces dans le lait de chaux ; elles sont conduites par des traquets dans les cuves, où elles sont convenablement pliées et empilées, en les tassant avec les pieds.

Deux jeunes garçons entrent dans la cuve et, au moyen de petits bâtons, disposent le tissu régulièrement.

La fig. 18 représente une cuve ordinaire à basse
pression A, partie en section. Le tissu repose sur un
double fond perforé C, et est convenablement ar-

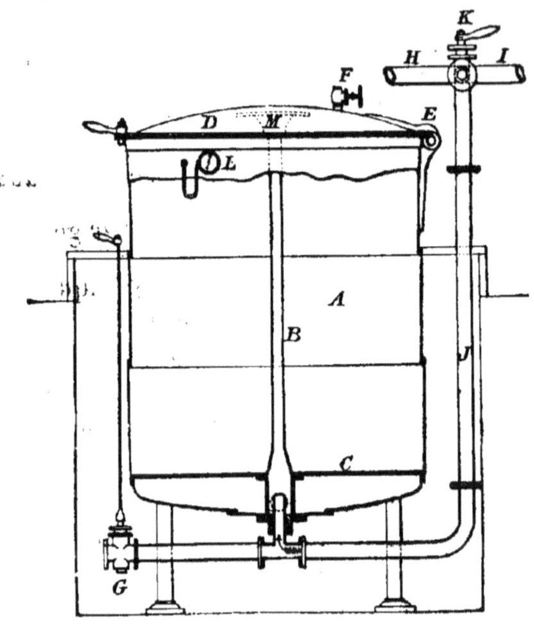

Fig. 18.

rangé autour du tuyau d'échappement B. L'eau étant
admise, on visse le couvercle D, et l'on admet la
vapeur par le conduit H, le robinet à deux voies
K, et le tuyau J, immédiatement au-dessous du
tuyau d'échappement. Aussitôt que l'eau placée sous
le double fond entre en ébullition, une partie s'élève
dans le tuyau d'échappement; et est répandue sur le
tissu au moyen de la pomme M. Elle filtre peu à peu
à travers le tissu, pour être bientôt rejetée à nouveau,
et l'on maintient ainsi une circulation intermittente

de l'eau de chaux bouillante. Les autres accessoires de la cuve qui sont indiqués, sont le manomètre L, la conduite d'eau I et la valve de décharge G.

L'action essentielle de cette ébullition à la chaux, est de décomposer les matières grasses, résineuses et cérumineuses qui se trouvent dans le tissu. Elles ne sont pas éliminées, mais restent attachées à la fibre sous la forme de savons insolubles de chaux, dont on se défait aisément par les opérations subséquentes.

Il faut avoir soin de laisser dans la cuve une quantité d'eau suffisante ; sans cela, le tissu, surtout au sommet ou au fond, pourrait s'affaiblir. Une quantité trop grande de liquide est presque aussi nuisible, parce que les pièces, sous l'influence du gros bouillonnement, peuvent être emmêlées et endommagées.

On peut substituer à la cuve à basse pression d'autres cuves, principalement dans le but d'avoir une meilleure circulation, et de réduire la période d'ébullition. Les *cuves de Barlow* fonctionnent par paires, le fond de l'une communiquant avec le sommet de l'autre. Les deux cuves sont remplies de tissu, et l'on force la liqueur à passer plusieurs fois de l'une à l'autre, alternativement, en sortant par les tubes perforés placés au centre des cuves, et de là, à travers le tissu. Les *cuves de Pendlebury* présentent un arrangement à peu près analogue. Dans la *cuve de Mason*, où l'on fait le *vide*, la liqueur circule au moyen d'une pompe ; après avoir rempli la cuve de tissu, on pompe d'abord l'air, et l'on fait arriver la liqueur bouillante.

Dans la *cuve avec injecteur* de Mather et Platt, le tuyau central n'existe pas, et la liqueur circule au moyen d'un injecteur à vapeur, qui communique par des tuyaux avec la partie supérieure et la partie inférieure de la cuve.

(3) *Acidification après le bain de chaux.* — Cette opération, consiste à laver les pièces dans de l'acide chlorhydrique étendu, dans une machine analogue à la laveuse ordinaire. Les savons calcaires insolubles, ci-dessus mentionnés, sont ainsi décomposés, et la chaux est éliminée ; les autres oxydes métalliques présents sont dissous, et la couleur brune est éclaircie. On préfère à l'acide sulfurique l'acide chlorhydrique, parce que ce dernier forme avec la chaux un composé plus soluble. Il faut avoir soin de conserver à l'acide étendu une force aussi uniforme que possible, en faisant arriver continuellement une nouvelle provision d'acide d'un réservoir de réserve, et en faisant de temps à autre des essais rapides sur la concentration de l'acide. Après cette opération, il est bon de ne pas laisser les pièces longtemps dans cet état acide, mais au contraire, il faut les laver aussitôt et aussi complètement que possible ; autrement, le tissu pourrait s'affaiblir.

(4). *Lessivage.* — Le but de cette opération est d'enlever les matières grasses qui séjournent encore sur le tissu. Les matières grasses ayant été décomposées pendant l'ébullition à la chaux, et la chaux ayant été enlevée des savons calcaires par l'acidification, les acides gras restent encore sur le tissu, et sont rapidement enlevés en dissolutions par une ébullition dans des solutions alcalines. Les matières colorantes brunes disparaissent en grande partie pendant cette opération. On emploie pour le lessivage, la même sorte de cuves que celles qui ont servi pour la cuisson à la chaux.

Quelques blanchisseurs, comme on l'a déjà indiqué, ne prennent d'abord que du carbonate de soude, avant le savon de colophane, afin d'enlever toute trace d'acide qui pourrait accidentellement s'y trouver après l'acidification. Une autre manière d'éviter que les tissus s'affaiblissent, consiste à les plonger dans une faible solution de carbonate de soude, pendant un temps assez court, et à les retirer avant de commencer l'ébullition avec le savon de résine.

L'ébullition avec le savon de résine est une opération spéciale du blanchiment pour impression. L'expérience a démontré qu'il enlève certaines matières, qui attireraient par la suite la matière colorante du bain de teinture.

Un bain chaud de carbonate de soude est nécessaire après cette cuisson en savon de résine, afin d'assurer la complète élimination des matières grasses et de la résine non dissoute.

Puisque le tissu est très sujet à contracter des taches de fer, s'il reste dans la cuve trop longtemps après l'écoulement de la liqueur alcaline, il est bon de laver immédiatement après le bain de lessive.

(5) *Chlorage.* — Après toutes ces opérations, le tissu garde une teinte jaune légère, et l'objet du chlorage est de faire disparaître toute trace de matière colorante. Les pièces passent dans une solution très étendue de chlorure de chaux, ou poudre de blanchiment, dans une machine analogue à celle employée pour le lavage ; on les laisse, encore humides, en pi-

les que l'on expose à l'air, pendant plusieurs heures ou toute la nuit.

Le blanchiment, qu'on peut considérer comme une oxydation, se fait en grande partie pendant cette exposition ; l'acide hypochloreux se dégage alors par l'action de l'acide carbonique de l'air.

Il est essentiel que la solution de chlorure de chaux ne soit pas trop forte, parce que le tissu pourrait s'affaiblir et se changer partiellement en oxycellulose, et il pourrait attirer certaines matières colorantes dans le bain de teinture, ou bien contracter des taches brunes par le vaporisage. Pour la même raison, la solution de chlorure de chaux ne doit pas contenir de parties non dissoutes.

Il faut maintenir le pouvoir décolorant de la solution aussi constant que possible, en faisant arriver continuellement une nouvelle provision de liqueur dans la machine, et en essayant de temps à autre quelle quantité de liqueur est nécessaire pour décolorer une solution type d'arsénite de soude, colorée par de l'extrait d'indigo ou une décoction de cochenille.

(6) *Acidification*. — Cette opération ne diffère pas de l'acidification après la cuisson en chaux, dont il a été question. Son but est de compléter l'action du blanchiment, en décomposant le chlorure de chaux qui pourrait être resté dans le tissu, d'enlever la chaux, la matière colorante oxydée, et de faire disparaître toute trace de fer. Le tissu reste saturé d'acide pendant plusieurs heures.

(7) Le *lavage final* doit être aussi complet que possible. Il se fait, en général, au moyen de la machine avec batteur carré, tandis que le tissu est exprimé

au moyen de la machine de Birch. Le dessin de ces machines sera donné dans la suite. Après l'essorage, on élargit le tissu avant le séchage. Ceci se fait en faisant passer horizontalement entre une paire de batteurs à deux bras, tournant rapidement le tissu en boyaux ; ils détordent la partie horizontale du tissu, qui se trouve ouvert dans toute sa largeur, et qui est encore élargi sur des cylindres présentant des cannelures en spirale, ayant une tendance à ouvrir le tissu encore plus complètement. C'est dans cet état qu'il passe autour des cylindres à vapeur de la machine à sécher.

Le temps moyen que demande le blanchiment pour impression, est de 4 à 5 jours.

Blanchiment à la cuve à vapeur. — En 1885, Mather et Platt introduisirent la cuve à vapeur, au moyen de laquelle on diminue la durée du blanchiment, la main-d'œuvre, et la consommation du combustible et des produits chimiques. Elle se compose d'un bouilleur horizontal, dans lequel on peut faire arriver deux wagonnets à fond perforé, remplis de tissu. Après avoir fermé la porte de la cuve, qui glisse verticalement, on admet la vapeur, et la liqueur nécessaire est répartie sur le tissu au moyen d'une pompe centrifuge, placée à l'extérieur, en communication avec le sommet et le fond de la cuve. Pendant l'ébullition, on peut ainsi maintenir une excellente circulation de la liqueur. On peut ensuite laver le tissu dans la cuve même, en y faisant circuler de l'eau bouillante. La cuve est munie de deux paires de wagonnets, de sorte que, quand le tissu d'une paire est soumis à l'ébullition, l'autre paire peut être vidée et remplie de tissu ; on évite ainsi une perte de temps.

Pour effectuer le blanchiment pour impression au moyen de cette cuve, on peut suivre la série des opérations déjà décrites ; mais, on obtient aussi de bons résultats en suivant la méthode abrégée que voici :

1° Acidification : passage dans SO^4H^2 étendu, à 3° Tw. (densité $1,015^3$) : laisser en pile pendant 2 à 3 heures ; lavage et exprimer.

2° Préparation de la lessive : passer dans la solution suivante, à 70° centigrades : 50 l. de bisulfite de soude 60° à Tw. (densité 1,3) ; 20 kg. NaOH (solide 72 0/0) ; 1800 l. d'eau ; empiler dans les wagons de la cuve à vapeur.

3° Bain de lessive : ébullition dans la cuve à vapeur, pendant 6 à 8 heures, 0 kg. 75 de pression, avec circulation d'un savon de résine ; 20 kg. NaO,H (solide 72 0/0) ; 40 kg. de sel de soude ; 20 kg. de colophane ; 2000 l. d'eau ; laver 4 fois (1/2 heure à une heure à chaque fois) à l'eau bouillante, et une fois à l'eau froide dans la cuve.

4° Chlorage : passer dans de la poudre de blanchiment étendue en solution, 1/2° Tw (densité 1,0025) ; lavage.

5° Acidification : passage dans SO^4H^2 étendu à 2°Tw (densité 1.01) ; lavage et séchage.

Le but de la première acidification est de décomposer les composés insolubles des acides gras, d'enlever les matières calcaires ou autres matières minérales, et de rendre soluble la matière amylacée présente. On additionne de bisulfite de soude la préparation à la lessive, à cause de son pouvoir réducteur, qui empêche que la fibre s'oxyde ou s'affaiblisse pendant l'ébullition.

Blanchiment pour rouge turc. — Lorsque la toile de coton doit être teinte en rouge turc, certaines modifications sont introduites. On a reconnu, par exemple, que le flambage et l'application du chlorure de chaux, qui cause la production d'oxycellulose, nuisent à la production d'une couleur brillante. Les appareil qui sont employés sont ceux qu'on a décrits : il est seulement nécessaire de donner les opérations que l'on fait ordinairement.

1. Lavage.

2. Ebullition dans l'eau pendant 2 heures, et lavage.

3. Lessivages : 1° 90 litres de soude caustique à 70° Tw. (densité 1,35); ébullition de 10 heures, suivie de lavage ; 2° 70 litres de soude caustique à 70° Tw. (densité 1,35); ébullition de 10 heures, suivie de lavage.

4. Acidification : acide sulfurique à 2° Tw (densité 1,01); bain de deux heures.

5. Lavage soigné et séchage.

Les quantités ci-dessus indiquées supposent une quantité de 2000 kg. de tissu, et une cuve à basse pression.

Blanc de vente. — Dans ce blanchiment, la différence essentielle consiste dans l'absence du bain bouillant au savon de résine, et dans l'introduction d'une matière colorante bleue dans le tissu, avant le séchage. Nombre de blanchisseurs font l'opération au chlorure de chaux, entre les deux lessivages, et non après ces opérations, comme cela se fait ordinairement.

CHAPITRE VI

BLANCHIMENT DU LIN

58. — Le blanchiment du lin est plus ou moins analogue à celui du coton, quoiqu'il soit certainement beaucoup plus difficile, vu la plus grande proportion d'impuretés naturelles qui se trouvent dans la fibre de lin, et la difficulté plus grande de les éliminer ou de les décolorer. C'est surtout l'acide pectique brun, insoluble, et subsistant dans la fibre après le rouissage, qui compose ces impuretés.

59. — *Blanchiment du fil de lin et du fil retors.* — Le fil de lin est souvent blanchi partiellement, et l'on peut distinguer le fil à demi blanchi (crème), le fil blanchi aux trois quarts, et le fil blanchi complètement.

Ci-après, se trouve un exposé de la méthode généralement adoptée pour le blanchiment du fil de lin, en Irlande. Les proportions pour cent indiquées sont basées sur la quantité de fil soumis à l'opération :

1° Ebullition : 10 0/0 de carbonate de soude, ébullition de *3* à *4* heures, lavage et essorage.

2º Chlorage : solution de chlorure de chaux à $\frac{1^{0}}{2}$ Tw ; manœuvrer pendant une heure, lavage.

3º Acidification : acide sulfurique à 1º Tw, bain d'une heure ; lavage.

4º Lessivage : 2 à 5 0/0 de carbonate de soude, ébullition d'une heure, lavage.

5º Chlorage : comme au nº 2 ; lavage.

6º Acidification : comme nº 3 ; lavage complet et séchage.

A cette période, le fil est à demi blanchi.

S'il est nécessaire de blanchir aux trois quarts, on ne sèche pas, et les opérations 4, 5, 6 sont répétées, avec les légères modifications suivantes : (*a*) après le lessivage, le fil est mis sur pré, c'est-à-dire étendu dans un champ, pendant une semaine environ ; (*b*) au lieu de manœuvrer le fil dans une solution de chlorure de chaux, on l'y plonge simplement, pendant 10 à 12 heures, opération analogue à l'opération du chlorage, employée pour le coton.

Si le fil doit être complètement blanc, on répète une ou deux fois les mêmes opérations, la durée de la mise au pré variant selon la nécessité et la température. Dans chacune des opérations successives, on diminue la concentration des solutions employées.

La *cuisson* se fait dans une cuve ouverte ordinaire, ou dans une cuve à basse pression, tandis que celles du trempage, de l'acidification et du lavage se font pour le mieux dans les citernes où se fait le chlorage, analogues à celles employées dans le blanchiment du fil de coton.

Le fait de manœuvrer le fil dans la solution du

chlorure de chaux pour le mi-blanc est particulier au blanchiment du fil de lin.

La machine servant à cette opération, se compose d'une citerne peu profonde, en pierre, contenant la solution de chlorure de chaux, et pourvue d'un cadre mobile supportant un certain nombre de dévidoirs. On y suspend les écheveaux de fil, de manière que leur partie inférieure, seule, trempe dans le liquide. On peut, si cela est nécessaire, enlever rapidement chaque dévidoir séparément ; ou bien, au moyen d'un élévateur hydraulique, on peut soulever le cadre tout entier, et le transporter sur une autre citerne semblable pour le lavage, etc.

60. — *Blanchiment de la toile.* — Ci-après, se trouve exposé un procédé irlandais moderne, pour 1500 kg. de linon (toiles claires, mouchoirs, etc.), dans des cuves à basse pression :

1° Ebullition à la chaux : 125 kg. de chaux, ébullition, 14 heures ; lavage pendant 40 minutes.

2° Acidification : Acide chlorhydrique à $2\frac{1^{o}}{2}$ Tw (densité 1,025) ; bain de 2 à 6 heures ; lavage de 40 minutes.

3° Lessivages : (*a*) 30 kg. de soude caustique (solide), 30 kg. de résine, d'abord bouillies et dissoutes ensemble dans l'eau, 2000 l. d'eau ; ébullition de 8 à 10 heures ; écoulement de la liqueur, addition de :

(*b*) 15 kg. de soude caustique (solide), dissoute, 2000 l. d'eau, ébullition de 6 à 7 heures ; lavage pendant 40 minutes.

4° Mise au pré, de 2 à 7 jours, selon les conditions atmosphériques.

5º Chlorage : solution de chlorure de chaux à $\frac{1^o}{2}$ Tw (densité 1,0025) ; bain de 4 à 6 heures ; lavage de 40 minutes.

6º Acidification : acide sulfurique 1º Tw (densité 1,005) ; bain de 2 à 3 heures ; lavage de 40 minutes.

7º Lessivage : 8 à 13 kg. de soude caustique (solide) dissoute, 2000 l. d'eau ; ébullition de 4 à 5 heures ; lavage de 40 minutes.

8º Mise au pré, de 2 à 4 jours.

9º Chlorage : solution de chlorure de chaux à $\frac{1^o}{4}$ Tw (densité 1,00125) ; bain de 3 à 5 heures ; lavage de 40 minutes.

A cette période, on examine le tissu : celui qui est assez blanc est acidifié et lavé ; celui qui ne l'est pas assez, est alors soumis au traitement suivant :

10º Frottage sur des planches avec une forte solution de savon mou.

11º Mise au pré, de 2 à 4 jours.

12º Chlorage : solution de chlorure de chaux. à $\frac{1^o}{6}$ Tw (sp. gr. 1,0008) ; bain de 2 à 4 heures ; lavage de 40 minutes.

13º Acidification : acide sulfurique à 1º Tw (densité 1,005) ; bain de 2 à 3 heures ; lavage de 10 minutes. Lorsque le tissu (toile crème) est fait d'un fil qui a déjà été partiellement blanchi, on se sert d'un procédé moins énergique. Le lavage se fait ordinairement dans des bacs de lavage, mais quelquefois aussi, et même avec avantage, dans des machines à laver sans tension. Elles sont de construction analogue à celles que l'on emploie pour le blanchiment du calicot ; l'auge de lavage, cependant, est divisée, par des traverses de bois, en plusieurs compartiments, chacun d'eux pouvant contenir plusieurs mètres de tissu non tendu.

Le frottage, dont il a été question, est spécial au blanchiment du lin, et a pour but l'élimination de petites particules de matière brune. Il s'effectue au moyen d'une paire de planches cannelées, reposant l'une sur l'autre. La planche supérieure est animée d'un mouvement de va-et-vient, dans le sens de la longueur, et l'on fait passer les pièces latéralement, entre les deux planches.

La mise au pré du tissu qu'on soumet ainsi à l'influence de l'air, de l'humidité et de la lumière, est adoptée en vue d'éviter des bains trop fréquents dans des so'utions de chlorure de chaux, et de conserver ainsi à la fibre le plus de force possible.

Le dégagement des pièces et le repliage se font spécialement, après le lavage dans les bacs ou les roues à laver.

61. — *Chimie du blanchiment de la toile.* — Pendant les diverses ébullitions à la chaux, au carbonate de soude, à la soude caustique, au savon de résine, l'acide pectique .brun insoluble, qui se trouve sur la fibre rouie, est décomposé et changé en acide métapectique, qui se combine avec l'alcali pour former un composé soluble, dont on se débarrasse aisément. La perte que le lin subit ainsi varie, selon son origine, de 15 à 36 0/0

Après un certain nombre de bains bouillants alcalins successifs, le tissu n'a plus qu'une couleur d'un
gris pâle, et l'on arrive rapidement au blanc par des
solutions relativememaent faibles d'hypochlorite,
sans que la fibre en soit endommagée.

La méthode rationnelle pour le blanchiment de la
toile, semblerait donc exiger que l'on diffère l'application de chlorure de chaux jusqu'à presque entière
élimination des matières pectiques par la chaux ou
les bains bouillants alcalins, quoique, dans la pratique, ce plan ne soit pas suivi à la lettre. Un seul
lessivage n'enlève pas plus de 10 0/0 des matières
pectiques, et comme leur présence en aussi grande
proportion, empêche la décoloration en une fois de la
matière grise, au moyen des solutions de chlorure
de chaux, la méthode ordinaire consiste à alterner
les bains bouillants alcalins avec les traitements au
chlorure de chaux étendu ; d'autant plus qu'une faible oxydation des matières pectiques aide à leur élimination par les alcalis bouillants, et que ces traitements au chlorure de chaux les prédisposent à l'oxydation.

D'ordinaire, le blanchiment de la toile brune demande de trois à six semaines.

CHAPITRE VII

DÉGRAISSAGE ET BLANCHIMENT
DE LA LAINE

62. — *But du dégraissage de la laine.* — Il a pour but l'élimination complète des impuretés naturelles et artificielles (suint, impuretés, matières grasses, etc.) qui, autrement, nuiraient à la teinture.

La laine brute est imprégnée ou incrustée de suint, qui se compose essentiellement de corps gras, d'acides gras libres, etc. Les filés et tissus de laine contiennent toujours de l'huile (huile d'olive, acide oléique, etc.), dans la proportion de 10 à 15 0/0, provenant de l'ensimage de la laine pour en faciliter la filature.

Si l'on omet le dégraissage, et qu'on ne le fasse qu'improprement ou imparfaitement, chaque fibre se trouve recouverte d'un léger enduit de corps gras, qui résiste plus ou moins à l'absorption ou à la fixation du mordant ou de la matière colorante. En résultat final, la laine est mal ou irrégulièrement teinte, et paraît mouchetée ou rayée ; ou bien, la matière colorante n'est déposée que superficiellement, et s'en va aisément par le lavage ou le foulage, etc., opérations ultérieures.

La méthode ordinaire pour enlever le suint, l'huile, etc. de la laine, consiste à la traiter, au moyen de faibles solutions alcalines.

Dans ces derniers temps, on a proposé des dissolvants volatils, capables de dissoudre les matières grasses, comme l'éther, l'huile légère de pétrole, le sulfure de carbone, etc.

63. — *Agents dégraisseurs alcalins* — L'urine, détersif qu'on emploie depuis les temps les plus reculés pour le dégraissage de la laine, ne doit son efficacité qu'à la présence du carbonate d'ammoniaque qu'elle contient.

On s'en sert, dans la proportion d'une mesure à cinq d'eau, et l'on obtient d'excellents résultats ; le principal défaut en est l'odeur désagréable. Le *carbonate d'ammoniaque* est le substitut le plus rationnel de l'urine, et peut-être l'un des meilleurs détersifs alcalins, surtout employé avec du savon ; mais on le considère encore comme trop cher pour devenir d'un usage général. On emploie beaucoup, comme agents dégraisseurs faibles, les *savons de potasse* et de *soude*, pour les laines des meilleures qualités. Toutes choses égales d'ailleurs, il faut préférer les savons les plus solubles, comme ceux de potasse ou l'oléate de soude. On ajoute souvent de l'ammoniaque à la solution de savon, pour en augmenter les propriétés détersives. Il est important de se souvenir, dans l'emploi du savon, que l'eau doit contenir le moins possible de chaux ou de magnésie, afin d'éviter que des savons insolubles de chaux ou de magnésie se précipitent sur le tissu.

L'agent dégraisseur qu'on emploie le plus, soit seul, soit mélangé au savon, est le *carbonate de soude*, dont on peut maintenant obtenir les meilleures qualités (soude Solvay, carbonate cristallisé, etc.). Employé judicieusement et avec soin, il n'affecte la laine que très peu, et comme il est peu coûteux, il s'adapte très bien aux laines de basse qualité ou de qualité moyenne. On peut, en règle générale, dire qu'on obtient les meilleurs résultats (en ce qui concerne le toucher et le lustre de la laine) en employant les solutions de détersifs alcalins, aussi étendues et à une température aussi basse que possible, tout en éliminant complètement toutes les impuretés. La température peut varier de 40 à 50° centigrades.

On recommande de temps en temps d'autres substances, comme additions utiles au bain de dégraissage ; par exemple le sel ordinaire, le chlorure d'ammonium, une décoction d'écorce de savonnier (*quillaya saponaria*), l'oléine, le savon de résine, la fiente de porc, etc. Quelques-uns peuvent agir avec avantage dans certains cas ; mais en général, les agents dégraisseurs d'abord mentionnés, sont plus utiles. Le chlorure d'ammonium, par exemple, détruit les propriétés alcalines du savon et du carbonate de soude, c'est-à-dire enlève l'alcali caustique présent, qu'il remplace par de l'ammoniaque n'ayant pas d'effet car l'on a :

$$NaOH + AzH^4Cl = AzH^3 + NaCl + H^2O.$$

On doit éviter les substituts secrets ou brevetés pour le dégraissage ; ou ils sont inutiles, ou, s'ils sont utiles, ils peuvent être préparés plus économiquement par l'ouvrier lui-même.

64. — *Dégraissage de la laine à l'état de fibres.* — (a)
Dégraissage par les solutions alcalines. — Dans sa
forme la plus complète, le dégraissage de la laine
brute en suint se compose de trois opérations :

1º Lavage à l'eau (désuintage).

2º Nettoyage ou dégraissage proprement dit, au
moyen de solutions alcalines étendues.

3º Rinçage ou lavage final à l'eau.

On ne pratique pas, dans certains cas, la première
opération en Angleterre, parce que la laine a déjà
été lavée plus ou moins complètement par l'éleveur ;
mais plus souvent, parce qu'il est admis que la portion soluble du suint, grâce à sa nature alcaline, facilite l'opération du dégraissage.

Cependant, ce système a certains défauts. Le bain
peut s'altérer plus vite, et sa composition varie rapidement, de sorte qu'à moins d'un renouvellement
fréquent, la laine peut se trouver dégraissée d'une
manière insuffisante ou altérer la nuance.

Lorsqu'il s'agit de laine ne contenant qu'une faible
proportion de suint, on peut omettre le désuintage
pour obtenir le carbonate de potasse ; mais, s'agit-il
de laines riches en suint (laine de la Plata, etc.), on
recommande ce procédé comme très avantageux. En
Belgique et en France, on l'emploie beaucoup.

Désuintage. — La laine est simplement immergée,
ou plutôt, est lavée méthodiquement dans l'eau
tiède, de la manière suivante :

On remplit de laine brute quatre ou cinq grands
réservoirs en fer. Le premier est rempli d'eau tiède
(45º centigrades), et l'on y laisse tremper la laine
pendant plusieurs heures, jusqu'au moment où il n'y

a plus dissolution de suint. On fait passer le liquide, au moyen d'une pompe, dans le second réservoir, où il séjourne (à 45⁰) jusqu'à ce qu'il cesse de dissoudre le suint. On le fait passer, de la même manière, dans les réservoirs **3** et **4**, jusqu'à ce qu'enfin il soit saturé de suint, et prêt à être évaporé à siccité, calciné, etc., afin d'obtenir le carbonate de potasse. Pendant le temps que dure cette opération, une *nouvelle* provision d'eau (à **45°** cent.) circule, d'une manière analogue, dans les divers réservoirs, jusqu'à ce qu'enfin la laine, dans la première cuve, ne contienne plus de matières solubles. La laine de ce réservoir étant prête pour le dégraissage, on vide la cuve et on y remet la laine brute. Aussitôt que cela se présente, la nouvelle provision d'eau circule dans les réservoirs, dans l'ordre **2, 3, 4, 1**, de sorte que la solution, saturée de suint, est retirée de la cuve **1** nouvellement remplie, et la laine que contient la cuve nº **2** est épuisée. On la vide alors, et on la remplit. En continuant ce lavage, la laine des cuves devient, à son tour, dépourvue de suint. Le principe le plus important de cette opération, est que la laine brute en suint est d'abord lavée dans une eau presque saturée de suint ; la laine extraite partiellement est mise en contact avec des solutions plus faibles, et la laine presque épuisée, est soumise à l'action de l'eau fraîche.

Dégraissage et lavage. — Dans les grands établissements bien agencés, la laine passe dans la machine à dégraisser, dont il existe plusieurs sortes : celles de Pétrie, M. Naught, Crabbree, etc. Comme type, on peut décrire la machine de M. Naught,

Une disposition pour un dégraissage efficace se compose au moins de trois de ces appareils placés l'un derrière l'autre.

La première cuve où la laine passe contient de la liqueur plus ou moins chargée, qui a déjà servi dans la deuxième auge ; celle-ci contient de la liqueur à dégraisser fraîche, et la troisième est constamment approvisionnée d'eau propre froide, ou de préférence, tiède.

Regénération des matières grasses. — La liqueur provenant du dégraissage est réunie dans des puits en pierre, où on la soumet à l'action de l'acide sulfurique. La matière grasse vient surnager, on la recueille, on la met dans des sacs-filtres, et elle est ainsi vendue aux marchands d'huiles. Une autre méthode consiste à faire passer la liqueur de dégraissage dans une pompe centrifuge, ou séparateur. On sépare ainsi le corps gras de la liqueur, qui est acidifiée comme il a été dit. La matière grasse est lavée en la battant dans l'eau. On l'y fait ensuite bouillir, on écume, on purifie à nouveau pour produire la *lanoline*, qui est la matière grasse de la laine, à l'état pur.

Jusqu'ici, le dégraissage de la laine par les liquides volatils n'a pas été adopté couramment, en partie à cause du danger auquel on s'expose, mais surtout parce l'application pratique présente certaines difficultés.

On dit que l'expérience a prouvé que la laine nettoyée de cette façon est plus forte, et donne un fil plus fin, avec moins de perte qu'avec la méthode ordinaire au savon.

Dans ces dernières années, l'attention a été attirée par les machines qu'ont proposées Mullings, Singer et Judell, et Burnell.

65. — *Dégraissage en fil.* — Ce dégraissage se fait plus rapidement que celui de la laine brute.

a). *Étirage du fil.* — Les fils, qui sont très tordus, nécessitent cette opération préliminaire, afin de leur enlever toute tendance à se friser, et pour les empêcher de se rétrécir dans les opérations subséquentes du dégraissage. On emploie pour cela la machine à tirer le fil (fig. 19).

Elle se compose de deux vis verticales en fer D, qui réunissent deux barres horizontales A et B l'une au-dessus de l'autre, chacune d'elles étant pourvue de chevilles métalliques ou bras, sur lesquelles les écheveaux sont suspendus. La barre inférieure est fixe ; la barre supérieure peut se mouvoir de haut en bas, au moyen des vis verticales, et peut se fixer à un point voulu. Après avoir suspendu l'écheveau sur le bras C, on fait monter la barre A jusqu'à ce que l'écheveau soit suffisamment tendu. Dans ces conditions, l'appareil entier est immergé dans un bain d'eau bouillante. d'où on le retire au bout de quelques minutes. Les portions des écheveaux, en contact immédiat avec les bras, conservent toujours leur tendance à friser. Aussi, après avoir diminué la tension des écheveaux, on change leur position sur les bras ; on visse à nouveau, et l'on répète l'immersion. Lorsqu'on le sort et qu'on le laisse refroidir, le fil est prêt à être dégraissé. Le principe sur lequel cette opération s'appuie, a déjà.

été exposé en parlant de la nature hygrométrique et élastique de la laine. L'opération, est analogue à celle du fixage des tissus mêlés, et des tissus laine.

Fig. 19. — Machine à étirer le fil.

b). *Dégraissage du fil.* — Ce dégraissage se fait généralement à la main, dans une cuve de bois rectangulaire : le bain est chauffée au moyen d'une conduite de vapeur perforée. Les écheveaux sont suspendus sur des barres de bois lisses, placées en travers du réservoir. On les lève avec soin, un par un, de sorte qu'on peut immerger la partie qui repose sur la barre. L'opération dure de 15 à 20 minutes. Le fil est nettoyé une seconde fois, dans une seconde cuve contenant de la liqueur plus propre, et est finalement lavé d'une manière analogue, ou bien en plaçant les barres chargées d'écheveaux sur une paire de barres horizontales, situées sous une plaque de bois perforée, sur laquelle coule l'eau. Le fil reçoit ainsi un bain en pluie fine.

Le dégraissage peut s'effectuer en partie à la main en partie à la machine, au moyen de l'appareil de Thomas Aimers et Sons, de Galashiels (fig. 20).

Le fil est suspendu sur des dévidoirs reposant sur l'une des parois de la cuve de dégraissage ; on les fait tourner alternativement dans les deux sens dans la solution, pendant un temps relativement court. On retire alors les écheveaux de ces rouleaux, on les place sur un tablier mobile sans fin, qui les fait passer entre deux rouleaux presseurs, et ils sont ensuite lavés à l'eau dans une machine analogue.

Une méthode pour le nettoyage continu du fil, se pratique au moyen de la machine que représente la fig. 21.

On réunit les écheveaux au moyen de petits anneaux de corde, et la chaîne formée passe, d'une façon continue, dans une série de trois machines, analogues à celle représentée par la fig. 21. Les rouleaux presseurs A et B sont recouverts d'une couche épaisse d'une substance molle et durable, telle que le peignon de soie.

Fig. 20. — Machine pour dégraisser le fil.

66. — *Nettoyage (dégraissage) du tissu.* — Le tissu est dégraissé soit en boyau, soit au large. Les fig. 22 et 23 représentent (22 en perspective, 23 en section) la machine employée ordinairement pour le dégraissage des tissus en boyau, bonne pour les draps épais, les flanelles que l'on désire feutrer. Elle se

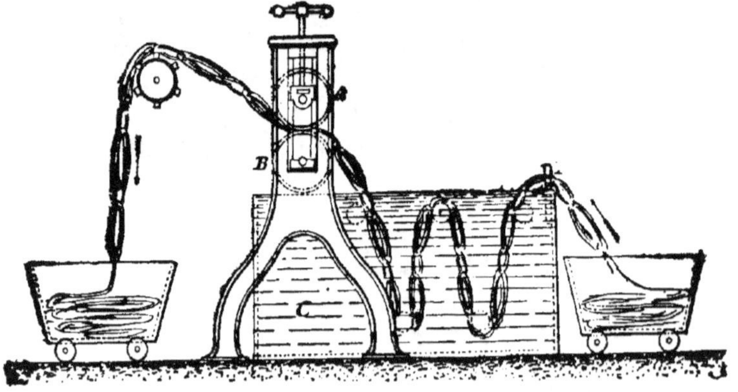

Fig. 21. — Machine pour le dégraissage continu du fil de laine.

compose essentiellement d'une paire de rouleaux presseurs en bois, très lourds, A, B, placés au-dessus d'une grande auge E, qui contient la solution. Les pièces sont cousues bout à bout, de manière à former une chaîne sans fin, qui passe d'une manière continue, pendant environ 20 minutes. La petite auge C est destinée à recueillir le liquide exprimé. Pendant l'opération, cette liqueur repasse dans E, par un trou muni d'un tampon qui est au fond de C ; mais à la fin d'une opération, en fermant cette ouverture, on peut vider entièrement le réservoir E, et l'on fait sortir la liqueur qui a servi par le trou à tampon D, lequel se trouve à l'une des extrémités de C. On peut alors effectuer une deuxième opération avec un nouveau bain si c'est nécessaire, puis un lavage à l'eau, sans retirer le tissu de la machine. F et G sont des rouleaux-guides.

Le dégraissage de l'étoffe au large est préférable

Fig. 22. — Machine à dégraisser les tissus.

pour les tissus unis qui ne doivent pas se feutrer, et dans lesquels on doit éviter les faux plis.

La machine Kempe (fig. 24) sert pour cette opération. Elle est, en général, analogue à celle qui vient d'être décrite, et se compose de rouleaux presseurs en fer, placés au-dessus d'une petite auge, le tout monté sur une grande cuve. Ce qui caractérise cette

machine est le plan incliné ajusté, sur lequel tombe
le tissu qui vient du rouleau d'appel. La partie supérieure est articulée au moyen de charnières, de

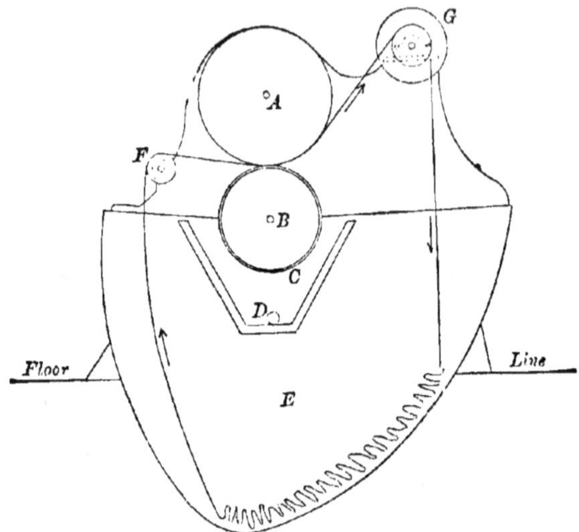

Fig. 23. — Coupe de la machine à dégraisser les tissus.

sorte que l'inclinaison de cette partie peut être réglée
de façon à ce qu'elle convienne aux différentes qualités de tissus, et à assurer la descente de l'étoffe en plis
réguliers. Elle est couverte de zinc, plissé dans le sens
de la longueur, afin de réduire le frottement du tissu,
et de l'empêcher de se déplacer à droite ou à gauche.

67. — *Dégraissage des tissus mêlés.* — Les propriétés hygrométriques, élastiques et autres, du coton et de la laine, font que les tissus légers, à chaîne
de coton et à trame de laine, simplement dégraissés
à la manière ordinaire, se rétrécissent irrégulièrement, de sorte que lorsqu'ils sont secs, ils pren-

nent un aspect grossier, crispé, qui en rend la vente tout à fait impossible.

Le nettoyage de ces tissus légers mêlés comprend, pour cette raison, les opérations additionnelles du *fixage* et du *vaporisage*.

a) *Fixage.*—Le but de cette opération et de la suivante est d'empêcher le tissu de prendre une apparence crispée. Elles lui communiquent aussi un lustre tout particulier.

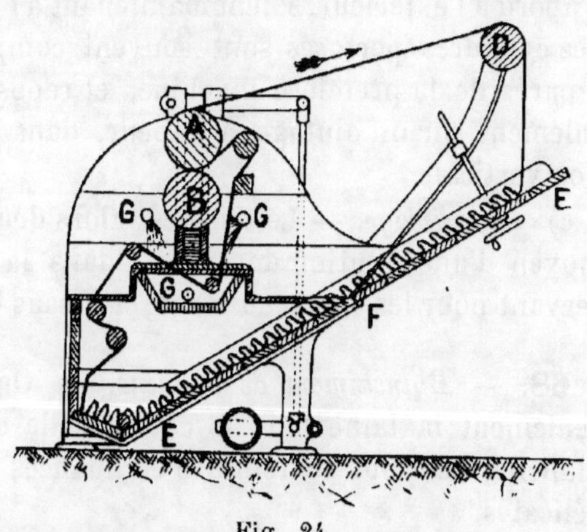

Fig. 24.

La fig. 25 représente la disposition d'une machine de fixage triple.

Le tissu A, enroulé sur le cylindre B, passe au large et assez tendu, au-dessous du rouleau-guide D, dans l'eau bouillante contenue dans la bassine C, et alors entre la paire de cylindres de fer lourds B et E, sous grande pression. Il s'enroule sur le cylindre inférieur B. L'opération peut se répéter dans la deuxième et la troisième bassine. La tension du tissu et la pression des cylindres varient selon la qualité des tissus, et selon l'apparence, le lustre et l'apprêt qui sont ensuite nécessaires.

b) *Vaporisage*. — Les pièces sont déroulées du dernier cylindre, et enroulées très serré sur le cylindre en fer mobile et perforé U. On fait arriver la vapeur par l'axe de ce cylindre, jusqu'à ce qu'elle passe librement au travers du tissu. On répète l'opération sur un second cylindre perforé U', de telle sorte que les parties des pièces qui se trouvaient d'abord à l'extérieur, soient maintenant à l'intérieur. Ces cylindres perforés sont souvent complètement séparés de la première machine, et reposent généralement sur un ajutage à vapeur, dans une position verticale.

c) *Dégraissage*. — Le tissu est alors dégraissé au moyen d'une solution de savon, dans la machine servant pour les tissus au large, ci-dessus décrite.

68. — *Blanchiment de la laine*. — On blanchit seulement la laine dans le cas où elle doit rester blanche, ou pour la teinture en nuances claires et délicates.

On emploie surtout, dans ce but, l'acide sulfureux. Selon l'état dans lequel on l'emploie, on distingue le blanchiment gazeux et le blanchiment liquide. Les deux blanchiments servent couramment. Depuis un certain temps, on se sert aussi du bioxyde d'hydrogène, et il serait sans doute plus employé pour le blanchiment de la laine, s'il était moins coûteux.

Blanchiment au gaz sulfureux. — Le fil est d'abord dégraissé et bien lavé ; il est ensuite suspendu sur des lattes et placé dans le soufroir, qui con-

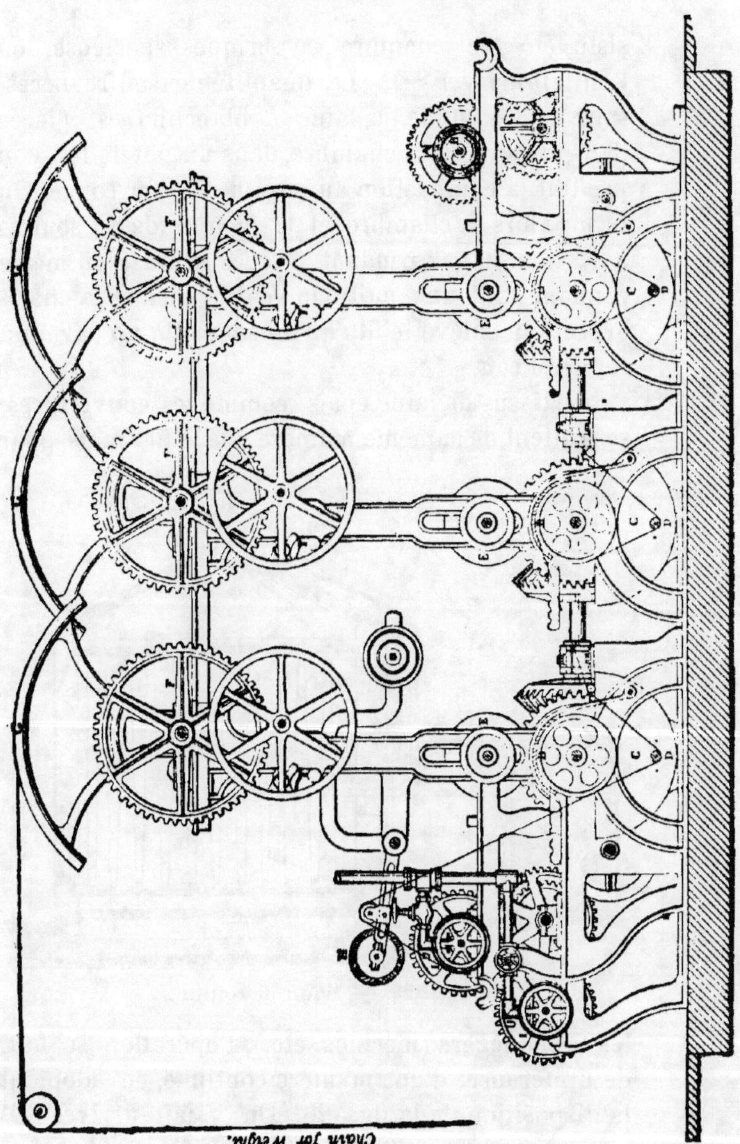

Fig. 25. — Machine de fixage triple.

siste en une chambre en briques spacieuse, où
l'on fait arriver SO^2. La quantité de soufre nécessaire (6 à 8 0/0 de la laine à blanchir) est placée
dans un coin de la chambre, dans un pot de fer ; on
produit la combustion au moyen d'un fer rouge. On
ferme alors la chambre, et le fil humide est soumis
à l'action du gaz pendant 6 ou 8 heures, ou même
pendant tout une nuit. On ventile ensuite la chambre et on enlève le fil, qu'on soumet à un lavage à
fond, à l'eau.

Les tissus de laine épais, comme les couvertures,
se traitent de la même manière que le fil ; mais pour

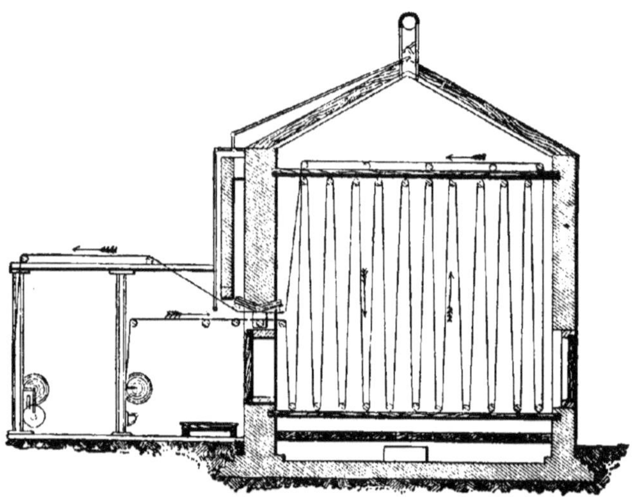

Fig. 26. — Soufroir continu.

les tissus légers (mérinos, etc.), l'opération se fait,
de préférence, d'une manière continue, en adoptant
la disposition de la fig. 26. On y fait arriver SO^2
comme il a été indiqué ou, de préférence, on fait

brûler le soufre dans un fourneau séparé, et on fait arriver le gaz produit sous le plancher perforé du soufroir. Le tissu est introduit par une ouverture étroite dans le mur ; il passe ensuite sur des rouleaux, comme cela est indiqué, pour ressortir par la même ouverture. L'opération est répétée deux fois, si cela est nécessaire.

Dans le *Blanchiment au liquide*, la laine est plongée, pendant plusieurs heures, soit dans une solution de SO_2, soit dans des solutions de bisulfite de soude et de HCl, en bains séparés, de sorte que SO_2 se forme sur la fibre, soit simplement en bisulfite. Les tissus qui doivent rester blancs sont azurés avec une matière colorante bleue, ou violet bleu (comme l'indigo, l'extrait d'indigo, le bleu d'aniline, etc.). soit avant, soit après le blanchiment, afin de neutraliser la couleur jaune de la laine, qui revient si facilement. Le principe qui est appliqué ici est celui des couleurs complémentaires, qui, lorsqu'elles sont mélangées dans les proportions voulues, produisent du blanc. Le bleu est la couleur complémentaire du jaune.

L'action de SO_2 dans le blanchiment, est due à son pouvoir réducteur sur la matière colorante naturelle jaune que possède la laine. Malheureusement, l'effet n'est pas permanent, et un fréquent lavage de la laine blanchie dans les solutions alcalines, tend à lui redonner la couleur jaune qu'elle avait primitivement ; car il y a alors tendance à l'oxydation.

L'agent liquide de blanchiment par excellence, est le bioxyde d'hydrogène (H_2O_2). La méthode ordinairement employée consiste à plonger la laine, pendant plusieurs heures, dans une solution étendue et très légèrement ammoniacale d'eau oxygénée du commerce, puis à bien laver, d'abord dans de l'eau acidulée par de l'acide sulfurique, ensuite dans de l'eau seulement.

On doit éviter l'excès d'ammoniaque, car l'oxygène se dégagerait trop rapidement. On a récemment introduit le peroxyde de sodium (Na^2O^2) comme une amélioration dans le blanchiment. Pour l'employer, on l'ajoute graduellement à l'eau légèrement acidulée par SO^4H^2 à froid. La solution de bioxyde d'hydrogène ainsi obtenue, est rendue alcaline par l'ammoniaque, et elle est employée comme il a été indiqué.

CHAPITRE VIII

DÉCREUSAGE ET BLANCHIMENT
DE LA SOIE

69. — *But du décreusage de la soie.* — Son but est de débarrasser la fibre de soie grège du grès dont elle est entourée, de la rendre brillante et douce, et plus propre à la teinture. Selon la quantité de grès enlevé, on distingue : la *soie cuite*, la *soie souple* et la *soie écrue*.

70. — La *soie cuite* est celle qu'on a pratiquement débarrassée de tout son grès, par les deux opérations du dégommage et de la cuite.

a) Dégommage. — Son but est d'amollir la soie, d'enlever la plus grande partie de la gomme de la soie et de la matière colorante. Un rinçage préliminaire à l'acide chlorhydrique étendu et tiède est avantageux, puisqu'il élimine les matières calcaires ou autres substances minérales, et empêche leur action sur le bain de savon. Les écheveaux de soie grège sont suspendus sur des chevilles lisses, et sont travaillés à la main, dans une auge rectangulaire en cuivre, contenant une solution de 30 à 35 0/0 de savon, chauffée de 90 à 95° centigrades.

Il vaut mieux, dans le cas où la soie est destinée à du blanc ou à des couleurs délicates, la travailler dans deux ou trois bains séparés, et pendant 20 minutes. environ, dans chacun. Il est bon d'éviter une trop longue ébullition dans la solution de savon, parce qu'une partie de la matière colorante de la gomme de soie peut être attirée par la fibre. Le liquide savonneux et glutineux obtenu constitue le *savon coupé*, qui sert avec avantage dans le bain de teinture des couleurs dérivées du goudron de houille.

Après le dégommage, les écheveaux sont rincés dans une faible solution de savon et de carbonate de soude.

b). *Cuite*. — Dans le but de faire disparaître les dernières traces de grès, et de donner à la soie tout ce qu'il lui faut de douceur et de brillant, on la place alors dans des sacs grossiers de chanvre, appelés poches. On en met environ 15 k. dans chacun ; on fait bouillir dans de grands vases en cuivre ouverts, avec une solution contenant de 10 à 15 0/0 de savon. La période d'ébullition varie d'une demi-heure à 3 heures, selon la qualité de la soie. Celle-ci est ensuite rincée dans une solution étendue, tiède. de carbonate de soude, et finalement, lavée dans l'eau froide.

Par un décreusage au savon, de la manière ci-dessus indiquée, les soies du Japon et de la Chine perdent de 18 à 22 0/0 de leur poids, et les soies d'Europe, de 25 à 30 0/0.

Étirage. — Quand la soie a été bien adoucie par le dégommage, mais non dégommée entièrement, on peut aisément et sans risque, l'étirer jusqu'à 2 et 3 0/0 ; elle acquiert de cette manière un brillant plus grand. Cette opération peut se faire soit à la machine à lustrer, soit à la machine à cheviller.

Mise au soufroir. — Lorsque la soie doit rester blanche, ou prendre des nuances claires, on la blanchit en l'exposant humide à l'action du gaz sulfureux, dans des chambres fermées. La soie est ensuite lavée jusqu'à ce qu'elle ne contienne plus de traces d'acide sulfureux.

71. — La *soie souple* est celle qui a été soumise à certaines opérations, pour la rendre propre à la teinture, sans lui faire perdre de son poids plus de 6 à 8 0/0.

L'opération de l'assouplissement se compose essentiellement de deux parties : 1° l'*amollissement*, et 2° l'*assouplissement* proprement dit. Avec la soie jaune et toute celle qu'on doit teindre en nuances claires, on blanchit entre ces deux opérations.

Après avoir amolli la soie grège, en la travaillant d'une heure à deux dans une solution contenant 10 0/0 de savon et chauffée de 25 à 35° cent., on la fait passer pendant une heure et demie environ, dans de l'eau de 90 à 100° cent., contenant 3 à 4 gr. de crème de tartre par litre. Finalement, on rince à l'eau tiède.

Par la suite, la soie souple supportera les bains acides, mais pas les bains alcalins, ni les bains de

savon, au delà de 50 à 60° cent., car autrement, elle
perd de son grès, et est plus ou moins endommagée.

72. — La *soie écrue* est de la soie brute, soumise
simplement à un léger lavage, avec ou sans savon,
et au blanchiment. La perte en poids varie de 1 à
6 0/0.

73. — *Blanchiment de la soie Tussah.* — La soie
Tussah est blanchie toutes les fois qu'il est nécessaire de lui faire prendre des nuances claires. Après
lavage, d'abord dans une solution de savon, et ensuite dans l'eau, on la plonge pendant plusieurs
heures dans une solution plus ou moins étendue
d'eau oxygénée, rendue légèrement alcaline par de
l'ammoniaque. On la rince ensuite dans de l'eau contenant un peu d'acide sulfurique, et on lave finalement à l'eau.

CHAPITRE IX

L'EAU DANS SON APPLICATION
A LA TEINTURE

74. — *Eau douce, eau dure*. — L'eau se trouve à l'état d'*eau naturelle* sous forme de vapeur invisible, pénétrant l'air. La température devient-elle assez basse, la vapeur se condense, et devient visible sous forme de rosée, de brouillard, de nuages, ou elle est précipitée comme pluie. La mer est la source de l'eau naturelle. Elle est dans un état constant d'évaporation, et la vapeur produite subit aussi constamment la condensation dont il a été question. En vérité, c'est une opération gigantesque de distillation naturelle, et l'eau de pluie est la forme d'eau naturelle la plus pure.

Une portion de l'eau de pluie s'infiltre dans la terre, jusqu'à ce qu'elle rencontre une couche imperméable, d'où on l'extrait sous le nom d'eau de *puits* ; ou bien, elle circule souterrainement et peut réapparaître à la surface, en formant une *source*, qui est fréquemment le point de départ d'un ruisseau ou d'une rivière.

Une autre portion de l'eau de pluie ne pénètre pas à l'intérieur du sol, mais ruisselle simplement sur la terre, et forme *l'eau de surface*, qui concourt aussi à la formation des rivières.

Le pouvoir dissolvant de l'eau est si grand, que l'eau de source et l'eau de rivière contiennent toujours certaines matières minérales ou végétales, dont la nature varie selon le terrain ou les roches traversés par ces eaux.

Si ces roches sont le granit et le gneiss, on dit que l'eau est *douce*.

Si, au contraire, pendant sa course souterraine, elle rencontre des roches calcaires, etc.. elle en dissout une partie, et contient alors des traces de magnésie ou de chaux ; elle cónstitue, lorsqu'elle réapparaît, ce qu'on appelle une eau *dure*.

Les impuretés naturelles de l'eau qui intéressent le teinturier peuvent être soit en suspension, soit dissoutes, et de ces deux sortes, la dernière est la plus importante. En général, l'eau de rivière contient la plus grande proportion de matière en suspension et de matières végétales, et le moins de substances dissoutes ; l'eau de source et l'eau de puits présenteront un caractère opposé.

75. — *Impuretés calcaires et magnésiennes.* — Celles-ci sont celles qu'on rencontre le plus souvent, et qui sont les plus nuisibles. Elles se présentent ordinairement sous forme de bicarbonates et de sulfates. Ceux-ci sont moins nuisibles que les premiers.

La présence de la *chaux* se reconnaît par l'addition d'une solution d'oxalate d'ammoniaque à l'eau en question. Il se forme un précipité d'oxalate de chaux.

On peut constater la présence de la *magnésie*, après élimination de la chaux et de l'alumine, au moyen de l'ammoniaque ou de l'oxalate d'ammoniaque, en concentrant par évaporation le liquide filtré, et en y additionnant une solution de phosphate de soude et d'ammoniaque; s'il y a trace de magnésie, il se forme un précipité blanc cristallin.

La présence des *bicarbonates* se constate si, par une simple ébullition, ou par l'addition d'une solution claire d'eau de chaux, il se forme un précipité blanc.

On constate la présence des *sulfates* par l'addition d'acide chlorhydrique et de chlorure de baryum; il doit se former un précipité blanc.

L'eau dure ne produit de la mousse avec le savon, qu'après que la totalité des composés calcaires ou magnésiens présents, a été précipitée en savons insolubles de chaux et de magnésie.

En employant une solution de savon d'une force donnée, on peut calculer approximativement la quantité de composés calcaires et magnésiens qui sont présents. Les détails de la méthode pour déterminer la dureté de l'eau, sont décrits dans la plupart des traités d'analyse chimique.

Il est bon de noter que, d'après la table de Clark, une eau qui a un degré de dureté contient 0 gr. 06 de CO_3Ca par 41.54, mais d'après la table plus récente de Frankland, le 1° de dureté signifie que l'eau contient 1 gramme de CO_3Ca par 100 kg. gr. d'eau. Pour transformer ces derniers degrés en degrés de Clark, il suffit de multiplier par $\frac{7}{10}$.

Dans toutes les opérations où l'on emploie de grandes quantités de savon, il est évident que l'emploi d'une eau dure entraîne une perte considérable de savon.

Ceci n'est pas le seul désavantage. Les savons terreux précipités ont une telle adhérence à la fibre, qu'on ne peut pas les éliminer par les procédés ordinaires.

Dans le dégraissage de la laine ou de la soie, ils rendent la fibre plus ou moins imperméable, de sorte qu'ensuite, ni mordant, ni matière colorante ne peuvent être convenablement fixés, et il en résulte un développement irrégulier de la teinture.

Lorsque les solutions de savon sont employées après la teinture, comme dans l'avivage du rouge turc. le foulage des draps, etc., les précipités de savons terreux peuvent communiquer au tissu apprêté un reflet grisâtre, ou un lustre qui n'est pas naturel, dépréciant le brillant de la couleur et la valeur du tissu.

Dans quelques cas, les savons terreux peuvent être très gênants en jouant le rôle de mordants.

L'eau dure est aussi nuisible dans le bain de teinture, parce qu'elle n'extrait qu'imparfaitement la matière colorante des bois de teinture employés. De plus, certaines matières colorantes, le bleu d'alizarine. la céruléïne, le cachou, les matières tannantes, etc., produisent des composés insolubles avec les sels alcalino-terreux, et peuvent ainsi être précipitées et rendues inactives.

Il ne faut pas oublier, cependant, que la présence d'une quantité limitée de chaux est avantageuse, même nécessaire, pourrions-nous dire. quand on emploie en teinture certaines matières colorantes, comme l'alizarine, les bois de campêche, la gaude, etc. ; mais, même dans ces cas, il est toujours préférable d'avoir de l'eau pure, de sorte qu'on peut ajouter le sel de chaux sous la forme la meilleure, et en quantité convenable.

En général, l'eau dure a pour effet de ternir et d'appauvrir les couleurs obtenues de diverses matières tinctoriales, à la fois pendant la teinture et pendant les lavages subséquents. Quand la dureté est due à la présence de bicarbonates terreux, elle retarde et empêche même la teinture des couleurs qui ne se produisent que dans un bain acide, tel le rouge à la cochenille.

Cette eau a aussi un effet nuisible sur les solutions de certains mordants, comme ceux d'alumine, de fer, etc., en neutralisant une partie de leur acide, et en précipitant des sels basiques, diminuant ainsi la force du bain de mordant.

Dans quelques cas de mordançage, cependant, l'eau qui contient des bicarbonates terreux doit être préférée à l'eau pure, parce qu'elle contribue à fixer sur la fibre une quantité beaucoup plus grande de sel insoluble basique, comme par exemple dans le lavage de la soie, après mordançage, avec un sulfate de fer basique, et avec des mordants d'alumine et d'étain.

L'eau riche en bicarbonates terreux ne convient pas pour la dissolution des couleurs basiques dérivées du goudron de houille, comme le violet méthyle, etc. Une partie de la couleur basique est précipitée, et il n'y a pas seulement perte de matière colorante, mais les tissus teints sont sujets à être tachés.

76. — *Impuretés ferrugineuses.* — Elles nuisent aussi à la teinture. On les trouve dans l'eau qui vient de mines de charbon abandonnées, de mines de fer, d'argiles ferrugineuses et alumineuses, etc. L'eau de surface, venant de pays marécageux et passant sur des lits d'ocre, contient aussi du fer. On doit éviter rigoureusement cette eau.

Pour constater la présence du fer, on évapore une petite quantité d'eau dans un vase en porcelaine propre. S'il se forme un dépôt rouge brun, on le recueille, on le dissout dans un peu d'acide chlorhydrique, on l'oxyde complètement en chauffant, après avoir ajouté un peu de chlorate de potasse. La solution est étendue et refroidie, et l'on ajoute une solution de ferrocyanure de potassium, ou de sulfocyanure de potassium ; s'il s'y trouve du fer, il se forme un précipité bleu ou il y a coloration rouge.

Le fer se trouvant d'ordinaire sous forme de bicarbonate, il agit sur les solutions de savon à la manière des composés analogues du calcium et du magnésium, et les résultats qui s'ensuivent sont analogues. et même plus accentués.

Dans le dégraissage de la laine, le blanchiment du coton, et d'autres opérations où on emploie des carbonates alcalins, l'oxyde de fer est précipité sur la fibre. Avec un tel tissu, il serait impossible d'avoir par la suite des couleurs brillantes, comme les rouges d'alizarine, etc., et en réalité, toutes les couleurs en souffrent plus ou moins. Les tissus blanchis acquièrent une teinte jaunâtre déplaisante, qui rend la marchandise invendable.

77. — *Les carbonates alcalins comme impuretés*. — On trouve fréquemment de l'eau chargée de bicarbonate de soude, dans les régions où elle provient de puits qui pénètrent jusqu'aux lits inférieurs des assises de houille. On constate cette alcalinité au moyen de la phénolphtaleïne, après ébullition.

Cette eau n'est pas nuisible au dégraissage de la laine, ou dans les opérations où les carbonates alcalins entrent dans la composition du bain, si d'autres substances, telles que la chaux, ne sont pas présentes ; mais ceci est rarement le cas, s'il l'est même jamais. Pour le mordançage, la teinture et le lavage des tissus teints, elle est plus nuisible que l'eau qui contient des carbonates terreux. Quand on n'a pas d'autre eau à sa disposition, on doit la neutraliser soigneusement avec de l'acide sulfurique ou de l'acide acétique.

78.—*Sels acides, et acides en liberté considérés comme impuretés*. — L'eau qui s'écoule des régions marécageuses, contient ce qu'on a habitude d'appeler des *acides tourbeux*, et comme ils attaquent le fer très rapidement, ils peuvent être la cause indirecte d'un grand préjudice.

L'eau qui s'écoule des schistes argileux contenant de la pyrite, situés près de la surface, se charge de sulfate de fer. Par l'exposition à l'air, ce sel est oxydé ; l'oxyde de fer se dépose, et l'eau contient de l'acide sulfurique libre. Cette eau ne peut convenir au dégraissage ni à la teinture.

79. — *L'hydrogène sulfuré considéré comme impureté.* — On le trouve de temps en temps. L'eau qui le contient doit être immédiatement écartée, parce que pendant l'emploi des mordants de fer, d'étain, de cuivre, de plomb, il se forme des sulfures de ces métaux, qui produisent des taches noires ou brunes.

D'autres impuretés spécialement nuisibles, sont celles qui peuvent venir d'établissements situés en amont sur le cours d'eau, comme les manufactures de papiers, de produits chimiques, les usines de blanchiment, etc., et à cet égard, le teinturier dont la seule ressource est de s'approvisionner d'eau à une rivière qui coule dans une région industrielle, doit être sur ses gardes.

80. — *Correction et purification de l'eau.* — L'eau pure est certainement la meilleure pour le blanchiment et la teinture. Peu d'industriels, malheureusement, l'ont à leur disposition ; et l'on n'a pas toujours prêté l'attention que l'on devait au grand préjudice causé par une eau impure. L'épuration de l'eau comprend un traitement mécanique, et un traitement chimique.

81. — *Épuration mécanique.* — Toutes les fois que

le pays le permet, on recueille l'eau, et on la laisse
reposer dans de grands réservoirs, même si ce n'est
que dans le but de la mettre en réserve. Finalement,
on la fait filtrer au travers de lits de sable. Pendant l'exposition à l'air, il se produit une épuration
chimique partielle dans l'eau qui contient des bicarbonates de chaux, de magnésie ou de fer Une
portion de l'acide carbonique dissous se dégage, et
les carbonates sont précipités.

82. — *Epuration par l'ébullition*. — Nous avons
déjà divisé les eaux en eaux douces et en eaux dures.
On peut diviser ces dernières en eaux *temporairement*
dures, et en eaux à dureté *permanente*, quoique la
plupart des eaux possèdent ces deux duretés.

Une eau *temporairement dure* peut devenir douce
par l'ébullition, si la dureté est due aux bicarbonates de magnésie, de chaux ou de fer. On fait ainsi
dégager la moitié de l'acide carbonique, et les carbonates insolubles sont précipités. Il est inutile de dire
que ce moyen de purification est trop coûteux pour
être employé en pratique.

Une eau *à dureté permanente* doit cette propriété
à la présence des sulfates des métaux ci-dessus mentionnés ; et dans ce cas, l'ébullition est impuissante
pour l'adoucir.

83. — *Epuration chimique*. — Si l'on ne fait pas
une épuration, une correction sur une grande échelle,
il est bon d'ajouter à l'eau des agents, qui même
ajoutés en excès, ne causent pas d'accidents. Dans
bien des cas, il suffit de neutraliser avec soin

dans une eau la réaction alcaline due à la présence
de bicarbonate terreux, par l'addition d'acide sulfurique ou d'acide acétique, comme cela se fait lorsque l'on veut dissoudre les matières colorantes dérivées du goudron de houille. Une vieille méthode
pour la purification de petites quantités d'eau, employée par les dégraisseurs de soie ou de laine, etc.,
consiste à faire bouillir l'eau, en ajoutant un peu de
savon, et à écumer les savons terreux qui viennent
surnager. Son grand prix mis à part, cette méthode
n'est pas satisfaisante, parce que la plus grande partie des savons terreux, etc., restent en suspension
dans l'eau, à l'état extrêmement divisé.

La méthode qui consiste à ajouter de l'alun à
l'eau du bain de mordançage ou de teinture, à
faire ensuite bouillir, et à écumer les impuretés
qui viennent surnager, n'est pas non plus satisfaisante.

84. — *Epuration par la chaux, méthode de Clark.*
— Puisque les carbonates de chaux et de magnésie
ne sont solubles dans l'eau qu'en présence d'acide
carbonique, le correctif à employer consiste à éliminer ou à absorber rapidement et efficacement ce
dernier. En 1841, le Docteur Clark proposa la chaux
hydratée, ou chaux éteinte, comme l'agent le meilleur marché et le plus convenable pour cette opération, et en général, on adopte encore sa méthode ou
une modification. L'équation suivante explique la
théorie du procédé : $CaH^2(CO^3)^2 + Ca(OH)^2 = 2CaCO^3 + 2H^2O$. On ne se débarasse ainsi que de la *dureté
temporaire*, et même pas complètement.

Il vaut mieux employer, pour la correction, de l'eau de chaux claire, car celle-ci a une composition constante connue. La quantité d'eau de chaux nécessaire peut se calculer d'après une analyse de l'eau, ou bien par une expérience immédiate.

On doit éviter l'addition d'un excès de chaux. On peut le constater rapidement, en ajoutant un peu d'eau à une décoction filtrée de cochenille. L'excès change la couleur rouge jaunâtre de la solution en violet. On peut aussi employer d'autres matières très sensibles pour indiquer la présence des alcalis, comme la phénol-phtaleïne.

Lorsqu'on emploie le procédé de Clark, tel qu'il a été conçu à l'origine, il est préférable de se servir de grandes cuves ou réservoirs.

85. — *Epuration à la soude caustique.* — Lorsqu'une eau légèrement alcaline n'est pas nuisible, on peut facilement substituer la soude caustique à la chaux vive.

$$CaH^2 (CO^3)^2 + 2NaHO = CaCO^3 + Na^2CO^3 + 2H^2O$$

Il est évident que, dans ce cas, l'eau corrigée contient du carbonate de soude.

Si l'eau ainsi corrigée doit servir dans une opération où il faut éviter une réaction alcaline, on peut aisément, avant de l'employer, neutraliser par un acide.

On corrige la dureté temporaire, et partiellement la dureté permanente, par l'emploi de la soude caustique, puisque les sulfates de chaux et de magnésie présents, sont décomposés par le carbonate de soude produit dans la réaction ci-dessus.

86. *Appareil de Porter-Clark*. — Le perfectionnement essentiel est ici l'application d'une disposition
mécanique au procédé ordinaire Clark (fig. 27-28).

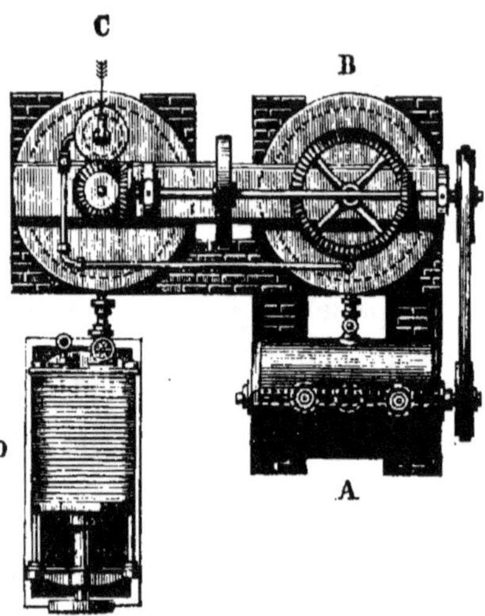

Fig. 27. — Appareil de Porter-Clark, pour adoucir l'eau
(Plan).

L'eau de chaux est préparée dans le petit cylindre
horizontal A, en agitant constamment la chaux
éteinte avec de l'eau qui arrive directement, sous
pression, d'un réservoir élevé. Au moyen d'un tuyau
situé à moitié de la hauteur de l'agitateur, l'eau
de chaux plus ou moins saturée (la solution saturée contient environ 1 gr. 4 par litre), contenant
un peu de chaux en suspension, est conduite dans
le réservoir cylindrique B, où elle est un peu agitée pour aider à compléter la saturation. Au fur et à
mesure que l'eau de chaux monte, les parties de chaux
en suspension se déposent peu à peu, et c'est de

l'eau de chaux passablement claire qui sort au sommet, pour passer en C, où l'on opère le mélange avec l'eau à corriger d'une manière continue, et

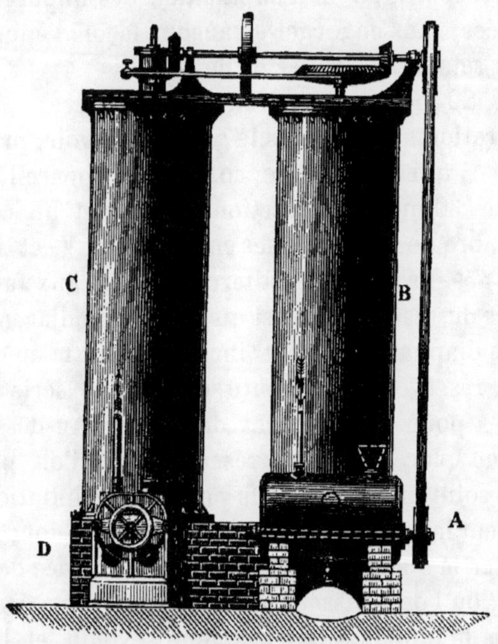

Fig. 28. — Appareil de Porter-Clarck pour adoucir l'eau (Elévation).

cela, dans des proportions rigoureusement déterminées. On maintient dans C une agitation rapide, pour faciliter la réaction chimique qui s'opère. Lorsque l'opération est complète, on force l'eau trouble à passer dans le filtre-presse D, où le carbonate de chaux agit comme substance filtrante.

87. — *Appareil de Gaillet et Huet*. — Les agents

d'épuration employés sont la chaux et la soude caustique. Cet appareil diffère essentiellement du précédent, par le moyen simple et efficace adopté pour la séparation et l'élimination des impuretés précipitées, sans engorger en aucune façon l'épurateur, ou retarder l'arrivée de l'eau.

La fig. 29 montre l'appareil en perspective.

L'épuration s'opère dans le grand réservoir prismatique A, qui constitue le corps de l'appareil, et que la fig. 30 montre en section. A contient un certain nombre de diaphragmes en forme de V, et inclinés à 45°. Ils sont rivés alternativement aux faces opposées du réservoir, ainsi qu'aux côtés adjacents. Tous ces diaphragmes sont inclinés vers le même côté du réservoir, et aboutissent à une série de valves F, pour l'écoulement des boues. Au-dessus de A, sont placés d'autres réservoirs, où l'on prépare les solutions des réactifs pour la précipitation. B contient la solution de soude caustique, dont on fait couler la quantité nécessaire dans l'une des deux cuves C, où l'on a dissous de la chaux dans l'eau. On laisse le liquide reposer le temps voulu, et l'on emploie pendant ce temps l'autre réservoir C. La solution claire de chaux sodée ainsi obtenue, est écoulée à un titre régulier, et se mélange avec l'eau à purifier, passant en D dans un réservoir spécial, situé immédiatement au-dessous de la plate-forme surélevée. L'eau trouble descend par le tuyau E, entre par le bas dans le réservoir de clarification, et acquiert immédiatement un mouvement ascendant lent, ce qui permet au précipité de se déposer presque comme si l'eau était au repos. Le but de ces

Fig. 29. — Purificateur pour adoucir l'eau.

diaphragmes en forme de V, est de permettre au dépôt de glisser dans l'angle vers les robinets F, destinés à produire l'évacuation des boues, lorsque cela est nécessaire. L'eau devient de plus en plus claire au fur et à mesure qu'elle monte, et après qu'elle a passé au travers d'un lit épais de paille, on peut la puiser à la partie supérieure, parfaitement douce et limpide. On emploie d'autres appareils, mais les deux qui viennent d'être décrits peuvent être considérés comme types.

88. — *Epuration des eaux résiduaires des teintureries.* — L'un des moyens les plus simples consiste à conduire les eaux résiduaires, résultant des diverses opérations des ateliers, dans deux ou un plus grand nombre de réservoirs, où elles se mélangent et se précipitent. On doit laisser déposer pendant un temps assez long, et ne laisser aller à la rivière que l'eau claire. Dans le cas où l'espace est limité, l'épurateur Gaillet et Huet peut servir de réservoir pour le dépôt. L'épuration est plus complète si l'on ajoute des agents de précipitation, comme les chlorures de magnésium et de calcium, la chaux, etc. De tous ces produits, la chaux est peut-être le moins cher, et le plus généralement efficace.

On peut se rendre compte que des moyens bien simples peuvent mener au but désiré de la manière la plus satisfaisante, en visitant les grands ateliers de M. Spindler, à Kopenick, près Berlin, où l'on pratique toutes les branches de la teinture, de l'impression et de l'apprêt de la soie, de la laine et du coton,

Dans cet établissement, l'eau résiduaire se rend

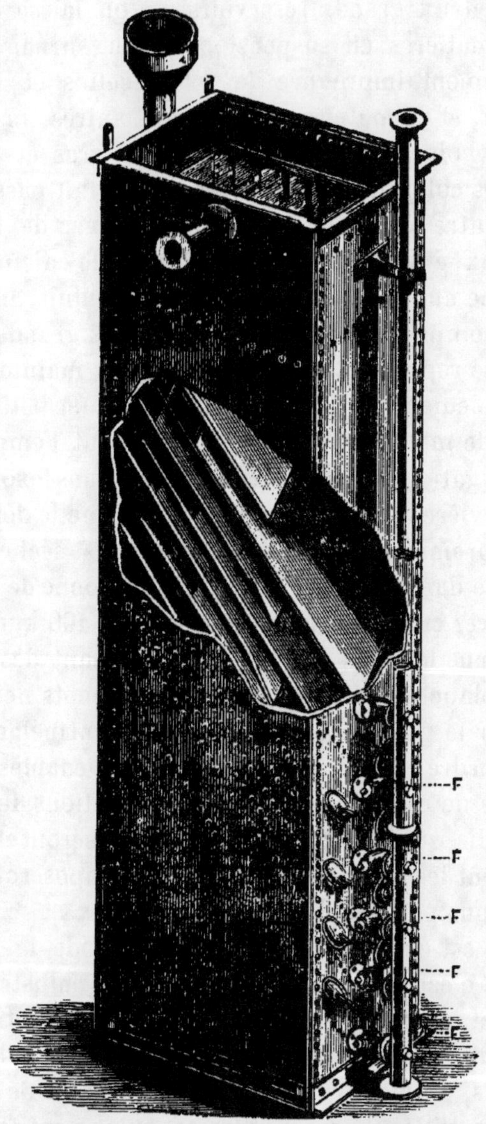

Fig. 30. — Section de la cuve de précipitation.

dans deux grands réservoirs, où on laisse déposer les matières en suspension. L'eau surnageant est fortement imprégnée de sels alcalins et ferrugineux, et de matières tannantes et autres, provenant des bois de teinture, de corps gras et de matières colorantes, etc.; après l'avoir fait passer dans un autre réservoir, on la mélange avec de l'eau de chaux, et une solution de chlorure de calcium; il se forme un précipité, et le tout est conduit, au moyen de pompes, dans des réservoirs plus grands, où on laisse reposer. L'eau claire obtenue maintenant est simplement une eau dure, contenant une petite quantité de matières organiques, et on peut l'employer à l'irrigation, ou bien la laisser filtrer dans le sol jusqu'à la rivière. La matière solide qui forme le dépôt dans les premiers réservoirs collecteurs est séchée et calcinée dans des cornues à gaz, et donne de 13 à 16 mètres cubes de gaz d'éclairage par 100 kgr.

Dans les eaux résiduaires provenant des ateliers de blanchiment, il y a tous les éléments nécessaires pour la purification mutuelle, s'ils sont mélangés dans un ordre et dans une proportion convenables. Le chlorure de calcium précipitera les solutions de savons, tandis que les acides libres neutraliseront et précipiteront les liquides alcalins, et décomposeront les solutions perdues de chlorure de chaux.

Il est évident qu'une seule méthode de purification n'est pas applicable à toutes les industries, mais il est intéressant de citer un procédé satisfaisant, trouvé par MM. R. et A. Sanderson et Co, de Galashiels, employé par tous les fabricants de draps de cette ville, et qui montre ce qu'on peut faire dans l'industrie des draps.

La figure 31 donne le plan d'une installation pour
l'épuration, employé dans les ateliers de MM. Sanderson, où l'on traite journellement jusqu'à 40.000
litres d'eau de dégraissage, et environ 120.000 litres
d'eau de teinture et d'eau acidulée.

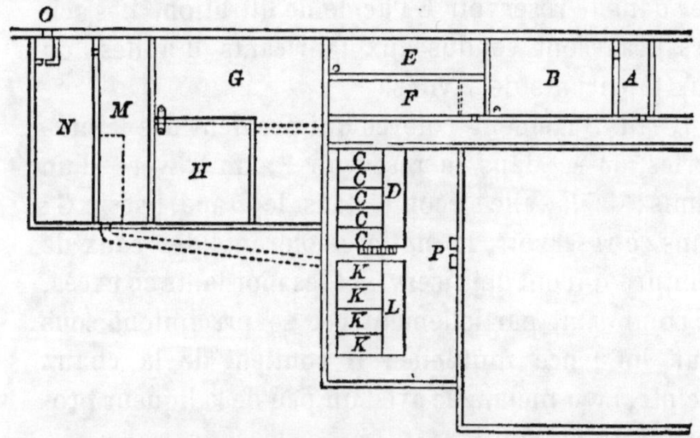

Fig. 31. — Plan d'un matériel de purification pour les liquides
résiduaires des teintureries.

Afin de réduire autant que possible la quantité
d'eau à purifier, les liquides savonneux provenant
du dégraissage du fil et du tissu, sont employés de
nouveau pour le dégraissage de la laine à l'état de
fibre. L'eau provenant de cette opération passe
au travers d'un tamis, dans le réservoir A, d'où elle
s'écoule dans un réservoir B. De là, au moyen de
pompes, elle passe dans les réservoirs à niveau plus
élevé C, pour la séparation des corps gras (chacun
d'eux ayant environ 20.000 litres de capacité), où
on la mélange convenablement, au moyen d'une
pompe P, avec une quantité déterminée d'acide

sulfurique. Après avoir laissé reposer, on fait passer le liquide acide dans un réservoir E, pour servir par la suite. Le corps gras précipité passe dans un puits D, dont le fond est formé de cendres, de copeaux de bois de teinture ayant servi, et de sciure. On l'y laisse pendant une semaine, et l'on fait arriver dans le réservoir E l'acide de filtration. Les acides gras sont vendus aux fabricants d'huiles, ou aux fabricants de savons.

L'eau fortement colorée qui provient des teintureries, passe dans le réservoir F, au travers d'un tamis ; de là, elle s'écoule dans le grand bassin G ; dans ce réservoir, la matière colorante des eaux de teinture qui ont déjà servi, et les mordants en excès, se combinent partiellement, et se précipitent sous leur influence mutuelle ; H contient de la chaux éteinte, un peu mélangée avec un peu de la liqueur provenant du bassin G.

Au moyen de la pompe P, des quantités, en proportions déterminées, d'eau acide venant de E (environ 1 partie), de liqueur de teinture venant de G (environ 3 parties), et d'eau de chaux venant de H (environ 1 partie), sont envoyées dans les cuves d'épuration à haut niveau K, où on les mélange convenablement. De cette manière, la totalité de la matière colorante se dépose en un fin précipité floconneux. Après un certain repos, le liquide supérieur, presque incolore, passe dans la cuve M. On fait évacuer par intervalles le dépôt dans le puits L, où on le laisse égoutter jusqu'à ce qu'il ait assez de consistance pour pouvoir être remué à la pelle, et porté au tas de rebut. L'eau venant des cuves K est légèrement alcaline, à cause de l'excès de chaux, mais dans la cuve M, elle est neutralisée par un mélange avec l'eau de rinçage, légèrement acide, provenant de la teinturerie. Ainsi purifiée, l'eau passe dans N, et se rend au travers d'un filtre dans la rivière O ; elle est alors claire, neutre et exempte de couleur.

A l'exception d'une faible quantité de bichromate de potasse, les substances qui restent en solution dans l'eau que l'on décharge à la rivière, sont celles que l'ou trouve d'ordinaire dans l'eau de source, ou dans l'eau de rivière.

Comme explication du procédé ci-dessus, on peut dire qu'une partie de la chaux employée sert à neutraliser la liqueur acide, tandis que l'excès sépare les oxydes hydratés des mordants encore en solution, qui se combinent aussitôt avec la matière colorante présente, et la précipitent.

CHAPITRE X

THÉORIE DE LA TEINTURE

89. — *Colorants et mordants.* — *Fibres et colorants.*
— Les deux éléments essentiels dont le teinturier
a à se préoccuper, sont la matière à teindre, et
la substance colorante à appliquer. En ce qui concerne la première, notre attention se confine aux
fibres textiles, et l'on a déjà vu qu'il existe entre
elles de grandes différences, à la fois en ce qui
concerne leurs propriétés physiques et leurs propriétés chimiques. On ne sera donc pas étonné qu'elles
se comportent différemment envers les matières
tinctoriales. Pour montrer que tel est le cas, il suffit
de faire la simple opération de teinture suivante.

Trois pièces d'étoffe propre, blanche, — laine, soie
et coton — sont plongées dans une solution aqueuse
peu concentrée, d'extrait d'indigo acide, et on
les agite continuellement, tandis qu'on chauffe le
liquide peu à peu jusqu'à l'ébullition.

Si l'on retire alors les pièces, et qu'on les lave
bien à l'eau, elles ont un aspect entièrement diffé-

rent. La laine et la soie sont teintes, et sont bleu pâle ou bleu foncé, selon la quantité de matière colorante employée, tandis que le coton n'est pas teint, il est tout au plus légèrement taché. Si l'expérience est répétée avec d'autres couleurs, la fuchsine par exemple, on remarque des différences analogues.

La cause de cette différence frappante dans la manière dont se comportent les diverses fibres textiles envers les matières colorantes, fait encore l'objet de discussions, et plusieurs théories ont été émises.

D'après les uns, les fibres animales attirent certaines matières colorantes, en raison de leur affinité chimique, et dans l'opération de la teinture, elles se combinent chimiquement avec la matière colorante soluble, ou la base colorante de celle-ci, pour former un composé coloré insoluble. Ils disent que le coton n'a pas d'affinité pour de telles matières colorantes, et c'est pourquoi il ne prend pas la teinture. Telle est la *théorie* purement *chimique de la teinture*.

Les adversaires de cette théorie émettent comme objection essentielle que les deux signes fondamentaux de la combinaison chimique manquent ; ce sont : l'union de la fibre et de la matière colorante, selon les équivalents chimiques, et la disparition des propriétés respectives de chacune.

Dans certains cas, la théorie chimique est probablement la vraie, comme dans la teinture de la laine et de la soie avec la fuchsine et d'autres couleurs basiques, parce qu'il a été démontré que dans ce cas, la base du colorant, seule, est attirée par la fibre, tandis que l'acide en combinaison **avec** la base, reste en liberté dans le bain de teinture. De plus, ces fibres peuvent être teintes en les faisant bouillir dans une solution incolore de la couleur alcaline ; la fibre se **comporte** alors comme **un** acide, et se combine avec la base incolore, pour former un sel coloré.

En ce qui concerne les couleurs acides appliquées à la laine ou à la soie, en bain acide, l'acide libre du colorant se combine sans doute avec la **fibre**, qui, en qualité de composé amidé, agit ici **comme** base. Ceci se voit bien dans le cas où la couleur acide et ses sels ont des colorations différentes, **car** la fibre acquiert invariablement la couleur du sel, et non pas celle de l'acide.

Un autre fait en faveur de la théorie chimique, est celui-ci : si l'on change la composition chimique de la fibre, ses propriétés tinctoriales sont aussi modifiées. Ainsi, la nitrocellulose et l'oxycellulose ont, pour les matières colorantes basiques, une affinité plus grande que la cellulose.

Quant au second point de l'objection, sans doute la matière colorante *soluble* attirée par la fibre est devenue plus ou moins *insoluble* dans l'eau, mais **on** peut l'enlever rapidement, en chauffant avec de l'alcool ou d'autres dissolvants ; ses propriétés n'ont pas pratiquement changé, et la fibre a le même aspect qu'auparavant.

Les partisans de la *théorie mécanique de la teinture*, expliquent les faits ci-dessus en disant que les fibres animales se teignent en raison d'une attraction physique, qui s'exerce entre la matière colorante, et lesdites fibres. Celles-ci, disent-ils, sont des corps très poreux ou absorbants ; la matière colorante pénètre la matière de la fibre, et y est retenue sous la même forme.

Un autre point à l'appui de cette théorie, est que la fibre agit comme dissolvant à l'égard de certains colorants, et sépare la matière colorante de sa solution pendant la teinture, tout comme l'éther sépare ou extrait une substance donnée de sa solution aqueuse, par agitation.

90. — *Couleurs et principes colorants.* — Pour retourner maintenant au deuxième des éléments qui préoccupent le teinturier, c'est-à-dire la *matière colorante*, les corps qui appartiennent à cette classe sont si variés, tant au point de vue de leurs propriétés physiques, qu'à celui de leurs propriétés chimiques, qu'il n'est pas étonnant qu'ils agissent différemment, même sur la même fibre.

Si l'on teint deux morceaux de drap dans deux bains différents, l'un dans une solution de fuchsine, et l'autre dans une solution d'alizarine, le premier sera rapidement teint en rouge, tandis que le second n'aura qu'une teinte jaune brunâtre, dont on ne peut faire aucun usage.

Si un troisième morceau de drap est d'abord chauffé dans une solution contenant une quantité convenable de sulfate d'alumine et de crème de tartre, puis lavé, et ensuite, porté dans un bain d'alizarine à l'ébullition (de préférence avec une eau un peu calcaire), il acquiert une couleur rouge.

Lorsque d'autres sels métalliques, comme le

bichromate de potasse, le chlorure d'étain, le sulfate de fer, etc., sont substitués au sulfate d'alumine, le drap se teint en couleurs différentes : brun clair, orange, violet, etc.

Si des expériences analogues sont faites avec la fuchsine, la laine aura toujours une teinte plus ou moins analogue.

Il est de toute évidence, d'après ces expériences, que la fuchsine et l'alizarine ont des propriétés tinctoriales complètement différentes ; elles sont les types représentatifs de deux classes distinctes de matières colorantes.

Les composants de l'une de ces classes (fuchsine), sont des *corps colorés*, dans lesquels la couleur est complètement développée ; ils teignent les fibres de laine et de soie directement, et occasionnent ainsi des *teintures directes*. On les appelle aussi teintures *substantives*.

Quant aux membres de l'autre classe de matières colorantes (alizarine), quoiqu'ils soient généralement colorés, ce n'est pas un point important ; même lorsque cette couleur est présente, elle manque souvent d'intensité, et n'a nécessairement aucune relation avec les couleurs qu'on peut obtenir par la teinture ; en règle générale, on peut considérer les représentants de cette deuxième classe comme *principes colorants* pouvant donner différentes couleurs, c'est-à-dire des corps colorés distincts, selon les moyens employés pour la production de ces couleurs, et le nom de *teintures à mordant* conviendra parfaitement à ce genre de teintures. On les appelle aussi teintures *adjectives*. A cette classe, appartiennent l'hématéine (bois de Campêche), l'alizarine (garance), la galleïne, etc.

Par ce qui vient d'être dit, on comprendra que la manière d'appliquer ces deux sortes de matières tinctoriales est très différente.

La présence de la fibre, dans la troisième expérience ci-dessus mentionnée, n'est pas essentielle au développement de la couleur, comme l'expérience suivante peut aisément le faire voir. Faire une solution étendue de sulfate d'alumine basique, ajouter à la solution encore claire un peu d'alizarine, agiter vigoureusement le mélange, et le chauffer un peu. Il se produit un précipité rouge insoluble, surtout s'il y a trace de sel de chaux. Il paraîtrait, dans ce cas, que la matière colorante entre en combinaison chimique avec l'alumine.

Des précipités analogues, mais diversement colorés, sont produits par la substitution de décoctions de cochenille, de graines de Perse, de bois de campêche, etc., à l'alizarine, ou en remplaçant le sulfate d'alumine par des solutions d'autres sels métalliques. Les précipités colorés produits de cette manière, sont les véritables couleurs que l'on désire obtenir des colorants à fixer sur mordants ; lorsqu'elles sont séchées, moulues et mélangées, par exemple avec de l'huile cuite, elles sont employées par les peintres sous le nom de *laques*. Cependant, le but du teinturier n'est pas seulement de produire ces précipités colorés ou laques, mais aussi de les fixer sur la matière à teindre, et cela sans l'aide de substances telles que l'huile cuite.

A cet effet, deux opérations sont, en général, nécessaires ; le *mordançage* et la *teinture*.

91. — *Mordançage*. — Cette opération a pour but de précipiter et de fixer sur la fibre textile, d'une manière aussi solide et aussi durable que possible, une substance capable de se combiner avec la matière colorante qu'on doit ensuite appliquer, et de la précipiter, à l'état insoluble, sur ou dans la fibre. L'opération ou la série d'opérations, est appelée *mordançage*, et les sels métalliques ou autres substances employées, *mordants*. Ce nom vient du latin *mordere*, mordre. Ce mot a été introduit, à l'origine, par les anciens teinturiers français, qui croyaient que l'utilité de ces sels métalliques résidait dans leur nature corrosive. L'opinion générale était qu'ils rendaient simplement les fibres textiles rudes, ouvraient leurs pores, et facilitaient l'absorption des matières colorantes. Cependant, l'action essentielle des mordants est indubitablement chimique.

Quant au mode d'application de ces mordants, il varie suivant l'origine et l'état des fibres textiles, la nature du mordant, des matières colorantes, et les effets particuliers à obtenir, etc.

La méthode généralement adoptée pour la *fibre de laine*, consiste à la faire bouillir avec des solutions étendues de sels métalliques, d'ordinaire avec l'addition de sels acides qui ralentissent, comme la crème de tartre, etc. Il se produit une décomposition partielle du sel métallique, à cause de la dilution et de la température de la solution, mais surtout, à cause de la présence de la fibre elle-même, qui non seulement a une grande affinité pour la base du sel, mais sépare aussi de l'ammoniaque. Ce qui reste fixé sur la fibre pendant cette opé-

ration, est plus ou moins matière à conjectures,
la théorie chimique de l'opération n'ayant encore été
qu'imparfaitement étudiée. Il se peut que ce soit un
hydrate métallique, mais dans quelques cas, il est
plus probable que c'est un sel basique insoluble.

La soie et la laine ont des propriétés analogues,
de sorte que la fibre de soie est souvent mordancée de la même manière que la laine, mais on
évite généralement les températures élevées ; un
simple bain dans une solution métallique concentrée, froide, suivi d'un lavage à l'eau, voilà tout ce
qui est nécessaire. Pendant l'immersion, la soie
absorbe le sel métallique, plus ou moins modifié,
mais dans le lavage subséquent, ce sel absorbé
est dissocié par l'eau, et un sel basique insoluble est
précipité dans la substance de la fibre. Certains
sulfates de fer basiques, sulfates d'alumine et chlorure d'étain, tous solubles, se comportent de cette
manière. Quelquefois, les méthodes applicables au
coton sont imitées pour la soie, et l'on emploie des
agents de fixation.

Quant aux méthodes pour le mordançage du *coton*,
elles sont d'ordinaire plus complexes, parce que
cette fibre n'a pas, comme la soie et la laine, la propriété de décomposer les sels métalliques simplement par l'immersion dans leurs solutions bouillantes, et elle n'est pas aussi poreuse que ces autres
fibres. Quelquefois, on emploie des sels métalliques
qui se décomposent rapidement dans certaines conditions, comme les acétates de fer et d'alumine ; on
plonge le coton dans les solutions de ces sels, on
enlève l'excès, et il suffit ensuite de sécher le coton,

et de l'exposer pendant quelque temps à l'action de l'air chaud et humide (oxydation).

L'avantage que présente l'emploi des acétates métalliques, est que l'acide mis en liberté n'a pas d'action destructive sur la fibre, ce qui arrive rapidement avec les sels d'autres acides.

Dans quelques cas de mordançage du coton, l'emploi des acétates et l'étendage (oxydation) dont il a été question sont évités, soit par économie, soit à cause de certaines difficultés pratiques. Dans ce cas, la base du mordant peut être fixée sur la fibre. en employant un bain alcalin étendu d'ammoniaque, de chaux, de carbonate de soude, etc., ou bien des sels qui produisent des composés insolubles avec la base, comme le silicate de soude, le phosphate, l'arséniate de soude. Cette méthode est employée par l'imprimeur sur calicot, lors *du dégommage ou housage* qui suit l'étendage, et précède l'opération de la teinture.

Une autre méthode de fixation du mordant sur les fibres textiles est celle *du vaporisage,* procédé adopté très fréquemment par l'imprimeur sur coton, sur laine, sur soie. Pendant cette opération, le sel métallique employé comme mordant est décomposé ; une partie plus ou moins grande de son acide se dégage, et l'oxyde de sel basique restant est fixé sur la fibre. De plus, il y a combinaison entre le mordant et la matière colorante employés simultanément, et il se produit une couleur qui est en même temps fixée solidement sur la fibre.

92. — *Colorants acides, colorants basiques.* —

Dans les cas ci-dessus mentionnés, où l'on emploie des teintures à mordants, les véritables mordants fixés sur la fibre textile ont un caractère basique plus ou moins grand, et bien que ces matières colorantes ne soient pas réellement des acides, mais plutôt des corps d'une nature phénolique, elles possèdent le caractère acide à un tel degré, qu'elles se combinent avec ces bases. En réalité, il n'est pas douteux que la matière colorante et le mordant (quand il est nécessaire) doivent toujours avoir une relation définie entre eux.

Dans la fuchsine, le pouvoir colorant réside dans la partie basique du composé (rosaniline). tandis que dans le rouge d'alizarine, on le trouve dans la partie acide (alizarine), quoique dans l'un et l'autre cas, l'autre constituant soit également nécessaire à la production du corps coloré. De la sorte, on peut distinguer les *colorants acides* et les *colorants basiques*, et nous pouvons dire que si les premiers, comme nous l'avons vu, nécessitent l'emploi de mordants basiques, les seconds demandent des mordants acides.

Si l'on mélange la fuchsine avec une solution d'acide tannique (neutralisé par un alcali, ou en présence d'acétate de soude), il se forme un précipité rouge insoluble de tannate de rosaniline. De plus, le coton a une affinité naturelle pour l'acide tannique, de sorte qu'une fois qu'il a été plongé dans les solutions de cet acide, on ne peut enlever celui-ci que difficilement au lavage. Pour teindre le coton avec la fuchsine, il suffit donc de le plonger pendant quelque temps dans une solution froide d'acide tannique. et de le passer après séchage, dans une solution de fuchsine. Le tannate rouge de rosaniline ainsi produit sur la fibre, n'est pas suffisamment insoluble, surtout dans les liquides alcalins et savonneux, et la teinture ne peut, de la sorte, être considérée comme satisfaisante en tous points. Mais de même qu'on a vu que certains sels alcalins peuvent être employés pour aider à la fixation, sur le coton, de mordants basiques, de même certains sels métalliques peuvent être employés pour fixer plus complètement certains mordants acides, tels que l'acide tannique.

En appliquant la fuchsine au coton, on obtient une couleur qui résiste mieux aux solutions bouillantes de savon, si le coton, préparé à l'acide tannique, est passé à froid dans la solution d'un sel d'antimoine ou d'étain, comme le tartre émétique ou le chlorure d'étain, avant d'être plongé dans la solution de fuchsine. Par ce moyen, l'acide tannique est fixé sur le coton sous une forme très insoluble, comme tannate d'antimoine ou d'étain.

Les mordants acides qui agissent à la manière de l'acide tannique, et servent à fixer les matières colorantes basiques sur le coton, ne sont pas nombreux, et l'on ne peut guère mentionner que l'acide oléique et les autres acides gras. Il est intéressant de noter que les matières colorantes acides (alizarine, céruléïne, etc), lorsqu'elles sont fixées sur le coton, peuvent jouer le rôle de mordants à l'égard des matières colorantes basiques.

A part toute précipitation ou fixation préliminaire du mordant acide ou du mordant basique sur du coton, avant l'application de la couleur acide ou de la couleur basique, la fixation des matières colorantes sur coton dépend de leur pouvoir à former des précipités insolubles, ou laques.

Les matières colorantes qui, comme l'extrait d'indigo, l'écarlate de crocéine, ne forment pas avec les bases des composés suffisamment insolubles, ne conviennent pas à la teinture du coton.

Dans la teinture à l'indigo ou au carthame, les matières colorantes sont elles-mêmes rapidement précipitées de leurs solutions, soit par l'oxydation, soit sous l'influence d'acide.

Avec le curcuma, le safran, les couleurs congo, etc., le précipité n'est pas nécessaire, puisqu'on peut teindre le coton avec ces couleurs en le plongeant simplement dans leurs décoctions acides ou alcalines, et le cas paraît être plus ou moins analogue à la teinture de la laine avec la fuchsine. Les fibres elles-mêmes semblent jouer le rôle de mordants.

CHAPITRE XI

MORDANTS

Etude des mordants

93. — *Application des mordants.* — Au commencement du chapitre précédent, il a été dit que les deux éléments les plus essentiels à la teinture sont : la matière à teindre et la matière colorante à appliquer ; mais d'après ce qui vient d'être dit, il est évident que le mordant joue un rôle presque aussi important, selon la matière colorante particulière, et la fibre dont on se sert.

Dans les paragraphes qui suivront, il ne sera parlé que des mordants les plus importants employés actuellement.

Mordants d'alumine

Ce sont des mordants des plus importants. On les a employés depuis un temps immémorial, et on les emploie actuellement encore pour toutes les fibres.

94. — *Sulfate d'alumine.* — Ce sel normal est aussi connu, à l'état plus ou moins pur, sous le nom d'alun en pain, d'alun concentré. On le prépare en dissolvant de l'alumine dans l'acide sulfurique, et en évaporant la solution jusqu'à ce qu'elle cristallise et se solidifie par le refroidissement.

On trouve à présent, dans le commerce, du sulfate d'alumine très pur, et il peut très bien servir à la préparation de tous les autres mordants d'alumine.

Si l'on neutralise partiellement une solution du sel normal, par l'addition de carbonate ou bicarbonate de soude, de craie ou d'alumine, etc., on obtient des solutions de ce qu'on appelle *sulfates d'alumine basiques*. Ils varient en composition selon leur degré de neutralisation, comme le montrent les équations suivantes :

$$Al^2(SO^4)^3 18H^2O \ + \ 2NaHCO^3 \ = \ Al^2(SO^4)^2(OH)^2 \ +$$

Sulfate d'alumine   Bi-carbonate   Sulfate d'alumine
ordinaire   de soude   basique

$$Na^2SO^4 \ + \ 2CO^2 \ + \ 18H^2O.$$

Sulfate de   Acide car-   Eau
soude   bonique

$$2[Al^2(SO^4)^3 18H^2O] \ + \ 6NaHCO^3 \ = \ Al^4(SO^4)^3(OH)^6 \ +$$

Sulfate basique
d'alumine

$$3Na^2SO^4 \ + \ 6CO^2 \ + \ 36H^2O.$$

$$Al^2(SO^4)^3 18H^2O \ + \ 4NaHCO^3 \ = \ Al^2(SO^4)(OH)^4 \ +$$

Sulfate basique
d'Alumine

$$2Na^2SO^4 \ + \ 4CO^2 \ + \ 18H^2O.$$

L'expérience a prouvé que plus la solution est basique, plus elle est facilement décomposée, soit en la chauffant, soit en l'étendant d'eau, et plus est grande la proportion d'alumine fixée sur le coton par l'immersion et par le séchage subséquent, à basse température. La solution du sulfate basique de la première équation, est peut-être celle qu'on emploie le plus ; la décomposition est toujours accélérée par la présence de sulfate de soude dans la solution ; pour ce premier sulfate basique d'alumine, le précipité formé pendant l'ébullition se redissout par refroidissement.

Lorsqu'on fait bouillir des solutions de sulfates basiques d'alumine, il se forme un précipité d'un sel encore plus basique et plus insoluble, surtout en présence des fibres textiles, et il reste en solution un sel normal ou même acide. Des changements analogues se font évidemment quand les fibres imprégnées des solutions sont séchées, et c'est sur ces faits que repose l'usage des sels basiques dans le mordançage.

Un sulfate d'alumine de bonne qualité est plus économique, comme base de la fabrication des autres mordants d'alumine, que les aluns ordinaires du commerce. Il contient une plus grande proportion de substance utile, l'alumine (15 0/0), et pas de sulfates d'ammoniaque ou de potasse, relativement inutiles ou dispendieux. On préférait autrefois les aluns, à cause de leur composition plus régulière, et parce qu'ils sont moins sujets à contenir du fer, mais à présent, le sulfate d'alumine est dans un état suffisant de pureté pour servir à tous les usages.

La présence du fer, que l'on doit éviter à tout prix, se constate aisément par la coloration, ou le précipité bleu caractéristique, produit par l'addition d'une solution de ferrocyanure et de ferricyanure de potassium, à une solution concentrée de sulfate d'alumine.

Application du sulfate d'alumine aux diverses fibres.

95. — *Application au coton.* — La meilleure méthode est celle de la *précipitation*, par laquelle après avoir, d'une manière uniforme, imprégné la fibre de sulfate basique d'alumine, on la laisse sécher, et on la fait passer dans la solution d'un sel capable de fixer l'alumine sur la fibre, soit en la précipitant à l'état d'alumine, soit en se combinant avec elle pour former un composé insoluble. On peut employer, dans ce but, les substances suivantes : carbonate d'ammoniaque, phosphate de soude, arséniate de soude, silicate de soude, savon, sulforicinate ammoniacal, etc.

Dans chaque cas, on doit déterminer exactement par l'expérience l'agent de fixation, le degré de concentration, la température de la solution, et la durée du bain.

96. -- *Application à la laine.* — Dans le mordançage de la laine, le sulfate d'alumine normal seul est utilisé, car le· sel basique est trop dissociable, il serait trop rapidement décomposé, et la laine ne serait mordancée que superficiellement ; la couleur subséquente serait terne et déchargerait au frottement ; de plus, la laine aurait un mauvais toucher.

Afin d'expulser l'air à l'intérieur et autour de la fibre de laine, et d'amollir cette dernière, la rendant ainsi complètement perméable, il est nécessaire d'employer une solution bouillante.

Il y a grand avantage à ajouter à la solution une certaine quantité de bitartrate de potasse, parce qu'il augmente la profondeur et le brillant de la couleur subséquente. Cette addition empêche la précipitation légère et superficielle de l'alumine par l'ammoniaque qu'abandonne la laine, et est cause qu'une plus grande quantité est fixée dans la fibre.

Pour mordancer avec succès 10 grammes de laine avec le sulfate d'alumine, il faut préparer la solution suivante : 1 litre d'eau, 0 gr. 8 de sulfate d'alumine, 0 gr. 7 de bitartrate de potasse (crème de tartre). La laine est plongée dans la solution froide, et l'on élève la température graduellement jusqu'au bouillon, dans un temps qui varie de 1 heure à 1 heure 1/2 ; on laisse bouillir pendant une 1/2 heure ou 1 heure, et on procède à un lavage soigné.

97. — *Application à la soie*. — La soie est bien humectée d'eau. On enlève l'excès, et l'on emploie une forte solution de sel d'alumine ; le bain dure plusieurs heures, et peut même se prolonger pendant une nuit entière. Finalement, on lave de préférence dans l'eau calcaire ; ou mieux encore, on rince légèrement dans l'eau, et l'on fixe l'alumine en traitant la soie, pendant un temps très court, par une solution

froide de silicate de soude, à 1º Tw. (densité 1,005);
on fait suivre d'un lavage soigné. Lorsqu'on emploie
le sulfate *basique* d'alumine, les nuances obtenues
peuvent être dépourvues de brillant.

La soie mordancée au sulfate d'alumine ne doit
pas être séchée, car il est très difficile de l'humecter
ensuite.

98. — *Alun.* —On trouve dans le commerce deux
sortes d'alun : l'alun d'ammoniaque et l'alun de potasse.

$$(AzH^4)^2 \brace Al^2 \; (SO^4)^4 . \, 24H^2O, \text{ et } K^2 \brace Al^2 \; (SO^4)^4 . 24H^2O$$

Quoiqu'ils contiennent moins d'alumine que le
sulfate d'alumine, ils sont plus employés par les
teinturiers que le sulfate, à cause de leur composition régulière à l'état cristallisé.

Les aluns des meilleures qualités ont la forme de
gros cristaux vitreux, et sont complètement dépour-
vus de fer.

En ajoutant aux solutions normales d'alun, de l'alcali caustique, des carbonates alcalins, on obtiendra
ce qu'on appelle des *aluns neutres* et des *aluns basiques*. Ceux-ci sont analogues aux sulfates basiques
d'alumine, dont il a été question, et leurs solutions,
chauffées et étendues, se décomposent et forment des
précipités analogues.

Les aluns servent de mordants pour les diverses
fibres, à la manière du sulfate d'alumine.

99. — *Acétates d'alumine.* — $Al^2(C^2H^3O^2)^6$. —On

peut préparer la solution d'acétate d'alumine normal, soit en dissolvant de l'alumine dans de l'acide acétique, soit en ajoutant une solution d'acétate de plomb à une solution de sulfate d'alumine ordinaire, dans des proportions indiquées par l'équation suivante :

$$[Al^2(SO^4)^3 + 18\,H^2O] + 3[Pb(C^2H^3O^2)^2 + 3\,H^2O] =$$
Sulfate d'alumine   Acétate de plomb

$$Al^2(C^2H^3O^2)^6 + 3\,PbSO^4 + 27\,H^2O$$
Acétate d'alu-   Sulfate de   Eau
mine   plomb

En ajoutant à la solution du sel normal des quantités croissantes d'un carbonate alcalin, on peut obtenir les solutions de divers acétates d'alumine basiques.

Les solutions de ces divers acétates basiques *contenant de l'acétate de soude*, sont précipitées par la chaleur, et plus elles sont basiques, plus la température de dissociation (*précipitation*) est basse; mais il est curieux de noter que plus la solution est étendue, plus la température de dissociation est élevée; simplement étendus d'eau, ces sels ne sont pas précipités.

Les solutions d'acétate d'alumine ordinaire *pur*, fraîchement préparées (équivalant à 200 gr. par litre de sulfate ordinaire), ne sont précipitées ni en chauffant, ni en étendant d'eau ; mais abandonnées au repos pendant un certain temps, elles se décomposent spontanément avec dépôt d'alumine, surtout à la lumière, dit-on.

Les solutions de tous les acétates d'alumine (normaux ou basiques), sont précipités par la chaleur,

ou en étendant d'eau si *elles contiennent des sulfates* ;
exemple : SO^4K^2, $Al^2(SO^4)^3$, etc. Ceci est toujours le
cas avec les acétates basiques fabriqués avec le
sulfate d'alumine, lorsqu'une portion de l'acétate
de plomb est remplacée par les carbonates alcalins ;
ainsi :

$$Al^2\,(SO^4)^3\ 18H^2O\ +\ Na^2CO^3\ +\ H^2O$$

Sulfate d'alumine   Carbonate   Eau
de soude.

$$+\,2\,[\,Pb(C^2H^3O^2)^2\,3H^2O\,]\ =\ Al^2\,(C^2H^3O^2)^4\,(OH)^2 + Na^2SO^4$$

Acétate de plomb   Acétate basique   Sulfate
d'alumine   de soude

$$+\,2PbSO^4\ +\ CO^2\ +\ 24H^2O$$

Sulfate de   Acide   Eau
plomb   carbonique

Peu importe si le carbonate de soude est ajouté
avant ou après l'acétate de plomb ; le résultat est le
même. Lorsqu'une solution d'acétate d'alumine normal, contenant des sulfates, est précipitée par la
chaleur, le précipité se redissout par le refroidissement, mais ceci n'a pas lieu avec les acétates basiques, daus n'importe quelles conditions. Le précipité formé en présence des sulfates est un sulfate
d'alumine, contenant un grand excès de base.

L'expérience a montré que lorsque le coton est imprégné d'une solution d'acétate d'alumine normal
(équivalant à 200 gr. de sulfate normal par litre),
puis séché à basse température, environ 50 0/0 de
l'alumine présente est fixée sur la fibre, tandis
qu'une solution équivalente de sel basique, $Al^2(C^2H^3O^2)^4$
$(OH)^2$ contenant SO^4Na^2, donne, dans les mêmes conditions, presque toute son alumine à la fibre.

Les acétates d'alumine (spécialement les sels normaux) préparés au moyen de l'acétate de plomb, sont susceptibles de contenir un peu de sulfate de plomb. C'est pourquoi, dans le cas où la présence de ce sulfate serait nuisible, l'acétate de plomb peut être remplacé avec avantage par une quantité équivalente d'acétate de chaux ou de baryte.

100. — *Sulfo-acétate d'alumine.* — Il est reconnu depuis longtemps qu'il n'y a pas d'avantage pratique à employer la quantité d'acétate de plomb suffisante pour décomposer la totalité du sulfate d'alumine. D. Köchlin explique ceci en disant que le véritable mordant fixé sur la fibre n'est pas nécessairement de l'alumine pure, mais peut-être, et probablement dans la plupart des cas, un sulfate basique d'alumine insoluble. Il a constaté qu'il était possible de préparer un excellent mordant, en dissolvant du sulfate basique insoluble d'alumine dans de l'acide acétique chaud.

On obtient le précipité du sulfate basique en question, en neutralisant soigneusement une solution d'alun par du carbonate de soude, jusqu'au moment où le précipité d'abord formé cesse de se redissoudre, et en faisant bouillir la solution.

La solution de D. Köchlin et celles préparées avec le sulfate d'alumine, en employant une quantité insuffisante d'acétate de plomb, contiennent des *sulfo-acétates d'alumine*.

Les équations suivantes en montrent la formation :

$$(1)\quad Al^2(SO^4)^3.18H^2O + 2[Pb\,(C^2H^3O^2)^2.\,3H^2O] =$$

Sulfate d'alumine   Acétate de plomb

$$Al^2SO^4(C^2H^3O^2)^4 + 2\,PbSO^4 + 24H^2O$$

Sulfo-acétate   Sulfate de   Eau
d'alumine   plomb

$$(2)\quad 2[Al^2(SO^4)^3.18H^2O] + 3[Pb\,(C^2H^3O^2)^2\,3H_2O] + 2NaHCO^3$$

Bi-carbonate de
soude

$$(2) = Al^2SO^4\,(C^2H^3O^2)^3\,OH + 3\,PbSO^4 + Na^2SO^4$$

Sulfo-acétate d'alumine   Sulfate de   Sulfate de
basique   plomb   soude

$$+ 2CO^2 + 45H^2O$$

Acide   Eau
carbonique

L'expérience a prouvé que plus les sulfo-acétates d'alumine sont basiques, plus leur point de décomposition est bas, soit par la chaleur, soit par la dilution de la solution ; ce qui revient à dire que la sensibilité de leurs solutions est augmentée.

Les sulfo-acétates d'alumine abandonnent la presque totalité de leur alumine à la fibre de coton, après qu'on l'a imprégnée et séchée ; ils agissent ainsi, dans ce cas particulier, plus fortement que les sulfates d'alumine et à peu près à la manière de l'acétate d'alumine basique $Al^2(C^2H^3O^2)^4(OH)^2$.

Le nom technique donné aux solutions des divers acétates d'alumine, et sulfo-acétates d'alumine employés en pratique, est celui de *mordant rouge*, parce qu'ils sont universellement employés dans l'impression sur toile et la teinture du coton, pour produire les rouges d'alizarine.

Les mordants rouges du commerce se préparent par double décomposition du sulfate d'alumine normal, et de l'acétate de chaux du commerce.

Le mordant rouge commercial contient dans une certaine proportion du sulfate d'alumine non décomposé, et est un sulfo-acétate impur ; tandis que dans ce que l'on appelle mordant rouge d'étain,la décomposition a été aussi complète que possible, de sorte qu'il représente un acétate d'alumine normal impur.

Application des acétates d'alumine et des sulfo-acétates aux différentes fibres

101. — *Application au coton.* — Ces mordants d'alumine sont, par excellence, ceux à employer pour l'impression sur calicot. On épaissit leurs solutions convenablement,au moyen de la farine,de l'amidon, de la dextrine ; on les imprime sur le coton, et l'on sèche. Après l'impression et le séchage, vient l'opération de l'étendage, qui consiste à exposer les tissus imprimés, plus ou moins ouverts et plus ou moins tendus, à l'action de l'air, à une température et dans des conditions hygrométriques convenables.

L'opération suivante est celle du *fixage* ou *bousage*, par laquelle les pièces passent dans des solutions chaudes, contenant un ou plusieurs des ingrédients suivants :

Bouse de vache, arséniate de soude, phosphate de soude, silicate de soude, craie, etc. Le but de cette opération est triple : 1° fixer plus complètement sur la fibre la partie du mordant qui a échappé à l'action de l'étendage ; 2° empêcher que

les parties du tissu non imprimées (non mordan-
cées), soient tachées par la suite, si le mordant
soluble déchargeait sur elles ; 3° enlever la matière
épaississante.

Les acétates d'alumine sont très employés pour
ce qu'on appelle couleurs vapeur, etc.

Ils sont fréquemment employés dans la teinture en
rouge turc, en remplacement des sulfates d'alumine
basiques.

Pour les articles ordinaires, ces mordants sont
relativement peu employés, parce que dans la méthode de fixation par précipitation que l'on adopte
généralement, ils n'ont pas d'avantage sur les sulfates basiques, et sont plus dispendieux.

102. — *Application à la laine.* — Les acétates d'a-
lumine ne peuvent s'employer pour le mordançage,
parce qu'ils sont trop décomposables.

103. — *Application à la soie.* — Les acétates d'a-
lumine sont peu employés pour le mordançage de la
soie, excepté pour l'impression.

104. — *Oxalate et tartrate d'alumine.* — Ces
mordants peuvent se préparer en dissolvant de l'a-
lumine dans les acides respectifs. Comme tels, ils ne
sont que d'un usage limité, dans certaines couleurs
vapeur de l'impression sur calicot.

Quoiqu'ils ne soient pas employés directement
pour le mordançage de la laine, il est probable
que chaque fois que la crème de tartre est employée
avec un sulfate d'alumine, il y a production de tar-

tratc d'alumine, lequel peut être considéré comme le vrai mordant.

Dans le mordançage de la soie, on n'emploie pas ces sels.

Mordants de fer.

Ces mordants ne sont guère moins importants que les mordants d'alumine, parce qu'ils s'emploient pour toutes les fibres ; leur ancienneté est à peu près aussi grande. A l'inverse des mordants d'alumine, ceux de fer ont deux états d'oxydation ; sels de protoxyde, sels de peroxyde.

105. — *Sulfate de protoxyde de fer* ($FeSO^4 7H^2O$). — Ce mordant est connu sous le nom de vitriol vert ou couperose verte. On le prépare en grand en dissolvant des rognures de fer dans de l'acide sulfurique étendu, et en laissant cristalliser la solution ; on le trouve aussi comme résultat de l'oxydation naturelle des pyrites de fer, ou comme produit secondaire de la fabrication de l'alun et du sulfate de cuivre.

Exposés à l'air, les cristaux vert pâle se recouvrent peu à peu de sulfate basique de peroxyde, brun, insoluble. Les gros cristaux peuvent, par un phénomène purement mécanique, contenir une petite quantité de l'acide de la liqueur mère. On doit éviter la présence du cuivre et de l'alumine.

Application du sulfate de protoxyde aux diverses fibres textiles

106. — *Application au coton.* — L'emploi du sulfate de protoxyde de fer pour mordancer le coton, est en quelque sorte limité.

On l'emploie généralement pour ternir les nuances, après application de la matière colorante. On fait bouillir le coton dans une décoction de matière colorante, on élimine l'excès de liqueur, et l'on emploie alors la solution froide de sulfate de protoxyde de fer. Cette méthode ne convient que pour les tons clairs.

Une meilleure méthode consiste à imprégner le coton d'une matière tannante, et à le plonger ensuite dans une solution de sulfate de fer ; mais pour cette manière de teindre, le sel de peroxyde est préférable.

Le sulfate de protoxyde de fer est employé pour la production des couleurs chamois de fer sur le coton, à la manière de l'azotate de peroxyde de fer.

107. — *Application à la laine.* — Le sulfate de protoxyde de fer est encore employé comme mordant dans la teinture de la laine, mais il a été remplacé en grande partie par le bichromate de potasse. On peut mordancer la laine en la faisant bouillir dans un mélange de sulfate de protoxyde de fer et de crême de tartre, dans des proportions relatives convenables. Une quantité de tartre assez considérable est nécessaire, et cette méthode devient alors coûteuse.

Dans certains cas (bois de santal, etc.), il vaut mieux faire d'abord bouillir la laine dans une décoction de la matière colorante, jusqu'à ce que la plus grande partie ait été absorbée, ajouter ensuite le sulfate de protoxyde de fer au même bain, ou le mettre dans un bain séparé dans la proportion de 5 à 8 0/0 du poids de la laine, et continuer à faire bouillir pendant une 1/2 heure et plus (bruniture).

108. — *Application à la soie*. — Le sulfate de protoxyde de fer n'est guère employé comme mordant de la soie.

109. — *Acétate de protoxyde de fer*. — On peut le préparer par la double décomposition du sulfate de fer, et de l'acétate de plomb ou de chaux.

Un mordant d'une utilité plus grande, et qu'on fabrique sur une grande échelle, est celui qu'on appelle *pyrolignite de fer*, mordant pour noir. On le prépare en saturant de l'acide acétique brut, de 4° à 8° Tw, densité 1.02 à 1,04 (acide pyroligneux), par de la tournure de fer, jusqu'à ce que le liquide olive foncé atteigne environ 20° à 30° Tw. (densité 1,1 à 1,15).

La présence dans ce mordant du pyrocatéchol, qui agit comme agent réducteur, empêche qu'il s'oxyde trop rapidement, de sorte qu'il se conserve bien.

110. — *Application au coton*. — Le pyrolignite de

fer est le mordant de fer le plus employé par l'imprimeur sur calicot, pour la teinture des noirs, violets, grenats, etc.

Le mode de fixation par l'exposition et le dégommage, est identique à celui pour les acétates d'alumine.

On fait diverses additions à ce mordant de fer, en vue de retarder, de rendre incomplète ou plus régulière, son oxydation pendant l'exposition.

L'acide arsénieux est le plus en faveur, soit dissous dans un mélange d'acide acétique et de sel ordinaire ou de chlorure d'ammonium, soit sous forme d'arsénite de soude. Ces solutions ont reçu improprement le nom de liqueur à fixer le violet, ou simplement de liqueur de fixation.

Le pyrolignite de fer est un des meilleurs mordants pour la teinture du coton.

La meilleure manière d'appliquer ce mordant consiste à d'abord imprégner le coton d'une décoction froide de matière tannique ; après avoir enlevé l'excès de liquide par pressage, on plonge le coton dans une solution froide de mordant de fer, de $2°$ à $6°$ Tw. (densité $1,01 - 1,03$), pendant une heure ou plus, et finalement, on lave. La concentration du bain de tannin et la durée de l'immersion, déterminent la quantité de fer qui sera fixée ultérieurement sur le coton.

111. — *Application à la laine.* — Le pyrolignite de fer n'est pas employé dans la teinture de la laine.

112. — *Application à la soie.* — Le pyrolignite de

fer est très employé pour teindre en noir, ou pour charger la soie grège, etc. Un bain de tannin précède toujours son application. La soie est d'abord imprégnée, à 40 ou 45° centigrades, d'une décoction de matière tannique à 100 0/0 (de préférence de l'extrait de châtaignier), travaillée ensuite à 50 ou 60° centigrade dans un bain de pyrolignite de fer, de 12 à 14° **Tw.** (densité, 1,05 à 1,07), et finalement, exposée à l'air.

On peut répéter ces opérations de 2 à 15 fois, pour produire une couleur intense et donner du poids, qui peut varier de 30 à 400 0/0 du poids de la soie.

Pour la soie cuite, le pyrolignite de fer est remplacé par du sulfate de peroxyde de fer basique (nitrate de fer).

113. — *Sulfate de peroxyde de fer.* — Nitrate de fer, $Fe^2 (SO^4)^3$ Il peut se préparer d'après la formule suivante :

$$6FeSO^4.7H^2O + 3H^2SO^4 + 2AzO^3H =$$

Sulfate de protoxyde   Acide   Acide
de fer   sulfurique azotique

$$3Fe^2(SO^4)^3 + 2AzO + 46H^2O$$

Sulfate de peroxyde   Bioxyde   Eau
de fer   d'azote

Le sulfate de protoxyde est dissous dans l'eau contenant la quantité nécessaire d'acide sulfurique. On chauffe doucement la solution, et l'on ajoute peu à peu la quantité nécessaire d'acide azotique. On concentre par ébullition, afin de compléter la réaction. L'acide azotique n'agit simplement que comme agent oxydant, $2AzO^3H = H^2O + 2AzO + O^3$ d'où l'on voit,

que le nom de nitrate de fer, que l'on donne habituellement à cette préparation, est une erreur de
nom.

Un sulfate basique très employé pour la teinture
en noir de la soie, se prépare selon la méthode décrite
pour le sel normal, mais en n'employant que la
moitié de la quantité de $SO^4 H^2$, comme suit :

$$12FeSO^4 7H^2O \ + \ 3H^2SO^4 \ + \ 4AzHO^3 =$$

Sulfate de protoxyde   Acide   Acide
de fer   sulfurique   azotique

$$3Fe^i(SO^4)^3(OH)^2 \ + \ 86H^2O + 4AzO$$

Sulfate basique de protoxyde   Eau   Bioxyde
de fer   d'azote

Le sulfate basique de peroxyde (rouille) est un
liquide fortement rouge, et marquant 70 à 85° Tw.
(densité 1,35 à 1,4). Il se décompose par le mélange
avec l'eau ; un sel insoluble, contenant une plus
grande quantité de base est précipité, tandis qu'un
sel plus acide reste dans la solution.

114. — *Application au coton.* — Le sulfate normal de peroxyde de fer n'est que peu ou point employé. Le sulfate basique de peroyxde de fer, ci-
dessus mentionné, ou même un composé un peu
plus acide, est employé pour la teinture en noir du
coton. Celui-ci est d'abord imprégné d'une décoction froide de matière tannique, et soit immédiatement, soit après l'avoir passé dans de l'eau de chaux,
on le travaille et on le plonge, pendant une heure
environ, dans une solution du mordant de fer, de la
force de 2 à 4°.Tw. (densité. 1,01 à 1,02).On lave finalement, soit dans l'eau ordinaire, soit dans de l'eau
contenant de la craie en poudre, dans le but de com-

pléter la précipitation du sel basique sur la fibre, et d'enlever toute trace d'acide. Le coton est ensuite teint dans un bain de campêche.

Dans cette opération, l'acide tannique qui est attiré par le coton, sert principalement à fixer le mordant de fer, quoiqu'il produise incidemment une couleur noir bleuâtre en se combinant avec le peroxyde de fer, ou le sel basique de peroxyde de fer.

Le passage dans l'eau de chaux après le bain de tannin, donne évidemment naissance à un tannate de chaux, et la décomposition du sel de peroxyde de fer est ainsi facilitée, parce que la chaux se combine avec l'acide sufurique. Ce mordant peut aussi s'employer pour la teinture des couleurs chamois de fer, de la même manière que le nitrate de fer.

115. — *Application à la laine.* — Les sulfates de peroxyde de fer ne sont pas, en général, employés dans le mordançage de la laine, quoiqu'ils puissent être utiles, s'ils sont convenablement appliqués.

116. — *Application à la soie.* — Le sulfate basique soluble de peroxyde de fer $Fe^4(SO^4)^5(OH)^2$, est le mordant de fer par excellence, pour la teinture en noir de la soie.

Pour mordancer la *soie grège*, on la travaille d'abord en bain tiède (40° à 50° cent.), de CO^3Na^2 ; on la lave, on la tord, on la travaille dans une solution froide du mordant à 15° Tw (densité 1,075), pendant une demi-heure à une heure. On met à sec, on tord, on lave bien, on tord à nouveau, et l'on travaille pendant une demi-heure environ, dans une solution tiède (40° à 50° cent.) de CO_3Na_2. Finalement, on tord et on lave bien. On répète ces opérations trois ou quatre fois, selon la couleur et le poids demandés.

Pour le mordançage de la *soie cuite*, la matière est travaillée pendant une demi-heure à une heure dans une solution froide de sulfate basique de peroxyde de fer, à environ 50° Tw. (densité, 1,25). On enlève l'excès de liquide par le pressage et le tordage, et la soie est bien lavée d'abord dans de l'eau froide, ensuite dans de l'eau tiède. Ces opérations peuvent être répétées jusqu'à sept ou huit fois, après quoi, on fait bouillir la soie dans un vieux bain de savon, ou dans un bain qui contient de la liqueur ayant servi à cuire la soie, et auquel on ajoute 12 0/0 environ (du poids de la soie) de savon d'oléïne, et 2 0/0 de cristaux de CO_3Na_2. Un lavage final complète le mordançage.

Il est essentiel que la soie mordancée au sulfate basique de peroxyde de fer ne sèche pas pendant qu'elle se trouve dans cette condition. Il faut la laisser plongée dans le mordant fort, ou la couvrir avec des draps humides, après lavage.

La soie fortement imprégnée de peroxyde de fer se détruit peu à peu, si on la conserve à cet état. Il se produit une combustion lente, ou une oxydation de la fibre.

La théorie relative aux méthodes de mordançage ci dessus, est la suivante :

Dans le cas de la *soie grège*, pour laquelle on emploie une solution de sulfate de peroxyde de fer relativement étendue, à part l'absorption générale du liquide, le grès lui-même produit la décomposition et la précipitation d'un sel insoluble basique, au travers de sa masse, pendant l'immersion. Le lavage à l'eau et le rinçage au CO^3Na^2 complètent la décomposition.

Dans le cas de la *soie cuite*, la fibre absorbe simplement le liquide pendant l'immersion dans la solution concentrée du mordant. Il n'y a décomposition et précipitation du sel basique, que lorsque la solution s'étend par le lavage. L'emploi d'une eau contenant du bicarbonate de chaux facilite la décomposition du mordant absorbé.

L'ébullition dans une solution de savon, complète la décomposition.

Par un seul mordançage, la soie gagne 4 0/0 en poids, et 25 0/0 au bout de six ; après sept ou huit répétitions, il y a un gain de 8 0/0 sur le poids d'origine de la soie grège.

Ainsi mordancée, la soie possède une couleur brun orangé foncé, et garde toujours son brillant.

La fig. 32 représente le bac de mordançage, généralement employé pour la teinture en noir de la soie.

L'appareil se compose d'une caisse rectangulaire, pour contenir le mordant de fer. La soie est suspendue sur des lissoirs, qui sont manœuvrés à la main dans le bain. Après avoir été égoutté, l'excès de liquide est enlevé, en faisant passer les écheveaux séparément dans une machine à exprimer.

La fig. 33 représente la laveuse employée pour la soie, construite par Wansleben frères, de Crefeld. Elle se compose d'une double rangée de bobines en porcelaine vernissée, cannelées, sur lesquelles on

Fig. 32. — Bain de mordançage de la soie.

suspend et l'on fait tourner les écheveaux de soie. Le lavage se fait par des conduites perforées, situées latéralement sous et entre les bobines, comme cela est indiqué.

117.— *Nitro-sulfate ferrique.*— On en emploie plusieurs dans la pratique, sous le nom de *nitrates de fer*. Ils se produisent toutes les fois qu'on oxyde du sulfate de protoyxde par l'acide nitrique, de la manière déjà décrite pour la production des sulfates de peroxyde de fer. mais l'acide sulfurique qui était alors ajouté, est entièrement ou partiellement remplacé . par l'acide nitrique.

$$(1) \quad 6\ (FeSO^4 7H^2O) \ + \ 6HAzO^3 \ + \ 2HAzO^3 =$$

Sulfate de protoxyde de fer   Acide azotique

$$3Fe^2(SO^4)^2(AzO^3)^2 \quad + \ 2AzO \quad + \ 46H^2O$$

Sulfo-nitrate de fer   Bioxyde d'azote   Eau

$$(2) \quad 12FeSO^4 7H^2O + 6HAzO^3 + 4HAzO^3 =$$

$$3Fe^4(SO^4)^4(AzO^3)^2(OH)^2 + 4AzO + 86H^2O$$

Nitro-sulfate basique de peroxyde de fer.

La composition de ceux employés en pratique varie beaucoup, et leur valeur comme mordants se détermine entièrement par les résultats qu'ils donnent en teinture.

118. — *Application.* — L'application principale des nitro-sulfates de peroxyde de fer, est dans la teinture en noir du coton. Leur mode d'emploi est identique à celui des sulfates de peroxyde de fer. On ne les emploie ni pour le mordançage de la soie, ni pour celui de la laine.

119. — *Azotate de peroxyde de fer.* — Ce mordant

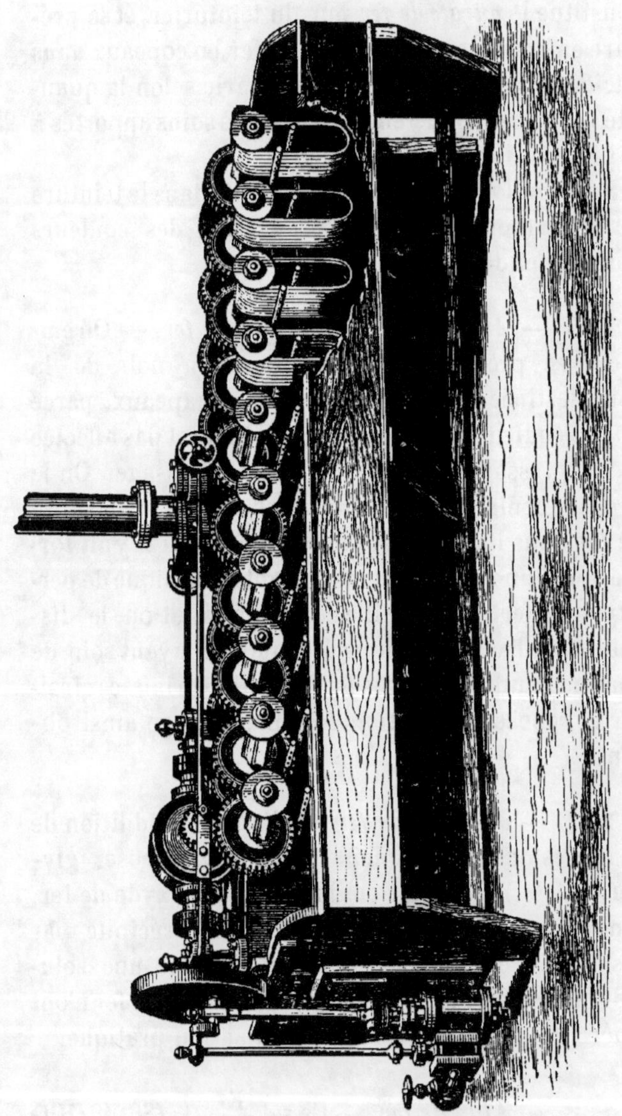

Fig. 33. — Laveuse employée pour la soie.

constitue le *nitrate de fer* pur du teinturier, et se prépare en dissolvant lentement du fer en copeaux dans l'acide nitrique. La composition varie selon la quantité d'acide nitrique employée, et les soins apportés à la préparation.

Son emploi est relativement limité dans la teinture du coton (comme pour la production des couleurs chamois et du noir).

120. — *Acéto-nitrate de peroxyde de fer.* — On emploie ce produit pour la teinture en noir de la soie destinée à faire la peluche des chapeaux, parce que la couleur qu'on obtient ensuite n'est pas affectée par le pressage à chaud, ni par le repassage. On le prépare comme suit : on fait dissoudre de la tournure de fer dans l'acide nitrique, jusqu'à ce qu'il y ait formation d'une masse pâteuse d'azotate basique de peroxyde de fer. On recueille ce précipité, et on le dissout dans l'acide acétique à chaud, en ayant soin de conserver un léger excès du précipité. On laisse refroidir et reposer la solution fortement rouge ainsi obtenue.

121. — *Mordants de fer alcalins.* — L'addition de matières organiques (acide tartrique, glucose, glycérine, etc.) à la solution du sel de peroxyde de fer, empêche que le peroxyde de fer soit précipité par les alcalis, et l'on peut de la sorte obtenir une solution alcaline de fer. Les mordants alcalins de fer n'ont guère eu, jusqu'à présent, d'application pratique.

122. — *Alun de fer.* — Ce sel, $\left. \begin{matrix} K^2 \\ Fe^2 \end{matrix} \right\} (SO^4)^4 24H^2O$

est analogue à l'alun ordinaire, et peut s'employer de la même manière. L'emploi n'en a été jusqu'ici que très restreint, parce qu'il était réservé au mordançage de la laine devant prendre les couleurs d'alizarine.

Mordants d'étain

123. — *Étain*. — Il existe le protoxyde et le bioxyde, SnO, SnO^2. Ces oxydes, lorsqu'ils sont hydratés, $Sn(OH)^2$, $Sn(OH)^4$ sont solubles dans les acides, dans les alcalis caustiques, et donnent alors naissance à des sels de protoxyde et de bioxyde, d'une nature soit acide, soit alcaline. Le teinturier ne doit pas oublier que les sels de protoxyde d'étain sont de puissants agents réducteurs. ce qui les empêche quelquefois d'être employés avec des mordants d'une nature oxydante, ou des matières tinctoriales qui perdent leur couleur par réduction. Dans certains cas particuliers, on peut tirer parti de cette propriété, par exemple dans la réduction du bleu en blanc d'indigo, pour ronger les couleurs chamois de fer, des bistres au manganèse, etc., dans l'impression sur calicot.

On emploie, en général, les sels de protoxyde pour la laine, et les sels de bioxyde pour le coton.

124. — *Chlorure d'étain*. — Ce mordant se vend sous la forme cristalline : $SnCl^2 + 2H^2O$, sous le nom de cristaux d'étain, de sel d'étain ; on le prépare en faisant dissoudre de la grenaille d'étain dans l'acide chlorhydrique, à chaud, et en laissant reposer le liquide concentré :

$$\mathrm{Sn} + 2\mathrm{HCl} + 2\mathrm{H^2O} = (\mathrm{SnCl^2 2H^2O} + \mathrm{H^2}$$

Il arrive fréquemment que la solution n'est pas cristallisée, et on la vend, telle qu'elle est, sous les noms de muriate simple d'étain et de muriate double d'étain, selon que le poids spécifique est 1,3 ou 1,6 (60° Tw. ou 120° Tw.).

Les cristaux d'étain se dissolvent dans une très petite quantité d'eau, sans subir de décomposition, et l'on obtient une solution claire qui, si on l'étend, se trouble par la formation d'un chlorure basique insoluble, ou d'un oxychlorure.

En ajoutant de l'acide chlorhydrique, le précipité se redissout. Un changement analogue se produit lorsque les cristaux d'étain sont conservés pendant un temps assez long, surtout s'ils sont exposés à l'air et à la lumière.

A cause de la présence d'un excès d'acide, les muriates d'étain liquides sont moins rapidement décomposés lorsqu'ils sont étendus d'eau, et sont, par conséquent, des mordants moins sensibles.

125. — *Application au coton.* — Les cristaux d'étain sont employés, par l'imprimeur sur calicot, mélangés aux mordants d'alumine épaissis, pour conserver à la couleur à produire sa pureté et son brillant, en empêchant la fixation du fer qui peut accidentellement se trouver dans la couleur, ou qui a été introduit pendant les diverses opérations. L'addition de grandes quantités fait réserve sous mordants de fer qui sont imprimés par dessus (couvertures).

Les cristaux d'étain entrent aussi dans la composition de quelques couleurs vapeur, avec des extraits de bois de teinture, de la crème de tartre, de l'acide oxalique, etc., comme dans la couleur vapeur du rouge de cochenille, du jaune, etc.

Les laques produites par le protochlorure d'étain, et certains extraits de bois de teinture, vendues sous le nom de carmins (carmin de Perse, carmin de cochenille,etc.), sont quelquefois employées dans l'impression sur calicot.

Employé seul et comme mordant, le protochlorure d'étain n'a que peu d'utilité dans la teinture du coton.

126. — *Applications à la laine.* — Le protochlorure d'étain est un mordant très utile pour la laine, surtout pour les couleurs brillantes. Pour quelques matières colorantes, on l'introduit immédiatement dans le bain de teinture avec la matière colorante et les autres produits accessoires, comme la crème de tartre, l'acide oxalique, etc. Ceci est rendu possible par ce fait que les laques d'étain formées sont, en grande partie, dissoutes dans l'excès de mordant acide présent, d'où la laine les absorbe.

Lorsque la laine est mordancée avant la teinture, on la fait bouillir dans une solution de protochlorure d'étain et de crème de tartre. Lorsqu'on emploie ce procédé, il ne faut pas employer plus de 4 à 6 0/0 de cristaux d'étain, parce que la laine a une tendance à devenir plus rugueuse et à être attendrie, et ses propriétés de feutrage et de foulage en souffrent.

Le protochlorure d'étain est quelquefois ajouté au bain de teinture vers la fin de l'opération, afin de donner plus de brillant à la couleur.

127. — *Applications à la soie.* — Le protochlorure d'étain est surtout employé avec le cachou pour produire des noirs très chargés. La manière de l'employer est décrite au chapitre où l'on traite des applications du cachou.

128. — *Azotate de protoxyde d'étain.* — Ce mordant se prépare en faisant dissoudre peu à peu des morceaux d'étain dans huit fois leur poids d'acide azotique à froid (32° Tw. densité 1,16), en ayant soin d'éviter qu'il se produise du peroxyde d'azote.

L'acide nitrique ne doit pas contenir de vapeurs nitreuses ; le liquide contient de l'azotate d'ammoniaque :

$$4Sn + 10AzO^3H = 4Sn(AzO^3)^2 + AzH^4AzO^3 + 3H^2O.$$

Tel que le prépare le teinturier, c'est une solution fortement jaune, à 60° Tw. (densité 1,3), pouvant se décomposer spontanément, et déposer une matière blanche après un long repos. On le connaît sous le nom *d'esprit écarlate*, de *nitrate d'étain*, et il est très employé par les teinturiers sur laine, pour la production des rouges de cochenille.

129. — *Bichlorure d'étain.* — On prépare ce mordant en faisant passer un courant de chlore dans une solution de protochlorure d'étain,

$$SnCl^2 + 2H^2O + Cl^2 + 3H^2O = SnCl^4 + 5H^2O,$$

ou en oxydant une solution de protochlorure d'étain
et d'HCl avec l'acide nitrique, chlorate de potasse,
et autres agents oxydants.

$$(1) \begin{cases} 3\ (SnCl^2 + 2H^2O) + 6HCl + 2AzO^3H = \\ 3\ (SnCl^4) + 2AzO + 10H^2O. \end{cases}$$

$$(2) \begin{cases} 3\ (SnCl^2 + 2H^2O) + 6HCl + K.ClO^3 = \\ 3\ (SnCl^4) + KCl + 9H^2O. \end{cases}$$

La méthode où l'on emploie le chlorate de potasse
est très pratique. Le protochlorure d'étain est dissous dans l'acide chlorhydrique, avec ou sans addition d'une petite quantité d'eau, et l'on chauffe
doucement. C'est alors seulement qu'il est nécessaire
d'ajouter, aussi rapidement que la violente réaction
le permettra, de petites quantités de chlorate de potasse, jusqu'à ce qu'on ait ajouté la quantité calculée.
S'il y a excès de chlorate de potasse, il se produit une
couleur jaune due à la présence du chlore libre. S'il
y a manque d'acide chlorydrique, la solution se trouble. Par expérience, on a trouvé convenables les
proportions suivantes : 337 grammes de sel d'étain;
300 grammes HCl à 24° Tw. (densité 1,13); 58 grammes de chlorate de potasse.

On connaît plusieurs hydrates cristallisés de bichlorure d'étain. Le plus connu est celui qui contient 5 molécules d'eau $(SnCl^4, 5H^2O)$, et que l'on
trouve dans le commerce.

Les solutions étendues de $SnCl^4$ se décomposent
spontanément, après un long repos; mais la décom-

position avec précipitation d'oxyde d'étain hydraté, se produit immédiatement à l'ébullition.

$$SnCl^4 + 4H^2O = Sn(OH)^4 + 4HCl.$$

130. — *Esprit d'étain.* — On désigne, sous ce nom, certains sels de protoxyde d'étain ; mais ce nom comprend une classe encore plus étendue, à laquelle appartiennent les sels de bioxyde.

Le mot esprit, ici employé, dérive des noms anciens d'esprit de sel, d'esprit de nitre, donnés à l'acide chlorhydrique et à l'acide azotique respectivement, parce que ceux-ci sont les principaux dissolvants de l'étain.

Les esprits d'étain sont le résultat de pur empirisme, et leur mode de production constituait l'un des profonds secrets des anciens teinturiers. Depuis l'introduction des couleurs dérivées du goudron de houille, leur importance première est de beaucoup diminuée. Selon l'usage particulier auquel ils semblaient le mieux convenir, et au gré du teinturier, ils recevaient l'un des noms suivants : *Nitro-muriate d'étain, Composition d'étain, Esprit écarlate, Esprit pourpre.*

Ci-dessous, se trouve un exposé des proportions relatives des ingrédients qu'on a employés en pratique :

(*a*)   100 g. d'acide nitrique à 64° Tw (Densité 1,32) ;
   150 à 600 g. d'acide chlorhydrique à 32° Tw (Densité 1,16) ;
   6 à 12 0/0 (du poids des acides mélangés) d'étain.

Dans quelques cas, on a employé même de 30 à 40 0/0 d'étain.

(*b*)   100 g. d'acide nitrique à 64° Tw (Densité 1,32) ;
12 g. 5 de chlorure d'ammonium (0.5 gr. NaCl);
12 à 16 0/0 (du poids d'acide nitrique) d'é-
tain.

Selon les proportions des divers ingrédients, la température, le mode de fabrication de ces mordants, leur composition varie considérablement, non seulement quant à l'acidité et au tant pour cent d'étain, mais aussi, quant à l'état d'oxydation de l'étain présent.

Le teinturier éprouve de grandes difficultés dans la fabrication des mordants d'étain, par suite du fait, déjà mentionné, qu'il existe deux oxydes stanniques ; l'acide stannique et l'acide métastannique. Le premier est soluble dans l'acide nitrique, le second est insoluble. Il se forme invariablement de l'acide métastannique lorsque l'acide nitrique agit avec violence sur l'étain, soit parce que l'acide nitrique est trop concentré, soit parce que la température est trop élevée.

La formation de cette substance en précipité insoluble doit être rigoureusement évitée, en ajoutant lentement de l'étain en barres, en tenant froids les acides employés, et en empêchant le dégagement de bioxyde d'azote, parce qu'il cause une perte d'étain, et une perte dans le pouvoir de la solution comme mordant.

Application des sels de bioxyde d'étain aux différentes fibres textiles.

131. — *Applications au coton*. — Dans la teinture ordinaire du fil et de la pièce, le bichlorure d'étain n'a qu'un usage limité. On l'emploie comme *esprit rouge*, sur coton. pour certaines teintures rouges. Il est beaucoup plus employé pour mordancer la chaîne des tissus mêlés. Après teinture de la laine. on traite le tissu par une décoction froide de tannin, et ensuite, par une solution froide de sel de bioxyde d'étain, à 40 Tw. (densité 1,02).

Autrefois, lorsque les extraits de bois de teinture étaient les principales matières colorantes employées, c'était l'hydrate de bioxyde d'étain qui constituait le mordant véritable, et qui se combinait avec les matières colorantes du bois de campêche. etc.

L'acide tannique du tannin agissait alors simplement comme substance de fixation pour l'hydrate de bioxyde d'étain.

A présent, dans les cas où l'on emploie les couleurs du goudron de houille, les rôles des deux substances sont renversés : le bichlorure d'étain doit être considéré comme l'agent de fixation ; l'acide tannique, comme mordant.

132. — *Applications à la laine*. — Le bichlorure d'étain pur n'est pas un mordant qui convient à la laine. Cependant, bien des préparations mentionnées, contenant un sel stannique, ont été employées dans la teinture de la laine, surtout pour la teinture des rouges de cochenille.

133.— *Applications à la soie*. — Quelques-unes des solutions d'étain, préparées à l'acide nitrique et chlorhydrique, étaient autrefois très employées dans le cas du bois du Brésil, du bois de Campêche, etc.

Depuis l'introduction des matières colorantes du goudron de houille, ces mordants sont peu ou point employés.

Cependant, le bichlorure d'étain est aujourd'hui fréquemment employé pour charger la soie blanche, ou la soie de couleur claire. On plonge, pendant un certain temps, la soie grège dans une solution froide de $SnCl^4$, on lave, et l'on passe dans une solution froide et étendue de carbonate de sodium ; finalement, on opère un lavage à l'eau. Après avoir répété plusieurs fois ces opérations, on décreuse la soie à la manière ordinaire. De cette façon, la soie peut gagner en poids jusqu'à 25 0/0.

134.— *Stannate de soude*. — Ce sel sert à la préparation des tissus avant l'impression. On le fabrique, sur une échelle relativement grande, en faisant fondre ensemble de la soude caustique, de l'azotate de sodium et de l'étain, généralement avec addition de sel marin :

$$2Sn + 3NaOH + AzO^3Na = 2SnO^3Na^2 + AzH^3$$

Ce produit se trouve dans le commerce, sous forme de morceaux irréguliers, en fuseaux blancs et durs.

Quelques variétés contiennent de l'arséniate de

soude ou du tungstate de soude, que l'on croit améliorer les qualités du produit comme mordant. Mais, cela est très douteux. La valeur dépend surtout de la quantité d'étain qu'il contient, et qui peut varier de 8 à 20 0/0, selon le prix.

Dans le stannate de soude, le bioxyde d'étain joue le rôle d'acide. Il est précipité de sa solution par l'addition d'un acide minéral, réaction sur laquelle est fondé son mode d'application.

135. — *Applications au coton.* — On emploie le stannate de soude pour préparer ou mordancer le coton au bioxyde d'étain hydraté, avant l'impression de certaines couleurs. On imprègne le coton d'une solution de stannate de soude de 4° à 10° Tw (densité 1,02 à 1,05), on le passe rapidement dans l'acide sulfurique étendu, et l'on procède immédiatement au lavage.

Le calicot que l'on prépare ainsi est destiné aux couleurs vapeur, qui sont plus riches, plus brillantes qu'autrement, et qui résistent mieux au lavage.

On n'emploie pas le stannate de soude pour la teinture de la laine, ni pour celle de la soie ; mais il sert à la préparation des tissus de laine avant l'impression.

Mordants de Chrome.

136. — On a jusqu'ici employé, comme mordants, deux sortes de sels de chrome : 1° ceux qui correspondent au sesquioxyde de chrome Cr_2O^3, et dans lesquels le chrome se comporte comme l'élément basique du sel ; 2° ceux qui correspondent à l'acide chromique CrO^3 ; mais il faut se souvenir que ces derniers ne servent de mordants qu'après réduction de CrO^3 en Cr^2O^3.

137. — *Bichromate de potasse.* — $Cr^2O^7K^2$ sert comme point de départ pour la fabrication des autres mordants de chrome.

On le prépare, sur une grande échelle, avec le fer chromé. On mélange le minerai grillé avec du carbonate de potasse et de la chaux.

On chauffe le mélange, pour activer l'oxydation, dans un four à reverbère, et le chromate de chaux formé est dissous dans l'eau. On ajoute du sulfate de potassium à la solution, et l'on ajoute au chromate de potasse ainsi obtenu, la quantité d'acide sulfurique nécessaire pour le convertir en bichromate.

On le trouve, dans le commerce, sous forme de cristaux orangés bien définis.

C'est un agent d'oxydation puissant, et il est souvent employé pour la coloration des tissus, quoiqu'il soit aussi un excellent mordant pour la laine.

138. — *Applications au coton.* — Le bichromate de potasse est employé, dans la teinture du coton, pour la production des couleurs jaunes et oranges de chromate de plomb. Pour produire le jaune, on imprègne le coton d'un sel de plomb soluble (acétate ou nitrate), et l'on sèche ; puis, après avoir précipité le plomb sur la fibre à l'état d'oxyde ou de sulfate (au moyen de l'ammoniaque, de la chaux, ou du sulfate de sodium), on le passe dans une solution chaude et étendue de bichromate de potasse.

On obtient une couleur orangée par un passage subséquent. d'une durée d'une ou deux minutes, dans un lait de chaux bouillant, et le chromate de plomb jaune (CrO^4Pb) est changé plus ou moins en un chromate de plomb basique : CrO^5Pb^2.

Dans la production de couleurs brunes ou autres, où le cachou entre comme élément constitutif, et aussi dans la teinture en noir d'aniline, le bichromate de potassium est seulement employé, à cause de ses propriétés oxydantes.

Dans quelques cas, ces propriétés oxydantes du sel sont mises en usage pour détruire la couleur, au lieu de la développer.

Il est employé, par exemple, par l'imprimeur sur calicot, pour le rongeage des bleus cuvés.

139.— *Applications à la laine.*— Le bichromate de potasse est de beaucoup le mordant le plus employé pour la teinture de la laine. Son pouvoir (comme mordant) à l'égard de la laine a quelque chose de remarquable, le caractère principal étant qu'avec une proportion relativement faible de ce produit, on obtient des couleurs d'une teinte très foncée. L'emploi d'une quantité équivalente d'un autre sel de chrome ne donne pas des couleurs d'une intensité aussi considérable. C'est un mordant facile à appliquer, très efficace dans son action, et qui laisse la laine douce au toucher. La laine est bouillie, pendant un temps qui varie de une heure à une heure et demie, dans une solution contenant 2 à 4 0/0 (du poids du tissu employé) de bichromate de potassium.

Après lavage, le tissu peut passer au bain de teinture.

Un fait auquel l'ouvrier doit prêter beaucoup d'attention, et qui peut quelquefois être l'origine de teintures irrégulières, est que la laine mordancée est très sensible à l'action de la lumière. Tandis que la laine non exposée à la lumière, a une couleur jaunâtre, elle devient verdâtre après une exposition prolongée à la lumière, à cause de la réduction du sel absorbé. De plus, les parties non exposées se teignent plus rapidement que les autres, et acquièrent une teinte un peu plus foncée et moins brillante.

Avec quelques matières colorantes, comme les bois jaunes de teinture, on peut employer le mordant dans de plus grandes proportions, et l'on obtient des couleurs plus foncées. Ceci, cependant, n'est pas toujours recommandable, à cause de l'accroissement de la dépense, et parce qu'en outre, les couleurs passent, dit-on, plus rapidement.

En ajoutant au bain de mordançage un acide minéral tel que l'acide sulfurique, en quantité juste suffisante pour s'emparer du potassium et libérer l'acide chromique, le pouvoir du bichromate de potassium comme mordant est un peu augmenté, et des teintes plus foncées sont obtenues avec bien des matières tinctoriales. Le mordançage avec l'acide chromique pur donne des résultats analogues. Dans les deux cas, la laine a une couleur jaune olive.

Avec le bois de Campêche et autres matières colorantes sensibles à l'oxydation, l'effet nuisible d'un

mordançage avec excès de bichromate de potassium
et d'acide sulfurique est déjà apparent dans le bain
de teinture, le tissu refusant en quelque sorte de
se teindre, quoique la cause réelle soit l'oxydation
et la précipitation de la matière colorante par l'excès
d'acide chromique qui s'échappe de la laine dans
le bain. Dans ce cas, la laine est dite surchromée.

Lorsque certains acides organiques, comme l'a-
cide tartrique, sont employés avec le bichromate
de potassium, il se forme un sel du sesquioxyde
(Cr^2O^3) dans le bain de mordançage, et la laine
prend une couleur verte. Dans ce cas, quoique les
teintes obtenues soient plus brillantes et d'aspect
différent, elles sont essentiellement les mêmes que
celles obtenues avec la laine mordancée jaune olive.

La meilleure explication de ce qui se passe, lorsqu'on fait bouillir la laine avec du bichromate de
potassium ou de l'acide chromique, est que ces substances sont simplement absorbées, plus ou moins
transformées par la fibre, le bichromate de potassium étant dissocié partiellement en chromate neutre et en acide chromique. Bientôt cependant, au
fur et à mesure que l'ébullition continue, la couleur jaune de la laine tire de plus en plus sur l'olive.
Sous l'influence de la laine elle-même, il se produit
une réduction de l'acide chromique en chromate de
chrome, de sorte que ce composé insoluble reste finalement fixé sur la fibre.

L'équation suivante exprime le caractère général
de la réaction produite :

$$3Cr^2O^7K^2 + 3H^2O = 2(Cr^2O^3CrO^3) + 6KOH + 3O^2$$

Vu la faible proportion de bichromate de potas-

siûm ordinairement employée (3 0/0), et comme le
tiers seulement est utilisé, l'oxydation de la laine
qui se produit, est tout à fait insignifiante. L'hydrate
de potasse n'altère pas non plus la laine, mais neutralise plutôt une autre portion du bichromate, de
sorte que du chromate neutre de potasse reste
dans le bain de mordançage qui a servi. Dans le bain
de teinture, sous l'influence de la matière colorante,
il y a réduction de l'acide chromique, et la production et la fixation de la laque de chrome du colorant se produisent simultanément.

La vivacité moindre de la teinte obtenue sur la
laine mordancée jaune olive, s'explique par la présence de produits d'oxydation de la matière colorante, ce qui ne peut avoir lieu dans le cas de la
laine mordancée verte, où, seul, le sesquioxyde est
présent.

L'addition d'acide sulfurique au bichromate met
l'acide chromique en liberté ; ce dernier sert à fixer
plus de chromate de chrome sur la laine, en neutralisant l'hydrate de potasse qui se produit d'autre
part et empêche ainsi la formation de chromate
neutre :

$$6CrO^4H^2 = 2(Cr^2O^3.CrO^3) + 6H^2O + 3O^2$$

Dans quelque cas, on emploie le bichromate de
potassium après ébullition de la laine dans une décoction de matière colorante, comme dans le cas des
bois rouges.

140. — *Applications à la soie.* — Le bichromate
de potassium est employé pour la production des

bruns au cachou, et la méthode est analogue à celle
employée pour obtenir les mêmes couleurs sur le
coton. On s'en sert quelquefois de la même manière,
pour certains noirs au campêche.

141. — *Bichromate de soude.* — Ce sel ($Cr^2O^7Na^2$.
$2H^2O$) a été introduit dans le commerce pour remplacer le bichromate de potassium qui est plus cher.
Etant quelque peu déliquescent, il doit être conservé
dans un endroit sec. S'il atteint la pureté du bichromate de potasse, il peut remplacer ce sel dans
la plupart de ses applications, peut être même dans
toutes.

Chromate de chrome. — $Cr^2(CrO^4)^3 + 9H^2O$. Ce
mordant, employé dans la teinture de la soie, se
prépare en dissolvant de l'hydrate de chrome dans
une solution chaude d'acide chromique. Il se trouve
dans le commerce, comme mordant GAIII. On a
aussi préparé et employé dans le même but, un chromate basique de chrome $Cr^2(CrO^4)^2(OH)^2$ et un sulfo-
chromate de chrome :

$$Cr^2(CrO^4)(SO^4)(OH)^2$$

Les mordants de chrome GAII et GAI sont des
chromates basiques de chrome, contenant respectivement de l'acide acétique et de l'acide chlorhydrique. Ils conviennent bien pour le coton.

142. — *Chromate de cuivre.* — Lorsqu'on fait
bouillir une solution de sulfate de cuivre et de bichromate de potassium, il se forme un précipité
brun d'un sel basique ($Cu^3CrO^6 2H^2O$). On a employé
ce mélange avec de bons résultats, pour mordancer
la laine.

143. — *Alun de chrome*. — Sulfate double de potassium et de chrome $\left[\begin{smallmatrix} K^2 \\ Cr^2 \end{smallmatrix}\right\}(SO^4)^4 24H^2O\Big]$. On l'obtient en grandes quantités, comme produit accessoire de la fabrication de l'alizarine artificielle, dérivée de l'anthracène. Si cela est nécessaire, on peut le préparer spécialement en ajoutant à une solution assez concentrée de bichromate de potassium de l'acide sulfurique, et une substance s'oxydant rapidement, comme l'acide sulfureux, l'acide oxalique, l'alcool, le sucre, l'amidon, la glycérine, etc.

L'équation suivante représente, d'une manière générale, la réaction produite.

$$K^2Cr^2O^7 + 4(SO^4H^2) + 17H^2O + 3H^2$$
$$= \left[\begin{smallmatrix} K^2 \\ Cr^2 \end{smallmatrix}\right\}(SO^4)^4 24H^2O\Big]$$

On ajoute les matières réductrices mentionnées, aussi rapidement que le permet la violence de la réaction.

Le mélange acquiert une température assez élevée, et il faut avoir soin de ne pas le laisser refroidir, car la réaction pourrait cesser et l'on serait obligé de chauffer.

On peut employer les ingrédients dans les proportions suivantes : 100 g. de $Cr^2O^7K^2$; 220 g. H^2O ; 123 g. de SO^4H^2 à 168° Tw (densité 1,84) ; 24 g. d'amidon. Lorsque la solution est faite convenablement, elle doit avoir une couleur vert-bleuâtre. Après un long repos, il se produit des cristaux violets qui se dissolvent dans l'eau, et donnent une solution violette.

Une solution d'alun de chrome normal n'est décomposable ni par la chaleur, ni lorsqu'elle est étendue d'eau. En ajoutant des quantités calculées d'un carbonate alcalin ou d'un hydrate de chrome, à une solution d'alun de chrome normal, on obtient des solutions contenant des sulfates basiques de chrome. Contrairement à ce qui se produit avec les composés d'alumine correspondants, ils ne semblent pas se décomposer par la chaleur.

Plus le sel est basique, plus la décomposition est accélérée lorsqu'on étend, et dans ce cas, la présence du sulfate de soude rend la solution moins sujette à décomposition. Sur la fibre de coton, les faits se passent d'une façon analogue : plus le sel est basique, plus il se dépose de sesquioxyde de chrome sur la fibre lorsqu'on l'en imprègne, qu'on la sèche, et qu'on l'expose à l'étendage.

Une solution d'alun de chrome précipite par l'addition de soude ou d'ammoniaque, mais le précipité se redissout dans un excès de réactif. Les solutions alcalines ainsi obtenues, sont précipitées par ébullition. Les précipités, formés par le carbonate, le phosphate et le silicate de soude, ne se redissolvent pas dans un excès de la liqueur de précipitation.

144. — *Sulfate de chrome.* — $[Cr^2(SO^4)^3]$. On peut le préparer en dissolvant du sesquioxyde de chrome dans l'acide sulfurique. Il existe des solutions violettes et des solutions vertes. Les sels basiques se préparent en neutralisant les solutions du sel nor-

mal par de l'hydrate de chrome ou du carbonate de
sodium.

En ce qui concerne la décomposition en chauffant
ou par dilution, le sulfate normal et le sulfate basique de chrome se comportent comme les aluns de
chrome correspondants ; on peut en dire autant de
la manière dont ils réagissent avec la soude, l'ammoniaque, le carbonate, le phosphate et le silicate
de soude.

145. — *Acétate de chrome*. — On peut préparer
une solution du sel normal $[Cr^2(C^2H^3O^2)^6]$ en mélangeant, dans des proportions convenables, des solutions d'acétate de plomb et de sulfate de chrome ou
d'alun de chrome ; dans ce dernier cas, il y a naturellement du sulfate de potassium :

$$\left[{K^2 \atop Cr^2} \right\} (SO^4)^4 . 24H^2O \right] + [3Pb(C^2H^3O^2)^2 . 3H^2O]$$
$$= Cr^2(C^2H^3O)^6 + 3PbSO^4 + K^2SO^4 + 33H^2O.$$

Il est à la fois intéressant et remarquable de
noter qu'une solution d'acétate de chrome normal
préparée de la manière indiquée ci-dessus, n'est pas
décomposée par ébullition, quelque soit la dilution.
A *froid*, il n'y a pas précipitation par les alcalis
caustiques, les carbonates alcalins, les phosphates
et les silicates alcalins, le savon ammoniacal, les
solutions d'huile sulfonée ; mais à l'*ébullition*, en
ajoutant ces produits, il y a précipitation complète.

On peut évaporer à siccité une solution d'acétate
de chrome pur et même la porter à **230°** centigr.
paraît-il, sans qu'elle perde rien de sa solubilité.

On peut obtenir des solutions d'acétates basiques en ajoutant, en proportions convenables, un carbonate alcalin aux solutions du sel normal, ou par addition d'acétate de plomb aux solutions de sulfate basique de chrome.

Les acétates basiques de chrome ne sont pas décomposés lorsqu'on les étend, et les plus basiques, seuls, se décomposent par la chaleur.

146. — *Sulfo-acétate de chrome.* — On le prépare en solution, en ajoutant à l'alun de chrome des quantités d'acétate de plomb insuffisantes pour la décomposition complète. Ces solutions ont, jusqu'à un certain point, le caractère des solutions d'acétate de chrome, les précipitants ordinaires n'ayant sur elles aucune action à froid, mais agissant à chaud. Les sels basiques s'obtiennent d'une manière analogue, en substituant les sulfates basiques de chrome à l'alun de chrome; les plus basiques, seuls, tendent à se décomposer lorsqu'on les chauffe ou par dilution.

Fluorure de chrome. — ($Cr^2Fl^6 + 8H^2O$). On le prépare en dissolvant de l'hydrate de chrome dans une solution aqueuse d'acide fluorhydrique; c'est une poudre verte cristallisée; il a été, dans ces derniers temps, très recommandé comme mordant pour la laine. Une solution bouillante abandonne facilement son chrome à la laine, sans même nécessiter une substance accessoire, quoique l'addition d'acide oxalique puisse, dans quelques cas, être avantageuse. L'acide fluorhydrique libre attaque fortement le cuivre; c'est pourquoi les cuves de mordançage employées sont en bois. Lorsqu'on a besoin d'un mordant de chrome non oxydant, le fluorure de chrome peut être très utile.

Le *chlorure de chrome* peut se préparer en dissolvant de l'hydrate de chrome dans l'acide chlorhydrique, ou par double décomposition de la solution d'alun de chrome et de chlorure de baryum ou de calcium. On prépare les sels basiques en faisant des additions convenables de carbonate de sodium. Par la dilution ou la chaleur, ces solutions se comportent à peu près comme les solutions correspondantes de sulfate de chrome, c'est-à-dire qu'elles ne sont pas facilement décomposées.

147. — *Mordants de chrome alcalins*. — Lors de l'étude des mordants précédents, il a été dit que la soude et l'ammoniaque précipitent leurs solutions, et qu'un excès de la liqueur de précipitation redissout à froid le précipité d'abord formé. L'hydrate de chrome peut aussi être précipité d'une solution d'alun de chrome par le carbonate de sodium, ensuite lavé, et dissous à froid dans une solution concentrée de soude caustique. De telles solutions alcalines d'hydrate de chrome sont très sujettes à se décomposer spontanément ; mais plus ces solutions sont alcalines, moins elles sont sujettes à se décomposer, et on peut les employer pour mordancer le coton.

148. — *Applications des sels de chrome au coton*. — La grande importance du sesquioxyde de chrome comme mordant pour le coton, et la solidité de ses laques sont connues depuis longtemps ; mais on ne connaissait pas autrefois de méthode satisfaisante

pour le fixer d'une manière simple et en quantité suf-
ffisante. Les méthodes ordinairement employées
pour les mordants de fer ou les mordants d'alumine
ne donnent que des résultats médiocres. Cependant,
on obtient des résultats satisfaisants, si le coton est
imprégné d'une solution d'un sel de chrome, séché,
et passé ensuite dans une solution bouillante de car·
bonate de soude (100 g. par litre). Si la température de la solution de soude est au·dessous du point
d'ébullition, les résultats obtenus à la teinture ne
sont pas aussi bons. Si avant de passer le coton par
la solution de sel de chrome, on le prépare en sulforicinate ammoniacal (100 g. par litre), les résultats obtenus en teinture sont encore améliorés. Dans
ce cas on peut substituer, avec d'aussi bons résultats,
de la craie pulvérisée, en suspension dans l'eau, à
la solution de soude.

La cellulose possède la propriété d'attirer le sesquioxyde de chrome, par une simple immersion de
plusieurs heures dans une solution alcaline d'acétate
de chrome. On recommande la solution suivante :
100 g. acétate de chrome à 23° Tw (densité 1,115) ;
100 g. soude caustique 66° Tw (densité 1,33) ; 50 g.
eau. Le coton peut être mordancé par une immersion de 12 h. dans ce bain. Après lavage, il est prêt
pour la teinture. En pratique, cependant, on préfère
sécher, passer rapidement à la vapeur et laver. On
dit que l'acide chromique fixé sur la fibre, est encore
combiné avec la soude, formant en quelque sorte un
chromite acide de soude (1).

(1) Le mordant le plus employé actuellement pour la
teinture du coton et le *bisulfite de chrome,* obtenu, soit par

149. — *Application à la laine.* — L'alun de chrome donne de bons résultats, mais son emploi nécessite l'addition au bain de mordançage de quantités relativement considérables de crème de tartre, afin de lui donner une efficacité convenable. L'acide oxalique est, dans ce cas, un auxiliaire préférable, et les résultats obtenus sont bons. Dans le cas où l'action oxydante du bichromate de potassium nuit à la matière colorante employée, on recommande l'emploi de l'alun de chrome, mais dans la majorité des cas, il ne présente pas d'avantage sur celui-ci.

150. — *Application à la soie.* — Jusqu'à présent, les sels de chrome n'ont été que d'un usage très restreint pour la teinture de la soie. On peut cependant mordancer la soie, en la faisant bouillir dans des solutions légèrement basiques d'alun de chrome, etc. Des auxiliaires tels que le tartre, l'acide oxalique, etc., sont inutiles. On recommande aussi l'emploi du chromate de chrome (G A III), dont il a déjà été parlé; on laisse la soie dans une solution diluée froide pendant douze à vingt-quatre heures, et on lave ensuite. Un autre procédé consiste à tremper la la soie pendant six heures dans une solution de chlorure de chrome à 32° tw (densité 1,15), rincer et travailler à froid pendant un quart d'heure, dans du

double décomposition entre l'alun de chrome et le bisulfite de chaux, soit, d'après E. Kur, en ajoutant du bisulfite de soude concentré à une solution d'alun de chrome ; il suffit de diluer au degré voulu (2° à 4° Baumé), d'y foularder le coton, de sécher ou même seulement d'enrouler 2 heures, de passer au petit vaporisage Mather et Platt, pendant une à deux minutes, puis dégommer en craie ou en carbonate de soude. L'oxyde ainsi fixé se ronge aisément et attire bien les couleurs.

silicate de soude étendu, à 1 1/2° tw (densité 1,0075), et à laver.

Mordants de cuivre

L'emploi des sels de cuivre comme mordants est sans importance, et dans la plupart des cas où ils sont employés, c'est surtout comme agents oxydants.

151. — *Sulfate de cuivre.* — ($CuSO^4.5H^2O$). On le fabrique en grandes quantités par le grillage des pyrites cuivreuses, et autres minerais contenant du cuivre, que l'on chauffe ensuite avec l'acide sulfurique. Il est bien connu sous les noms de vitriol bleu, pierre bleue.

152. — *Application des sels de cuivre au coton.* — Le teinturier ajoute d'ordinaire une petite quantité de sulfate de cuivre à la décoction de cachou, pour produire les bruns cachou. Cette addition rend, dit-on, la couleur plus homogène, et aussi plus solide, plus résistante à la lumière. On l'emploie quelquefois comme agent oxydant, pour la production de certains noirs au campêche.

153. — *Application à la laine.* — Le sulfate de cuivre peut être employé comme mordant dans la teinture de la laine, ou aussi, après ébullition de celle-ci, dans la matière colorante comme bruniture. Lorsqu'il est employé à la manière ordinaire, les couleurs obtenues ne sont pas supérieures à celles produites par l'emploi du bichromate de potassium.

154. — *Application à la soie.* — On emploie parfois les sels de cuivre pour bruniture. Ils servent aussi pour donner à certains noirs un ton particulier.

Mordants de plomb

155. — *Acétate de plomb.* — $[Pb(C^2H^3O^2)^2 3H^2O]$. Connu aussi sous le nom de sucre de saturne, il se prépare en dissolvant une quantité convenable de litharge (PbO) dans l'acide acétique, et en faisant cristalliser la solution par évaporation. Le pyrolignite de plomb se prépare d'une manière analogue, en substituant à l'acide pur, l'acide acétique impur, ou acide pyroligneux. On obtient une solution d'acétate de plomb basique $(C^2H^3O^2)^2Pb^2O.(H^2O)$, en dissolvant la quantité calculée de litharge dans l'acétate normal. En employant un excès de litharge, on peut obtenir un sel encore plus basique. Ces deux solutions deviennent bientôt laiteuses, par suite de l'absorption de l'acide carbonique de l'air

156. — *Azotate de plomb.* — $[Pb(AzO^3)^2]$ se prépare d'une manière analogue, en dissolvant de la litharge dans l'acide azotique. On obtient une solution d'azotate basique de plomb $[Pb(AzO^3)(OH)]$, en faisant bouillir une solution du sel normal avec la quantité calculée de litharge.

Application des sels de plomb aux fibres

Les sels mentionnés sont employés dans la teinture du coton, pour la production des jaunes et orangés. Le coton est imprégné d'une solution de sel de plomb, puis passé dans un bain contenant un lait de chaux ou de l'ammoniaque, et ensuite, dans une solution de bichromate de potassium. On peut virer le jaune obtenu en orangé, en passant rapidement dans un lait de chaux dilué bouillant.

L'acétate de plomb basique est employé pour charger la soie blanche.

Le grand défaut des couleurs à base de plomb, c'est d'être vénéneuses, et de noircir quand elles sont exposées à l'action de l'hydrogène sulfuré.

Mordants de manganèse

Quoique les oxydes de manganèse hydratés puissent agir comme mordants, les sels de manganèse n'ont pas, jusqu'à présent, été employés dans ce but.

157. — *Chlorure de manganèse.* — $(MnCl^2.4H^2O)$. Obtenu comme produit accessoire, lorsqu'on dissout le bioxyde de manganèse dans l'acide chlorhydrique pour obtenir le chlore, on l'emploie pour teindre le coton en brun ou en bistre de manganèse. Le coton est imprégné d'une solution de chlorure de manganèse, puis soumis à l'action de l'ammoniaque, ou passé dans une solution de soude caustique, et l'hydrate de protoxyde de manganèse ainsi précipité est oxydé pour former un hydrate de peroxyde brun, en exposant le coton à l'air, et en le passant ensuite dans une solution diluée de chlorure de chaux. Le bistre ainsi produit, quoique relativement solide, ne résiste pas aux actions acidés.

Le soufre comme mordant

158. — Lauth a observé que lorsqu'on fait bouillir de la laine dans une solution d'hyposulfite de soude ($Na^2S^2O^3,5H^2O$) à laquelle a été ajouté un acide minéral, la fibre subit une transformation particulière. Elle perd son élasticité, se contracte et se ramollit ; du soufre amorphe est précipité sur la fibre, qui acquiert une affinité particulière pour les matières colorantes basiques extraites du goudron de houille. En pratique, on a fait usage de cette propriété dans la teinture en vert méthyle.pour lequel la laine a peu d'affinité.

L'acide tannique comme mordant ou comme agent de fixation des mordants

159. — *L'acide tannique* est un principe astringent et acide, que l'on rencontre dans les noix de galle et autres produits végétaux, et que le teinturier emploie en grandes quantités.

En teinture, son emploi est basé sur les propriétés suivantes :

1. — A l'égard des matières colorantes basiques (fuchsine, etc.), l'acide tannique joue le rôle de mordant, parce qu'il se combine avec la base incolore qu'elles contiennent pour produire une laque colorée, insoluble. Pour produire une laque d'acide tannique, il n'est pas nécessaire que celui-ci soit à l'état libre. Les tannates métalliques insolubles possèdent une affinité analogue pour les matières colorantes basiques, et produisent avec elles des composés bibasiques très insolubles (tannate d'antimoine et couleur basique).

.2. — De même que l'acide tannique peut produire

des composés insolubles avec les couleurs basiques *organiques*, il peut en former avec les bases inorganiques, comme l'alumine, le peroxyde de fer, le bioxyde d'étain, etc. C'est pourquoi on emploie fréquemment l'acide tannique pour précipiter ou fixer des mordants comme ceux d'alumine, d'étain et de fer.

3. — Le composé d'acide tannique avec un mordant de fer, possède une couleur noir-bleuâtre, assez intense en elle-même pour servir à la teinture en gris, et même en noir. Dans ce cas particulier, l'acide tannique peut être considéré comme un véritable principe colorant, au même titre que l'alizarine. Dans bien des cas, cependant, le tannate de fer noir-bleuâtre sert simplement à foncer ou à augmenter l'intensité de la couleur obtenue par l'emploi de quelque autre principe colorant, fixé par l'acide tannique ou par le peroxyde de fer, et alors, on peut dire que le tannate de fer joue le double rôle de mordant et de couleur de fond.

Quelques fibres possèdent à un haut degré la propriété d'extraire l'acide tannique de ses *solutions*, sans l'aide de substance intermédiaire. La quantité d'acide tannique fixé de la sorte sur la fibre de coton, dépend en grande partie de la concentration de la solution employée. Il est cependant impossible d'épuiser complètement le bain d'acide tannique, fait qui a de l'analogie avec la teinture de la fibre de laine au moyen de certaines couleurs dérivées du goudron de houille.

160. — *Application au coton.* — L'acide tannique est l'un des mordants les plus utiles pour la teinture du coton, qu'il soit employé sous forme nature, ou techniquement pur.

Il y a deux méthodes de préparation du coton à l'acide tannique. La première consiste à travailler ou à *tremper* le coton dans une solution froide d'acide tannique, pendant un temps relativement long, la durée variant selon la concentration de la solution, puis à éliminer l'excès de liquide en exprimant ou en tordant. La deuxième méthode consiste à imprégner le tissu d'une solution pendant *quelques secondes*, par foulardage, puis à exprimer et à sécher. Dans ce cas, pour avoir le même rendement, les solutions doivent contenir dix fois autant d'acide tannique que celles de la première méthode.

Dans l'un et l'autre cas, il est nécessaire de fixer l'acide tannique sur la fibre comme composé insoluble, de façon que le coton préparé supporte le lavage sans que l'acide tannique soit enlevé [pendant cette opération, ou dans le bain de teinture qui suivra, etc.

Dans la première méthode, l'absorption à froid de l'acide tannique par le coton est un peu lente (2 à 3 heures), et l'on ne peut ni l'accélérer ni l'augmenter; elle est même diminuée par une élévation de température. On peut cependant abréger la durée de l'opération, en employant des solutions plus concentrées. Cette méthode est celle qu'emploie habituellement le teinturier de fil de coton. Si l'on doit ensuite teindre en couleur basique d'aniline, on travaille le coton sans le sécher, pendant une demi-heure ou plus, dans un bain froid de bichlorure d'étain de 4° à 8° tw (densité 1,02 à 1,04), ou de tartre émétique, à la dose de 5 à 10 gr. par litre, ou bien, s'il s'agit de gris ou de noir, dans une solution d'acétate ou de nitrate de fer 1° à 4° tw (densité 1,005 à 1,02).

Lorsqu'on veut produire des couleurs unies sur calicot, on peut employer avantageusement la méthode par foulardage, ou bien, on peut imprimer la solution épaissie d'acide tannique. Après séchage du calicot imprégné ou imprimé, celui-ci est exposé à la vapeur, passé dans une solution de tartre émétique, et lavé. Il est alors prêt à être teint dans la solution voulue de couleur d'aniline.

En sa qualité d'agent fixateur des mordants d'alumine, l'acide tannique, sous forme de sumac, est depuis longtemps employé dans la teinture en rouge turc.

161. — *Application à la soie.* — Le tannin est très employé dans la teinture de la soie, d'une part dans le but de charger la soie, et d'autre part, comme base de certaines teintures noires.

La soie peut absorber jusqu'à 15 0/0 de son poids d'une solution froide d'acide tannique. Si la solution est chaude, la soie gagnera jusqu'à **25** 0/0 de son poids, et cela, plus rapidement même qu'avec la solution froide.

Quoique l'acide tannique semble être bien fixé, et résiste au lavage à l'eau. une solution de savon, surtout à chaud, peut enlever la totalité de l'acide tannique, laissant la soie légèrement teintée, et avec ses propriétés primitives plus ou moins modifiées.

Lorsque l'acide tannique est employé pour la soie dans le but d'obtenir une teinture en noir, la soie est à plusieurs reprises plongée alternativement dans des solutions tièdes d'acide tannique (extrait de châtaignier) et de pyrolignite de fer.

L'huile comme mordant et comme agent fixateur des mordants.

162. — *Emploi des huiles en teinture*. — Le fait que les matières grasses peuvent être employées en teinture avec avantage, a été reconnu depuis des temps déjà reculés. Pour la teinture du rouge turc, la préparation du tissu avec de l'huile d'olive ou d'autres huiles constitue une des caractéristiques les plus importantes de cette opération.

Quant au rôle que joue l'huile lorsqu'elle est fixée sur la fibre, il n'y a pas de doute que ce soit, en grande partie, celui d'*agent fixateur* pour le mordant d'alumine employé. Aussitôt après l'introduction des matières colorantes d'aniline, on a remarqué que le coton préparé en huile pour rouge turc, peut aisément se teindre avec les couleurs de nature basique. Dans ce cas, l'huile modifiée joue le rôle de *mordant* à la manière de l'acide tannique.

163. — *Huile d'olive et huile de ricin*. — Ces huiles appartiennent à une grande classe de corps gras que l'on peut considérer comme éthers de glycérine, avec différents acides gras.

L'huile d'olive est un mélange de deux corps gras : 1° la *trioléine*, $C^3H^5(OC^{18}H^{33}O)^3$ dont l'acide gras libre est l'acide oléique $C^{18}H^{33}O.OH$; 2° la *tripalmitine*

$C^3H^5(OC^{16}H^{31}O)^3$, composé de l'acide palmitique et de la glycérine.

Lorsque l'huile est vivement agitée avec une solution étendue de carbonate alcalin, il se produit un liquide laiteux ou *émulsion*, dans lequel l'huile se trouve en suspension extrêmement divisée. La présence d'un peu d'acide gras libre est très favorable à la production d'une émulsion de quelque durée.

Huile tournante. — C'est simplement de l'huile d'olive plus ou moins rance, et convenant bien, par conséquent, pour produire une émulsion d'assez longue durée.

L'huile d'olive est décomposée par l'action de l'acide sulfurique, et l'on obtient des substances très complexes. A cet effet, on mêle bien de l'huile d'olive avec un poids deux fois moindre d'acide sulfurique à 168° tw (densité 1,84), en ayant soin de tenir le mélange froid. Après un repos de vingt-quatre heures, on lave le mélange au moyen d'une solution de sel ordinaire, pour éliminer l'excès d'acide.

Le produit de la réaction consiste surtout en deux substances, qu'on peut distinguer l'une de l'autre en raison de leur solubilité différente dans l'eau et dans l'éther. Ces deux substances sont huileuses et ont des propriétés acides.

Selon les recherches les plus récentes, la partie *soluble dans l'eau*, et qui n'est que peu soluble dans l'éther, est un mélange de plusieurs substances parmi lesquelles on a reconnu les suivantes : l'acide mono sulfo oléique, bi et tri sulfo oléique. Exemple :

$$OH.SO^2.O(C^{17}H^{34}CO^2)^3C^3H^5 ;$$

l'acide sulfo-oxy-stéarique $OH.SO^2.O.C^{17}H^{34}.CO^2H$ et l'acide sulfo–dioxy-stéarique $OH.SO^2.O.C^{17}H^{34}.$ $CO^2.C^{17}.H^{34}.CO^2H.$

La portion *insoluble dans l'eau* est aussi un mélange, et contient de l'acide oléique et de l'acide oxy-stéarique, $OHC^{17}H^{34}CO^2.H$, ou un anhydride de ce dernier.

Son composé alcalin est soluble, mais ceux des métaux alcalino-terreux et des métaux lourds sont insolubles ; on les obtient facilement en mélangeant ses solutions aqueuses ou alcalines avec des solutions de sels métalliques.

Le produit qui est *insoluble dans l'eau*, mais soluble dans l'éther, est très soluble dans l'eau alcaline, formant un liquide savonneux, qui produit avec les solutions des sels, des oxydes alcalino-terreux et des métaux lourds, des précipités floconneux très solubles dans l'éther.

L'*huile de ricin* comprend surtout le composé de la glycérine et de l'acide ricinique $C^{18}H^{33}O^2.OH.$ et a pour formule $C^3H^5(OC^{18}H^{33}O^2)^3$. Si, dans la réaction ci-dessus, on substitue l'huile de ricin à l'huile d'olive, il se produit des substances analogues à celles mentionnées.

La portion *soluble dans l'eau* contient les acides mono et poly-sulfo-riciniques, où la glycérine est éliminée, et l'acide sulfo-ricinoléique, qui conserve encore le radical C^3H^5 de la glycérine. La portion *insoluble dans l'eau* contient les acides riciniques et poly-riciniques, et la ricinoléine, non transformée. L'huile de ricin ainsi traitée se trouve dans le commerce plus ou moins diluée avec de l'eau, et neutralisée avec de la soude caustique ou de l'ammoniaque, sous les dénominations suivantes : *huile pour rouge turc, huile d'alizarine, huile sulfonée, huile soluble,* etc.

Convenablement préparée, parfaitement neutralisée ou rendue légèrement alcaline, elle se dissout dans l'eau pure en donnant une solution parfaitement claire. Lorsque la neutralisation est insuffisante, ou lorsque l'eau est calcaire, la solution est plus ou moins laiteuse, à cause de la présence d'un acide gras en liberté, ou de la formation d'un composé calcaire.

Il y a, dans le commerce, certaines *huiles solub'es* qui ne sont que des solutions de savon de soude à l'huile de ricin.

164. — *Application au coton.* — Comme agent fixateur pour les mordants de fer et d'alumine, le mode d'application de l'huile, sous ses différentes formes, sera donné dans un chapitre intitulé : « Applications de l'alizarine. » Comme mordant pour les couleurs basiques dérivées du goudron, l'huile est généralement appliquée sous forme d'huile de ricin sulfonée.

Pour mordancer le fil ou le calicot, on imprègne d'abord la matière blanchie d'une solution alcaline d'huile sulfonée, on sèche, et l'on plonge dans une solution de sel d'alumine ; finalement, on lave avant la teinture. Puisque dans cette application, l'acide gras modifié est le mordant véritable, le sel d'alu-

mine doit être considéré comme employé simplement
dans le but de le fixer.

Les couleurs d'aniline fixées au moyen d'un mordant d'huile, sont plus brillantes que celles obtenues
avec l'acide tannique, mais elles ne résistent pas
aussi bien aux solutions bouillantes de savon.

Outre leur emploi comme mordant, l'huile de ricin sulfonée et le savon d'huile de ricin, sont beaucoup employés pour assouplir les tissus contenant
beaucoup d'apprêt, ou après teinture, le tissu et le fil
qui sont rudes au toucher.

165. — *Application à la laine et à la soie*. — Certaines préparations faites d'un mélange d'huile d'o-
live et d'acide sulfurique, sont employées pour assouplir.

Agents fixateurs des mordants

166. — Une des conditions essentielles du mordançage, c'est que les mordants soient présentés à
la fibre à l'état de solutions, et que la substance qui
constitue le véritable mordant soit précipitée de la
solution, et fixée sur ou dans la fibre, de manière à
ce qu'elle y adhère fortement.

Les diverses méthodes employées ont été données,
lorsqu'on a traité de l'application de chaque mordant aux différentes fibres. Entre autres, on aura
remarqué l'emploi de certains sels pouvant former
des composés insolubles avec les mordants. Il est nécessaire de parler spécialement de ces agents fixateurs, ne serait-ce que brièvement.

Il a déjà été question de ceux de ces agents de fixation qui, dans certaines circonstances, agissent eux-mêmes comme mordants (comme les acides gras, l'acide tannique, le chlorure d'étain). Parmi ceux qui restent, voici les principaux :

167. — *Soude caustique* NaOH. — On emploie une solution de cette substance pour précipiter et fixer, sur la fibre de coton, les peroxydes de fer et de manganèse, employés comme colorants. Pour d'autres mordants, comme le bioxyde d'étain et d'alumine, elle sert de dissolvant. On l'emploie beaucoup dans le blanchiment du coton, et elle est d'un emploi général, comme alcali, pour neutraliser les acides, etc.

168. — *Phosphate de soude* ($Na_2HPO_4.12H_2O$). — On emploie ce sel avec avantage pour précipiter les mordants d'alumine. Dans bien des cas, comme la production du rouge et du rose sur tissu préparé pour rouge turc, il donne des résultats excellents.

169. — *Arséniate de soude* ($Na_2HAsO_4.12H_2O$). — On le trouve souvent dans le commerce, déshydraté, en masses contenant généralement du sel ordinaire, et environ 50 à 55 0/0 d'arséniate de soude. Comme agent fixateur des mordants, il se comporte à peu près comme le phosphate de soude.

L'emploi d'un sel aussi vénéneux pour ces opérations n'a pas les conséquences fâcheuses qu'on en attendrait à première vue, parce qu'il s'en va par le lavage, ou bien reste fixé sur le tissu sous une forme

insoluble et inoffensive. L'emploi comme agent fixateur n'est pourtant pas recommandable au teinturier de fil de coton qui travaille la matière à la main
dans la solution, parce qu'il occasionne des plaies
ulcéreuses aux mains des ouvriers.

170. — *Tétrasilicate de soude* ou *silicate de soude*
$Na^2Si^4O^9$. — Sous le nom de verre soluble, on le
rencontre dans le commerce à l'état solide. En solution, on peut l'employer pour fixer l'alumine et
d'autres mordants sur le coton.

171. — *Carbonate de soude* ($Na^2CO^3.10H^2O$). —
Ce sel constitue les cristaux de soude, ou soude du
commerce. Le sel $Na^2CO^3.H^2O$ est vendu à peu près
chimiquement pur en Angleterre, sous le nom de
carbonate cristallisé. On l'emploie beaucoup pour
neutraliser les liquides acides et à l'état brut, calciné, comme sel de soude, pour le blanchiment du
coton. Il est l'agent fixateur le plus utile pour le
coton, lorsqu'il s'agit du peroxyde de fer et de
l'oxyde de chrome.

172. — *Ammoniaque* AzH^3. — Dissous dans l'eau,
ce gaz sert pour neutraliser. Il sert aussi à fixer l'a-
cétate de plomb.

173. — *Carbonate de chaux* ($CaCO^3$). — Sous forme
de craie pulvérisée, on l'emploie beaucoup pour
neutraliser les liquides acides, et il sert quelquefois
avantageusement pour fixer l'alumine ou d'autres
mordants sur coton, notamment si celui ci a été

préalablement huilé. Ajouté au bain d'alizarine, ou aux autres bains de teinture, il aide beaucoup au développement de la couleur, quoiqu'on le remplace avantageusement, dans bien des cas, par l'acétate de chaux.

174. — *Tartrate d'antimoine et de potasse* $[K(SbO)$ $C^4H^4O^6,^1/_2H^2O]$. — Ce sel est plus connu sous le nom de tartre émétique, émétique d'antimoine. Il n'est que peu soluble dans l'eau. Il précipite une solution d'acide tannique, surtout en présence de sels neutres, comme $NaCl, AzH^4Cl$, etc. C'est pourquoi il est employé pour fixer l'acide tannique, lorsque ce dernier sert de mordant pour fixer sur le coton les couleurs basiques d'aniline. On le remplace à meilleur compte par l'oxalate double d'antimoine et de potasse $[K^3Sb(C^2O^4)^3.6H^2O]$.

Substances auxillaires

On peut ranger sous cette dénomination, toutes les substances employées par le teinturier, qu'on ne peut classer comme matières colorantes, mordants ou agents de fixation.

175. — *Acide tartrique* $[C^4H^4O^4(OH)^2]$. — Cette substance est vendue sous forme de cristaux durs, incolores, facilement solubles dans l'eau. Le teinturier en laine l'ajoute quelquefois au bain de mordançage, lors de l'emploi du bichromate de potasse, de l'alun, du protochlorure d'étain, etc. Le teinturier en soie l'emploie pour donner plus de brillant aux couleurs, après la teinture. On peut le remplacer quelquefois avec avantage par *l'acide oxalique.*

176. — *Tartrate acide de potasse* $[C^4H^4O^4(OH)(OK)]$.
— Ce sel est plus connu sous le nom de *crème de
tartre* ou de *tartre*. Il forme des cristaux durs et incolores. mais il est plus souvent vendu sous forme d'une
poudre blanche cristalline. A l'état impur, on l'appelle tartre brut, rouge ou blanc, selon qu'il s'est
déposé pendant la fermentation de vins rouges ou
de vins blancs.

Le teinturier en laine l'emploie beaucoup pour
l'ajouter au bain de mordant. par exemple en présence de l'alun, du protochlorure d'étain, etc. Dans
ces cas, il se produit indubitablement une double
décomposition ; les tartrates correspondants ou les
sels doubles qui sont formés, conviennent mieux
comme mordants que les sels primitifs. La précipitation du mordant par l'ammoniaque qui se dégage
de la fibre est empêchée, et ce dégagement, dû à
l'action même de la fibre, est retardé, de sorte que
cette fibre est mordancée lentement, au travers de
sa masse. Le résultat est que la couleur à développer gagnera en ton et en brillant. Ainsi, en mordançant la laine avec du tartrate d'alumine, etc., on
obtient d'excellents résultats.

Vu le prix relativement élevé de la crème de tartre, on a proposé et employé d'autres substances en
remplacement. Elles consistent généralement en mélanges contenant de l'acide oxalique, du bisulfate de
potasse, de l'alun, du sel ordinaire, etc., et si cela
est nécessaire, le teinturier peut faire lui-même ces
mélanges à meilleur compte. Dans le cas où l'emploi
du tartre et du tartre brut dépend entièrement de
leurs propriétés acides, on peut les remplacer avec

avantage par des sels acides meilleur marché, *mais non dans le cas où leur emploi est dû à la propriété qu'ils ont d'empêcher ou de retarder la précipitation des oxydes métalliques.*

177. — *Acide acétique* [$C^2H^3O(OH)$]. — Cet acide connu aussi, à l'état dilué et moins pur, sous le nom de vinaigre, provient en grande partie de la distillation sèche du bois. On l'emploie beaucoup pour acidifier les solutions des bains de teinture, et pour neutraliser les eaux calcaires, etc.

178. — *Acétate de chaux* [$Ca(C^2H^3O^2)^22H^2O$]. — Il se prépare en dissolvant de la craie, ou carbonate de chaux, dans l'acide acétique. Comme additiou au bain de teinture, il est nécessaire lorsqu'on emploie des eaux non calcaires, et quand il s'agit de certaines matières colorantes : alizarine, campêche, bois du Brésil, gaude, etc.

Le rôle exact des sels de chaux dans de tels cas, n'est peut-être pas parfaitement déterminé. La version qui semble le mieux expliquer des faits connus. est que la chaux forme un constituant nécessaire de la laque colorée fixée sur la fibre. Dans la teinture de la laine, il aura certainement pour premier effet de neutraliser l'acidité de la fibre mordancée.

179. — *Acide sulfurique* (SO^4H^2). — Cette substance est très employée dans le bain de teinture, par le teinturier en laine et en soie, lorsqu'il applique les couleurs acides qui sont des sels alcalins de dérivés sulfonés (ponceaux, carmin d'indigo, etc.). On l'emploie fréquemment avec le bichromate de po-

tasse pour le mordançage de la laine. Il sert, en général, à neutraliser les solutions alcalines.

180. — *Chlorure de sodium* NaCl. — Bien connu
sous le nom de sel ordinaire, il est très utile comme
addition au bain de teinture, lorsqu'on teint avec
les colorants directs. Il rend la matière colorante
moins soluble, et est cause qu'elle est absorbée en
plus grande quantité par la fibre.

181. — *Sulfate de sodium* ($Na^2SO^4.10H^2O$) connu
sous le nom de sel de Glauber, est très employé
par le teinturier en laine pour retarder l'opération
de la teinture, et obtenir ainsi une couleur régulière et égale.

Son emploi est illustré dans la teinture avec le
carmin d'indigo, et les autres couleurs acides. Dans
le cas où il est ajouté, il empêche souvent l'épuise-
ment du bain.

182. — *Le savon coupé.* — C'est le liquide savonneux qu'on a employé pour séparer le grès dans
la soie brute, avant la teinture. C'est donc une solution de grès légèrement alcaline, et plus ou moins
concentrée. Il sert au teinturier en soie à peu près
comme le sulfate de soude au teinturier en laine,
surtout dans l'application des couleurs dérivées du
goudron. Il fait que la matière colorante est attirée par la soie plus lentement et plus régulièrement.
Employé en excès, il est nuisible, parce qu'il cause
une perte de matière colorante, et qu'il détruit le
lustre de la soie.

CHAPITRE XII

MÉTHODES ET APPAREILS
EMPLOYÉS EN TEINTURE

**Notes sur la teinture du coton, de la laine,
et de la soie.**

183. — *Méthodes de teinture du coton.* — Par suite
du peu d'affinité que possède la cellulose pour la
plupart des matières colorantes, la teinture du coton
comprend ordinairement les deux opérations du
mordançage et de la teinture. En général, ces opérations sont parfaitement distinctes, et elles se suivent dans l'ordre indiqué. Dans quelques cas, on
adopte la méthode du bain unique, qui contient et
la matière colorante et le mordant, par exemple
pour les noirs au campêche et au sulfate de cuivre.

Une autre méthode, souvent irrationnelle, consiste à imprégner d'abord le coton d'une solution de
matière colorante, et à appliquer le mordant dans
un bain séparé, comme pour certains noirs au campêche.

184. — *Opérations, etc., de la teinture du coton.* —
Le coton se teint dans toutes les phases de sa fabri-

cation : c'est-à-dire, soit à l'état de fibre, soit comme fil de coton ou fil retors, soit en chaîne, soit en tissu (calicot).

On le teint le plus souvent sous forme de fil simple ou de tissu, mais depuis ces dernières années, on teint beaucoup de coton en fibres, pour le mélanger à de la laine teinte avant de passer à la carde.

Pour les tons clairs, le coton doit être parfaitement blanchi. Pour les couleurs foncées il suffit de le faire bouillir dans l'eau, de préférence avec addition d'un peu de carbonate de soude.

Appareils pour la teinture du coton en fibres (ploques). — La cuve de teinture qu'on emploie pour le coton brut est analogue à celle qui sera décrite par la suite, comme servant pour la laine à l'état de fibres. Récemment, des appareils nouveaux ont été proposés et brevetés : machines à teindre où l'on opère par le vide.

Appareil de lavage — Le lavage du coton brut peut s'effectuer au moyen de la machine à dégraisser la laine brute. On enlève l'excès d'eau en l'exprimant entre deux rouleaux presseurs, ou au moyen d'un hydro-extracteur.

Appareil de séchage. — On peut sécher le coton en ploques au moyen des machines décrites plus loin, et employées pour la laine à l'état de fibres.

186. — *Fil de coton.* — *Appareil pour la teinture.* — Pour teindre en écheveaux, la méthode la plus simple consiste à travailler les écheveaux à la main dans le bain de teinture, de la même manière qu'on dégraisse le fil de laine.

Lorsqu'on travaille de grandes quantités d'une même couleur, comme le rouge turc, le noir au campêche, le bleu indigo, etc., l'emploi de machines peut s'imposer.

Ci-dessous, figurent les types de nombreuses machines plus ou moins analogues.

Les fig. 39 et 40 représentent la machine imagi-

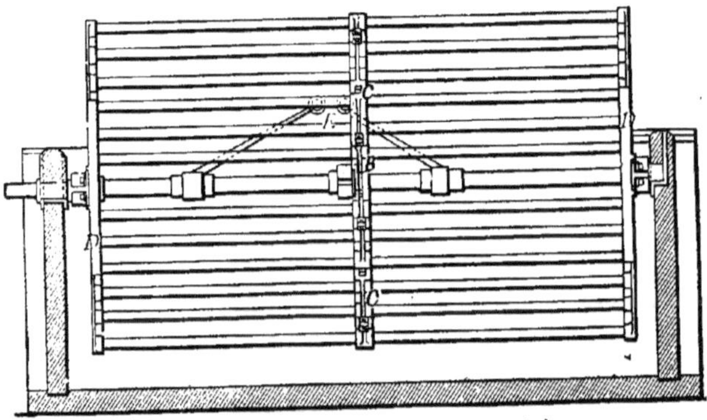

Fig. 39. — Machine pour teindre en écheveaux.

née par A. Wilson de Paisley. Elle comprend une cuve ordinaire de teinture, en bois, munie d'un arbre portant quatre bras, sur lesquels on peut aisément fixer des barres, auxquelles on a d'abord suspendu des écheveaux. Lorsque l'opération de la teinture est terminée, l'arbre tout entier, muni des barres et des écheveaux, peut être soulevé par les anneaux E, au moyen d'une grue mobile, et l'on peut faire redescendre le tout dans une autre cuve pour le lavage, etc. La machine de Klauder est basée

sur le même principe général, mais elle est plus per-
fectionnée.

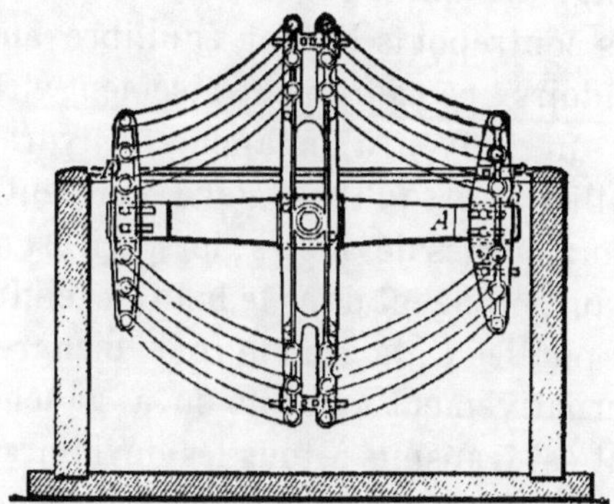

Fig. 40. — Section de la fig. 39.

On peut citer comme autre machine, pour la teinture en écheveaux, celle de Boden (fig. 41).

Fig. 41.— Machine de Boden pour la teinture en écheveaux.

Elle se compose d'une cuve de teinture suppor-

tant un cadre léger de fer, qui supporte lui-même
plusieurs dévidoirs A, portant à l'une de leurs extrémités des pignons qui s'engrènent les uns avec les
autres ; des contrepoids D font équilibre au cadre
et aux dévidoirs ; ce cadre peut aisément être élevé
ou abaissé au moyen d'un appareil hydraulique,
placé au milieu. Lorsqu'il est élevé, on peut placer
les écheveaux sur les dévidoirs ; lorsqu'il est abaissé,
ces écheveaux plongent dans le bain de teinture. Au
moyen des poulies C, la grande roue d'engrenage B
tourne alternativement à droite ou à gauche, et le
mouvement est transmis à tous les dévidoirs, par la
roue dentée du dévidoir qui est immédiatement derrière. Le mouvement alternatif est nécessaire pour
que l'écheveau reste bien ouvert, et qu'il ne s'em-
mêle pas.

Lorsque le fil de coton est sous forme de chaîne,
et destiné à la chaîne des tissus, on emploie une
machine analogue à celle qui est représentée à la
fig. 42. Dans sa forme simple, c'est-à-dire lorsqu'elle
ne comprend qu'une cuve, elle se compose d'une
cuve en bois rectangulaire A, à laquelle sont fixés
des rouleaux en bois à la partie supérieure et à la
partie inférieure, et à l'extrémité de laquelle se
trouvent deux rouleaux exprimeurs. La machine représentée est une machine à deux cuves, et est simplement le double de celle qui vient d'être décrite.
Six ou huit chaînes G, séparées par des chevilles
guides en H, passent l'une à côté de l'autre dans les
deux cuves A et B, dans la direction indiquée. Les
rouleaux exprimeurs C, D empêchent, autant que
possible, que la liqueur contenue dans la cuve A soit

trainée par les chaînes dans la cuve B, qui con-

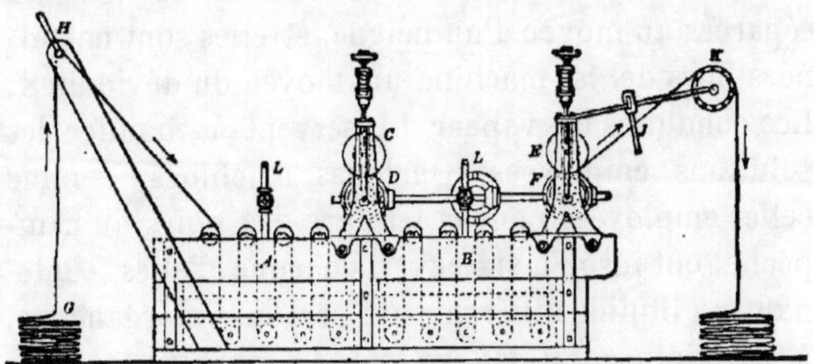

Fig. 42. — Machine pour la teinture des chaînes.

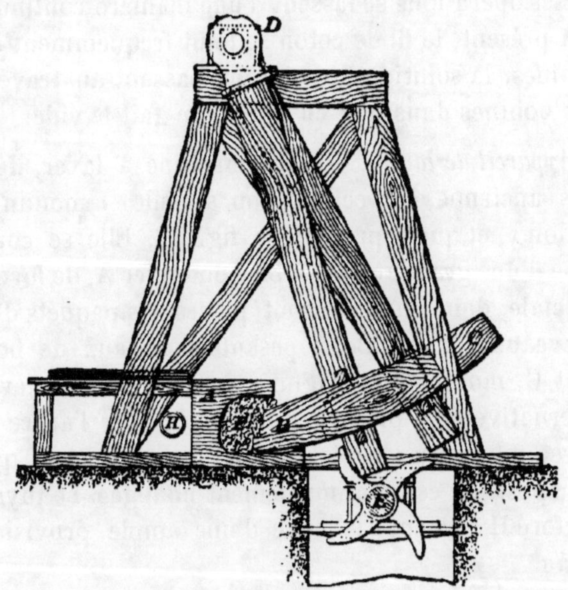

Fig. 43. — Moulin à foulon.

tient une liqueur différente. Au fur et à mesure que
les chaînes sortent de la machine, les cylindres expri-

meurs EF enlèvent l'excès de liquide, pour faciliter le lavage suivant. En J, les chaînes sont de nouveau séparées au moyen d'un peigne, et elles sont entraînées hors de la machine au moyen du dévidoir K. Les conduites de vapeur LL servent à chauffer les solutions employées. Quelques machines, comme celles employées pour la teinture des noirs au campêche, ont jusqu'à six cuves, chacune d'elles contenant un liquide différent, qui sert au mordançage, à la teinture, au lavage, etc. La machine tout entière est arrangée spécialement pour que les diverses opérations se fassent d'une manière continue.

À présent, le fil de coton se teint fréquemment en bobines, la solution du colorant passant au travers des bobines dans une cuve où l'on fait le vide.

Appareil de lavage. — Une machine à laver, déjà très ancienne, est celle qu'on appelle « moulin à foulon », et que représente la fig. 43. Elle se compose d'une grande cuve en bois ou en fer A, de forme spéciale, dans laquelle sont placés les paquets d'écheveaux à laver. Deux pesants marteaux de bois B et C, mobile autour d'un axe en D, sont soulevés alternativement par des cames fixées sur l'arbre E, et retombent sur les écheveaux, de telle sorte que leur position est continuellement changée. Le tuyau perforé H alimente la cuve d'une ample provision d'eau.

Une bonne machine à laver le fil, est celle construite par MM. Duncan, Stewart et Cie, de Glasgow (fig. 44, 45). Elle se compose d'une cuve en bois E,

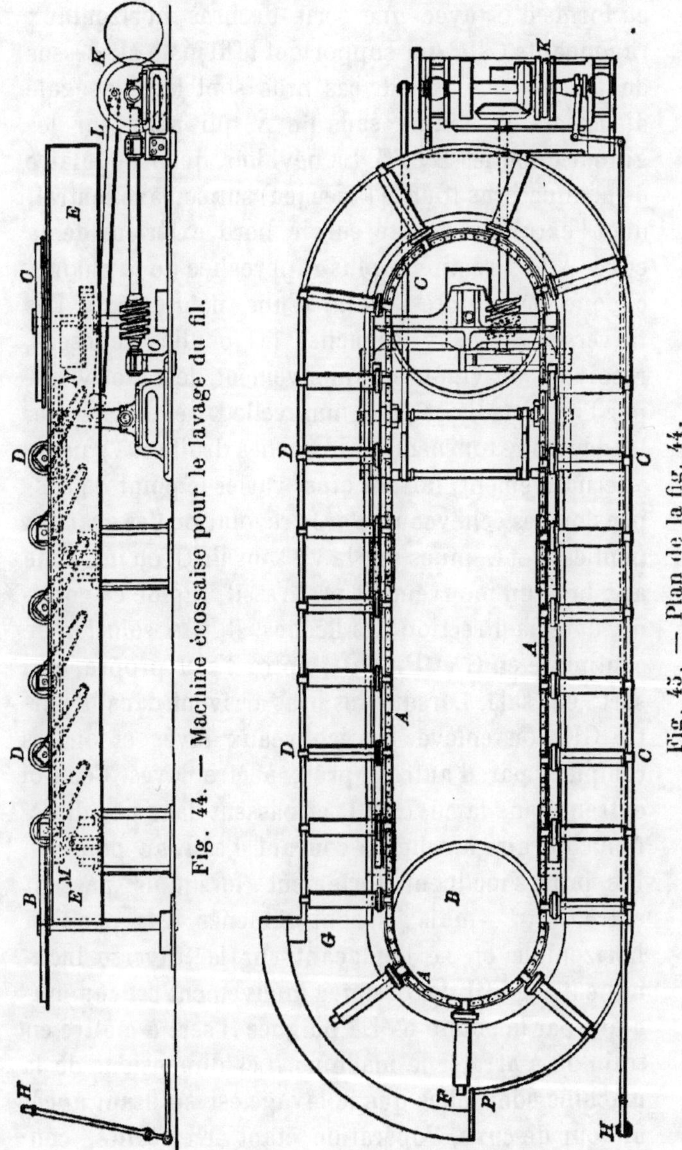

Fig. 44. — Machine écossaise pour le lavage du fil.

Fig. 43. — Plan de la fig. 44.

en forme d'U, avec une série de bras horizontaux rayonnants C, D, qui supportent le fil juste au-dessus de la cuve. Les axes de ces bras sont fixés à égale distance à la chaîne sans fin A, qui passe sur les grandes poulies B et C. Le dévidoir quadrangulaire de chaque bras tourne (avec jeu) sur son axe central, dont l'extrémité repose sur le bord extérieur de la cuve. A l'extrémité la plus rapprochée de la chaîne, chaque dévidoir est muni d'une poulie fixe. Les traverses MN, sur lesquelles les poulies reposent, reçoivent un vigoureux mouvement de va-et-vient, par l'intermédiaire de la manivelle L, et de la sorte, les dévidoirs tournent rapidement à droite et à gauche alternativement, faisant ainsi varier le point de suspension des écheveaux. Par la révolution des grandes poulies B et C, mues par la vis sans fin O, on imprime aux bras un mouvement progressif, rapide et continu, dans la direction des flèches. Il y a solution de continuité en G et P ; en C entre l'eau propre, en I sort l'eau sale. Lorsque les bras arrivent dans la partie GF, on enlève les écheveaux lavés et on les remplace par d'autres, prêts à être lavés. Ceux-ci entrent dans la cuve en I, et passent dans une direction contraire à celle du courant d'eau, au point G. Les bras s'inclinent fortement lorsqu'ils passent entre G et F, mais ils sont ramenés à la position horizontale, en se déplaçant sur la traverse inclinée entre P et I. Le premier mouvement est communiqué par la poulie K. La poignée H sert à mettre en train ou à arrêter la machine. Les dimensions de la machine sont telles que le lavage est suffisant après un tour de cuve, l'opération étant, en réalité, continue.

Fig. 46. — Vue en perspective de la fig. 47.

Une autre laveuse excellente pour les écheveaux est celle de A. Wever de Barmen, que représente la fig. 47.

Elle se compose d'une citerne A, pourvue d'ouvertures, l'une en B, pour l'entrée de l'eau, l'autre en C, pour sa sortie. Immédiatement au-dessus, se trouvent une série de dévidoirs mobiles en cuivre D, fixés à la chaîne sans fin E. On fait tourner cette chaîne d'une manière continue, autour des deux grandes poulies verticales F, au moyen de la poulie de commande G, de la courroie H et des roues d'engrenage I.

On place les écheveaux sur les dévidoirs en J, et ils sont entraînés par les dévidoirs inférieurs, de sorte qu'ils sont particllement plongés dans l'eau du réservoir A. On les enlève en K, lorsqu'ils sont parfaitement lavés, et les dévidoirs supérieurs qui sont vides, retournent en J. Pendant le passage des écheveaux, on leur imprime un vigoureux mouvement précipité en avant et en arrière ; dans ce but tout le système entier, y compris les deux grandes poulies F, la chaîne sans fin E, et les dévidoirs D reposant sur les bascules L (ou soutenus d'une autre manière), acquiert un mouvement de va et-vient au moyen d'un volant M, et de l'arbre manivelle N. Comme les disques intérieurs des dévidoirs reposent sur des traverses en O et P, chaque mouvement de la chaîne et des dévidoirs en avant et en arrière, imprime à ces derniers un mouvement de rotation rapide autour de leurs axes, alternativement à droite et à gauche. L'effet total de l'ensemble de ces mouvements circulaire, de va-et-vient, de rotation, est que le fil est

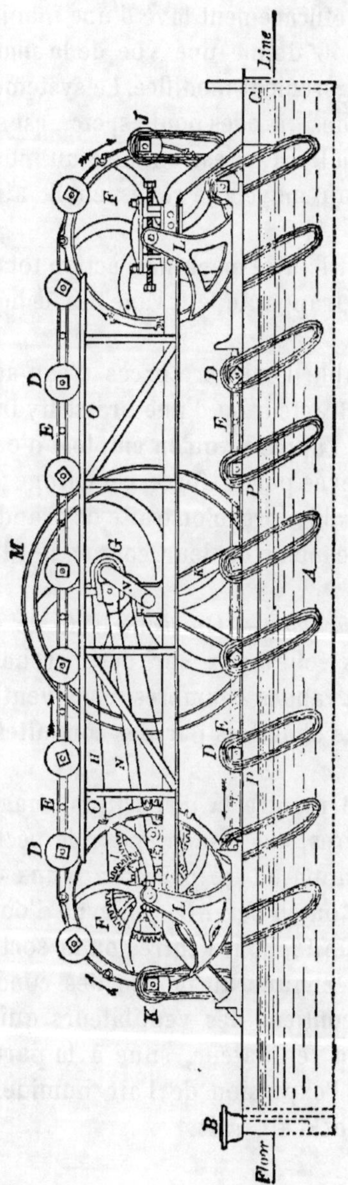

Fig. 47. — Machine allemande pour le lavage du fil.

rapidement et efficacement lavé d'une manière continue. La fig. 46 donne une vue de la machine en perspective, légèrement modifiée. Le système central des dévidoirs, des grandes poulies, etc., est supporté au moyen du cadre R, et est animé d'un mouvement de va-et-vient au moyen de roues en S, au lieu de balanciers.

Dans l'une et l'autre machine, l'action totale imite d'une manière frappante le lavage des écheveaux à la main.

Il est préférable d'enlever l'excès d'eau au moyen d'un hydro-extracteur ou d'une presse hydraulique. Le premier est l'appareil qu'on emploie d'ordinaire, l'eau étant enlevée par la force centrifuge ; la dernière est préférable lorsqu'on traite de grandes quantités de fil d'une même couleur, comme le fil teint en rouge turc.

Appareil de séchage. — On sèche le fil de coton en suspendant les écheveaux sur des perches, qu'on place dans de grandes chambres bien ventilées, ou dans des étuves chauffées par des conduites de vapeur.

La figure 48 montre la disposition imaginée par MM. Tulpin frères, de Rouen, pour le séchage des écheveaux. L'appareil se compose d'une chambre fermée en bois ou en fer AB, pourvue d'ouvertures à chaque extrémité, pour l'entrée ou la sortie du fil. L'intérieur est chauffé au moyen des conduites de vapeur G, et contient des ventilateurs qui agitent l'air chaud. Un ventilateur, situé à la partie supérieure, facilite l'expulsion de l'air humide, et l'approvisionnement d'air frais.

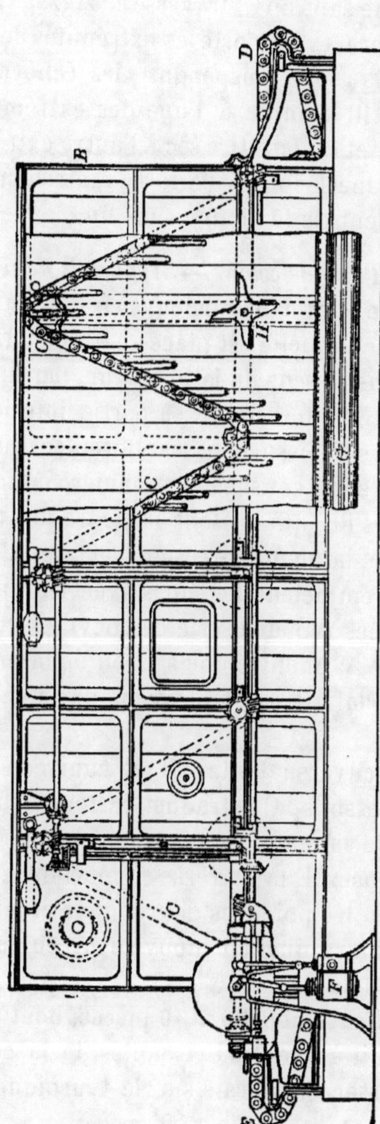

Fig. 48. — Machine à action continue pour le séchage des écheveaux.

Une chaîne sans fin C, traverse en zigzag l'intérieur de la chambre, et supporte les extrémités des lissoirs sur lesquels sont suspendus les écheveaux. On introduit le fil humide à l'une des extrémités de la chambre E, et on le retire sec à l'autre extrémité. La petite machine F fournit la force motrice nécessaire au mouvement de la chaîne sans fin.

187. — *Tissu de coton. — Appareils de teinture.* — Le calicot se teint dans une cuve en bois ou en fonte, au-dessus de laquelle est placé un traquet. La cuve est divisée, dans le sens de la longueur, par une cloison perforée qui est ouverte à sa partie inférieure, afin de permettre au tissu de passer librement au-dessous. Les pièces sont cousues de manière à former des boyaux sans fin, qui passent sur le traquet continuellement dans la même direction ; et afin d'empêcher qu'elles s'emmêlent les unes avec les autres, elles sont séparées par une série de chevilles guides.

La figure 49 montre une section de la machine de Mather et Platt, très employée pour la teinture sur calicot.

A est la cuve en fonte ; B le caniveau d'écoulement au-dessous ; C le traquet ou tourniquet ; D une conduite de vapeur perforée traversant la cuve ; E la cloison mince ; F la traverse supportant les chevilles guides ; GG les poignées des robinets et leviers pour mettre le tourniquet en mouvement ou l'arrêter ; H est la valve de vapeur.

On coud ensemble 30 à 40 pièces, bout à bout, on les introduit à une des extrémités de la cuve, et on les fait passer en spirale sur le tourniquet et dans

la liqueur, jusqu'à ce qu'on atteigne l'autre extrémité de la cuve. Le premier chef du tissu arrivant

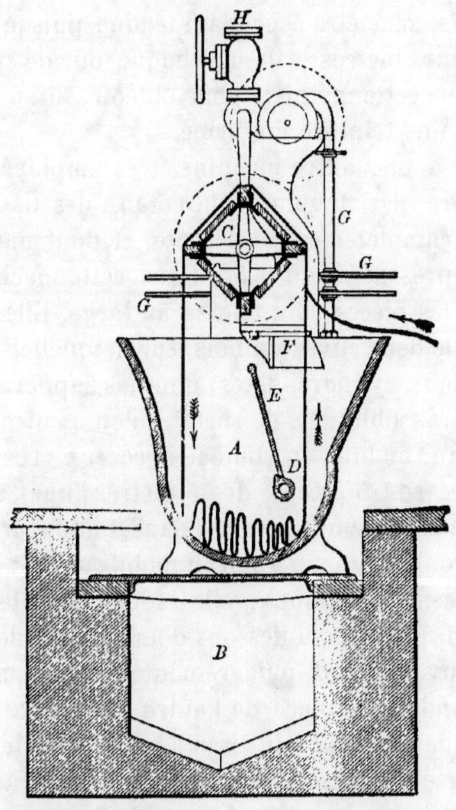

Fig. 49. — Machine spirale pour teinture.

finalement de face sur le tourniquet, passe sous un
petit rouleau d'appel, et est conduit horizontalement derrière les brins du tissu, sous une seconde
petite poulie qui se trouve à l'extrémité de la cuve
où est entré celui-ci ; on l'y coud au dernier chef

des pièces, et il repasse à nouveau sur le tourniquet. On forme de la sorte une longue chaîne continue de tissu, qui traverse graduellement la cuve en spirale, sans être cependant tendue, puisqu'on laisse plusieurs mètres de tissu à chaque tour de spirale. On emploie cette méthode pour obtenir, autant que possible, une teinture uniforme.

Il y a une autre machine, très employée pour la teinture des doublures de coton, des tissus mêlés, etc., complètement différente, et dont une section est représentée figure 50. Dans cette machine (Jigger), les pièces sont teintes au large. Elle se compose de deux cuves en bois, sur lesquelles sont placées deux cylindres fixes, dont les supports portent des bras obliques, de sorte qu'on peut placer un rouleau mobile en contact avec eux. Les pièces à teindre (soit 5 pièces, de 75 mètres l'une), sont cousues bout à bout, ouvertes dans toute leur largeur, et enroulées sur un rouleau mobile qui est placé sur l'un des bras obliques ; elles sont conduites dans le bain de teinture au-dessous d'un cylindre de bois qui se trouve au fond, puis remontées, pour passer sur le cylindre fixe placé de l'autre côté de la machine. Lorsque la totalité du tissu a passé dans le bain, on renverse le mouvement, les pièces passent à nouveau dans le bain, et de là, sur le rouleau fixe opposé. On fait passer le tissu plusieurs fois dans le bain, et ce n'est qu'au dernier passage, c'est-à-dire quand on juge la teinture convenable, qu'on enroule à nouveau l'étoffe sur l'un ou l'autre des cylindres mobiles. Dans les machines perfectionnées, le renversement du mouvement se fait automatiquement.

Appareil de lavage. — Il y a de nombreuses machines à laver pour le calicot. La machine la plus ancienne que l'on rencontre est la roue à laver (dash-wheel), qui consiste en un grand tambour creux en bois, divisé intérieurement en quatre compartiments,

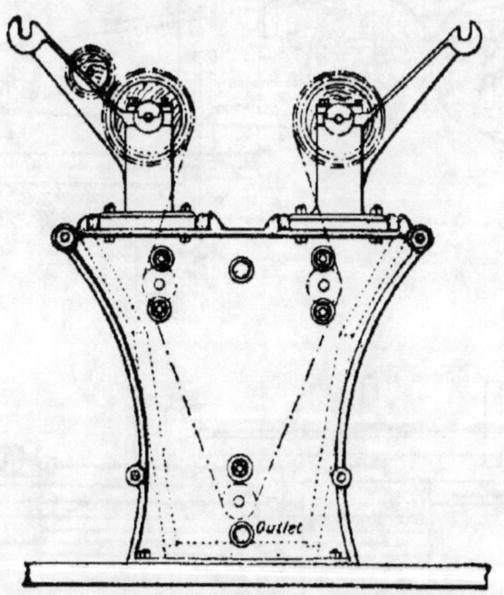

Fig. 50. — Jigger.

chacun d'eux étant pourvu d'une ouverture pour introduire le tissu. Il y a des rainures pour admettre les jets d'eau, et sur la périphérie, de nombreux trous pour l'expulsion de l'eau sale. On place une ou deux pièces dans chaque compartiment, et pendant la révolution du tambour, elles sont projetées d'un côté à l'autre.

Les fig. 51, 52 représentent une laveuse *clapot* que les blanchisseurs emploient souvent. Il comprend une auge B pour l'eau, au-dessus de laquelle sont placés deux cylindres pesants en bois AA. Les pièces

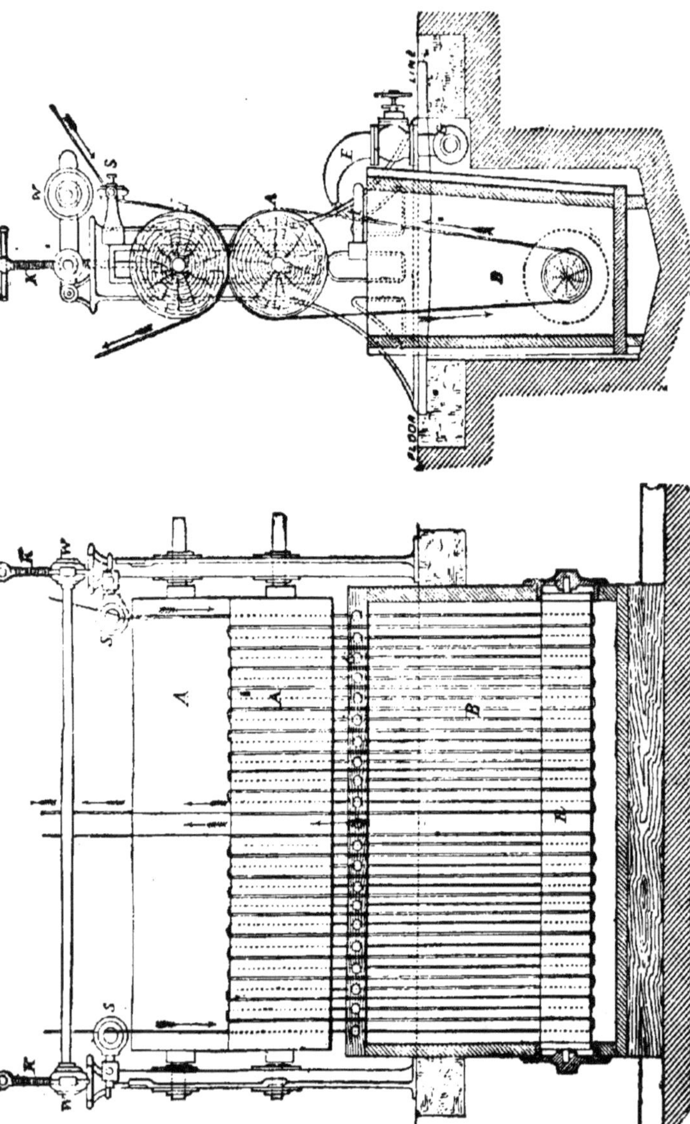

Fig. 52. — Section de la fig. 51.

Fig. 51. — Machine à laver pour calicot (Clapot).

à laver sont cousues bout à bout, en boyau ; elles
passent en spirale entre les rouleaux presseurs et sur
un rouleau R, fixé dans le bas de la cuve ; C sont
les chevilles-guides qui maintiennent la sépara-

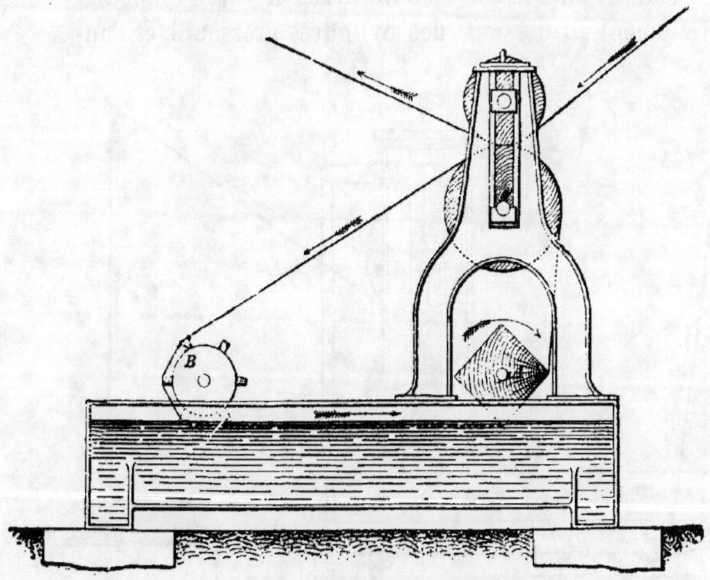

Fig. 53. — Machine à laver avec batteur carré.

tion des différents brins ; G est la conduite d'eau
principale ; E le robinet d'alimentation ; K et W sont
les vis et contrepoids pour régler la pression des cylindres l'un sur l'autre ; SS sont de fortes bagues
en cuivre, pouvant être tournées plus ou moins
obliquement, pour donner la tension voulue aux
pièces lorsqu'elles entrent dans la machine. Dans
celle-ci est représenté le lavage à deux brins qu'on
lave simultanément, et qui entrant dans la machine par les extrémités, en sortent par le centre.

La figure 53 représente une autre machine à laver,
où les pièces passent ainsi en spirale, entre une
paire de cylindres exprimeurs. Dans ce cas, l'auge à
eau est peu profonde ; elle est pourvue de deux rouleaux, l'un d'eux à section carrée **A**, situé immédiatement au-dessous des cylindres presseurs, et l'au-

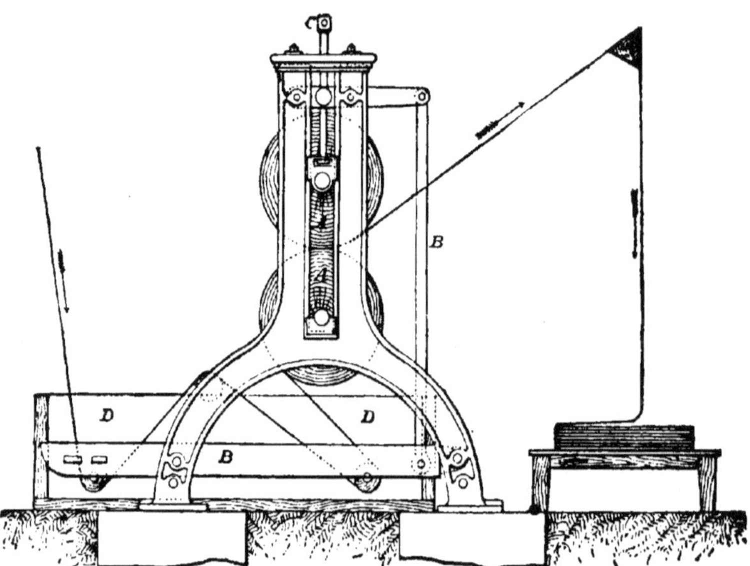

Fig. 54. — Squeezer.

tre cylindrique, mais pourvu de côtes **B**. Le rouleau
à section carrée tourne dans le sens contraire à celui des pièces, qui sont battues violemment, tandis
qu'elles passent assez tendues à la surface de l'eau.
Cette machine convient parfaitement pour expulser
les particules de bois de teinture, etc., des pièces
teintes.

On peut exprimer les pièces de calicot humides au
moyen du *squeezer* ordinaire, représenté figure 54. Il
se compose de deux cylindres de bois dur AA, de
leviers composés B, B, avec poids et vis C, pour régler la pression des cylindres l'un sur l'autre. On
emploie fréquemment une petite auge, qu'on place
sous les rouleaux.

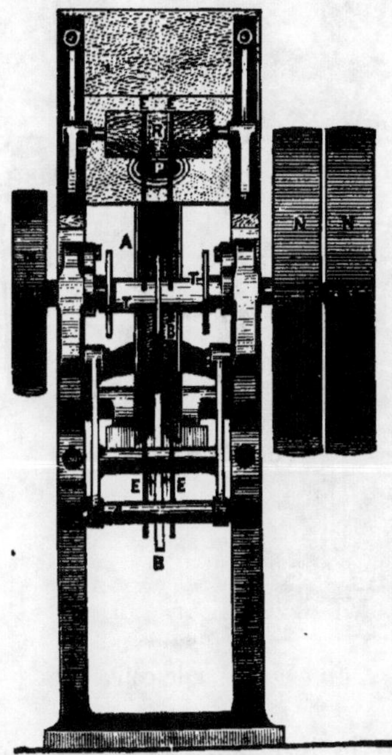

Fig. 55. — Squeezer de Birch, vu de face.

Un squeezer plus résistant est celui de W. Birch
(fig. 55), qui est maintenant généralement adopté
dans les ateliers de blanchiment du coton. Dans cette
machine, le tissu en boyau est comprimé dans une
rainure étroite ; le tissu E passe dans le presseur, et

sa tension est à peu près uniforme, par l'effet de la
barre mobile D. Les barres de tension TT sont fixées
de façon à ce que le tissu, en passant sur le rouleau R
et l'ouverture P, soit quelque peu étendu lorsqu'il est

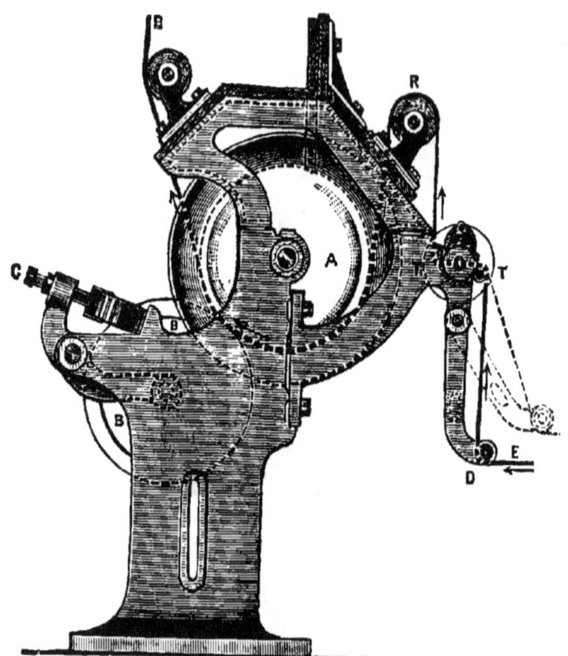

Fig. 56. — Vu de côté.

attiré à la partie inférieure de la roue à rainure,
avant qu'il soit pincé. Cette tension est nécessaire, et
empêche que la pièce soit endommagée. Le tissu est
tiré hors de la machine au moyen d'un rouleau ou
cylindre mû par la poulie M. La pression du disque
de cuivre B, contre la roue à rainure A, est réglée
par la vis C, communiquant avec un levier et un

ressort ; NN sont des poulies de commande, l'une fixe,
l'autre folle.

Appareil de séchage. — On sèche fréquemment le
calicot dans des étendages chauffés au moyen de
l'air chaud, ou de tuyaux de vapeur situés à la base.
L'arrangement intérieur, pour la suspension des
pièces, est variable. Quelquefois, le bâtiment n'a
qu'un étage, et les pièces sont suspendues en zigzag
sur des traverses en bois fixées près du toit, de façon
à ce que les plis viennent à peu de distance du grillage de fer, au-dessus des conduits d'air chaud. Parfois, il y a plusieurs étages, dont les planchers sont
formés de grilles de fer, et il y a un cadre de bois,
muni de chevilles perpendiculaires qui sont placées
en longues lignes parallèles. Un des bords de la
pièce passe alternativement à droite et à gauche, et
est tourné autour des chevilles. De cette façon, on
peut placer une plus grande quantité de tissu dans
un espace donné.

On sèche aussi le calicot avec une machine à tambours chauffés à la vapeur.

S'il est nécessaire que le calicot ne vienne pas en
contact immédiat avec une surface métallique chauffée, lorsqu'on sèche par exemple le tissu après l'avoir
imprégné d'un mordant sur lequel une haute température a un effet nuisible, on fait passer les pièces
dans une chambre à air chaud fermée, dans laquelle
sont fixés des rouleaux de bois à la partie supérieure
et à la partie inférieure.

Dans quelques cas, on emploie, pour sécher le calicot, des machines appelées rames, analogues à
celles qu'on emploie pour la laine. Elles se com-

posent de deux cadres légèrement divergents, qui guident le mouvement de deux chaînes sans fin, munies de pointes, sur lesquelles le calicot, animé d'un mouvement de translation, est pressé au moyen de brosses tournantes.

Remarques sur la teinture de la laine.

188. — *Différents procédés de teinture de la laine.* — Les procédés de teinture de la laine diffèrent beaucoup de ceux du coton, et des autres fibres végétales.

La laine a, pour la plupart des matières colorantes, une affinité bien plus grande que le coton. Dans bien des cas, il suffit de faire bouillir le tissu de laine dans une solution du colorant. Lorsqu'il s'agit de matières colorantes qui, comme le campêche, la cochenille, l'alizarine, nécessitent un mordant pour le développement de la couleur, le procédé de teinture varie selon la nature du colorant et celle du mordant. On emploie, en pratique, l'une des trois méthodes suivantes :

1° La laine est d'abord bouillie dans une solution du sel métallique ou mordant, et ensuite dans un bain contenant le principe colorant ou la décoction du bois de teinture ; en un mot, elle est d'abord mordancée, puis teinte.

2° On fait bouillir la laine dans une solution de la matière colorante, ou une décoction du bois de teinture, et au bout de quelque temps, lorsqu'elle a absorbé le colorant, on développe et on fixe celui-ci sur la laine, en ajoutant le mordant au même bain. En général, cette méthode a été adoptée pour certains mordants qui produisent des teintes foncées, et est appelée méthode par imprégnation et brunissage ; l'imprégnation étant l'ébullition de la laine dans la matière colorante, et le brunissage, l'opération suivante du développement de la couleur par l'addition du mordant.

3° On fait bouillir la laine dans une solution qui, dès le commencement, contient la matière colorante et le mordant (méthode du bain unique). Dans ce cas, le principe colorant et le mordant se combinent entre eux, pour former une laque colorée qui est dissoute soit par une substance auxiliaire, soit dans un excès du mordant, et que la laine absorbe peu à peu.

4° Combinaison de 1° et 2°. Mordançage, teinture, brunissage.

189. — *Méthode du mordançage suivi de teinture.* — La première méthode est illustrée par la teinture en noir de la laine, au moyen du bichromate de potasse et du campêche. Cette méthode peut s'employer pour la plupart des matières colorantes naturelles et bois de teinture, lorsqu'on emploie les mordants suivants : alun, bichromate de potasse, alun de chrome, protochlorure d'étain. Il est nécessaire de bien laver le tissu entre le mordançage et la teinture, afin d'empêcher que toute partie du mordant qui ne serait pas fixée sur la laine, soit entraînée dans le bain de teinture, ce qui non seulement amènerait une perte de matière colorante par suite du précipité qui se formerait dans le bain, mais pourrait aussi empêcher le bois de teinture d'abandonner son colorant à la solution.

Par cette méthode, le teinturier peut facilement teindre à une teinte donnée, car une fois le mordant fixé sur la laine, on peut changer les proportions de bois de teinture, jusqu'à ce qu'on arrive à la teinte voulue. Pour être sûr de réussir, il est nécessaire, seulement, de mettre au commencement de l'opération une proportion de bois de teinture un peu moindre que celle qu'on croit devoir être nécessaire, car il est évident que si le bois de teinture est employé en excès, aucune modification des proportions ne pourra réparer l'erreur. En règle générale, on peut dire que dans cette méthode, pour des poids donnés de bois de teinture et de mordant, on obtient des couleurs plus intenses et plus profondes, et qui résistent mieux au foulage que celles qu'on obtient par toute autre méthode.

190. — *Méthode par imprégnation et brunissage*. — Cette méthode est illustrée par la teinture en brun, au moyen du camwood et du sulfate de protoxyde de fer. On emploie généralement comme mordants le sulfate de protoxyde de fer, le sulfate de cuivre, le bichromate de potasse, et quelquefois l'alun.

Dans cette méthode, on peut aussi employer deux bains séparés, mais cela n'aurait, dans la plupart des cas, aucun avantage sur la méthode du mordançage suivi de la teinture.

Cette méthode ne présente d'avantage marqué que lorsqu'il s'agit du bois de Santal, du bar-wood et du camwood, quoiqu'elle soit parfois employée pour

d'autres bois de teinture. Elle amène, dans la plupart
des cas, une perte de colorant, car la laine n'absorbe
jamais la totalité de la matière colorante, quelle que
soit la durée de l'ébullition avec le bois de teinture,
avant l'opération de bruniture.

191. — *Méthode du bain unique.* — On peut citer,
comme exemple, la teinture de l'écarlate de cochenille. On ne peut employer cette méthode qu'avec
des colorants et des mordants qui, employés ensemble, produisent des précipités légèrement peu solubles dans le liquide acide du bain ; exemples : la cochenille et le protochlorure d'étain ; les bois de teinture jaunes et l'alun ou le protochlorure d'étain ; le
campêche et le sulfate de protoxyde de fer ou le sulfate de cuivre ; la garance et le bichromate de potasse, etc.

Quoique, dans tous les cas, la couleur obtenue ne
soit pas aussi intense et aussi foncée que celle que
donne la méthode du mordançage suivi de teinture,
elle se raproche assez du maximum d'intensité que
l'on peut obtenir, pour que, dans la pratique, ce procédé soit employé de préférence à tout autre, à cause
de la grande économie de temps, de travail et de
combustible qu'il entraine. On obtient parfois des couleurs plus brillantes qu'avec les autres méthodes. La
présence du mordant dans le bain de teinture empêche certaines impuretés : acide tannique, etc., de
se fixer sur la laine ; on s'aperçoit bien de ce fait
dans la teinture au moyen des bois jaunes, employés
conjointement avec l'alun ou le protochlorure d'é-
tain.

La deuxième méthode (par imprégnation et brunissage) et la troisième (du bain unique), sont utiles et économiques, toutes les fois qu'on désire une couleur claire, puisque pour ces couleurs, le temps et le travail dépensés coûtent beaucoup plus que les matières employées. Quelquefois aussi, les nuances claires obtenues par cette méthode sont plus uniformes.

192. — *Méthode du mordançage suivi de teinture et de brunissage.* — On adopte la quatrième méthode mentionnée pour obtenir le maximum de solidité de la couleur. On peut citer comme exemple la production d'un noir solide, pour lequel la laine est d'abord mordancée au bichromate de potasse, puis teinte dans un bain frais de campêche, et finalement, brunie par un passage dans un nouveau bain chaud, contenant du bichromate de potasse en proportion faible.

Dans les couleurs produites par la méthode du mordançage suivi de la teinture, il y a toujours une partie de la matière colorante simplement absorbée par la laine, et qui n'est pas combinée avec le mordant; c'est cette matière colorante non combinée qui est fixée par l'opération suivante du brunissage.

Parfois, ce mordançage supplémentaire a pour effet de modifier, et même de rendre plus vive, la couleur que possède déjà la laine. Dans ce cas, ce terme de brunissage est impropre ; on désignera cette opération plutôt par avivage. On emploie, dans ce but, des solutions d'étain ou d'alun.

193. — *Opérations de la teinture de la laine, etc.* — La laine se teint sous toutes ses formes ; en laine non filée, en mèche (produit d'une des premières opération de la filature), en fil, en tissu, en tissu sous forme de vêtements, en chiffons, en laine régénérée (chiffons de laine déchirés en flocons).

Lorsque le teinturier reçoit la laine à *l'état brut*, il doit d'abord la dégraisser (voir Dégraissage de la laine), afin d'éliminer toutes les impuretés naturelles qui adhèrent à la fibre, lesquelles nuiraient beaucoup à la pénétration de la teinture, ce qui donnerait que des résultats peu satisfaisants.

Si la laine est sous forme de *mèche* ou de *fil*, le dégraissage a déjà été opéré par le filateur pour la laine brute; mais afin de faciliter le filage, et d'empêcher que la fibre se casse pendant l'opération du cardage, etc., la laine dégraissée a été de nouveau imprégnée d'huile, que le teinturier doit d'abord éliminer par un second dégraissage, s'il désire obtenir les meilleurs résultats en teinture.

Par principe d'économie, on se dispense parfois de dégraisser la mèche ou le fil, comme pour le fil de qualité inférieure, etc; mais cette pratique est certainement mauvaise.

Le *drap* est parfois envoyé au teinturier encore souillé de l'huile qui a été employée par le filateur; quelquefois, il est déjà dégraissé ou foulé ; c'est pourquoi, il est ou n'est pas nécessaire de faire un lavage et un dégraissage, selon l'état sous lequel le teinturier reçoit la matière.

Immersion dans l'eau. — Dans tous les cas, à quelque période de sa fabrication que soit la laine, il est essentiel que, avant de l'introduire dans le bain de teinture, elle soit complètement humectée d'eau par un premier passage dans l'eau chaude, par un second dans l'eau froide, et enfin subisse un exprimage pour assurer une teinture uniforme.

Sans cette précaution, l'air qui se trouve enfermé mécaniquement, et la propriété de la fibre de laine, d'être sèche, cornée, non absorbante, empêcheraient pour un certain temps du moins, un contact régulier entre la solution du colorant et la fibre, ce qui aurait inévitablement pour résultat une teinture irrégulière.

Température du bain de teinture. — En général le bain de mordançage ou celui de teinture est chauffé peu à peu jusqu'à l'ébullition, et l'on maintient cette température pendant un certain temps. L'ébullition assure une intensité plus grande de la couleur à cause de l'amollissement de la substance de la fibre, de l'expansion des écailles externes et de la plus complète expulsion de l'air ; le tout combiné, permet à la solution de pénétrer plus facilement jusque dans les parties les plus internes de la fibre.

L'emploi d'une haute température devient nécessaire selon que le tissu est plus épais et plus serré, que le mordant est plus difficile à décomposer, et la matière colorante employée plus insoluble. Quelquefois, il faut éviter une trop haute température, qui peut nuire pour obtenir la couleur la plus brillante. Avec quelques mordants, comme le bichromate de potasse et même quelques matières colorantes, des motifs d'économie ont poussé les teinturiers à mettre la matière immédiatement dans le bain bouillant, après avoir renforcé simplement les bains déjà employés avec du mordant ou de la matière colorante.

Teinture égale. — Quelques mordants, et aussi quelques colorants, montrent une tendance marquée à se fixer irrégulièrement et à ne point unir. Dans ce cas, il est toujours bon d'introduire la matière dans le bain de teinture à basse température, et d'élever celle-ci peu à peu jusqu'au bouillon.

Lorsqu'on emploie des matières colorantes solubles, on fait bien de préparer les solutions auparavant et de les ajouter au bain de teinture, qui contient déjà la quantité nécessaire d'eau froide ou tiède.

Les bois de teinture moulus, soit introduits directement, soit renfermés dans des sacs, doivent être bouillis dans la cuve de teinture à moitié remplie d'eau, le complément d'eau froide étant ajouté ensuite, de manière que la température soit suffisamment abaissée avant l'introduction de la matière à teindre. Il vaut mieux, cependant, préparer l'extrait dans un appareil spécial.

Une autre méthode consiste à ajouter peu à peu la matière colorante au bain de teinture ; dans ce cas, le tissu doit être retiré avant chaque addition, à moins que la forme de la cuve rende cette opération inutile.

Un troisième procédé, qui a été reconnu efficace, consiste à ajouter à la matière colorante une certaine quantité d'un sel neutre (comme le sulfate de soude, le sel marin, etc.). Cette addition rend l'absorption de la couleur plus lente.

Il est de toute nécessité de donner à la matière textile un mouvement continuel, pendant le mordançage et la teinture, de façon que toutes ses parties soient également soumises à l'action du mordant ou du colorant. Cette opération s'effectue soit à la main, soit à la machine.

Les opérations qui suivent la teinture varient selon la matière et le colorant employé. En général, l'excès de couleur qui n'a que peu d'adhérence est éliminé par un lavage ; l'excès d'eau est enlevé, et l'on termine par le séchage.

194. — *Laine non filée.* — *Appareil de teinture.* — La cuve de teinture, pour la laine à l'état de fibre,

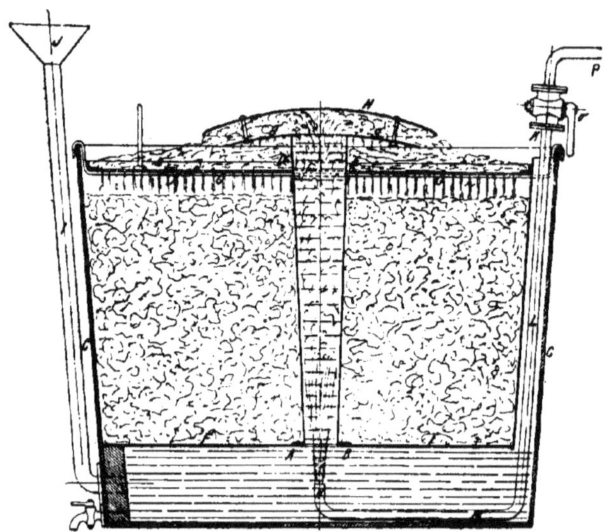

Fig. 57.

est une bassine en fonte ouverte, cylindrique. Elle est munie, à sa partie inférieure, d'un conduit d'écoulement, et recouverte d'un faux fond perforé à la base duquel pénètre la conduite de vapeur servant au chauffage. Dans bien des cas, on se sert du chauffage à feu nu au lieu de vapeur. On agite la laine au moyen de grosses perches en bois, que l'on manœuvre à la main.

Dans ces dernières années, on a introduit bien des machines pour la teinture de la laine en ploques, de la laine cardée, de la laine en mèches. Le principe qu'on avait adopté dans toutes, est maintenir la laine au repos, tandis que le mordant ou le colorant la traversent au moyen d'une pompe ou d'un injecteur à vapeur, etc.

La fig. 57 représente un arrangement simple de cette espèce, imaginé par E. Drèze, où la circulation s'opère de la même manière que dans la cuve de blanchiment du coton, à basse pression.

Appareil de lavage. — La laine à l'état de fibre

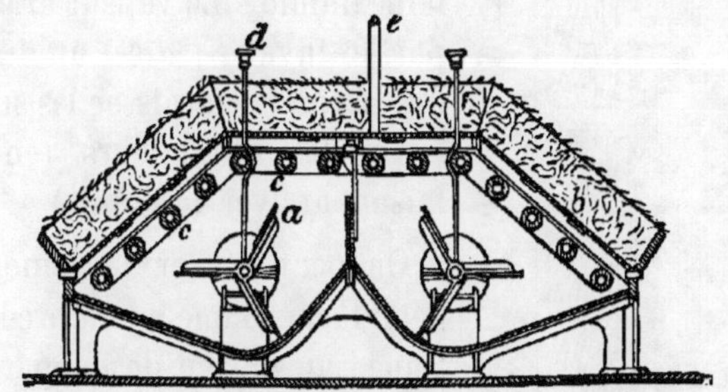

Fig. 58. — Appareil de Mc Naught pour sécher la laine (section).

se lave ordinairement dans la cuve de teinture, en faisant écouler la liqueur, en remplissant la cuve d'eau, et en agitant avec des perches. On répète l'opération autant de fois que cela est nécessaire.

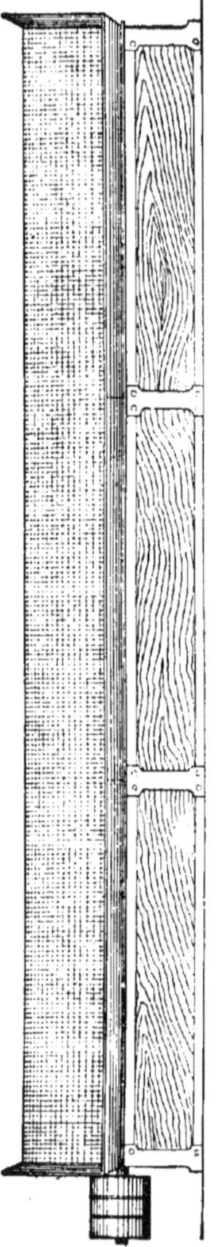

Fig. 59. — Appareil de Mc Naught pour sécher la laine (vu de côté).

Avant le séchage, on fait passer cette laine entre des rouleaux exprimeurs, ou dans un hydro-extracteur.

Appareil de séchage. — On peut faire sécher la laine, d'une manière intermittente, dans un appareil comme celui de Mc Naught (fig. 58, 59). Il se compose d'une série de conduites de vapeur *c*. Immédiatement au dessus, on répand la laine sur une grande surface de grillage, en fil de fer galvanisé *b*. Au-dessous, se trouvent deux ventilateurs qui chassent l'air chaud à travers la couche de laine humide. La vapeur arrive par le tuyau *e* ; *d* est un tube qui permet de graisser les supports des ventilateurs (en y faisant arriver de l'huile).

On peut sécher la laine, à l'état lâche, d'une manière continue, au moyen de l'appareil de Norton (fig. 60). La laine est placée sur le tablier A, et circule dans la chambre à air chaud au moyen des tabliers sans fin B, C, D, E. La laine sèche quitte la chambre en l.

Le ventilateur F chasse en J l'air extérieur, chauffé
dans le corps tubulaire H, et de J, cet air passe dans

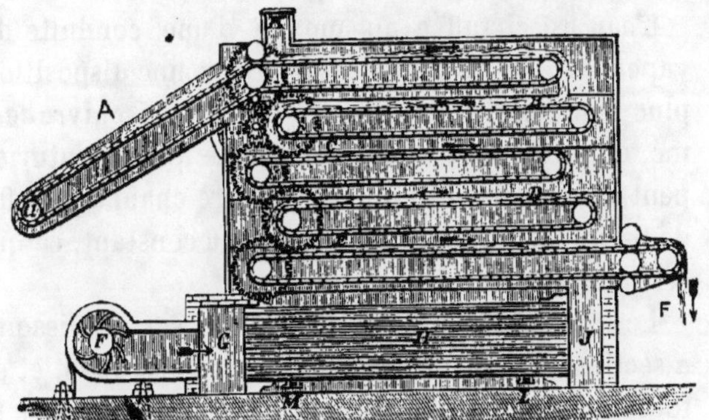

Fig. 60. — Machine pour séchage continu de la laine.

la chambre. L'air humide s'échappe en K. M, N, sont
les tubes d'entrée et de sortie de la vapeur.

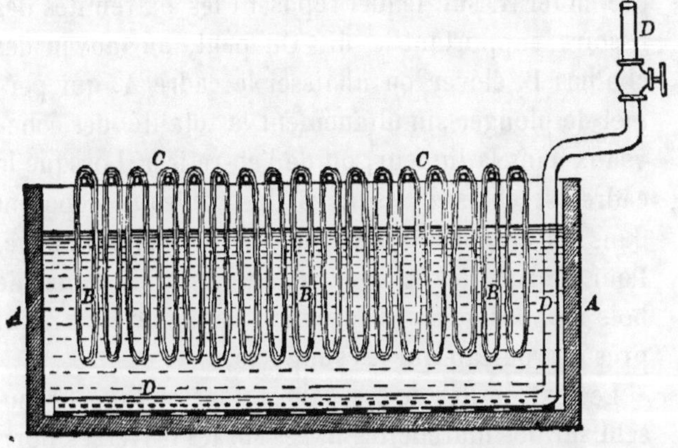

Fig. 61. — Machine pour la teinture du fil de laine.

Fil de laine. — *Appareil de teinture.* — Pour la
teinture du fil, l'appareil le plus simple se compose

essentiellement d'une cuve en bois rectangulaire A, de 0 m. 75 à 1 m. de large, et variant en longueur et en profondeur, selon la quantité (fig. 61).

L'eau est chauffée au moyen d'une conduite de vapeur en cuivre perforée D. Dans une disposition plus complète, il existe aussi un tube en cuivre fermé, en forme de serpentin, de sorte que le teinturier peut employer soit l'un, soit l'autre chauffage, afin de maintenir le liquide à un niveau constant, ce qui est si nécessaire.

Les écheveaux B sont suspendus sur des lissoirs à section carrée, placés en travers de la cuve, et se tournant à la main, comme il a été expliqué pour le dégraissage du fil.

Une machine spécialement employée pour la teinture du fil de laine, a été imaginée par MM. Cooke et fils (fig. 62). La cuve est pourvue d'un léger cadre en fer A, sur lequel reposent les extrémités des lissoirs supportant le fil. On peut, au moyen des chaînes B, élever ou abaisser le cadre A. qui permet de plonger simultanément la totalité des écheveaux dans la liqueur, ou de l'en retirer. Lorsque le cadre est abaissé, les axes des rouleaux reposent dans les supports C, fixés de chaque côté de la cuve. Pour tourner les écheveaux, on se sert de lames de bois mobiles qu'on insère dans les écheveaux, tout près du rouleau qui les supporte.

Les extrémités de ces lames font saillie, et reposent sur des fourchettes fixées sur les traverses horizontales D placées de chaque côté de la cuve. Au moyen des leviers E, mus par des cames, les traverses D, acquièrent un mouvement de va-et-vient

tel, que les lames de bois qu'elles supportent décri-
vent un petit cercle ; et ces lames font ainsi subir
aux écheveaux un mouvement intermittent, semblable à celui qui leur serait donné à la main.

Fig. 62. — Machine à teindre le fil de laine.

Appareil de lavage. — On lave le fil de laine à la
main, dans une cuve rectangulaire analogue à celle
employée en teinture ; ou bien, les traverses gar-
nies d'écheveaux sont placées sous un égoutteur en
bois, où elles reçoivent l'eau de lavage sous forme
de pluie.

On enlève l'excès d'eau du fil au moyen de l'hydro-
extracteur (fig.63). Celui construit par T. Broadbent et

fils, se compose d'un tambour ou cage, en fil de fer galvanisé, ou en fil de cuivre AA', enfermé dans une enveloppe en fonte B, supportée de telle façon

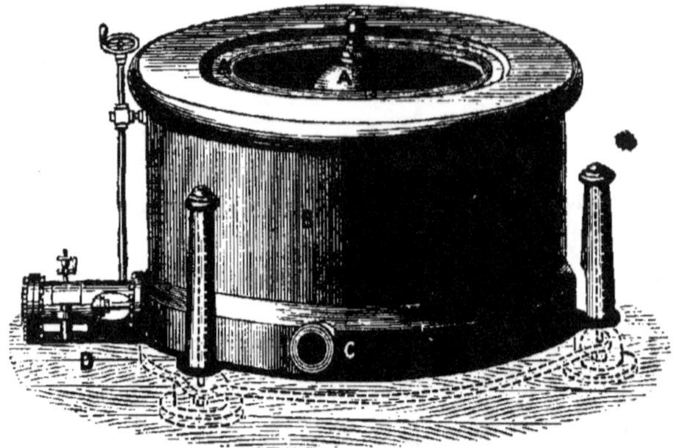

Fig. 63. — Hydro-extracteur.

qu'on puisse la faire tourner au moyen d'une machine, très rapidement (1500 tours par minute), avec un mouvement très doux. Le fil humide est placé

Fig. 64. — Arrangement pour le séchage du fil à l'air.

dans la cage aussi régulièrement que possible, et l'eau, exprimée par la force centrifuge développée pendant la révolution de la cage, s'échappe en C.

Séchage. — Le fil de laine peut être séché dans des séchoirs ou à l'air (fig. 64).

195. — *Appareil pour la teinture des tissus de laine.* — Comme le fil de laine, le tissu de laine se teint dans une cuve en bois rectangulaire.

Une cloison de bois perforée sépare une portion de cette cuve, où l'on peut placer les ingrédients de

Fig. 63. — Couple de machines à tourniquet pour teindre le tissu.

teinture, sans qu'il soit nécessaire de retirer le tissu du bain. La conduite de vapeur perforée pour le chauffage est aussi située au fond de ce comparti-

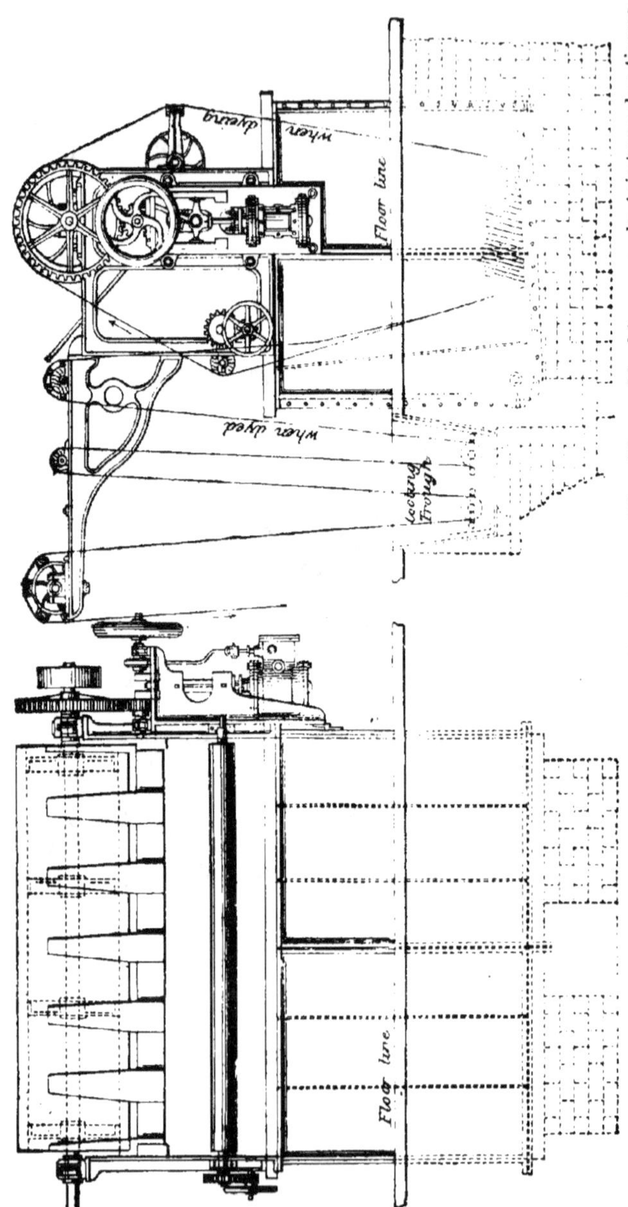

Fig. 66. — Machine pour la teinture des tissus mélangés (élévation de face).

Fig. 67. — Machine pour la teinture des tissus mélangés (élévation de bout).

ment. On coud les pièces bout à bout, de manière
à en former une chaîne sans fin, que l'on fait passer
dans le bain d'une manière continue, au moyen
d'un tourniquet mû par une force quelconque.

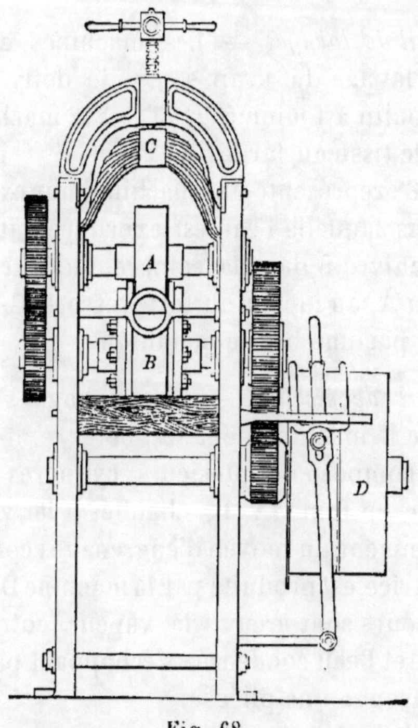

Fig. 68.

La fig. 65 donne en perspective une vue d'un appareil imaginé par W. Kemp, de Leeds. Chaque cuve
contient ordinairement plusieurs pièces de tissu.

Les fig. 66, 67 représentent une cuve employée
pour tissus mêlés (coton et laine). Elle est divisée en travers en plusieurs compartiments, au

moyen de plaques perforées. Cet arrangement empêche les différentes pièces qui forment les chaînes sans fin de s'embarrasser les unes dans les autres.

Le traquet de chaque cuve est mû au moyen d'une petite machine fixée à l'appareil.

Appareil de lavage. — Les machines employées pour le lavage du drap sont : le dolly (fig. 22, 23); le moulin à foulon (fig. 43), et la machine à dégraisser le tissu au large (fig. 24).

La fig. 68 représente une machine pour exprimer le drap, dans laquelle l'eau est exprimée par un rouleau en cuivre B, dans la rainure duquel est pressé le rouleau A, au moyen du fort ressort C. Le tissu est guidé par une bague métallique.

Appareil de séchage. — Le séchage s'opère au moyen de la machine de la fig. 69.

Elle se compose de plusieurs cylindres creux en cuivre ou en fonte A, B, chauffés à la vapeur, et qui se meuvent au moyen d'engrenages coniques. La force motrice est produite par la machine D. Les axes des tambours sont creux, la vapeur entrant à une extrémité et l'eau condensée s'échappant par l'autre. En C, se trouve une plieuse.

La machine de la fig. 70 (*rame*) se compose d'une série de conduits de vapeur horizontaux CC, supportés par des cadres en fer, et entre lesquels le tissu est tendu et passe en zigzag. Le tissu est introduit en A, et guidé au moyen de 2 chaînes sans fin BB, munies sur toute leur longueur de pointes, auxquelles les bords du tissu sont fixés, à l'aide de brosses animées d'un mouvement de rotation, au

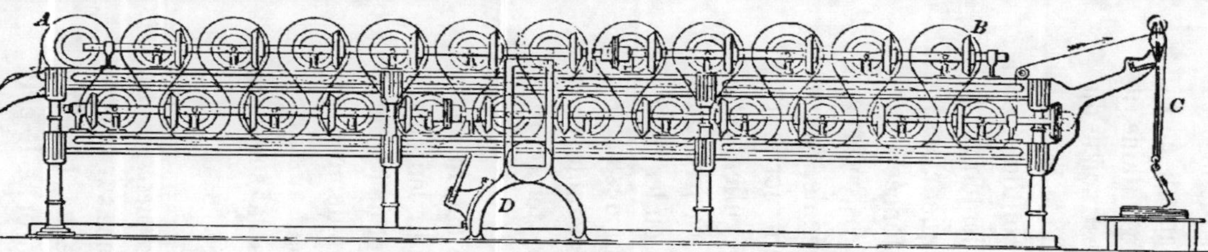

Fig. 69. — Machine à sécher à cylindres.

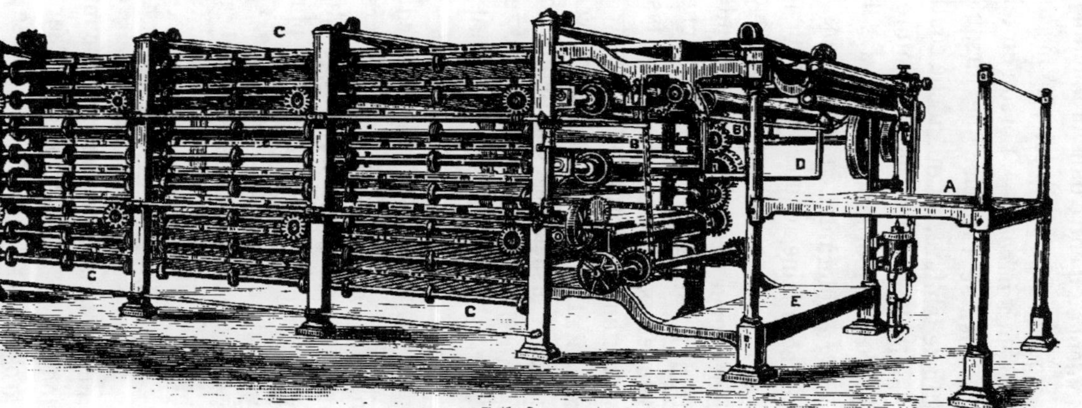

Fig. 70. — Machine à rame.

moment où il entre dans la machine. Lorsque le tissu sec quitte celle-ci, il est plié mécaniquement en E.

Teinture inégale. — Lorsqu'on teint de la laine, il faut bien se rappeler que lorsqu'elle est sortie du bain de teinture, et tant qu'elle contient de la liqueur chaude, l'opération de la teinture se continue. La laine ou le mordant continuent à fixer lentement la matière colorante contenue dans la liqueur absorbée, et la laine acquiert une teinte plus foncée.

Si l'on n'apporte pas les soins nécessaires, cette tendance peut conduire à une teinte inégale. Si le drap, le fil, la laine à l'état lâche, sont sortis du bain et posés sur le sol en un tas irrégulier, cette opération de teinture subséquente se fera irrégulièrement. De même dans les écheveaux ou les pièces qui sont suspendus à des perches ou sur des barres, le bain de teinture encore chaud se rassemble dans la partie inférieure, et y produit une teinte plus foncée.

La meilleure manière de remédier à cet inconvénient, consiste à laisser la laine refroidir lentement dans le bain de teinture, en continuant de l'y mouvoir. On peut refroidir le bain plus rapidement, en y faisant arriver de l'eau froide. On peut aussi opérer un lavage, immédiatement après la sortie du bain de teinture.

197. — *Teinture de la laine.* — *Fil et pièces.* — La qualité de la laine a une grande influence sur la profondeur et la beauté de la couleur obtenue. La laine grossière et dure, et celle qui se rapproche le plus du poil, comme la laine anglaise, l'alpaga, le mohair,

etc., se teignent moins facilement que la laine fine.
comme le mérinos. Plus la laine sera fine, plus elle
attirera de matière colorante, plus la couleur sera
foncée et belle, et plus brillante sera la teinte que
l'on pourra donner.

Si, dans un tissu, la laine a été teinte avant d'être
filée, on la dit *teinte en laine*. Si la teinture a eu lieu
lorsque la laine était en fil, on la dit *teinte en fil*. Si
elle n'a pas été teinte avant d'être tissée, on la dit
teinte en pièce. Le tissu teint en laine est celui qui,
en général, est le plus estimé, parce que la teinture
doit être assez solide pour pouvoir supporter toutes les opérations subséquentes de la fabrication. De
plus, chaque fibre étant en quelque sorte teinte séparément, le tissu est uniformément teint, quelle que
soit son épaisseur. La teinture en laine est préférable pour les couleurs foncées, celles qui doivent supporter un grand frottement. On l'emploie moins
pour les couleurs claires, parce que ces couleurs seraient souillées pendant la fabrication.

Lorsque le tissu se compose de fils de couleurs
différentes, il est nécessaire, naturellement, d'employer soit la teinture en laine, soit la teinture en fil.
Dans ce cas, on préfère la première à la deuxième,
parce que, quand même la laine serait teinte un peu
inégalement, les opérations suivantes du cardage,
du peignage, égalisent très bien une irrégularité de
couleur. On doit aussi adopter la teinture en laine
pour la fabrication de fils filés avec des laines de
couleurs différentes.

La teinture en pièce est préférable pour les couleurs claires, et pour celles qui ne doivent que peu

durer, quoique cela ne veuille pas dire que tous les tissus teints en pièce, le soient avec des matières colorantes peu résistantes. Ainsi, le bleu cuvé qui est très solide, s'emploie aussi fréquemment pour la teinture en pièce, que pour la teinture en laine.

Les tissus teints en pièce, surtout ceux faits de fils fortement tordus, et tissés très serré, épais ou bien foulés, deviennent quelquefois gris lorsqu'on les emploie, même si la couleur a la solidité voulue. Cela provient de ce que la partie centrale du tissu n'a pas été teinte dans les mêmes conditions, et que par l'usure, elle devient partiellement visible. On peut se rendre compte si un tissu a été teint en pièce, en en déchirant un morceau, et en constatant si le centre est ou n'est pas complètement teint.

Pour la production d'une teinte donnée. c'est la teinture en laine qui demande le plus de matière colorante ; on peut en prendre un peu moins pour la teinture en fil, et encore moins pour la teinture en pièces.

Les tissus teints en pièces, s'ils ne sont composés que d'une seule sorte de fibre, prennent nécessairement une couleur uniforme. Quand, cependant, le tissu comprend deux fibres (chaîne de coton, trame de laine). quoiqu'il soit teint en pièce, il peut avoir toutes les apparences d'un tissu teint en fil, parce que chaque fibre ayant une affinité différente pour la matière colorante, prendra une teinte différente. Dans quelques cas, l'une des fibres peut n'être pas teinte du tout. Il en est ainsi, par exemple, avec le coton, lorsqu'un tissu mêlé a été teint dans un bain acide, avec de la cochenille, du carmin d'in-

digo, etc. Dans d'autres cas, la différence de couleur
entre les deux fibres est encore augmentée en soumettant le tissu à deux procédés de teinture distincts,
l'un étant destiné à la laine, l'autre au coton.

198. — *Échantillonnage.* — Le but immédiat que le
teinturier se propose est de teindre de façon à obtenir un ton défini, conforme à celui d'un échantillon
qui a été fourni par le marchand, ou d'après un type
quelconque. Son habileté consiste à savoir exactement quels mordants et quelles matières colorantes
il doit employer, et quelles sont les proportions à
garder afin d'être sûr du résultat qu'il veut atteindre.
Quoique le teinturier ait fait l'échantillon, il n'obtiendra pas en refaisant les mêmes opérations absolument la même teinte, parce que la qualité des bois
de teinture et de la laine peut varier. De plus, les
diverses qualités de laine ont une affinité différente
pour la matière colorante, de sorte que lorsqu'elles
sont teintes dans les mêmes conditions, elles diffèrent
comme nuance.

L'irrégularité de rendement des ingrédients employés en teinture, se reconnaît aisément dans les
matières colorantes naturelles, ou les bois de teinture. Il est donc nécessaire que, de temps en temps,
le teinturier compare à l'échantillon type une petite
portion du tissu ou du fil teint. Avant de faire la
comparaison, le morceau que l'on retire du bain de
teinture doit être séché, et l'on examine les deux
teintes à la lumière réfléchie, le dos de l'observateur
étant tourné à la lumière. On les compare ensuite
de manière à ce que les deux échantillons soient

tournés vers la lumière, et que l'observateur qui regarde à la surface se rende compte de la lumière transmise par les fibres. Il est nécessaire de formuler son appréciation immédiatement, car l'œil se fatigue vite, et devient incapable de bien discerner les différences de tons.

Lorsque l'œil est fatigué par la comparaison d'un grand nombre d'échantillons de même couleur brillante, on peut le reposer et augmenter le discernement, en regardant de temps en temps fixement un tissu ayant la couleur complémentaire de celui que l'on échantillonne. Lorsqu'on a des rouges, on repose l'œil en regardant du vert. Si l'on compare des bleus, on regardera de l'orangé, et réciproquement

Après avoir fait cet essai, le teinturier se rend compte s'il a atteint la teinte exacte. Si le ton est exact, mais s'il y a défaut d'intensité, il prolonge l'opération de la teinture, ou bien fait une addition subséquente de matière colorante, dans les proportions qu'il juge nécessaires.

Si le ton est différent, le teinturier ajoute en quantité convenable la matière colorante qui doit corriger la différence.

Lorsqu'on doit assortir une teinture à un échantillon donné, il est recommandable d'employer moins de matière colorante qu'il n'est nécessaire, plutôt que d'en employer trop, parce qu'on peut plus facilement faire des additions subséquentes, que corriger le défaut provenant de l'emploi d'un excès d'ingrédients de teinture.

Remarques sur la teinture de la soie.

199. — Sauf quelques exceptions, la méthode générale de teinture de la soie est analogue à celle employée pour la laine. La plus grande partie de la soie se teint avec les matières colorantes extraites du goudron de houille, qui ne nécessitent pas l'emploi d'un mordant; on a tout au plus besoin d'un auxiliaire, acide ou savon, et la teinture se fait en un seul bain, ordinairement. Quelquefois cependant, avec les couleurs d'alizarine, par exemple, et spécialement dans la teinture en noir, il y a nécessité d'employer deux ou plusieurs bains. Dans la teinture de la soie, on emploie relativement peu d'appareils, et comme la plus grande partie de ces derniers se rattachent intimement aux opérations spéciales, la description en sera faite lorsqu'il sera question des opérations elles-mêmes.

APPLICATIONS DES MATIÈRES
COLORANTES NATURELLES

CHAPITRE XIII

Matières colorantes bleues. — Indigo.

200. — *Théorie de la teinture en indigo.* — L'indigo s'extrait des feuilles de diverses espèces d'*indigotiers*, très répandus dans l'Inde. La méthode par excellence employée pour teindre avec l'indigo, est fondée sur la propriété qu'il possède de se convertir, sous l'influence d'agents réducteurs, en indigo blanc, soluble dans les solutions alcalines. Lorsqu'un tissu est plongé pendant un temps très court dans ces solutions, et ensuite exposé à l'air, il se trouve teint en bleu par suite de la réoxydation de l'indigo blanc absorbé par les fibres en indigotine insoluble, adhérant fortement à la fibre. Cette méthode à la cuve d'indigo peut s'appliquer à toutes les fibres textiles, et donne des couleurs solides.

Un autre procédé de teinture à l'indigo, mais qui donne des couleurs peu solides, et ne s'applique qu'aux fibres animales, repose sur ce fait que l'indigo traité par de l'acide sulfurique concentré, se

change en acide sulfindigotique (extrait d'indigo).
Les fibres animales attirent ce composé lorsqu'elles
sont simplement plongées dans sa solution chaude
et légèrement acide, et par suite, se trouvent teintes.

201. — *Broyeuses à indigo*. — Une des premières
conditions qui s'imposent pour l'emploi de l'indigo
en teinture, est de l'obtenir excessivement divisé.
S'il doit être employé à la fabrication d'extrait d'indigo, il doit être moulu à l'état sec. Mais pour la cuve
à indigo, il peut être mélangé à l'eau, ce qui facilite
de beaucoup la mouture.

Les moulins généralement employés se composent
de cuves en fonte, dans lesquelles l'indigo est réduit
en poudre au moyen de boulets de canon pesants,
ou de cylindres en fer. Les broyeuses à boulets donnent la poudre la plus fine, et les moulins à cylindres ont un plus grand rendement. La fig. 71 montre
une section de la broyeuse à boulets. Elle se compose
d'une forte caisse en fer, contenant plusieurs boulets
pesants, que l'on fait tourner au moyen de bras mobiles.

202. — *Application au coton*. — Les cuves à fermentation, si employées dans la teinture de la laine
en indigo, ne s'emploient jamais pour le coton. Selon
les agents réducteurs employés, les cuves à indigo
employées pour le coton peuvent se classer ainsi :
*cuve au sulfate de fer, cuve à la poudre de zinc, cuve à
l'hydrosulfite.*

203. — *Cuve au sulfate de fer*. — Cette cuve est
ordinairement connue sous le nom de *cuve à la chaux*

et à la *couperose*. Les cuves sont des réservoirs rectangulaires en bois, en fonte ou en pierre. Leurs dimensions varient selon la matière à teindre. Pour le

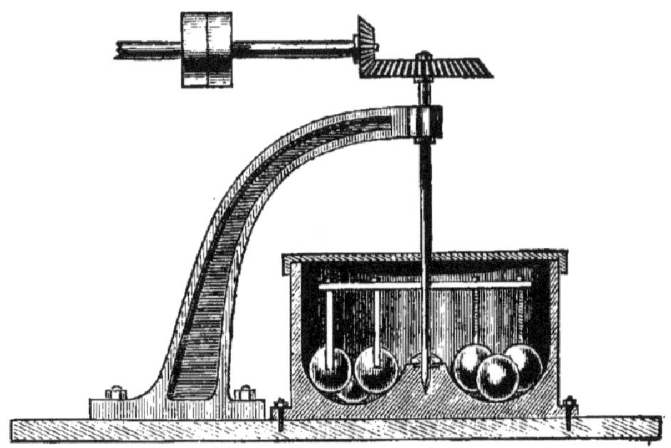

Fig. 71. — Broyeuse à boulets.

calicot, elles ont en général deux mètres de profondeur, deux mètres de longueur, et un mètre environ de largeur, tandis que pour la teinture en écheveaux, elles sont de dimensions un peu moindres. Afin d'économiser autant que possible l'indigo, les cuves s'emploient en série.

Les matières employées au montage de la cuve sont :

	Tissu.		Fil.
Eau.....................	4000 litres	ou	750 litres
Indigo..................	40 kgs	ou	4 kgs
Sulfate de protoxyde de fer.	60 à 80 kgs	ou	6 à 8 kgs
Chaux vive (sèche)........	50 à 100 kgs	ou	5 à 10 kgs

Les réactions chimiques qui se produisent pendant la préparation de la cuve, peuvent se résumer ainsi. La chaux décompose le sulfate de fer, et produit du protoxyde de fer hydraté, qui en présence de l'indigo, décompose rapidement l'eau, et se transforme en peroxyde de fer hydraté, tandis que l'hydrogène formé réduit immédiatement l'indigotine, pour former l'indigo blanc.

Celui-ci se combine immédiatement avec l'excès de chaux présente, et entre aussitôt en solution. Les réactions peuvent s'exprimer par les formules suivantes :

$$FeSO^4 + Ca(OH)^2 = CaSO^4 + Fe(OH)^2$$
$$2[Fe(OH)^2] + 2H^2O = Fe^2(OH)^6 + H^2$$
$$C^{16}H^{10}Az^2O^2 + H^2 = C^{16}H^{12}Az^2O^2$$

Indigotine   Indigo blanc

L'ordre dans lequel les divers ingrédients sont ajoutés au bain a relativement peu d'importance, et varie selon les teinturiers.

Le sulfate de fer employé doit être aussi pur que possible, et l'on doit éviter l'emploi en grand excès du sulfate de fer et de chaux.

Une cuve nouvellement montée se présente dans de bonnes conditions, lorsqu'en remuant la liqueur, il se produit à la surface de nombreuses veines d'un bleu très foncé, et que celle-ci se couvre rapidement d'une épaisse écume bleue *fleurée*. La liqueur doit être claire, et de couleur brun ambré.

A la fin de la journée de travail, il est nécessaire de remuer (pallier) les bains, et selon leur apparence, on y fait de légères additions de chaux et de sulfate de fer. Le râble employé se compose d'une plaque de fer rectangulaire, munie d'un long manche en bois.

Avant de commencer la teinture, il faut enlever la fleurée avec une écumoire, car elle se fixerait au coton et le tacherait.

Avant de teindre le fil de coton, il faut bien le faire bouillir dans l'eau, pour qu'il se teigne également. Lorsqu'on teint en bleu clair, on n'opère que sur quelques écheveaux à la fois, l'immersion, la manipulation et l'exprimage doivent se faire avec la plus grande régularité. Selon le ton de bleu demandé, la durée de la trempe peut varier de une à cinq minutes et plus, et après avoir tordu les écheveaux, on les met de côté pour qu'ils s'oxydent complètement.

La méthode la plus économique consiste à teindre le coton, d'abord dans les cuves les plus faibles, et ensuite dans des cuves de plus en plus fortes, jusqu'à ce que la teinte voulue soit obtenue.

Par ce moyen, qui consiste à se servir d'abord du bain le plus faible tant qu'il abandonne de la couleur, chaque bain est à son tour complètement épuisé.

Après la teinture, le carbonate de chaux déposé sur la fibre est éliminé par un rinçage en acide sulfurique à 2° ou 4° Tw (densité 1,01 à 1,02). Cette opération enlève la teinte grise, et donne beaucoup plus de brillant à la couleur.

Il faut éviter un lavage final trop énergique, sans quoi l'indigo peut décharger partiellement par frottement, et la couleur manquerait d'homogénéité et d'intensité.

Pour la teinture du *tissu de coton* ou *calicot*, les

pièces à l'état sec sont suspendues par les lisières à un cadre de bois rectangulaire (champagne), qui est alors alternativement plongé dans le bain pendant un quart d'heure ou vingt minutes, puis élevé au-dessus du bain au moyen de cordes et de poulies, afin d'exposer le calicot à l'air pendant une période analogue (déverdissage).

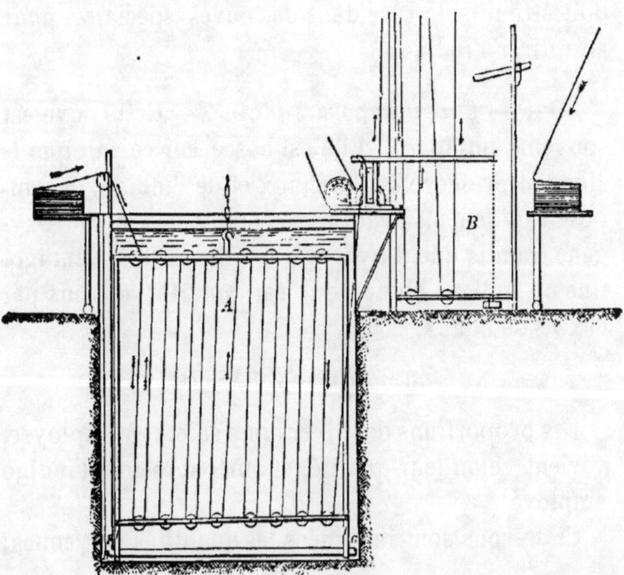

Fig. 72. — Machine continue pour la teinture à l'indigo.

Un autre procédé continu de teinture du calicot, qu'on emploie beaucoup plus, est représenté à la fig. 72. Les pièces passent sur une série de rouleaux, fixés sur un cadre de bois immergé dans la cuve A. A la sortie, elles passent entre des rouleaux exprimeurs, et sont ensuite guidées sur un système analogue de cylindres B, placés à l'extérieur de la cuve pour l'oxydation. On peut répéter l'opération complète deux ou trois fois, selon la teinte à obtenir.

A leur sortie de la cuve, les pièces sont d'abord rincées dans l'eau froide, ensuite dans de l'acide sulfurique étendu, et finalement, lavées et séchées.

Tout l'indigo qui s'échappe dans les cuves de rinçage, aussi bien que le dépôt des cuves elles-mêmes, doit être mis de côté dans des cuves spéciales, pour en retirer l'indigo.

204. — *Cuve à la poudre de zinc.* — Cette cuve est souvent employée. Elle est basée sur ce fait que le zinc, en présence de la chaux et de l'indigo, décompose rapidement l'eau, et se combine avec son oxygène, tandis que l'hydrogène libre réduit l'indigotine en indigo blanc, qui est aussitôt dissous par l'excès de chaux.

$$Zn + H^2O = ZnO + H^2$$

Les proportions des divers ingrédients à employer, varient selon leur qualité, et surtout selon l'indigo employé.

Ci-dessous sont indiquées les quantités moyennes:

Eau	4000 litres
Indigo . . .	40 kgs
Poudre de zinc.	20 kgs
Chaux éteinte .	20 kgs

Le tout est bien agité de temps à autre, pendant une période de 18 à 24 heures, et la cuve peut alors être employée.

On ajoute de la chaux et de la poudre de zinc quand cela est nécessaire. C'est une cuve très simple, d'un travail facile, et présentant même certains avantages sur la cuve à la chaux et à la couperose.

Son principal défaut est de se troubler facilement et d'être écumeuse, par suite du dégagement de l'hydrogène. Il n'y a cependant pas dégagement d'hydrogène tant que la totalité de l'indigo n'a pas été soumise à son influence réductrice, de sorte que la production d'une grande quantité d'écume, indique la présence d'un excès de zinc.

L'expérience seule peut indiquer la quantité exacte de poudre de zinc à employer, pour obtenir le bain dans de bonnes conditions.

Quelques teinturiers trouvent avantageux d'y ajouter de 12 à 20 kgs de limaille de fer. Celle-ci agit mécaniquement, en présentant une surface considérable et irrégulière, de sorte que l'hydrogène est mis plus aisément en liberté, et que l'on obtient plus aisément une cuve limpide.

205. — *Cuve à l'hydrosulfite*. — Cette cuve se prépare pour le coton d'une manière identique à celle qu'on emploie pour la laine. Le coton, cependant, se teint dans une solution froide.

206. — *Application à la laine*. — Afin d'employer l'indigo de la meilleure manière possible, on le broie d'abord en ajoutant un peu d'eau, et il est placé dans la cuve sous forme de pâte fine et douce. La cuve dans laquelle se fait la réduction de l'indigo et la teinture, est une grande cuve, généralement en fonte (d'environ 2 m. de large et 2 m. de profondeur). Pour la teinture de la laine non filée, elle est généralement circulaire ; pour la teinture en pièce, elle est carrée. Le tout est revêtu de briques arrangées de telle sorte que la partie supérieure de la cuve est entourée d'une chambre, dans laquelle on peut faire passer la vapeur Par ce moyen, la liqueur peut être chauffée de l'extérieur, et l'on peut ainsi maintenir une température régulière, sans crainte d'agiter le dépôt.

Pendant la préparation de la cuve, le contenu en est agité, soit à la main, soit avec un râble, soit par un agitateur mécanique fixé au fond. Avant de teindre, on laisse reposer, parce que les matières textiles doivent toujours être teintes dans le liquide clair. Pour troubler le dépôt le moins possible, on suspend dans la cuve, à un mètre au-dessous de la surface, un cadre en fer, sur lequel est tendu un filet fait de corde grossière.

La figure ci-jointe (fig. 73) donne la section d'une cuve à indigo circulaire, bien conditionnée pour teindre la laine, avec agitateur mécanique, etc. A est la chambre à vapeur qui entoure la cuve ; B est la conduite de vapeur pour chauffer cette chambre ; J le filet suspendu ; I le conduit de décharge ; D est une barre fixe supportant l'agitateur C et le cône E. Les parties indiquées en pointillé représentent les parties mobiles de l'appareil. G est une forte traverse en bois, qui peut rapidement se fixer au dessus de la cuve ; elle supporte deux roues d'engrenage, et les deux poulies H, l'une fixe, l'autre folle ; F est l'arbre de commande de l'hélice C. La cuve est fermée

par un couvercle en bois lorsqu'on ne s'en sert pas,
pour éviter une perte de chaleur et l'oxydation de
l'indigo réduit.

Selon les ingrédients employés pour préparer la
cuve, on distingue la *cuve au pastel*, à la *potasse*, à la
soude, à l'*urine*, à l'*hydrosulfite*.

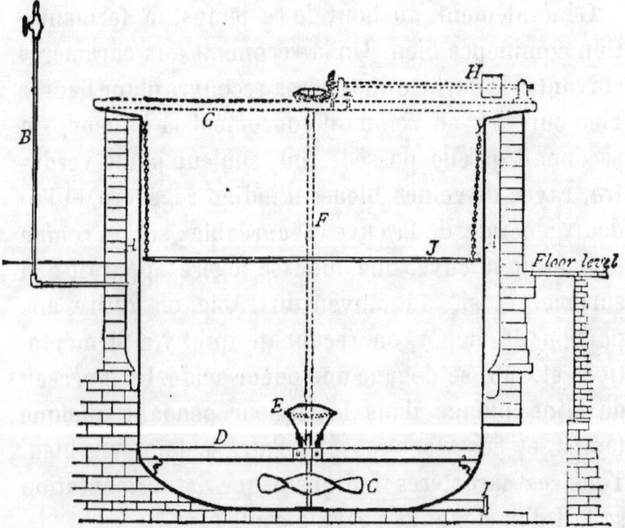

Fig. 73. — Cuve à indigo circulaire.

207. — *Cuve au pastel*. — Pour la préparation de
cette cuve, on emploie les matières suivantes, pour
une cuve aux dimensions déjà données: indigo, 15 kgs;
pastel, 300 kgs ; son, 10 kgs ; garance, 2 à 15 kgs ;
chaux éteinte sèche, 12 kgs. La cuve est d'abord
en partie remplie d'eau ; on ajoute le pastel broyé,
et le tout est bien remué et porté à la température
d'environ 50 à 60° cent. Cette température est main-

tenue pendant 24 à 30 heures, et l'on agite de temps à autre pendant les deux premières heures. On ajoute alors l'indigo bien moulu, le son, la garance, et environ la moitié de la quantité totale de la chaux. Après avoir bien remué tout ce mélange, on couvre le bain et il est abandonné à lui-même pendant 12 à 24 heures.

Généralement, au bout de ce temps, la fermentation commence bien. On la reconnaît aux caractères suivants : la surface du bain se recouvre d'une fleurée bleu cuivré ; en remuant doucement la liqueur, on reconnaît qu'elle possède une couleur jaune verdâtre, rayée de veines bleues d'indigo régénéré, et l'odeur générale de la cuve est agréable ; si l'on remue le fond de la cuve, une mousse légère apparaît à la surface, et si, au moyen du râble, on retire une portion du dépôt, on reconnaît qu'il y a fermentation, et qu'il se dégage une odeur acide. Un morceau de laine plongé dans la liqueur pendant quelque temps, et ensuite exposé à l'air, se teint en bleu. Tous ces caractères indiquent que la fermentation se fait d'une manière satisfaisante.

C'est seulement alors qu'il est nécessaire de laisser la liqueur au repos, et de la surveiller en maintenant une température de 40 à 50° cent., en ajoutant toutes les deux ou trois heures une partie (du 1/8 au 1/4) de la quantité restante de chaux, en agitant vigoureusement le tout après chaque addition. Au bout d'une période de 12 à 24 heures, pourvu que la fermentation se continue d'une manière favorable, la cuve est prête pour la teinture. Une fermentation trop vive est évitée par des additions convenables de

chaux faites en temps utile ; au contraire, une fermentation trop lente est accélérée par l'addition de
son. Le pouvoir tinctorial du bain est maintenu par
l'addition, après chaque journée de travail, de nouvelles quantités de chaux, de son, et tous les deux
jours de 5 à 8 kgs d'indigo, en ayant soin de maintenir la température de la liqueur à 50° cent. environ. Après trois ou quatre mois, ou bien lorsque
le dépôt du bain acquiert un volume tel, qu'il est
difficile d'avoir assez de liqueur claire pour obtenir
une bonne teinture, on ne fait plus d'additions d'indigo ; le bain sert pour les bleus pâles, et quand le
pouvoir colorant est épuisé, le tout est vidé. La cuve
au pastel est l'une des plus employées en Angleterre
(Yorkshire), pour la teinture de la laine.

Dans cette cuve à fermentation, et dans les autres
analogues, l'agent réducteur actif est l'hydrogène,
dont la formation s'opère par suite de la transformation en glucose de la matière amylacée contenue dans le son, et par suite de la transformation
de ce glucose en acide lactique et en acide bu-
tyrique :

$$C^6H^{12}O^6 = 2C^3H^6O^3$$
$$2C^3H^6O^3 = C^4H^8O^2 + 2CO^2 + 2H^2.$$

208. — *Cuve à la potasse.* — Elle se prépare avec
les substances suivantes : indigo, 10 kgs ; garance,
2 à 5 kgs ; son, 2 à 5 kgs ; carbonate de potasse, 10 à
15 kgs. Cette cuve, à cause de l'absence du pastel, substance azotée par excellence, se dérange
moins facilement, et peut s'employer plus aisément
que la cuve au pastel.

209. — *Cuve à la soude (Cuve allemande).* — Cette cuve est préparée avec les substances suivantes : 10 kgs indigo, 60 à 100 kgs de son (ou 10 à 15 kgs de mélasse en remplacement), 20 kgs de cristaux de soude, 5 kgs de chaux éteinte. Elle revient moins cher que celle à la potasse, et elle dure plus longtemps, dit-on. Cependant, elle se dérange plus facilement, quoiqu'il soit toujours plus aisé de l'employer que la cuve au pastel.

210. — *Cuve à l'urine.* — Cette cuve, d'importance secondaire, est employée lorsqu'on opère sur une faible échelle, et se prépare ainsi : à 500 litres d'urine, on ajoute 3 à 4 kgs de sel ordinaire, et l'on chauffe le tout de 50 à 60° cent., pendant 4 à 5 heures, en agitant souvent; on ajoute alors 1 kg. de garance et 1 kg. d'indigo bien moulu, on agite bien, et on laisse fermenter jusqu'à ce que l'indigo soit réduit. Dans la liqueur, l'indigo blanc se dissout dans l'ammoniaque qui se dégage pendant la fermentation de l'urine.

211. — *Cuve à l'hydrosulfite.* — L'agent réducteur actif dans cette cuve est une solution d'acide hydrosulfureux, que l'on peut produire par l'action du zinc sur une solution d'acide sulfureux, selon l'équation suivante :

$$H^2SO^3 + Zn = H^2SO^2 + ZnO.$$

Dans la pratique, on fait agir le zinc sur une solution concentrée de bisulfite de soude, au lieu d'acide sulfureux ; dans ce cas, la réaction est plus compliquée ; il se produit une solution de $NaHSO^2$ et du $ZnNa^2 (SO^3)^2$, qui se sépare ainsi :

$$Zn + 3NaHSO^3 = NaHSO^2 + ZnNa^2 (SO^3)^2 + H^2O.$$

La réduction de l'indigotine $C^{16}H^{10}Az^2O^2$ par $NaHSO^2$ est représentée par l'équation suivante :

$$C^{16}H^{10}Az^2O^2 + NaHSO^2 + NaHO = C^{16}H^{12}Az^2O^2 + Na^2SO^3$$

Habituellement, on ne réduit pas l'indigo dans chacune des cuves séparément, mais on préfère préparer une solution concentrée de l'indigo réduit, et employer cette solution à la préparation et à l'entretien des bains de teinture.

L'hydrosulfite est d'abord préparé en mélangeant une solution concentrée de bisulfite de soude (densité 1,25), avec 1/10 de son poids de poudre de zinc, pendant un temps qui varie d'une demi-heure à une heure, ou bien jusqu'à ce que la solution ne sente plus l'acide sulfureux. La cuve dans laquelle se fait le mélange doit être tenue fermée, et aussi froide que possible par une immersion dans l'eau, pour empêcher l'oxydation et la décomposition. Pour la même raison, la solution doit être employée le plus tôt possible.

La solution d'indigo réduit se prépare en chauffant à une température de 70 à 75° cent. le mélange suivant : 1 kg. d'indigo, 1 à 1,3 kg. de lait de chaux (contenant 200 grammes de chaux vive par litre d'eau), et la quantité d'hydrosulfite neutre à 36° Tw. (den. 1,18), obtenue avec 8 à 10 kg. de bisulfite de soude. L'indigo se réduit rapidement, et l'on obtient une liqueur jaune verdâtre, contenant environ 1 kg d'indigo par 10 à 15 litres de solution. Il faut avoir soin d'employer la chaux en quantité suffisante. Pour monter la cuve à l'hydrosulfite, celle-ci est d'abord remplie d'eau chauffée à 50° cent. ; on élimine l'oxygène qu'elle contient naturellement, en ajoutant un peu d'hydrosulfite neutre. On ajoute alors l'indigo réduit, en quantité suffisante pour donner au bain la force voulue, et comme il n'y a aucun dépôt, on peut immédiatement commencer la teinture. On conserve au bain la concentration voulue en ajoutant de nouvelles quantités d'indigo réduit, de la solution mère. La liqueur du bain doit toujours contenir un excès d'hydrosulfite. Elle doit être claire, et avoir une couleur jaune.

Si pour une cause quelconque, il y a oxydation de l'indigo blanc, et si la liqueur devient verdâtre, on ajoute un peu plus d'hydrosulfite, et parfois de lait de chaux, et le tout est chauffé à une température de 70 à 75° cent., pour accélérer la réduction de l'indigo, et ramener la couleur au jaune.

212. — *Teinture en cuve d'indigo.* — Tout tissu de laine, avant de passer à la cuve, doit toujours être lavé à l'eau bouillante, puis passé à l'eau bien tiède, et pressé. On ne doit jamais le laisser en tas irrégulier après l'ébullition, parce que de là provient une teinture inégale. Non-seulement cette opération du mouillage accélère l'absorption de la liqueur par le tissu, mais elle contribue à une teinture régulière, et empêche l'introduction d'une grande quantité d'air dans la cuve. Le tissu, qui a d'abord été foulé avec du savon, doit être bien lavé à l'eau bouillante, afin d'enlever toute trace de savon, qui provoquerait une teinture nuageuse, irrégulière, à cause du précipité d'un savon de chaux sur le tissu, savon calcaire qui fait réserve. Avant de commencer la teinture, on doit enlever l'écume à la surface du bain.

S'il s'agit de *laine à l'état de fibre*, on la remue doucement, au moyen de perches, dans la partie du bain située au-dessus du filet, en ayant soin de ne pas l'amener au-dessus de la surface, et de l'exposer ainsi à l'air. Lorsqu'elle a été travaillée pendant le temps nécessaire pour obtenir l'intensité voulue (soit de 20 minutes à 2 heures), on la retire et on la place dans de solides sacs (sortes de filets faits en ficelles); puis on exprime l'excès de liqueur. On jette ensuite la laine en tas, et on la laisse exposée à l'air jusqu'à ce que la couleur bleue soit parfaitement développée. On rince la laine teinte dans de l'acide sulfurique très étendu, et on la lave dans l'eau, comme cela a été décrit pour la teinture du coton.

Pour la teinture du *fil de laine*, on traite séparément, pendant un temps très court, chaque écheveau dans le bain ; on le tord aussitôt, puis on le jette à terre, pour qu'il s'oxyde. Pour obtenir des couleurs foncées, on doit répéter plusieurs fois l'opération entière. Les opérations suivantes du lavage, etc., sont les mêmes que pour la laine à l'état de fibre.

S'il s'agit de *tissu*, après l'ébullition dans l'eau et le refroidissement, comme cela a déjà été indiqué, on le plonge dans le bain, au-dessus du filet, et on l'y remue au moyen de crochets. Il faut avoir soin de ne pas laisser le tissu s'élever au dessus de la surface afin d'éviter l'oxydation, et par suite, une teinture irrégulière. La durée de cette opération peut varier de vingt minutes à deux heures, selon la force de la liqueur, la texture du drap, et le ton que l'on désire. Dans les teintureries bien organisées, cette opération se fait à la machine. Cette machine se compose essentiellement d'un cadre qui supporte une paire de rouleaux presseurs, un peu au-dessous de la surface du liquide. Le tissu est ouvert, et on en coud les extrémités de façon à former une bande sans fin. Cette bande passe d'une manière continue dans la liqueur, entre les rouleaux presseurs, jusqu'à ce qu'on obtienne le ton voulu. Les rouleaux sont munis de racloirs en fer, ajustés très près, qui empêchent le tissu de s'enrouler autour des cylindres, et le cadre est muni de chevilles guides, qui empêchent le tissu de se porter d'un seul côté. Les rouleaux se meuvent soit à la main, soit à la vapeur. Cet appareil donne une teinture plus régulière, et pour les tissus épais, il fait pénétrer la teinture plus au centre, puisqu'il est possible de régler à volonté la pression des cylindres.

Pour obtenir exactement une teinte de bleu foncé, on teint le tissu dans une cuve, de manière à obtenir une teinte un peu plus claire que celle que l'on désire; on l'en retire, et on laisse la couleur se développer par l'exposition à l'air. On opère ensuite avec un bain plus faible, jusqu'à ce que la teinte voulue soit obtenue. Si l'on veut un bleu clair, on travaille le tissu dans un bain faible pendant le temps voulu. Après la teinture, le tissu doit être rincé dans de l'eau acidulée, et bien lavé, comme cela a déjà été mentionné pour la laine à l'état de fibre. Afin d'enlever toute trace d'indigo n'adhérant que faiblement au tissu, on donne, quand cela est nécessaire, un bon lavage au savon et à la terre à foulon, de manière qu'il ne se produise aucune tache sur un mouchoir blanc que l'on frotterait à sa surface. En faisant bouillir le tissu, avant la teinture, avec du bois de santal (barwood) ou du camwood, on dit que le bleu se fixe mieux que sans ce traitement. Il résiste mieux au frottement et ne blanchit pas sur les bords coupés, etc. Une simple ébullition dans l'eau tendrait évidemment au même but, qui est de ramollir la fibre, et de lui permettre ainsi d'absorber beaucoup mieux la liqueur du bain. On donne alors à la couleur plus de profondeur et plus de corps en remontant une couleur au chrome à base d'alizarine, ou avec un rouge solide diamine, que par une matière tinctoriale aussi peu solide que le barwood.

S'il s'agit de bruns, de verts, etc., la teinture, dans la cuve au pastel, doit précéder les opérations du mordançage et de la teinture des couleurs ajoutées.

213. — *Application à la soie*. — On ne teint que rarement la soie en bleu cuvé. La chaux a une tendance à la rendre rugueuse au toucher, c'est pourquoi il vaut mieux employer la cuve à la soude ou à la potasse, celle à l'hydrosulfite, ou un bain dans lequel l'indigo est réduit par la poudre de zinc et l'ammoniaque.

214. — *Extrait d'indigo*. — *Carmin d'indigo* [$C^{16}H^8Az^2O^2 (HSO^3)^2$]. Cette matière colorante est le produit de l'action de l'acide sulfurique concentré sur l'indigo.

215. — *Application au coton*. — L'extrait d'indigo n'a pas d'affinité pour le coton, et on ne peut l'employer pour la teinture de cette fibre.

216. — *Application à la laine*. — Le bleu qu'on obtient sur la laine au moyen de l'extrait d'indigo ou du carmin indigo, s'appelait anciennement bleu de Saxe : c'est une couleur bien plus brillante que celle obtenue au moyen de la cuve à l'indigo, mais elle est loin d'avoir la même solidité aux alcalis, même étendus.

La couleur décharge pendant le foulage ; elle est rendue plus pâle par l'action d'un alcali. Un passage subséquent en acide lui redonne en partie son éclat. La laine doit toujours être teinte dans un bain acide.

On peut y entrer la laine à la température de 40 à 50° cent. Il faut alors élever graduellement la température jusqu'au point d'ébullition, en une demi-heure environ, et on laisse la teinture se prolonger pendant une demi-heure. Lorsqu'on emploie le carmin indigo, qui est le sel de soude de l'acide sulfoindigotique, il est nécessaire d'ajouter au bain, environ 5 0/0 d'acide sulfurique, à 168° Tw, qui se combine avec la soude, pour mettre l'acide en liberté. Sans cette addition, on n'obtiendrait pas le rendement complet du carmin d'indigo.

L'addition au bain de teinture de 10 à 20 0 0 de
sulfate de soude, en même temps que l'acide sulfurique, tend à rendre la couleur uniforme et régulière. On ajoute parfois au bain de l'alun, afin de
mordancer légèrement la laine, et de permettre l'application de bois de campêche ou de tout autre matière colorante analogue.

217. — *Application à la soie*. — On teint à une
température de 40 à 50° cent. dans un bain acidifié
par de l'acide sulfurique, et contenant la quantité
de carmin d'indigo nécessaire à la production de la
teinte demandée.

Bois de Campêche.

218. — Ce bois de teinture provient de l'*Hœma-
toxylon Campechianum*, qui croît dans l'Amérique
centrale.

219. — *Application au coton*. — Le principal usage du bois de campêche, dans la teinture du coton,
est pour la production des noirs et des gris où il est
encore beaucoup employé, quoique sa consommation
aille en diminuant. Employé avec d'autres matières
colorantes, il donne de nombreuses teintes composées.

220. — *Noirs au campêche*. — La méthode, pour
obtenir un noir au campêche, consiste essentiellement à mordancer d'abord le coton au moyen d'un

sel de fer, et à teindre ensuite dans une décoction de campèche. Il y a de nombreux modes d'application de cette opération simple, mais le principe est toujours le même.

Pour mordancer, on fixe d'ordinaire sur la fibre un tannate de fer. — On travaille le coton dans une dissolution froide d'environ 30 à 40 0/0 de sumac, ou son équivalent d'autre substance à base de tannin (noix de galle réduites en poudre, myrobolane, etc.), et on l'y laisse pendant plusieurs heures, ou même tout une nuit ; on exprime l'excès de liquide, on travaille le coton sans le laver pendant une demi-heure environ, dans une solution froide de pyrolignite ou de nitrate de fer, de 2 à 4° Tw (densité 1,01 à 1,02), et on effectue un lavage à fond. Afin d'enlever à la fibre toute trace d'acide, et d'y fixer plus complètement un sel basique de fer, il est bon, avant de laver, de passer le coton dans un bain froid de craie. ou d'eau de chaux étendue.

Pour les tissus de qualité inférieure, on substitue le sulfate de protoxyde de fer, au pyrolignite ou au nitrate de fer.

Lorsque la substance tannique employée est le cachou, on doit travailler le coton dans une décoction *bouillante* de cette substance, et on l'y laisse jusqu'au refroidissement de la solution, afin qu'il se précipite sur la fibre la quantité maximum de catéchine. On manipule ensuite le coton de 5 à 15 minutes dans une solution bouillante de bichromate de potasse (5 grammes par litre), avant de le passer dans le bain de pyrolignite de fer.

Les noirs au cachou résistent mieux au foulage

que les noirs au tannin ; c'est pourquoi on emploie
cette méthode pour le coton à l'état de fibre que l'on
veut mélanger à la laine avant le tissage.

Quelle que soit la méthode employée pour le mordançage, la teinture se fait dans un bain séparé, contenant une quantité convenable de décoction de campêche nouvellement faite, ainsi qu'une petite
quantité d'extrait de bois jaune, ou d'écorce de
quercitron.

On introduit le coton dans la liqueur froide, et
on élève graduellement la température jusqu'à l'é-
bullition.

Après la teinture, on peut passer le coton dans
une solution faible de sulfate de protoxyde de fer, ou
de bichromate de potasse à 60° cent. Cette opération
donne de l'intensité et de la solidité au noir, puisque l'excès de colorant, qui n'adhérait que faiblement, se fixe.

Après teinture, le coton est travaillé dans une solution de savon, qui en contient de 1 à 3 grammes
par litre, à une température modérée ; on exprime,
puis on sèche. Cette dernière opération enlève au
coton son apparence bronzée, et donne à la couleur
un ton plus bleuâtre, plus agréable. De plus, le coton
devient beaucoup plus doux au toucher.

Une autre méthode pour la production du noir au
campêche, consiste à teindre dans un bain contenant de l'extrait de campêche et de l'acétate de cuivre, à y entrer le coton à froid, à élever peu à peu
la température jusqu'à 50° cent. et à teindre, à cette
température, jusqu'à ce que la couleur soit suffisamment développée.

Au lieu d'acétate, on peut employer du sulfate de cuivre dans la proportion d'environ 4 0/0 du poids du coton, et l'on ajoute au bain environ 4 0/0 de carbonate de soude, et 20 0/0 d'extrait de campêche solide.

On passe rapidement le coton dans ce mélange, chauffé de 60 à 80° cent. ; on le met en tas que l'on recouvre d'une toile, et on le laisse pendant 5 à 6 heures s'oxyder ainsi. Il faut répéter plusieurs fois cette opération pour obtenir un beau noir. Cette méthode n'est pas économique pour l'usage courant, mais on obtient un noir qui résiste bien au foulage et au savonnage. Au lieu d'employer le sulfate de cuivre et le carbonate de soude, on peut se servir du carbonate de cuivre. Les noirs produits par ce moyen déchargent facilement.

221. — *Gris au Campêche.* — On les obtient en travaillant le coton, pendant un temps très court, dans une décoction de campêche (1 à 5 0/0) de 40 à 50° cent., et ensuite, dans un autre bain contenant une faible solution de sulfate de protoxyde de fer ou de bichromate de potasse, et en faisant suivre d'un lavage. Beaucoup de teinturiers emploient la méthode, en apparence peu rationnelle, qui consiste à mélanger le sulfate de protoxyde de fer avec les solutions de campêche, et à teindre immédiatement dans le liquide encreux obtenu. Il ne se produit relativement que peu de précipité dans le bain de teinture, et la couleur se développe en grande partie sur le tissu, pendant l'oxydation qui suit l'exposition à l'air et le lavage. On peut, à volonté, modi-

fier le ton gris, en ajoutant au bain de campêche une
faible quantité de décoction ou d'extrait de matière tannique, de bois jaune, de bois de sapan.

222. — *Application à la laine*. — Le campêche
est la base principale de tous les noirs sur laine,
quoiqu'on y ajoute fréquemment d'autres matières
colorantes pour modifier le ton noir. Cependant dans
bien des cas, il a déjà été remplacé par des colorants
artificiels.

Selon les substances employées, on peut distinguer : le *noir au chrome*, le *noir à la couperose*, et
le *noir au pastel*.

223. — *Noir au chrome*. — On produit ce noir
en mordançant d'abord la laine pendant une heure
à une heure et demie, à 100° cent. dans un bain contenant 3 0/0 de bichromate de potasse, et 1 0/0 d'a-
cide sulfurique, 168° Tw densité 1.84, puis en faisant suivre d'un lavage, et en teignant dans un bain
séparé, pendant une heure à une heure et demie, à
100° cent., avec 35 à 50 0/0 de campêche. Ce procédé donne un *noir bleu*. En ajoutant au bain une
quantité convenable de matière colorante jaune, on
obtient un *noir noir*, c'est-à-dire un noir neutre,
qui ne possède, d'une manière marquée, ni teinte
bleue, ni verte, ni violette, etc. En augmentant la
quantité de bois jaune, on obtient un *noir vert*.

On obtient un *noir violet*, en opérant exactement
comme s'il s'agissait d'un noir bleu, mais lorsque le
bain de teinture est épuisé, on y ajoute une solution
étendue| d'environ 2 0/0 de protochlorure d'étain

(cristaux d'étain), ou son équivalent de muriate d'étain du commerce, ne contenant pas d'acide à l'état libre, et l'on prolonge l'ébullition pendant 15 à 20 minutes.

S'il s'agit de noirs noirs, certains teinturiers ont coutume de donner une bruniture d'une manière analogue, avec 3 à 4 0 0 de sulfate de protoxyde de fer, ou bien, après la teinture, on passe la laine dans un bain contenant 1.2 0/0 de bichromate de potasse. Le but de ces dernières opérations est de précipiter et de fixer plus complètement sur la laine toute matière colorante qui, par hasard, n'aurait pas été combinée avec le mordant, et aurait été simplement absorbée par la laine.

Lorsque des fils noirs doivent, dans un tissu, avoisiner des fils blancs, ou teints en couleurs claires, cette dernière fixation est nécessaire, sans quoi les fils blancs ou clairs seraient tachés pendant les opérations du foulage, etc., et le tissu aurait mauvaise apparence. Le noir lâche toujours pendant ces opérations, mais si la matière colorante du campêche est bien combinée avec le mordant, elle ne se combinera pas facilement avec le mordant des fibres voisines ; elle s'échappera simplement par frottement ou par lavage, en une poudre insoluble.

Les noirs au chrome résistent très bien au dégraissage et au foulage. D'un autre côté, ils prennent à la lumière peu à peu une teinte verdâtre, mais à part cela, on les considère comme solides.

On peut empêcher l'apparition de cette nuance verdâtre en ajoutant au bain une quantité convenable de matière colorante rouge, de l'alizarine par

exemple, ou en communiquant à la laine une couleur
brun rouge, avant de la teindre au campêche.

Il faut éviter un excès de bichromate de potasse,
car la couleur verdit plus facilement par l'exposition
à la lumière.

224. — *Emploi du bichromate de potasse.* — Il est
bon de connaître les résultats d'expériences suivants
sur l'emploi des mordants de chrome.

Ordinairement, on mordance la laine avec 3 0/0 de
bichromate de potasse, pour la teinte saturée.
L'addition d'acide sulfurique au bichromate de potasse est avantageuse, dans la proportion d'une molécule
d'acide sulfurique pour une molécule de bichromate
de potasse, soit 1 0/0 acide sulfurique à 168° Tw, et
3 0/0 de bichromate de potasse. Avec cette proportion, on obtient une teinte plus foncée que par le
bichromate seul.

Si l'on augmente la proportion de bichromate de
potasse, et celle de l'acide sulfurique, on en aperçoit bientôt les effets désastreux. Le noir est faible, la
plus grande partie de la matière colorante ayant été
précipitée dans le bain. L'addition d'acide tartrique
au bichromate de potasse donne des tons plus brillants,
mais plus pâles que ceux obtenus par l'addition d'a-
cide sulfurique.

L'addition d'acide oxalique ou de crème de tartre
comme auxiliaires, donne aussi des tons plus brillants
et plus pâles, mais ils sont moins efficaces que l'acide
tartrique.

Employé seul, le bichromate de potasse communique au tissu mordancé une couleur jaune olivâtre

terne, due à la fixation de chromate de chrome sur la fibre, mais si on a ajouté de l'acide tartrique au bain, la couleur du tissu est vert grisâtre pâle.

D'après ces résultats, il paraîtrait qu'on obtient la teinte la plus brillante lorsque le mordant de chrome est fixé sur le tissu à l'état d'oxyde de chrome, avant d'employer le campêche.

En mordançant avec l'alun de chrome et l'acide oxalique, ou avec l'acide chromique et l'acide tartrique, et teignant en campêche, on n'obtient jamais de vrais noirs, mais des bleus violets très foncés, comparables aux tons foncés obtenus par l'extrait d'indigo.

Lorsque le tissu est mordancé avec le bichromate de potasse seul, ou avec le bichromate de potasse et l'acide sulfurique, la présence de craie ou d'acétate de chaux dans le bain de teinture est nuisible. Si l'on a employé l'acide tartrique avec le bichromate de potasse, la présence de l'acétate de chaux est avantageuse, et même absolument nécessaire, surtout si l'on emploie de l'extrait de campêche, car la couleur acquiert beaucoup plus d'intensité.

225. — *Noir à la couperose ou au sulfate de fer.* — On employait autrefois généralement ce noir. Cependant, il sert encore beaucoup pour les fils de tapis de qualité inférieure, etc.

On emploie deux méthodes : 1° mordançage de la laine, puis teinture. — 2° Mise de la laine dans un bain bouillant de campêche, puis bruniture.

Exemple de la première méthode. — On mordance la laine pendant une heure et demie à deux heures dans 4 à 6 0/0 de sulfate de fer, 2 0/0 de sulfate de cuivre, 8 à 12 0/0 de tartre brut ; on retire, on tord, et on laisse le tissu pendant toute une nuit, puis on teint pendant une heure et demie avec 40 à 50 0/0 de campêche.

Exemple de la deuxième méthode. — On fait bouillir la laine pendant une heure dans une décoction de 40 0/0 à 50 0/0 de campêche, et 5 à 10 0/0 de bois jaune ; on retire, on fait refroidir le bain, et l'on ajoute 4 à 6 0/0 de sulfate de fer, et 2 0/0 de sulfate de cuivre ; on remet la laine, puis on élève la température à 100° cent. en trois quarts d'heure, et on fait bouillir pendant une demi-heure. La première méthode est la plus économique.

La laine mordancée avec le sulfate de fer seul, a une couleur chamois ou brune, due à un dépôt d'un sel basique de fer. Lorsque l'on emploie le tartre, la couleur change à peine. Un auxiliaire bien meilleur encore est l'acide oxalique, employé dans la proportion de 2 molécules pour 1 molécule de $FeSO^4$, juste en quantité suffisante pour empêcher le dépôt sur la laine du sulfate de peroxyde de fer basique. Si l'eau employée n'est pas calcaire, l'addition de 3 0/0 de craie, ou de préférence, d'acétate de chaux, contribue à donner plus d'intensité à la couleur. De même qu'avec le noir au chrome, il est nécessaire d'ajouter un peu de matière colorante jaune au bain de teinture, pour obtenir un noir noir.

Les noirs au sulfate de fer supportent l'action du foulage et du savonnage d'une manière satisfaisante, et résistent mieux que les noirs de chrome à la lumière. Cependant, l'expérience prouve qu'en tant qu'il s'agit de résistance à la lumière, le noir au sulfate de cuivre est le meilleur, de sorte qu'il est très avantageux d'employer le sulfate de cuivre avec le sulfate de fer, ou le bichromate de potasse. Le sulfate de cuivre aidera aussi probablement à développer un noir plus intense, en raison de son action oxydante sur l'hœmatoxyline du campêche, s'il n'a pas été suffisamment oxydé.

Employé seul, le sulfate de cuivre donne des tons bleu verdâtre. La méthode du mordançage suivi de la teinture donne les couleurs les plus intenses et les plus employées. L'addition de sels de chaux au bain n'a peu que d'avantage.

226. — *Noir Bonsor.* — Ce noir direct, préparé par P. Watinne Delespierre, de Lille, consiste en une pâte noire obtenue en précipitant une solution de campêche à laquelle on a ajouté un alcali, au moyen d'un mélange de sulfate de fer et de sulfate de cuivre.

On ajoute au bain 25 à 40 0/0 de la pâte noire, et environ 2 0/0 à 4 0/0 d'acide oxalique. La laine est teinte à 100° cent. pendant 1 à 2 heures.

Il est essentiel que la solution ne soit pas trop acide, car elle n'abandonnerait pas complètement sa matière colorante. La couleur normale de la solution est brun noir.

Au fur et à mesure que se fait la teinture, la solution devient nécessairement de plus en plus acide, et avant de retirer la laine, il est bon d'ajouter une petite quantité de carbonate de soude pour en neutraliser l'excès.

Pour obtenir un noir jais ou un noir noir, on

ajoute une matière colorante jaune convenable, en petite quantité, du bois jaune par exemple, etc.

La liqueur épuisée doit être conservée et peut servir à nouveau, si l'on y ajoute une nouvelle quantité de pâte noire et d'acide oxalique.

On obtient des noirs excellents au moyen d'un bain unique, en se servant d'un mélange de campêche, de sulfate de fer et d'acide oxalique, fait dans des proportions convenables.

227. — Les *noirs au pastel* s'obtiennent en teignant d'abord la laine en bleu cuvé clair au moyen de la cuve, en lavant bien, puis en teignant comme pour les noirs au chrome, ou au sulfate de fer. Si l'on choisit la méthode au chrome, il est bon de mordancer avec l'alun de chrome et l'acide oxalique, au lieu du bichromate de potasse, pour éviter l'altération du bleu d'indigo.

228. — *Violets au campêche* (Laine). — On les emploie peu. On peut les obtenir en mordançant la laine avec 6 0/0 de sel d'étain, $SnCl_2$, $2H_2O$ ou son équivalent de muriate d'étain, avec 9 0/0 de crème de tartre. On teint dans un bain séparé, avec 3 0/0 de campêche. L'addition de craie ou d'acétate de chaux est nuisible dans ce cas.

229. — *Application à la soie.* — La teinture de la soie en noir a une telle importance, que de grands établissements ne s'occupent que de cette opération. Au point de vue technique, il faut reconnaître que cette branche d'industrie est arrivée à un degré de perfectionnement très grand, quoique d'un autre côté, il soit regrettable que la pratique de charger la soie se soit tellement développée. Pour le noir, on est allé jusqu'au taux de 400 0/0. Avec 100 kgs. de soie grège, le teinturier produit jusqu'à 500 kgs. de soie noire ! Le but de la charge est d'augmenter le volume de la fibre de soie, qui s'enfle considérablement, perdant évidemment sa ténacité dans la même proportion. Les autres propriétés précieuses de la soie sont plus ou moins détériorées, et le gain illusoire de l'acheteur est d'avoir moins à payer pour une même surface de soie. Nous ne viendrons pas ici combattre les arguments qu'émet l'industriel en faveur de cette opération, mais on peut dire, non sans raison, que les avantages acquis le sont trop chèrement, et que la résistance de la soie est trop diminuée.

Les différentes méthodes de la teinture en noir de la soie peuvent être classées comme suit :

A. NOIR SUR SOIE CUITE, 5 à 15 0/0 de perte.

I. *Noir pour peluche de chapeau* :

1º On mordance à froid dans du nitroacétate de fer, puis on lave ;

2º On teint dans une décoction de campêche et une quantité suffisante de bois jaune. On ajoute d'ordinaire au bain 1 à 2 0/0 d'acétate de cuivre, et 5 à 10 0/0 de sulfate de protoxyde de fer.

3º On teint à nouveau dans une décoction de campêche et de savon ;

4º Avivage au moyen d'un bain contenant un peu d'huile.

II. *Noir de Masson pour garnitures de chapeau.* — Ce sont des articles exclusivement parisiens, et d'un emploi limité. On mordance la soie dans une solution de sulfate de protoxyde de fer partiellement oxydé, à laquelle on ajoute un peu d'acétate de cuivre, et on teint ensuite dans du campêche et du savon.

III. *Noir anglais.* — Ce noir, bien connu autrefois, a beaucoup perdu de son importance :

1° On mordance avec du sulfate de peroxyde de fer basique, et après avoir laissé reposer la soie pendant quelque temps, on lave bien, et on savonne à 85 à 90° centigr. ;

2° On teint avec 50 0/0 de bois jaune, 10 0/0 de sulfate de protoxyde de fer, et 2 0/0 d'acétate de cuivre ;

3° On teint en campêche avec savon.

4° Avivage.

IV. *Noir pour velours.* — On emploie la même méthode que pour le noir anglais, mais on teint en noir moins intense. On modifie fréquemment le ton de la couleur, en donnant d'abord à la soie un fond foncé de violet ou bleu d'aniline. Il faut prendre de grandes précautions pour ne pas enlever le bleu d'aniline.

B. NOIR SUR SOIE CUITE, poids primitif, ou augmentation de 10 0/0.

V. *Noir de Lyon* pour articles de luxe :

1° On mordance à froid dans un bain concentré de sulfate de peroxyde de fer basique, 50° Tw. (densité 1,25) une fois, puis on lave ;

2° On savonne à 85° ou 90° centigr. ;

3° On teint en bleu avec 15 à 20 0/0 de ferrocya-nure de potassium, et un poids égal d'acide chlorhy-drique, qu'on ajoute en deux fois ;

4° On mordance avec du sulfate de peroxyde de fer basique, et on lave ;

5° On donne un bain de cachou de 50 à 100 0/0, à 60 à 80° centigrades ;

6° On mordance à froid dans une solution d'alun ou de sulfate d'alumine, et on lave. Le but de ce mordançage d'alumine est de donner, par la suite, à la soie, un ton noir violet, ou noir bleu ;

7° On teint avec du campêche et du savon. Si le ton est trop violet, on ajoute un peu de bois jaune ;

8° Avivage.

VI. *Noir minéral.* — C'est un noir clair, moins beau que le précédent, et qu'on emploie pour doublures. On mordance avec de l'acétate de per-oxyde de fer basique, puis on lave: on teint en bleu de Prusse; on répète le mordançage au fer. Préparer en cachou (100 0/0) à 80° cent.,teindre avec campêche et savon ; aviver.

C. Noir sur soie cuite ; augmentation de poids, 20 à 100 0/0 (noir chargé).

VII. Ce noir se teint sur organsin ou sur trame pour satins, taffetas, etc.

1° On mordance avec du sulfate de peroxyde fer basique, puis on savonne. On répète ces opérations jusqu'à 8 fois, suivant la charge que l'on veut don-ner ;

2º On teint en bleu de Prusse : les proportions de ferrocyanure de potassium et d'acide chlorhydrique varient selon la quantité d'oxyde de fer fixée sur la soie ;

3º On donne un bain de cachou (100 à 150 0/0), avec addition de 10 à 15 0/0 de protochlorure d'étain, à 60 ou 80° cent.

L'emploi de protochlorure d'étain dans la teinture en noir de la soie chargée a une grande importance, car il facilite à un degré très grand la fixation du cachou, à cause de la formation d'un composé de cachou et d'étain ;

4º On donne un second bain de cachou (100 à 200 0/0). Ce cachou n'est fixé sur la soie que par le mordant d'étain présent ;

5º On mordance au pyrolignite de fer ;

6º On teint en campêche avec savon ;

7º On avive.

D. Soie souple fortement chargée à 400 0/0.

VIII. On l'emploie pour les franges, ou pour les articles de fantaisie de Paris et de Lyon, et aussi, pour la trame de soie destinée au satin, aux rubans à bon marché, etc.

On teint la soie brute en la passant alternativement dans de l'extrait de châtaignier et du pyrolignite de fer. En répétant ces opérations une quinzaine de fois, on fait subir à la soie une augmentation de poids d'environ 400 0/0. Les opérations finales consistent à aviver avec 15 à 20 0/0 d'huile d'olive. Dans le premier bain d'extrait de châtaignier, on donne de la souplesse à la trame, en élevant la température à un degré suffisant pour ramollir le grès de la soie.

E. BEAUX NOIRS POUR SOIE SOUPLE.

IX. On obtient toujours les plus belles soies souples en employant de l'eau aussi douce que possible.

1° On mordance au sulfate de peroxyde de fer basique ;

2° On donne un bain de soude à 30 ou 40° cent. ; on emploie 50 0/0 de cristaux de carbonate de soude ;

3° On teint en bleu au ferrocyanure de potassium ;

4° On assouplit au moyen d'un bain de noix de galle, de divi-divi ou autre matière tannante analogue. Le bain est chauffé à 90 ou 95° cent., pendant 1 h. à 3 h.; selon la qualité de la soie. L'expérience seule permet à l'ouvrier de se rendre compte du moment où l'assouplissement est suffisant ;

5° On laisse la soie dans le bain n° 4, jusqu'à complet refroidissement, et l'on ajoute alors 5 à 15 0/0 de cristaux de protochlorure d'étain ;

6° On donne un bain de savon de 60 à 80 0/0, à 30 ou 35° cent. ;

7° On avive avec 5 à 15 0/0 d'huile.

Un seul bain de fer donne une augmentation de poids de 40 à 50 0/0 (souple léger) ; deux bains donnent de 60 à 70 0/0 ; trois donnent 80 0/0 ; quatre donnent 80 à 100 0/0

F. NOIR SUR SOIE GRÈGE.

X. Ce mode de teinture est peu employé. Afin de

conserver la raideur de la soie, on ne ramollit pas la gomme de soie. Le nombre des opérations est aussi limité que possible, et les divers bains sont employés à basse température. La méthode consiste à employer des bains de sel de peroxyde de fer, puis des décoctions de campêche et de bois jaune.

Le mode de fixation des mordants de fer sur la soie, a déjà été expliqué.

Pour la soie cuite, on emploie les bains de ferro-cyanure de potassium à 55 ou 60° cent. ; pour les soies souples, cependant, il est nécessaire d'employer des bains froids. On n'ajoute en premier lieu qu'une partie de l'acide chlorhydrique nécessaire, afin d'éviter qu'une partie du sulfate de fer basique se dissolve.

Les proportions relatives de campêche et de savon employés, varient selon le noir que l'on veut obtenir. Les quantités ordinairement employées sont 50 0/0 de savon et 100 0/0 de campêche ; le mélange ne s'emploie d'ordinaire que pour la soie cuite. La température du bain varie de 50 à 90° cent.

L'avivage consistant à donner du brillant, du lustre, a pour but de rendre à la soie la douceur au toucher et le lustre détruit en grande partie par la grande quantité de matières étrangères dont elle s'est imprégnée. Pour la soie cuite, on emploie environ 1 à 2 0/0 d'huile d'olive ; pour la soie souple, 5 à 15 0/0, et pour les franges, etc., 5 à 20 0/0.

L'huile s'emploie sous forme d'émulsion, avec le carbonate de soude, à 60 ou 70° cent., et on la mélange immédiatement avec l'eau du bain. On doit travailler la soie dans le mélange avant que l'huile se sépare. On ajoute très souvent 40 à 60 0/0 d'acide citrique, tartrique ou acétique, plus rarement de l'acide chlorhydrique. Le bain doit avoir une saveur légèrement acide.

Après chaque opération de mordançage ou de teinture, il est d'usage de bien laver, et d'enlever l'excès d'eau au moyen d'un extracteur, de façon à ne pas diminuer la force des bains suivants.

La durée normale de chaque opération varie de 1 à 2 heures ; mais dans les bains de tannin, la soie doit rester plus longtemps ; on l'y laisse même fréquemment séjourner tout une nuit.

La *teinture en noir de la soie tussah* n'a pas jusqu'ici donné de résultats satisfaisants. Elle ne se charge pas facilement, et n'absorbe pas bien les mordants de fer. Selon Moyret, le procédé suivant donne de bons résultats :

1° On fait bouillir avec de la soude caustique étendue.

2° On mordance une ou deux fois dans du sulfate de peroxyde de fer basique, et l'on fixe au moyen d'un bain de soude caustique peu concentré.

3° On teint avec du ferrocyanure de potassium.

4° On passe dans un bain peu concentré d'extrait de châtaignier.

5° On mordance avec du pyrolignite de fer, et l'on répète les opérations 4 et 5.

6° On avive avec 6 à 8 0/0 d'huile d'olive.

CHAPITRE XIV

Bois de Brésil, bois de sapan, bois de Lima.

230. — On tire ces bois de teinture de diverses espèces de *Cæsalpinia*. Leurs propriétés tinctoriales sont analogues, et comme elles ne donnent que des couleurs peu solides, leur emploi est très limité, et consiste surtout à modifier le ton des couleurs obtenues par d'autres moyens.

231. — *Application au coton*. — Avec les mordants d'alumine, on obtient des rouges bleuâtres ternes. On fait passer le coton dans une décoction de tannin, puis, à froid, dans une solution de sulfate d'alumine plus ou moins basique ; on le lave, puis on teint à basse température, dans une décoction fraîche de bois de teinture.

Les mordants d'étain donnent des tons plus brillants et plus orangés.

Avec les mordants de fer, on obtient des tons violet-gris

Les couleurs résistent mal à l'action du savon.

232. — *Application à la laine.* — Pour la teinture de la laine, on emploie généralement ces bois de teinture avec d'autres bois pour produire des couleurs brunes, qu'on ne peut cependant pas regarder comme solides et durables. Le mordant le plus indiqué pour la laine est le *bichromate de potasse*. En mordançant avec 3 0/0 de bichromate de potasse, et en teignant dans un bain séparé, avec une petite quantité de bois de teinture, on obtient un violet gris ; avec une grande quantité, on obtient un rouge brun. L'addition d'acide sulfurique ou tartrique au bain de mordançage, rend la couleur plus rouge.

L'addition de 3 à 5 0/0 de craie ou d'acétate de chaux au bain de teinture, rend le ton plus bleu.

On obtient un rouge bleuâtre en mordançant la laine avec 6 0/0 de *sulfate d'alumine*, et 5 0/0 de crème de tartre, puis en lavant, et en teignant dans un bain séparé pendant une demi-heure ou une heure, à 80 ou 100° cent., avec 40 à 60 0/0 de bois de teinture.

L'addition de 2 à 6 0/0 de craie, ou de 6 à 12 0/0 d'acétate de chaux au bain de teinture, est avantageuse ; elle rend le ton plus bleu et plus intense. On obtient des rouges plus éclatants en ajoutant au bain de mordant 1 0/0 de protochlorure d'étain, et une petite quantité de matière colorante jaune ; il est également avantageux d'ajouter au bain une quantité convenable de gélatine ; elle se combine avec le tannin présent dans les bois, et le rend insoluble et inerte, contribuant ainsi à la production de teintes plus brillantes. La méthode du bain unique donne des résultats à peu près satisfaisants. On emploie 4 0/0 de sulfate d'alumine, avec addition de 2 0/0 d'oxalate de potasse.

Les *mordants d'étain* donnent des rouges brillants, mais il est nécessaire d'employer le tartre en quantité considérable, pour obtenir de bons résultats.

Le *sulfate de cuivre* employé comme mordant donne une couleur brune, ou brun rouge.

Le *sulfate de protoxyde* de fer donne un gris foncé.

233. — *Application à la soie.* — Ces bois de teinture ne sont plus employés pour la teinture de la soie, et ont été remplacés par les couleurs artificielles.

Bois de camwood, barwood, de santal.

234. — On tire ces bois de diverses espèces de *Pterocarpus* et de *Baphia*, croissant dans l'Asie tropicale et dans l'Afrique occidentale. Il y a analogie entre leurs propriétés tinctoriales.

Le *camwood* possède le pouvoir colorant le plus grand, et donne les teintes rouges les plus bleuâtres et les plus foncées. Le bois de santal donne des tons jaunâtres.

Dans la teinture de la laine, on les emploie surtout en même temps que d'autres bois de teinture ; campêche, bois fustet jaune, pour obtenir différents tons de brun, d'olive, etc., et aussi pour piéter la laine, avant de la teindre en indigo (Voir *Indigo*). On ne les emploie que peu pour la teinture du coton, et pas du tout pour celle de la soie.

235. — *Application au coton*. — Le barwood a été surtout employé pour la teinture du coton, dans le but d'obtenir le rouge au bois de barwood, imitation du rouge turc.

On passe le coton dans une solution de stannate de soude, de 4° à 6° Tw, jusqu'à complète saturation ; on l'exprime, puis il est passé rapidement dans de l'acide sulfurique étendu, à 1/2° Tw. On fait suivre d'un lavage soigné, et l'on teint à l'ébullition dans 200 0/0 environ de bois de barwood, pendant une heure ou plus.

On obtient de bons résultats en fixant sur la fibre du perchlorure d'étain, par l'application préalable d'acide tannique.

236. — *Application à la laine.* — On obtient des tons brun de rouge foncés, en mordançant la laine avec 1/2 à 2 0/0 de bichromate de potasse, et en teignant ensuite en bain séparé dans 40 à 80 0/0 de bois de teinture.

A cause du peu de solubilité de la matière colorante de ces bois de teinture, et de l'affinité marquée que la fibre de laine possède pour cette matière, ils conviennent très bien à la méthode de teinture suivie de bruniture, que l'on doit préférer.

On fait bouillir la laine pendant une à deux heures avec 40 à 80 0/0 de bois de teinture, ce qui lui communique une couleur rouge brun, puis soit dans le même bain, soit de préférence dans un bain séparé, pendant une demi-heure, avec 2 0/0 de bichromate de potasse.

Les tons obtenus par cette méthode sont tous plus

solides et plus bleus que ceux que l'on obtient par la méthode du mordançage suivi de la teinture.

Avec le *mordant d'alumine*, cette méthode de bruniture est encore la meilleure. On fait d'abord bouillir la laine avec du bois de camwood (20 à 80 0/0), et ensuite, avec 10 0/0 de sulfate d'alumine dans un bain séparé. Les rouges ainsi obtenus sont plus brillants, plus bleus, plus réguliers que ceux par la méthode du mordançage suivi de la teinture.

On obtient des nuances rouges plus brillantes et plus bleuâtres, avec le *protochlorure d'étain*, en employant la méthode de bruniture. On fait bouillir avec la quantité nécessaire de bois de teinture, et l'on donne la bruniture dans un bain séparé, au moyen de 1 à 4 0/0 de protochlorure d'étain.

On obtient avec ces bois de teinture les rouges les plus brillants et les plus riches, lorsque le mordant employé est un sel stannique ; mais la quantité de tartre à ajouter pour permettre un mordançage suffisant de la laine est si considérable, que l'on ne peut adopter cette méthode dans la pratique.

Tous les rouges obtenus avec ces bois de teinture ne résistent malheureusement pas à l'action de la lumière.

Le *sulfate de cuivre* s'emploie souvent avec ces bois comme agent pour bruniture. On obtient une belle couleur de rouge brun en employant 40 à 80 0/0 de bois de camwood, et en faisant la bruniture avec 5 à 8 0/0 de sulfate de cuivre.

En employant la méthode de la bruniture avec le *sulfate de protoxyde de fer* comme mordant, on obtient de belles teintes de violet, analogues à celles que l'on obtient en employant le bichromate de potasse.

Garance.

237. — Cette matière tinctoriale, qui n'est autre chose que les racines du *Rubia tinctorium* réduites en poudre, avait autrefois une grande importance, et était employée sur une vaste échelle. Elle est maintenant complètement remplacée par l'alizarine, et les matières colorantes analogues.

238. — *Application au coton*. — La garance et sa préparation commerciale, appelée garancine, étaient autrefois employées dans la teinture du coton, pour obtenir le rouge turc bien connu, couleur remarquable pour son brillant et sa résistance à la lumière, et aux solutions alcalines bouillantes. Le principal intérêt qui s'attache au rouge turc est la préparation caractéristique du coton avec de l'huile, avant le mordançage, et c'est à cela même qu'il doit ses qualités spéciales. Le remplacement de la garance par l'alizarine n'a pas nécessairement amené de changements matériels dans cette opération préliminaire, de sorte qu'on peut considérer le procédé à l'huile tournante et le procédé de Steiner, comme représentant essentiellement le mode de teinture du rouge turc servant lorsque la garance était employée, en substituant simplement une quantité équivalente de garance en poudre à l'alizarine.

239. — *Application à la laine*. — Lorsque la laine est bouillie avec la garance, elle acquiert une couleur brun pâle ou fauve, et quoiqu'on ne puisse la

considérer comme une teinture, cette méthode simple a été adoptée en pratique.

En mordançant d'abord la laine avec 3 0/0 de
bichromate de potasse, on obtient de beaux bruns rougeâtres. Par la méthode du bain unique, on obtient
aussi des couleurs relativement belles.

Pour le *rouge*, la laine est mordancée avec du sulfate d'alumine et du tartre, et teinte avec la garance
dans un bain séparé.

La laine est mordancée avec 6 à 10 0/0 de sulfate
d'alumine, et 5 à 8 0/0 de tartre, puis teinte dans
60 à 80 0/0 de garance. On commence la teinture à
40° cent., et l'on élève graduellement la température
du bain à 80 et à 100°, pendant une heure ; on laisse
la teinture se continuer pendant une heure de plus.
On lave, puis on sèche.

On obtient ainsi un rouge brun.

Si l'eau ou la garance manquent de chaux, on
obtient des couleurs plus brillantes en ajoutant au
bain de la craie en poudre, ou de l'acétate de chaux.

De plus, l'addition d'un peu de tannin à la garance contribue à mieux épuiser le bain, et à donner des tons plus solides. On doit éviter un excès,
qui ne donne qu'une couleur claire.

Un rouge garance sur laine n'est pas brillant, et
n'est pas à comparer à l'écarlate de cochenille. C'est
cependant une couleur solide, et qui résiste très bien
à l'action de la lumière, du foulon et du savon.

Il est préférable d'employer l'alizarine artificielle
pour les rouges solides, puisque les couleurs revien-
nent à meilleur compte.

La laine prend une belle couleur orangée lorsqu'elle

est d'abord mordancée avec du protochlorure d'étain, puis teinte dans un bain séparé. En teignant en un seul bain, il faut employer 4 0/0 SnCl²2H²O et 2 0/0 d'acide tartrique.

On obtient des couleurs brunes avec le *sulfate de cuivre* et de tartre, ou avec le sulfate de protoxyde de fer et de tartre (1).

240. — *Application à la soie.* — On emploie relativement peu de garance pour la teinture de la soie.

Pour le rouge, on emploie l'alun comme mordant ; pour le violet ou le brun, on emploie un mordant de fer.

Cochenille.

241. — Cette matière colorante provient de l'insecte *Coccus cacti*, desséché, que l'on rencontre beaucoup au Mexique. On ne l'emploie plus pour la teinture du coton, et très peu pour l'impression sur calicot. Dans la teinture de la soie, elle a été presque entièrement remplacée par différents rouges extraits du goudron de houille, et son emploi devient de plus en plus limité dans la teinture de la laine, depuis l'introduction des rouges azoïques.

242. — *Application à la laine.* — On obtient un beau violet sur laine, en mordançant avec 2 0/0

(1) Le pantalon rouge du fantassin français est encore teint en rouge turc avec de la garance. Cette mesure a été prise pour ne pas ruiner complètement la culture de la garance, autrefois prospère dans quelques départements du Midi de la France.

de *bichromate de potasse*, et en teignant dans un bain séparé de cochenille. L'addition d'acide sulfurique au bain de mordançage rend la couleur plus foncée.

Avec un mordant d'alumine, la cochenille donne un rouge bleuâtre, appelé *cramoisi* ; avec un mordant d'étain, on obtient un rouge jaunâtre, vif, appelé *écarlate*.

243. — On obtient le *cramoisi de cochenille* en mordançant la laine avec 4 à 8 0/0 de *sulfate d'alumine*, et 5 0/0 de tartre, et en teignant dans un bain séparé contenant 8 à 15 0/0 de cochenille. L'addition de sel de chaux au bain de teinture est nuisible.

On obtient des tons assez bons, en bain unique, contenant 6 0/0 de sulfate d'alumine, 4 0/0 d'acide oxalique, et 6 0/0 d'oxalate de potasse.

On emploie, en même temps que la cochenille ordinaire, la cochenille ammoniacale, pour obtenir des roses et des roses bleuâtres.

Le cramoisi de cochenille résiste bien à la lumière et au foulage.

244. — *Ecarlate de cochenille*. — On emploie, pour obtenir cette couleur : la cochenille, un sel d'étain, la crème de tartre, l'acide oxalique. On peut d'abord mordancer la laine avec le sel d'étain et le tartre, puis teindre dans un bain séparé de cochenille ; mais on adopte plus ordinairement la méthode du bain unique.

Dans le premier cas, on mordance pendant une heure à une heure et demie dans 6 0/0 de protochlorure d'étain, et 5 0/0 de crème de tartre, on lave, puis on teint pendant une heure à une heure et quart, dans 5 à 12 0/0 de cochenille réduite en poudre.

Dans le deuxième cas, on remplit la cuve à moitié d'eau, on ajoute 6 à 8 0/0 d'acide oxalique, 6 0/0 de protochlorure d'étain, et 5 à 12 0/0 de cochenille en poudre. On fait bouillir pendant 5 à 10 minutes, et l'on achève de remplir la cuve avec de l'eau froide. La laine est alors introduite, et l'on amène progressivement le bain au bouillon, pendant un temps qui varie de trois quarts d'heure à une heure ; on maintient l'ébullition pendant une demi-heure.

Par cette méthode, le bain de teinture n'est pas épuisé comme dans la première méthode. Le bain non épuisé peut cependant servir à nouveau pour une ou deux opérations successives, en ajoutant simplement de nouvelles quantités des divers ingrédients. En comparant les deux méthodes, on voit qu'en employant une quantité égale d'ingrédients, on obtient dans le premier cas un rouge bleuâtre, tandis que dans le second, on a un écarlate plus jaune et plus brillant. Cette seconde méthode est généralement adoptée.

En général, le protochlorure d'étain, n'est pas employé à l'état de cristaux d'étain, mais sous forme de solution acide, comme composition d'étain.

Pour la production d'un bel écarlate de cochenille, il est essentiel que le bain soit acide. On doit cependant éviter un trop grand excès d'acide libre, sans quoi la couleur manque d'intensité.

On emploie quelquefois d'autres sels d'étain, connus sous le nom de composition d'étain, d'esprit écarlate, à la place de ceux déjà nommés. La solution mentionnée la première, ou nitrate d'étain, est très employée par les teinturiers.

Quoique le perchlorure d'étain, employé avec le tartre et la cochenille, donne des écarlates assez beaux, leur éclat n'est pas comparable à celui des couleurs obtenues avec un mélange de protochlorure et de perchlorure d'étain.

Pour obtenir des écarlates plus jaunâtres, on ajoute à la cochenille un peu de matière colorante jaune, généralement le flavin.

Un beau rouge cochenille sur laine, doit être considéré comme résistant bien à la lumière. Son défaut principal est de prendre un ton plus terne, plus bleuâtre, par l'action des alcalis étendus, du savon, etc. On doit donc éviter un trop grand foulage, en présence du rouge cochenille. En rinçant ensuite le tissu dans de l'eau acidulée par de l'acide acétique, le ton brillant est plus ou moins rétabli. Le rouge cochenille ne coule pas et ne teint pas les fibres adjacentes, comme le font les rouges azoïques.

Les cuves employées pour les rouges cochenille doivent être soit en bois, soit en pierre ou en étain massif. Les cuves en fer ou en cuivre sont rigoureusement proscrites, car l'acidité du bain amène la dissolution d'une partie de ces métaux, ce qui ternit la nuance.

Une quantité suffisante d'étain pur, mise dans une cuve en cuivre, en permet l'emploi, puisqu'elle empêche la dissolution du cuivre.

La laine mordancée au sulfate de cuivre, et teinte avec de la cochenille dans un bain séparé, donne un violet rougeâtre.

Avec le *sulfate de protoxyde de fer* comme mordant, on obtient de beaux violets gris. Dans la méthode du bain unique, on emploie 4 0/0 de sulfate de protoxyde de fer, et 4 0/0 d'oxalate de potasse.

245. — *Application à la soie.* — Pour obtenir le cramoisi, on mordance la soie avec de l'alun, et l'on teint dans un bain nouveau, contenant 40 0/0 de cochenille. On entre la soie à basse température, et l'on élève graduellement la température à 100° cent.

Pour l'*écarlate*, on donne d'abord à la soie un léger fond jaune, en la plongeant pendant un quart d'heure à 50° cent., dans un bain étendu de savon contenant 10 0/0 de rocou, puis en lavant bien.

On mordance la soie en la plongeant, pendant tout une nuit, dans une solution froide de nitro-muriate d'étain. On lave, et on teint dans une décoction de 20 à 40 0/0 de cochenille, et de 5 à 10 0/0 de crème de tartre. On entre la soie à une température basse, que l'on élève progressivement à 100° cent. On obtient de bons résultats par la méthode du bain unique, que nous avons déjà indiquée comme avantageuse pour la laine.

Avec les mordants de fer et la cochenille, on obtient sur la soie de beaux tons lilas.

246. — *Laque-dye* (*Laine*). — La laque à teindre a, en pratique, disparu du marché. C'est une laque d'alumine, préparée dans l'Inde, avec le produit résineux connu sous le nom de laque en bâton, provenant du *Coccus lacca*, insecte analogue à la cochenille. Cette laque donne des rouges analogues à ceux que donne la cochenille, et les méthodes adoptées sont essentiellement les mêmes que celles déjà décrites. Avant de l'employer, il faut la réduire en poudre et en faire une pâte avec la solution d'étain à employer, en ajoutant un peu d'acide chlorhydrique, et même la faire bouillir. Ce traitement préliminaire dissout la matière minérale combinée avec la matière colorante sous forme de laque, et cette matière colorante est ainsi mise en liberté. A l'exception de ce petit changement, la teinture se fait exactement comme pour la cochenille.

La laque donne des rouges moins brillants que la cochenille, mais qui ont plus d'intensité. On la considère aussi comme résistant mieux à la lumière.

Orseille.

247. — La pâte, l'extrait et la teinture d'orseille, s'extraient de certains lichens, que l'on soumet à l'oxydation en présence de l'ammoniaque. On les emploie encore beaucoup pour les teintes composées sur laine et sur soie. La matière colorante (Orcéïne) teint en bain neutre, en bain légèrement alcalin, ou en bain un peu acide ; les couleurs obtenues sont uniformes, quoiqu'elles résistent malheureusement peu à la lumière.

L'orseille ne sert pas pour le coton ; pour la laine et la soie, il ne faut pas de mordant.

Application à la laine. — On teint en bain neutre, ou en ajoutant un peu d'acide acétique ou une solution de savon.

Application à la soie. — On ajoute au bain une solution de savon ou de savon coupé, avec addition d'un peu d'acide acétique ou d'acide sulfurique. La couleur obtenue est un violet rougeâtre.

Rocou

248. — Cette matière colorante provient de la pulpe qui entoure les graines du *Bixa orellana*. On l'emploie peu, à cause de son peu de solidité, et c'est encore principalement pour la soie. Avant de l'employer, il faut la dissoudre en la faisant bouillir avec du carbonate de soude. Elle est utilisée pour les teintes couleur chair et pour les nuances orangées et jaune bouton d'or.

Application au coton. — On passe le coton dans une solution chaude de rocou, contenant du savon ou du carbonate de soude. Pour les nuances claires, on sèche directement en sortant du bain de teinture; pour les couleurs foncées, on rince légèrement dans une solution froide de savon pour enlever l'excès d'alcali de la fibre. En passant le coton teint dans de l'eau légèrement acidulée par de l'acide sulfurique ou de l'alun, la nuance devient plus rouge.

Application à la laine et à la soie.. — Pour les tons clairs, on teint à 50° en ajoutant du savon au bain ; pour les tons foncés, on teint de 80 à 100° sans addition de savon. Cette couleur est peu employée pour la laine.

Carthame

249. — Cette matière colorante provient des fleurons séchés de la fleur composée du *Carthamus* *tinctorius*. Avant de l'employer en teinture, il faut bien laver le produit commercial dans une solution froide de sel ordinaire, pour enlever la matière colorante jaune inutile. Il est préférable d'employer l'extrait de carthame.

L'usage du carthame est maintenant très restreint (1) pour la teinture du coton. La couleur rose brillante obtenue, est peu solide. On peut le remplacer par une des rhodamines (Rhodamine CG.).

Application au coton. — On passe le coton dans une solution froide de carbonate de soude et de matière colorante. On l'en retire, et l'on rend le bain légèrement acide avec de l'acide acétique, sulfurique ou tartrique. On entre le coton à nouveau, et on le travaille jusqu'à ce que le bain soit épuisé. La teinture se fait en grande partie dans le bain acide. On rince le coton dans l'eau contenant un peu d'acide acétique ou de crème de tartre, et l'on fait sécher dans un endroit frais et sombre.

On peut teindre la soie d'une manière analogue.

----

(1) Le carthame doit encore servir à la teinture en rouge des rubans de soie de la Légion d'honneur.

CHAPITRE XV

Gaude.

250. — La gaude provient du *Reseda lutéola*. On l'emploie quelquefois pour obtenir, sur laine et sur soie, des nuances jaunes ou olives.

251. — *Application au coton.* — Les couleurs jaunes obtenues sur coton avec cette matière colorante, ont perdu d'importance. Cependant la gaude sert encore en impression ; les mordants de chrome et de fer donnent l'olive, et les mordants d'étain ou d'alumine, le jaune.

252. — *Application à la laine.* — L'usage de la gaude pour la teinture de la laine, est maintenant très limité.

En mordançant avec 2 0/0 de *bichromate de potasse*, et en teignant dans un bain séparé, avec 70 0/0 de gaude, on obtient un bon jaune, olive ou vieil or. En ajoutant au bain de teinture 3 0/0 de craie, on augmente l'intensité de la teinte.

Pour obtenir un jaune de gaude, on mordance la laine en la portant au bouillon pendant une heure ou deux, avec 4 0/0 de *sulfate d'alumine* ; on lave, puis on teint en bain séparé pendant 20 à 30 minutes, à 80 ou 90° cent., dans une décoction de 50 à 100 0/0 de gaude.

Avant d'entrer la laine mordancée dans le bain de teinture, on fait bouillir la gaude réduite en fragments et enfermée dans des sacs, pendant 1/2 heure ou une heure dans de l'eau douce, et avant de teindre, on ajoute 4 0/0 de craie au bain de teinture.

La teinte ainsi obtenue est un jaune relativement pur, et qui résiste assez bien à la lumière et au foulage.

L'addition de 5 0/0 de tartre au bain de mordançage est avantageuse, mais un excès ternit la nuance.

L'addition de 4 0/0 de craie au bain de teinture donne un jaune qui a plus d'intensité, mais moins de pureté.

On obtient des jaunes plus éclatants, en remplaçant le sulfate d'alumine par le protochlorure d'étain.

Le *sulfate de cuivre* et le *sulfate de protoxyde de fer* donnent avec la gaude un jaune olive.

253. — *Application à la soie.* — De toutes les matières colorantes jaunes naturelles, la gaude est la plus importante pour la teinture de la soie, parce qu'elle donne des couleurs brillantes, qui résistent relativement bien à la lumière et à un savonnage léger. On l'emploie surtout pour les tons jaunes, olives, verts.

Pour le jaune, la soie est mordancée avec l'alun,

à la manière ordinaire ; on la lave, puis on la teint en bain séparé, à 50 ou 60° cent, dans une décoction de 20 à 40 0/0 de gaude.

On ajoute une petite quantité de savon au bain de teinture, afin d'assurer la régularité de la teinture.

Pour produire de beaux jaunes brillants, il est essentiel que le sel d'alumine employé ne contienne pas de fer.

Bois jaune.

254. — Ce bois tinctorial provient du Morus tinctoria ; il en existe diverses espèces, selon la provenance ; le plus estimé est celui de *Cuba*, que l'on trouve dans le commerce comme bois et extrait de Cuba. On l'emploie surtout pour la teinture de la laine.

255. — *Application au coton.* — On l'emploie peu, parce que les couleurs obtenues résistent mal à l'action du savon. On peut employer les mêmes modes de fixation que pour la gaude.

256. — *Application à la laine.* — Le bois jaune est peut-être, de toutes les matières colorantes jaunes naturelles, celle qu'on emploie le plus sur laine, mais surtout simultanément avec d'autres colorants pour produire des tons composés : bruns, olives, etc.

Avec le *bichromate de potasse* comme mordant, on obtient un jaune olive (vieil or).

On fait bouillir la laine pendant 1 heure à 1 h. 1/2, avec 3 à 4 0/0 de bichromate de potasse ; on lave, puis on teint en bain séparé, pendant 1 heure à 1 h. 1/2 à 100° cent, avec 20 à 80 0/0 de bois jaune réduit en poudre. En augmentant la proportion de mordant, on obtient des nuances plus foncées, mais il vaut mieux s'en tenir à la proportion indiquée.

Avec un mordant d'alumine, le bois jaune donne le jaune. La méthode du bain unique donne les tons les plus vifs. On teint pendant 1 heure à 1 h. 1/2 avec 4 0/0 de sulfate d'alumine, 2 0/0 d'acide oxalique, et 20 à 40 0/0 de bois, à la température de 80 à 100°. L'addition de tartre donne de l'intensité à la couleur, mais la rend terne.

Lorsqu'on emploie deux bains, on mordance la laine pendant 1 heure à 1 h. 1/2 avec 4 0/0 de sulfate d'*alumine*, 2 0/0 d'acide oxalique, et on teint sur bain fait avec 20 à 40 0/0 de bois jaune . Ici encore, il n'est pas avantageux d'ajouter du tartre au bain de teinture.

Les jaunes les plus vifs et les plus solides s'obtiennent sur mordant d'étain. La laine est mordancée pendant 1 h. à 1 h. 1/2 avec 8 0/0 de protochlorure d'étain (cristaux), et 8 0/0 de tartre ; elle est lavée, puis teinte en bain séparé, pendant 30 à 40 minutes, de 80 à 100° cent., avec 20 à 40 0/0 de bois jaune.

Des jaunes vifs s'obtiennent plus aisément par la méthode du bain unique. On emploie 40 0/0 de bois jaune, 8 0/0 de protochlorure d'étain, 4 0/0 de tartre, et 2 0/0 d'acide oxalique.

Il ne faut pas trop prolonger la teinture, autrement le jaune ternit, à cause de la présence d'une grande quantité de tannin dans le bois de teinture. On remédie en grande partie à cet inconvénient, en ajoutant au bain de teinture une solution de gélatine, dans la proportion de 4 0/0 du poids du bois jaune employé.

Tous les jaunes obtenus avec le bois jaune deviennent brun terne, après avoir été exposés un mois au soleil ; mais ils supportent assez bien le foulage avec le savon et les alcalis étendus.

Avec le *sulfate de cuivre*, on obtient un olive. Avec 8 0/0 de sulfate de protoxyde de fer, et 3 0/0 de tartre, on obtient des olives plus foncés. La méthode du bain unique donne des teintes uniformes et belles ; on emploie 4 à 8 0/0 de sulfate de fer, et 4 0/0 d'acide oxalique.

257. — *Application à la soie.* — On n'emploie plus le bois jaune pour teindre la soie en jaune, car la vivacité obtenue n'est pas comparable à celle de la gaude ou des couleurs dérivées du goudron. On l'emploie avec d'autres matières, pour obtenir des nuances composées, ou pour modifier le ton de certains noirs.

Quercitron.

258. — Ce bois de teinture se compose de l'écorce intérieure du *Quercus tinctoria*.

259. — *Application au coton.* — Les couleurs produites sur coton au moyen de ce bois de teinture, sont très analogues à celles obtenues avec la gaude, et l'on peut adopter le même mode d'application.

260. — *Application à la laine.* — Avec le bichromate de potasse, l'écorce de quercitron donne des jaunes olives, plus rougeâtres que ceux obtenus par le bois jaune. On mordance avec 3 0/0 de *bichromate de potasse*, et l'on teint en bain séparé. Les jaunes à l'*alumine* sont plus pâles, tandis que ceux produits par le *protochlorure d'étain* sont beaucoup plus brillants et plus orangés que les couleurs correspondantes du bois jaune.

Dans tous les cas, la teinture prolongée est nuisible, et donne des nuances ternes.

La résistance des colorations obtenues avec le quercitron à la lumière et au foulage, est à peu près la même que celle avec le bois jaune. On ne l'emploie pas beaucoup pour la laine, parce qu'il a été remplacé par le flavin.

261. — *Application à la soie.* — L'écorce de quercitron s'emploie peu pour la teinture de la soie. Dans le cas où cela est nécessaire, on l'applique de la même manière que la gaude ou le bois jaune.

Flavin

262. — C'est une préparation de l'écorce de quercitron, qui se compose essentiellement de *quercétine*. Le flavin présente les avantages suivants sur l'écorce de quercitron : son pouvoir colorant est beaucoup plus fort, et comme il est exempt de tannin, il donne des nuances plus vives. En faisant bouillir de l'écorce de quercitron moulue avec de l'acide sulfurique, on obtient un produit remplaçant avantageusement le flavin dans la teinture de la laine.

Le flavin ne s'emploie pas pour la teinture du coton.

263. — *Application à la laine.* — Pour obtenir des jaunes, on emploie des mordants d'étain, avec ou sans addition de sulfate d'alumine. Avec les mordants d'alumine seuls, on obtient des jaunes relativement pâles ; avec les mordants stanneux, les jaunes sont plus riches, plus orangés.

Pour les jaunes au flavin, on obtient les couleurs les plus brillantes en mordançant et en teignant en un seul bain, par la méthode indiquée pour l'écarlate de cochenille. On fait bouillir la laine pendant 1/2 heure à 3/4 d'heure, avec 4 à 8 0/0 de proto-chlorure d'étain (cristaux). et 0 à 4 0/0 de tartre ; on retire provisoirement la laine : on ajoute à l'eau 1 à 8 0/0 de flavin, sous forme de pâte ; on fait bouillir pendant 5 à 10 minutes, on rentre la laine, et on continue l'ébullition pendant 1/2 heure à 1 heure.

Les jaunes et les orangés au flavin obtenus au moyen des mordants stanneux. sont classés parmi les plus brillants qu'on puisse obtenir au moyen de matières colorantes, naturelles ou artificielles.

En ce qui concerne leur résistance à la lumière et au foulage avec le savon et les alcalis étendus, ils se comportent à peu près de la même façon que ceux obtenus avec l'écorce de quercitron et le bois jaune ; ils deviennent brunâtres.

Le flavin s'emploie beaucoup avec la cochenille, pour obtenir l'écarlate.

264. — *Application à la soie.* — On n'emploie généralement pas le flavin pour la teinture de la soie. On peut cependant l'appliquer comme la gaude.

Fustet.

265 — Ce bois de teinture provient du sumac (Rhus cotinus). On l'emploie peu, à cause du peu de solidité de la couleur obtenue.

266. — *Application à la laine*. — La laine mordancée au *bichromate de potasse* et teinte avec du fustet en bain séparé, prend une couleur brun-rougeâtre. La teinte est plus rouge que celle qu'on pourrait obtenir de la même manière avec tout autre bois de teinture jaune, à l'exception des graines de Perse. On peut employer une grande quantité de bichromate et obtenir de bons résultats, mais il est bon de ne pas dépasser 3 0/0.

Avec un mordant d'alumine, on obtient un chamois.

Avec le protochlorure d'étain et le tartre, on obtient des jaunes orangés brillants, fort analogues à ceux obtenus avec de l'écorce de quercitron et du flavin. On peut employer le même mode de teinture et les mêmes proportions de mordants que pour le flavin, en augmentant seulement la proportion du bois de teinture, soit 20 à 40 0/0.

On obtient avec les mordants de *cuivre* et de *fer*, des olives analogues à ceux obtenus avec les autres bois de teinture.

Les orangés et les jaunes obtenus avec le fustet, ne résistent pas bien à la lumière. Toutes les couleurs, excepté celles avec mordant d'alumine, résistent assez bien au foulage avec le savon et les alcalis étendus.

A ces points de vue, le fustet ne vaut pas les autres matières colorantes jaunes naturelles, et bien des couleurs jaunes artificielles lui sont préférables.

Graines de Perse.

267. — Cette matière colorante se compose des fruits séchés, non encore mûrs, de diverses espèces de *Rhamnus*; on l'emploie surtout dans l'impression sur calicot, pour les oranges, olives, verts, etc., vapeur.

Application à la laine. — Elles servent peu, parce qu'elles sont trop chères, par comparaison aux autres matières colorantes jaunes.

Leur pouvoir tinctorial ressemble beaucoup à celui du fustet.

Avec le *bichromate de potasse*, on obtient de très bons bruns rougeâtres.

Avec les mordants d'alumine, on n'obtient que des jaunes pâles, ternes, peu satisfaisants. Avec les mordants stanneux, on obtient des orangés et des jaunes très beaux, équivalents par leur éclat, sinon supérieurs, à ceux que l'on obtient avec le flavin. On emploie les mêmes méthodes et les mêmes proportions de mordants que pour le flavin, mais avec 10 à 20 0/0 de matière colorante.

Lorsqu'on soumet ces jaunes à la lumière, ils deviennent bruns; mais les jaunes au bois jaune, à l'écorce de quercitron, au flavin, sont à peu près dans le même cas. Ils supportent assez bien le foulage avec savon et alcalis.

Le *sulfate de cuivre* donne un olive verdâtre, qui résiste très bien à la lumière.

Curcuma.

268. — Il provient du *Curcuma tinctoria*. Bien que la teinte obtenue soit peu solide, on l'emploie beaucoup encore, surtout pour la laine et la soie, pour obtenir des teintes composées : olives, bruns, etc...

269. — *Application au coton*. — Le curcuma est une des rares matières colorantes naturelles pour lesquelles le coton a une grande affinité. On teint le coton dans un bain de curcuma, légèrement acidulé par de l'alun, et l'on chauffe à 60° cent., pendant environ 1/2 heure, La couleur résiste mal à la lumière et aux alcalis; les solutions alcalines, même très étendues, comme le savon, la transforment en brun rougeâtre.

270. — *Application à la laine*. — On teint à 60°, dans un bain légèrement acidulé par de l'alun.

La *soie* se teint de la même manière que la laine.

Cachou.

271. — Cette matière colorante importante provient de diverses espèces d'*Acacia*, d'*Areca* et d'*Uncaria*, qui croissent dans l'Inde. Elle est très employée pour la teinture du coton, pour obtenir divers tons de brun, d'olive, de gris, de noir, et pour la teinture en noir de la soie. On l'emploie peu pour la laine.

272. — *Application au coton*. — La couleur brune que donne le cachou sur le coton est remarquable par sa résistance à la lumière, au savon, aux alcalis, aux solutions acides, et même au chlorure de chaux.

Pour obtenir le brun cachou, on travaille le coton pendant 1/2 heure à 1 heure, à une température de 60 à 70° cent., dans une solution contenant 10 à 20 grammes de cachou par litre. Après avoir exprimé le coton et l'avoir laissé refroidir, on le travaille pendant 1/2 heure, à 60° cent., dans un bain nouveau, contenant 1 à 2 grammes de bichromate de potasse par litre ; on fait suivre d'un bon lavage. Pour les tons foncés, on recommence l'opération entière deux ou trois fois. Le coton attire du premier bain la *catéchine*, qui à l'état pur, est complètement blanche. Mais dans le second bain, elle est aussitôt complètement oxydée, en *acide japonique* brun insoluble, à la surface et à l'intérieur de la fibre.

On obtient un brun plus foncé, en ajoutant au bain de teinture du sulfate ou de l'acétate de cuivre, dans la proportion de 6 0/0 du poids de cachou.

On peut obtenir diverses teintes par l'application subséquente d'autres bois de teinture, sans employer d'autre mordant. Dans ce cas, le coton chromé est simplement lavé, et teint dans la solution nécessaire de bois de teinture. La faible quantité d'oxyde de chrome qui se précipite invariablement sur la fibre pendant le chromage, agit dans ce cas comme mordant.

Une méthode bien connue pour obtenir ces nuances ensuite, consiste à passer le coton dans une solution chaude de cachou, à laquelle on a ajouté l'extrait de bois de teinture, et à brunir ensuite (de préférence dans un bain séparé) avec du sulfate de cuivre ou du sulfate de fer, ou les deux réunis, et à passer finalement dans le bain de bichromate de potasse.

Lorsque la résistance à la lumière n'est pas essentielle, on peut faire suivre d'une teinture dans les couleurs dérivées du goudron de houille, dans le but de modifier la couleur primitive du cachou. A ce dessein, on emploie beaucoup le brun Bismarck, et la fuchsine.

On obtient un noir au cachou sur coton, en le travaillant dans une décoction chaude de cachou, en faisant suivre du mordançage au bichromate, et en passant à froid dans le nitrate de fer, à 2° Tw (densité 1,01); on lave et on teint en campêche. Les noirs sur le *coton-laine*, résistent bien au foulage.

273. — *Application à la laine*. — Comme il a été dit, le cachou s'emploie peu pour la teinture de la laine, quoiqu'il donne de belles couleurs brunes, résistant bien au foulage et au dégraissage par les solutions alcalines. Employé en excès, il rend la laine rude au toucher, et détruit ses propriétés feutrantes.

On peut, pour la laine, employer un mode de teinture analogue à celui du coton.

On fait bouillir la laine pendant 1 heure à 1 heure 1/2, avec 10 à 20 0/0 de cachou, et l'on brunit à 80 ou 100° cent., dans un bain séparé, pendant 1/2 heure, avec 2 à 4 0/0 de sulfate de cuivre, de sulfate de fer, ou de bichromate de potasse.

On peut obtenir différents bruns très solides, en ajoutant au bain de teinture du bois de Camwood, de l'alizarine, du campêche, etc.

274. — *Application à la soie.* — Le principal usage du cachou, pour la teinture de la soie. est de donner de la charge à la soie teinte en noir. Dans ce but, on préfère la variété jaune (Gambir).

Voici un aperçu de son mode d'application, pour les noirs fortement chargés.

Après décreusage, immersion dans le sulfate de protoxyde de fer basique, et teinture en bleu de prusse ; on travaille la soie pendant 1 heure. à 60 ou 70° cent., dans un bain contenant 100 à 200 0/0 de cachou. Lorsqu'on ne veut donner que peu de charge à la soie, on opère à la température de 50° cent., et la force du bain de cachou n'excède pas 4 à 5° Tw (densité 1,02 à 1,025). A cette température, la soie est chargée dans la proportion de 10 à 12 0/0, mais à 60 ou 70°, cette proportion s'accroît jusqu'à 30 ou 40 0/0.

On obtient le maximum de charge en combinant l'emploi du cachou et du protochlorure d'étain. On entre la soie dans le bain de cachou, à 50° cent., pendant 1 heure, puis on l'en retire. Après avoir fait dissoudre dans le bain 5 à 15 0/0 de protochlorure d'étain (selon le nombre de bains de rouille antérieurs), on rentre la soie, et on la travaille pendant 1 à 2 heures, à 70 ou 75° cent. On doit éviter autant que possible l'exposition de la soie à l'air, sans quoi le sel d'étain s'oxyde, et la soie devient rude au toucher. Le protochlorure d'étain agit comme réducteur, et il facilite, dit-on, la formation de l'oxyde ferrosoferrique, mais il se fixe en même temps une quantité considérable d'oxyde d'étain sur la fibre.

Si l'on n'a pas ajouté de protochlorure d'étain au bain de cachou, on doit conserver ce bain, parce

qu'il n'est pas épuisé. Les bains de cachou ayant
servi donnent même de meilleurs résultats que les
neufs, à la fois en ce qui concerne la charge et la couleur. Si l'on a ajouté du protochlorure, le bain n'est
plus utilisable, et doit être jeté.

CHAPITRE XVI

APPLICATION DES MATIÈRES COLORANTES ARTIFICIELLES.

275. — Les matières colorantes artificielles dérivent presque toutes du goudron de houille, et on peut les classer de la façon suivante, d'après leur composition chimique.

I. — Dérivés nitrés.

II. — Azoxydérivés.

III. — Hydrazones.

IV. — Colorants azoïques comprenant : dérivés amido-azoïques, oxy-azoïques, et polyazoïques (disazoïques et triazoïques.

V. — Colorants dérivés du triphénylméthane, comprenant les dérivés de la rosaniline, de l'acide rosolique, les phtaléines.

VI. — Oxyquinones.

VII. — Quinone-oximes.

VIII. — Quinone-imides, comprenant les indamines, les indophénols, les thiazines, les oxazines, les dichroïnes.

IX. Dérivés aziniques, comprenant les Eurhodines, les Safranines.

X. — Indulines.

XI. — Noir d'aniline.

XII. — Dérivés quinoléiques et acridiniques.

XIII. — Couleurs minérales.

XIV. — Couleurs diverses.

Quoique le nombre des colorants dérivés du goudron soit grand, et que leur composition chimique soit variée, leurs modes d'application sont relativement limités, et à ce point de vue, ils peuvent être classés de la façon suivante :

1° Colorants acides.

2° Colorants basiques.

3° Colorants fournis sur fibre pour coton, directs ou substantifs.

4° Colorants développés sur fibre.

5° Colorants teignant sur mordants.

276. — Les *matières colorantes acides* sont ainsi appelées parce qu'elles s'appliquent principalement à la laine et à la soie, en bain acide. Elles sont pour la plupart, inapplicables au coton.

On teint généralement la *laine* en ajoutant 5 0/0 d'acide sulfurique à 168° Tw (densité 1,84), et 10 à 20 0/0 de sulfate de soude, et en élevant graduellement la température jusqu'au bouillon dans l'espace de 3/4 d'heure, puis on continue l'ébullition pendant 1/4 d'heure. Dans quelques cas, on peut remplacer avec avantage les substances ci-dessus indiquées par 10 à 15 0/0 de bisulfate de soude ou d'acide acétique à 8° Tw (densité 1,04), ou d'alun. Lorsqu'on a affaire à des matières colorantes qui sont susceptibles de se teindre irrégulièrement, on peut ajouter jusqu'à 100 0/0 de sulfate de soude, ou bien on peut ajouter l'acide sulfurique graduellement, par petites quantités à la fois. Dans de tels cas, les bains ne sont généralement pas épuisés, et doivent être conservés.

Pour teindre la *soie* avec les couleurs acides, on se sert d'un bain contenant environ 4 parties d'eau et une partie de savon coupé, et légèrement acidifié avec de l'acide sulfurique ou de l'acide acétique.

Lorsqu'on applique les couleurs acides au coton, on emploie des bains bouillants très concentrés, auxquels on ajoute 10 0/0 et plus de sel ordinaire ou d'alun. On laisse sécher la matière teinte sans la laver. Cette manière d'opérer doit plutôt être regardée comme une méthode par imprégnation, que comme une véritable teinture.

Les *matières colorantes basiques* s'appliquent à la laine et à la soie, en bain neutre ou en bain alcalin, ou bien dans un bain légèrement acidulé par de l'acide sulfurique. La température est élevée graduellement jusque vers 95° cent. Toute eau contenant du bicarbonate de chaux doit d'abord être neutralisée par un acide.

Ces couleurs conviennent aussi au *coton*, qui est alors mordancé avec l'acide tannique que l'on fixe au moyen du tartre émétique, ou d'un autre sel d'antimoine, et la teinture se fait de 40 à 50°, pendant 1/2 heure et plus.

277. — Les *couleurs directes pour coton* sont, comme leur nom l'indique, spécialement utilisées pour la teinture du coton. On se sert d'un bain bouillant, de préférence concentré, auquel on ajoute 3 à 5 0/0 de savon, de phosphate de soude, ou d'un autre sel alcalin, ou de bains moins concentrés, avec addition de quantités plus grandes de sel ordinaire ou de sulfate de soude, de 10 à 100 grammes par litre, selon le degré de solubilité de la matière tinctoriale (plus la solubilité est considérable, plus il faut de sel), et d'une petite quantité (1 0/0) de carbonate de soude, ou quelquefois d'acide acétique.

La *laine* et la *soie* se teignent fréquemment avec ces couleurs, comme dans le cas de couleurs acides.

278. — Les *colorants sur fibre* s'appliquent surtout au coton, et comprennent entre autres ce qu'on appelle *couleurs azoïques insolubles*, qu'on obtient sur la fibre elle-même, en imprégnant d'abord le tissu d'une solution alcaline d'un phénol, et en passant immédiatement après séchage dans une solution froide d'un composé diazoïque, qu'on prépare à part, un peu auparavant, par l'action de l'acide nitreux (azotite de soude, acide chlorhydrique) sur la solution très froide d'une amine (comme l'aniline, etc.), sous forme de son chlorhydrate. La coloration qui varie selon le phénol et l'amine employés, est ainsi développée immédiatement sur la fibre.

Dans d'autres cas, on teint d'abord le tissu au moyen d'un colorant, contenant un groupe amidé ; puis on le passe dans une solution d'acide nitreux pour diazoter l'amine, et finalement, dans une solution de phénol ou d'amine.

De cette façon, la couleur primitive se trouve transformée en une couleur nouvelle, et souvent plus utile.

On peut comprendre, dans la catégorie des couleurs produites sur fibre le noir d'aniline, le bistre de manganèse et les autres couleurs minérales.

Les *colorants tirant sur mordant* comprennent les matières tinctoriales qui ne s'appliquent avec succès à la laine, à la soie, au coton, que lorsque ces tissus ont été mordancés au moyen de sels métalliques, comme cela a déjà été décrit. Elles comprennent l'alizarine, et toutes les matières colorantes d'un caractère acide faible, qui donnent, avec les oxydes métalliques, ces composés colorés insolubles, connus sous le nom de laques.

Les initiales données ci-dessous seront ajoutées aux noms des colorants, pour indiquer les maisons qui les fabriquent.

(Ber) Société pour la fabrication de l'aniline, Berlin.

(B) Badische, fabrique de soude et d'aniline, Ludwigshafen sur Rhin.

(S. G. I.) Société pour l'industrie chimique, Bâle.

(B. K.) Beyer et Kegel, Leipzig-Lindenau.

(B. S. Sp) Brooke, Simpson et Spiller, Londres.

(By) Fabrique de matières colorantes anciennement F. Bayer et Co, Elberfeld.

(G) Leopold Casella et Co, Francfort-sur-le-Mein.

(Cl Co) Aniline Clayton Co, Clayton Manchester.

(Cz) Casthelaz et Bruere, Rouen.

(D) Dahl et Co, Barmen.

(D. H) L. Durand, Huguenin et Co, Bâle.

(F) A. Fischesser, Mulhouse.

(G) J. R. Geigy, Bâle.

(H) Read, Hollyday et fils, Huddersfield.

(K) Kalle et Co, Biebrich-sur-Rhin.

(K. S′) Kern et Sandoz, Bâle.

(L) A. Leonhardt et Co, Mühlheim en Hesse.

(M) Fabrique de matières colorantes anciennement :
Meister, Lucius et Bruning, Höchst-sur-Mein.

(Mo) Gillard. P. Monnet et Cartier, à Lyon.

(Oe) K. Oehler, Offenbach-sur-Mein.

(P) Société anonyme des matières colorantes, St-
Denis (A. Poirrier, Dalsace).

(Sch) Schoellkopf. Buffalo. U. S. A.

(P. M) Tillmann et Co. Uerdingen-sur-Rhin.

(W. B.) Wood et Bedford, Leeds.

W. N. fabrique de couleurs de Griesheim W.
Noetzel et Co. Griesheim-sur-Mein.

Les proportions p. 0/0, indiquées dans les chapitres
suivants, se rapportent à la quantité de matières à
teindre.

CHAPITRE XVII

DÉRIVÉS NITRÉS.

280. — Ce groupe comprend les dérivés nitrés de divers phénols et amines.

Acide picrique $[C^6H^2(AzO^2)^3 OH]$. Cette matière colorante est un trinitrophénol obtenu par l'action de l'acide azotique sur le phénol dissous dans de l'acide sulfurique concentré.

Il est appliqué à la laine et à la soie comme *colorant acide*, mais il est presque entièrement remplacé par le jaune naphtol S, le jaune de quinoléine, etc. Il n'est pas employé pour le coton.

Il donne un jaune citron pur, ou même un jaune verdâtre, qui résiste mal au lavage et au foulage, et qui devient rapidement orangé par l'exposition à l'air. Cette dernière propriété, plus ou moins accentuée, caractérise un grand nombre de couleurs nitrées. La teinture décharge facilement sous l'influence de la chaleur et du frottement.

Jaune naphtol (B) $[C^{10}H^5(AzO^2)^2 ONa + H^2O]$. Cette matière colorante est un sel sodé d'α-naphtol binitré, préparé par l'action de l'acide azotique sur une solution d'α-naphtol dans de l'acide sulfurique concentré.

On le connaît aussi sous le nom de Jaune de Martius, jaune de Manchester, jaune de naphtaline, jaune de naphtylamine, etc.

On l'applique à la soie et à la laine comme couleur acide, et il donne un jaune brillant, peu résistant à la lumière et au foulage, et qui décharge facilement.

Jaune naphtol S (B)(M) $C^{10} H^4 (AzO^2)^2 ONa SO^3 Na$. Cette matière colorante est un composé sulfoné du jaune naphtol (B). On l'appelle également jaune naphtol, jaune acide S, Citronine A (L). On l'applique à la soie et à la laine comme *couleur acide*, et il donne un jaune brillant, peu résistant à la lumière ou au foulage, mais non sublimable, et par conséquent ne déchargeant pas.

Aurotine (Cl. Co) —

$$C \begin{cases} C^6 H^2 (AzO^2)^2 O\ Na \\ C^6 H^2 (AzO^2)^2 O\ Na \\ C^6 H^4 Co.\ O. \end{cases}$$

Cette matière colorante est le sel sodé de la phénol-phtaléine tétranitrée. On l'applique à la laine comme couleur acide, avec addition d'acide acétique au bain de teinture. On peut aussi l'appliquer sur mordant, en mordançant avec du bichromate de potasse et de l'acide sulfurique, et en teignant sans rien ajouter. Elle donne une nuance jaune orangé ou jaune olive, qui résiste assez bien à

la lumière et au foulage. Elle prend une teinte plus
orangée par l'exposition à la lumière.

Aurantia.

$$Az \begin{cases} C^6\ H^2\ (AzO^2)^3 \\ C^6\ H^2\ (AzO^2)^3 \\ Az\ H^4 \end{cases}$$

Cette matière colorante, connue aussi sous le nom
de *jaune impérial*, est le sel ammoniacal de l'hexa-
nitro-diphénylamine, produit par l'action de l'acide
nitrique sur la diphénylamine, dissoute dans l'acide
sulfurique fumant..

On l'applique à la soie et à la laine comme couleur acide, et elle donne un rouge orangé, qui devient rapidement d'un brun terne par l'exposition à
la lumière.

On l'emploie également pour teindre le cuir. L'emploi de cette matière colorante produit parfois des
éruptions de la peau.

CHAPITRE XVIII

AZOXYDÉRIVÉS

281. — Ces colorants contiennent le groupe
azoxy :

$$- Az - Az -$$
$$\diagdown O \diagup$$

Elles ne sont pas nombreuses actuellement, mais
sont spécialement remarquables par leur résistance
à la lumière, sur la soie et sur la laine.

Curcumine S (L) (Ber) (By), nommé aussi jaune
soleil.

$$\text{CH. C}^6\text{H}^3\text{Az} \diagdown \text{SO}^3\text{Na}$$
$$\| \qquad\qquad\quad > O$$
$$\text{CH. C}^6\text{H}^3\text{Az} \diagup \text{SO}^3\text{Na}$$

Cette matière colorante est le sel sodé de l'acide
azoxy-stilbène-disulfoné. Pour la *laine* et la *soie*, on
l'emploie comme couleur acide, en ajoutant de l'a-
cide acétique. Pour le *coton*, on teint directement en
ajoutant simplement 10 0/0 de sel ordinaire. Elle
convient pour les tissus soie et coton. Elle donne un
jaune orange, résistant bien aux acides et (pour la
soie et la laine) à la lumière, mais ne résistant pas à

l'action des alcalis, qui le font virer au rouge. La Curcumine W est le sel ammoniacal correspondant.

Orangé mikado (L) (Ber) (By). — On obtient les diverses marques de ce produit (G, R, 2R, 3R, 4R), en faisant bouillir l'acide p. nitro-toluène-sulfoné avec un alcali, en présence d'une matière oxydable, telle que la glycérine. On ne connaît pas exactement leur composition.

Application. — On teint le coton directement, en ajoutant au bain 3 0/0 de savon et 20 0/0 de sel ordinaire, en bains concentrés.

La *soie* se teint avec addition d'acide acétique.

Cette couleur ne convient pas à la *laine*, car elle donne des teintes inégales, mais elle est très utile pour les tissus soie et coton. On teint d'abord le coton en ajoutant du savon et du carbonate de soude à 50° centigrades, puis on acidifie le bain avec de l'acide acétique, et l'on continue la teinture à 80° pour la soie. Elle résiste bien à la lumière sur soie et sur laine, moins sur coton, quoiqu'elle soit plus solide que la plupart des autres jaunes directs.

Le *jaune mikado* est une matière colorante simimilaire, qu'on emploie de la même façon.

Brun mikado. (L) (Ber) (By). — Cette matière a une composition voisine des orangés mikado, étant produite par une réaction analogue. On l'applique de la même façon. On obtient un brun rougeâtre avec 5 0/0 de colorant.

CHAPITRE XIX

HYDRAZONES

282. — Ces couleurs, peu nombreuses actuellement, sont produites par l'action de la phényl-hy-
drazine sur les di-cétones (acide dioxytartrique).

Jaune tartrazine. (B). — (1).

$$CO.OH$$
$$|$$
$$C : Az.AzH.C^6H.SO^3Na$$
$$|$$
$$C : Az.AzH.C^6IIS.O^3Na$$
$$|$$
$$CO.OH.$$

C'est le sel sodé de l'acide disulfo-diphénylizin-
dioxytartrique.

Comme *couleur acide*, elle sert pour la soie et la
laine, et donne un jaune brillant, résistant bien à la
lumière, mais pas au foulage.

Jaune nitrazine (Oe). C'est un dérivé binitré du
composé tolylé correspondant. Il possède des propriétés analogues à celles du précédent, et s'emploie
de la même manière.

1. Cette formule est d'après des recherches récentes, à
accepter sous réserve ; la tartrazine serait plutôt un dérivé
d'un noyau pyrazolonique.

CHAPITRE XX

DÉRIVÉS AZOÏQUES

283. — Ils forment une classe nombreuse de composés, contenant tous un ou plusieurs groupes azoïques (— Az: Az —). Quoiqu'ils varient dans leur composition chimique, leurs méthodes générales d'application sur fibre se limitent aux cas des couleurs *acides*, couleurs *basiques*, couleurs *directes* pour coton, couleurs *développées* sur fibre. Les propriétés des colorants présentent de grandes différence selon leur composition chimique.

(A) Couleurs amido-azoïques.

Les matières colorantes de ce groupe se préparent en diazotant (en traitant avec de l'acide azoteux) divers composés mono-amidés, et en combinant le diazo obtenu avec diverses amines. Les colorants, qui forment les sels de couleurs basiques, et qui ne contiennent pas de groupes sulfo (comme la Chrysoïdine, le brun Bismarck) sont des *couleurs basiques* ; les autres sont des *couleurs acides*.

On indique plus clairement leur composition chimique en nommant d'abord le composé amidé qui est diazoté, et ensuite l'amine avec laquelle le produit azoïque obtenu est copulé. Cette méthode sera adoptée pour toutes les couleurs azoïques.

Chrysoïdine $[C^6H^5 — Az = Az — C^6H^3 (AzH^2)^2 . HCl]$ —
Aniline-m-phénylène-diamine.

Cette matière sert pour la teinture du coton, et est employée comme *couleur basique*. On doit éviter les températures élevées pour ne pas obtenir des nuances ternes. Elle donne un rouge orangé, très sensible à la lumière, et c'est là un caractère commun à toutes les couleurs basiques.

Brun Bismarck
m-phénylène-diamine-azo-m-phénylène-diamine

On l'obtient par l'action de l'acide azoteux sur la m-phénylène-diamine, et certains la considèrent comme composé tétrazoïque.

Cette couleur est aussi connue sous les noms suivants : brun phénylène, vésuvine, brun de Manchester, brun pour cuir, canelle, brun d'aniline, etc.

On l'emploie beaucoup pour la teinture du coton et celle du cuir. Elle s'applique alors comme *couleur basique*. Elle donne un brun-rouge, résistant mal à la lumière.

Le brun Manchester EE (C) est le produit correspondant à la m-toluylène-diamine.

284. — *Jaune solide* G (K).

$$[(SO^3Na) C^6H^4 — Az = Az . C^6H^3 (AzH^2) SO^3Na].$$

Cette matière colorante est produite par l'action de l'acide sulfurique fumant sur le chlorhydrate d'amido-azo-benzène.

On l'appelle aussi jaune acide (Ber), jaune acide G, jaune solide extra (By), jaune solide (By) (B), jaune nouveau L (K).

On l'applique à la soie et à la laine comme *couleur acide*. Elle donne un jaune brillant, résistant bien à la lumière, mais mal aux acides, qui la colorent en rouge.

Jaune solide R (K) aussi appelé jaune solide (B), et jaune solide W (By) est le composé toluénique correspondant.

Orangé de diphénylamine
Acide p-sulfanilique-azo-diphénylamine.

On l'appelle aussi jaune acide D extra (Ber), Orangé diphényle, Orangé IV (B) (M) Tropéoline OO (C), Orangé M (S. C. I). Orangé G. S. Jaune nouveau (By) Orangé N (B).

On l'applique à la laine et à la soie comme *couleur acide*, et il donne un jaune-orange assez résistant à la lumière, mais qui ternit après un certain temps. On l'emploie beaucoup pour des teintes composées.

Orangé de diméthylaniline
Acide p-sulfanilique-azo-diméthylaniline.

On l'appelle aussi Orangé III (P) Téthylorange Orangé diméthyle, Tropéoline D, Hélianthine (B).

On l'applique à la soie et à la laine comme *couleur acide*, et il donne un orangé brillant, assez résistant

à la lumière, mais très sensible à l'action des acides.
Il faut, dans la teinture, éviter un excès d'acide.

Curcumine (Ber), aussi appelée Jaune nouveau
(TM), Citronine (P), est produite par l'action de l'a-
cide azotique sur l'orangé de diphénylamine. On
l'applique à la laine et à la soie comme *couleur acide*,
et elle donne un jaune brillant, solide à la lumière,
mais qui devient par la suite plus terne et plus
orangé.

L'*Azoflavine* (B) est produite de la même façon que
la couleur précédente, mais c'est un produit plus nitré. On l'appelle aussi jaune azoïque acide (Ber),
Jaune azoïque (M) Jaune indien (By) (C). On l'applique à la soie et à la laine comme *couleur acide*, elle
donne un jaune brillant résistant bien à la lumière,
mais qui devient terne et plus orangé.

Le *Jaune brillant* S (B) s'obtient par l'action de l'a-
cide sulfurique concentré sur l'orangé de diphénylamine ; comme *couleur acide*, il sert en teinture pour
la soie et la laine, et donne un jaune brillant, résistant bien à l'action de la lumière.

Jaune de métanile (Oe) (B) (Ber)
Acide-m-sulfanilique-azo-diphénylamine.

On l'appelle aussi Orangé MN (S. C. I) Tropéoline G (C). Il sert comme *couleur acide* à la teinture
de la soie et de la laine, et donne un jaune brillant,
résistant bien à la lumière, mais devenant plus
orangé et plus terne.

Le *Jaune de métanile* S (Oe) est le jaune de métanile

sulfoné, ayant des propriétés analogues, mais moins sensible à l'action des acides.

Jaune solide N (P)
Acide-p-toluidine-o-sulfoné-azo-diphénylamine.

On l'appelle aussi curcumine.

Il s'applique à la soie et à la laine, comme couleur acide, et donne un jaune orangé, solide à la lumière.

Jaune résistant au savon (P)
Acide-m-amido-benzoïque-azo-diphénylamine.

On le vend sous forme de pâte brune, peu soluble dans l'eau.

On teint la laine dans un bain bouillant de savon, avec 15 0/0 du colorant, et l'on obtient un jaune assez résistant à la lumière et au savon.

285. — *Substitut d'orseille* V (Ber) (P)
P-nitraniline-azo-acide naphtionique

On l'appelle aussi rouge naphtionique ; on le trouve dans le commerce sous forme de pâte. On l'applique à la soie et à la laine comme couleur acide, et il remplace l'orseille dans la teinture de la laine. Avec 15 0/0, il donne un rouge bordeaux, quelque peu terne, résistant mal à l'action de la lumière.

Substitut d'orseille VN (P) (Ber)
P-nitraniline-azo-acide-α-naphtylamine sulfoné L.

Ses propriétés et son mode d'application sont analogues à ceux de la couleur précédente.

Substitut d'orseille extra (C)
P-nitraniline azo-acide-α-naphtylamine-disulfoné.

On l'appelle aussi Rouge Apollon (G), Substitut d'orseille N (C).

Ses propriétés et son mode d'application sont analogues à ceux du substitut d'orseille V.

(B) Couleurs oxyazoïques.

286. — Cette classe de matières colorantes comprend celles qu'on prépare en diazotant divers composés monoamidés, et en combinant le diazo obtenu avec divers phénols, l'un ou l'autre des corps constituants, ou bien les deux, étant sulfonés.

Elles conviennent surtout à la soie et à la laine, et s'appliquent presque toutes comme *couleurs acides*. Leur résistance à l'action de la lumière varie beaucoup, quelques-unes étant très peu solides ; mais la plupart peuvent être regardées comme résistant assez bien. Elles résistent généralement mal au foulage, c'est-à-dire qu'elles colorent les fibres de laine blanche voisines, sans que pour cela l'intensité de la couleur soit diminuée.

287. — Le premier groupe de cette classe comprend les couleurs produites en diazotant un composé amido-sulfoné, et en combinant le produit avec un phénol. Leur composition sera plus clairement énoncée en indiquant dans chaque cas : d'abord le composé diazoté, puis celui qui se combine avec le composé diazoïque ainsi obtenu. A moins d'indication contraire, chaque couleur doit être considérée pour l'application comme couleur acide.

Jaune de résorcine (Ber).

$$[\mathrm{Na\ SO^3\ C^6\ H^4\ Az = Az\ C^6\ H^3\ (OH)^2}].$$
Acide-p-sulfanilique-azo-Résorcine

On le connaît aussi sous le nom de Chrysoïne (B), (M) Tropéoline O (C), Tropéoline R, Jaune T (S.C.I), Jaune d'or (By), Jaune Akmé (L), Chryséoline.

Il donne un jaune orangé, résistant assez bien à la lumière, mais sensible à l'action des alcalis, qui le font virer au rouge.

α. — *Orangé de Naphtol*
Acide-p-sulfanilique-azo-α-Naphtol.

On l'appelle aussi Orangé Naphtol (Ber), Orangé I (M), Orange, N° 1, Tropœoline 000 N° 1.
Il donne un rouge orangé, sensible à la lumière.

β. *Orangé de Naphtol*
Acide-p-sulfanilique-azo-β-Naphtol.

On l'appelle Orangé II (B) (M), Orangé N° 2, Tropéoline 000 N° 2.
Mandarine, Mandarine G extra (Ber), Chrysaureïne, Orangé d'or (By), Orangé extra (c).
Il donne un orangé brillant, assez résistant à la lumière, et résistant bien aux acides et aux alcalis ; on l'emploie beaucoup pour la teinture de la laine.

288. — La *Narcéine* est obtenue par l'action du bisulfite de soude sur l'orangé II.
On l'emploie pour l'impression sur calicot. Elle

donne sur laine un orangé plus jaunâtre, moins résistant à la lumière.

Azarine S (M)

Dichloro. Amid . Phénol. — Azo. — β-Naphtol.

Le composé azoïque produit avec ces substances est combiné avec le bisulfite d'ammonium, et est ainsi rendu soluble.

Il est vendu sous forme de pâte jaunâtre, qui s'applique au coton et à la soie sur *mordant*, comme l'alizarine. On mordance le coton avec l'acétate d'alumine, contenant un peu d'hydrate d'étain, et l'on teint en ajoutant un peu d'huile pour rouge. La fibre teinte est séchée, préparée avec de l'huile, vaporisée, lavée et savonnée. Elle donne un rouge bleuâtre brillant, résistant bien au savon, mais très peu à la lumière.

Azarine R (M)

Diamido. — Oxysulfo. — Azo. — β-Naphtol.

Le composé azoïque produit par ces substances est combiné avec le bisulfite d'ammonium.

Les propriétés et le mode d'application de cette matière colorante sont très analogues à ceux de l'Azarine S.

289. — *Orangé métanile* I (By)

Acide m-sulfanilique. — Azo. — α-Naphtol.

Orangé métanile II (By)

Acide m-sulfanilique. — Azo. — β-Naphtol.

Ces deux couleurs sont très analogues aux orangés naphtol α et β, comme composition chimique et propriétés tinctoriales.

Orangé T (K)
Acide o-Toluidine. Sulfoné. — Azo. — β-Naphtol.

On l'appelle aussi Mandarine G R (Ber), Orangé R (S. C. I.) (C), Orange Carmoisine (L). Il donne un orangé-rouge brillant, assez résistant à la lumière.

Brun de Naphtylamine (B)
Acide naphtionique. — Azo. — β-Naphtol.

On l'appelle aussi Brun solide N (B). Il donne un brun-orange assez résistant à la lumière.

Rouge solide A (B)
Acide naphtionique. — Azo. — β-Naphtol.

On l'appelle aussi rouge solide, Roccelline (D H), Cérasine (D H). Rauracienne, Orcelline n° 4, Rubidine. Il donne un bon rouge, assez résistant à la lumière. A cause de son affinité pour la laine, il est difficile d'obtenir sur cette fibre une teinture régulière. Pour remédier à cet inconvénient, on ajoute au bain 3 grammes d'acétate de soude par litre, on teint pendant 1 ou 2 heures, et on acidifie ensuite graduellement avec l'acide sulfurique, pour développer la couleur.

Brun solide 3 B (Ber)
Acide β-naphtylamine sulfoné. Br. — Azo. — α-Naphtol

Il donne un brun-rouge, assez résistant à la lumière.

Ecarlate double brillant G (Ber).

Acide β-naphtylamine sulfoné. Azo. — Br. — β-Naphtol.

On l'appelle aussi rouge-orangé I. Il donne un écarlate jaunâtre, assez résistant à la lumière.

Ponceau acide (D H)

Acide β-naphtylamine α et γ-sulfoné. — Azo. — β-naphtol.

Il donne un écarlate brillant, assez résistant à la lumière.

Orangé R ou 2 R (B) (Bi)

Acide xylidine sulfoné. — Azo. — β-Naphtol.

Il donne un orangé rougeâtre, assez résistant à la lumière.

290. — Le second groupe des couleurs oxy-azoïques comprend celles produites en diazotant une amine, et en combinant le produit avec un phénol sulfoné.

Ecarlate de cochenille G (Sch)

Aniline. — Azo. — Acide α-naphtol sulfoné C.

Il donne un écarlate brillant, assez résistant à la lumière.

Ponceau 4 C B (Ber)

Aniline. — Azo. — Acide β-Naphtol monosulfoné S.

On l'appelle aussi Orangé de Croceïne (By) (K), Orangé brillant (M), Orangé G R X (B), Orangé E N (C), Orangé Pyrotine (D).

Il donne un orange brillant, résistant à la lumière.

Ponceau 2 G (Ber) (B) (M)

Aniline. — Azo. — Acide β-Naphtol disulfoné R.

Il donne un orangé rougeâtre, résistant à la lumière.

Orangé G (Ber) (B) (M)

Aniline. — Azo. — Acide β-Naphtol sulfoné G.

On l'appelle aussi orangé G G (C).

Il donne un jaune-orange brillant, très résistant à la lumière.

Orangé III ou orangé n° 3 (P)

m — Nitraniline. — Azo. — Acide β-Naphtol disulfoné R.

Il donne un orangé brillant, assez résistant à la lumière.

291. — *Écarlate de cochenille.* 2 R (Sch)

o — Toluidine. — Azo. — Acide α-Naphtol mono, sulfoné C.

Il donne un écarlate brillant, assez résistant à la lumière.

Orangé G T (By)

o — Toluidine. — Azo. — Acide β-Naphtol monosulfoné S.

Appelé aussi orangé R N (C); il donne un rouge orange brillant, assez résistant à la lumière.

Ponceau G T (M)

o — Toluidine. — Azo. — Acide β-Naphtol disulfoné G.

Il donne un écarlate orange.

Ponceau R T (M)

o — Toluidine. — Azo. — Acide β-Naphtol disulfoné R.

Il donne un écarlate brillant.

Azo Fuchsine B (By)

o — Toluidine. — Azo. — (1,8) Acide dioxy naphtalène sulfoné.

Elle donne un rouge bleuâtre brillant, analogue à la fuchsine, mais résistant bien mieux à la lumière.

292. — *Azo-Coccine 2 R* (Ber)

Xylidine azo. — Acide α-naphtol sulfoné N. W.

Elle donne un écarlate brillant, assez résistant à la lumière.

Ecarlate de cochenille 4 R (Sch)

Xylidine azo. — Acide α-naphtol sulfoné C.

Il donne un écarlate brillant, assez résistant à la lumière.

Ecarlate G R (Ber)

Xylidine azo — Acide β-naphtol sulfoné S.

Appelé aussi écarlate R (By), Orangé brillant R (M), il donne un écarlate brillant, assez résistant à la lumière.

Ecarlate pour laine R (Sch)

Xylidine. — Acide α-naphtol sulfoné Sch.

Il donne un écarlate brillant, résistant bien à la lumière.

Ecarlate palatin (B)

m — xylidine azo. — Acide β-naphtol disulfoné.

Il donne un écarlate brillant, résistant bien à la lumière.

Ponceau *2 R* (M) (B) (Ber)

m — xylidine azo. — Acide β-naphtol disulfoné R.

On l'appelle aussi ponceau de xylidine.

Il donne un écarlate brillant, résistant assez bien à la lumière.

Ponceau *G* (C)

Xylidine azo. — Acide β-naphtol disulfoné R

Il donne un écarlate orangé brillant, assez résistant à la lumière.

293. — *Ponceau 3 R* (M) (Ber) (B)

Cumidine azo. — Acide β-naphtol disulfoné R.

On l'appelle aussi ponceau de cumidine ; il donne un écarlate brillant, assez résistant à la lumière.

Ponceau *3 R* (M)

Éthyldiméthyl-amido-benzène-azo. — Acide β-naphtol disulfoné R.

Il donne un écarlate brillant, assez résistant à la lumière.

Azo Eosine (By) (M)

o — Anisidine-azo. — Acide α-naphtol-disulfoné N W.

Elle donne un rouge bleuâtre, assez résistant à la lumière.

Coccinine B (M)

Éther-méthylamido-p-crésol azo. — Acide β-naphtol disulfoné R.

Elle donne un rouge bleuâtre, assez résistant à la lumière.

294. — *Rouge solide* B T (By)

α — Naphtylamine-azo. — Acide β-naphtol disulfoné S.

Il donne un rouge bordeaux, très peu solide à la lumière.

Rubine de Buffalo (Sch)

α — Naphtylamine-azo. — Acide α-naphtol disulfoné Sch.

Il donne un rouge bordeaux, assez résistant à la lumière.

Rouge solide B (B)

α — Naphtylamine-azo. — Acide α-naphtol disulfoné (R).

On l'appelle aussi Bordeaux B (Ber), Bordeaux R (M).

Il donne un rouge bordeaux, pas très résistant à la lumière.

Ecarlate cristallisé C R (C)

α — Naphtylamine-azo. — Acide β-naphtol disulfoné G.

On l'appelle aussi Coccine nouvelle R (Ber), Ponceau cristallisé (B).

Il donne un écarlate brillant, assez résistant à la lumière.

Rouge palatin (B)

α — Naphtylamine-azo. — Acide naphtol disulfoné.

Il donne un rouge bleuâtre, assez résistant à la lumière.

295. — Le troisième groupe des couleurs oxy-azoïques comprend celles produites en diazotant une amine sulfonée, et en combinant le produit avec un phénol sulfoné.

Azo-Fuchsine G (By)

Acide p-sulfanilique azo. — 1,8 acide dioxynaphtalène
α sulfoné.

Elle donne un rouge bleuâtre, assez analogue à la fuchsine, et résistant à la lumière.

Azorubine S (Ber)

Acide-naphtionique-azo. — Acide α-naphtol disulfoné N W.

On l'appelle aussi Rouge solide C (B), Carmoisine (By), Azorubine (C), acide (D), Carmoisine brillante (M).

Elle donne un rouge bleuâtre, assez résistant à la lumière.

Croceïne 3 B X (By)

Acide-naphtionique-azo. — Acide β-naphtol sulfoné B.

Elle donne un écarlate brillant, assez résistant à la lumière.

Rouge solide E (B) (By)

Acide-naphtionique-azo. — Acide β-naphtol sulfoné S.

On l'appelle aussi rouge solide (Ber), Rouge solide S (M).

Il donne un rouge bleuâtre, assez résistant à la lumière.

Coccine nouvelle (Ber) (M)

Acide-naphtionique-azo. — Acide β-naphtol disulfoné G.

On l'appelle aussi Ponceau brillant (C), Rouge cochenille A (B).

Elle donne un écarlate brillant, résistant bien à la lumière.

Amarante (M) (C) (P)

Acide-naphtionique-azo. — Acide β-naphtol disulfoné R.

On l'appelle aussi Rouge solide D (B), Bordeaux S (Ber), Azo-vermeil acide 2 B (D) Vermeil victoria (M) Rouge solide E B (B).

Il donne un rouge bordeaux, assez résistant à la lumière.

Ponceau C R (M)

Acide-naphtionique-azo — Acide β-naphtol trisulfoné.

Il donne un rouge bleuâtre, résistant bien à la lumière.

Ecarlate double extra S (Ber)

Acide β-naphtylamine-sulfoné Br. azo. — Acide α-naphtol sulfoné N W.

On l'appelle aussi écarlate double brillant 3 R (By) Ponceau brillant (By).

Il donne un écarlate résistant bien à la lumière.

Pyrotine R R O (D)

Acide β-naphtylamine sulfoné D azo. — Acide α-naphtol sulfoné N W.

Elle donne un écarlate orangé, assez résistant à la lumière.

296. — *Chromotropes* 2 R, 2 B, 6 B. 8 B, 10 B (M).

On obtient ces couleurs en combinant divers composés diazoïques p. toluidine, β napthylamine etc., avec un acide dioxy-naphtalène disulfoné (acide chromotropique).

Elles conviennent seulement pour la laine et la soie, surtout pour la première, et on peut les appli-

quer à cette fibre comme les couleurs acides ordinaires ; elles donnent alors des tons qui varient de
l'écarlate au cramoisi, très résistants à la lumière,
surtout l'écarlate, mais très peu résistants au foulage
et à l'action des alcalis.

Le caractère particulier de ces couleurs, est que
si l'on ajoute au bain de teinture des sels métalliques
(tels que ceux d'alumine, de chrome ou de cuivre),
ou bien si le tissu teint est traité au moyen de leurs
solutions à chaud, il y a combinaison entre le mordant et la matière colorante, et production de teintes
allant du brun-rouge au noir, selon la matière
colorante particulière et le mordant employé. Ces
couleurs brunies résistent également bien à la lumière, mais non au foulage. Cette propriété de combinaison avec les mordants est due à la présence de
deux groupes hydroxyles, dans le noyau de l'acide
chromotropique.

297. — Le quatrième groupe des couleurs oxy-
azoïques comprend celles qui contiennent les groupes carboxyles qui, à cause de leur position voisine
de groupes hydroxyles, donnent à ces matières la
propriété de tirer sur mordants.

Fustine brevetée (W B).
Aniline-Maclurine (Décoction de bois jaune).

On l'appelle aussi jaune pour laine (B). On peut
l'appliquer à la laine comme couleur acide ordinaire,
mais on l'applique de préférence avec mordant ; on
emploie alors le bichromate de potasse ou l'alun, à la
manière ordinaire. La méthode du bain unique peut
aussi s'appliquer ; on emploie 8 0/0 d'alun, 2 0/0

d'acide oxalique ou 2 0/0 de bichromate de potasse, et 2 0/0 de tartre. Elle donne un orangé et un jaune olive ternes, très sensibles à l'action de la lumière, mais résistant bien au foulage.

Terra-cotta R (G).
Aniline-azo. — Acide salicylique.

La couleur azoïque obtenue avec ces deux substances est ensuite traitée par l'acide nitrique. On l'emploie en teinture de coton et en teinture de laine, comme couleur tirant sur mordant. Le coton est mordancé à l'oxyde de chrome, et teint sans addition d'acide ; la laine est mordancée au bichromate de potasse et teinte avec une légère addition d'acide acétique, ou bien dans un bain unique, comme la fustine. Elle donne une couleur brune ou terra-cotta, peu résistante à la lumière.

Jaune d'alizarine R (M).
p — Nitraniline-azo. — Acide salicylique.

On l'applique de la même manière que la Terracotta R. Avec un mordant d'alumine, il donne un orangé ; avec un mordant de chrome, un rouge-orange. Ces deux couleurs résistent bien à la lumière et au foulage.

Jaune d'alizarine G G (M).
m — Nitraniline-azo. — Acide salicylique.

On l'applique de la même manière que la Terracotta R ; avec les mordants de chrome et d'alumine il donne respectivement un jaune olive, et un jaune brillant ; tous deux résistent bien à la lumière et au foulage.

Jaune diamant G (By).

Acide-m--amido-benzoïque-azo — acide salicylique.

Cette matière colorante vendue sous forme de pâte,
est très analogue, comme propriétés et mode d'application, au jaune d'alizarine GG.

Jaune diamant R (By)

Acide o amido-benzoïque-azo — acide salicylique.

Cette matière colorante, vendue sous forme de pâte,
a des propriétés et un mode d'application très analogues à ceux du jaune diamant G, et donne une nuance
plus rougeâtre de jaune olive.

Jaune foulon (D)

Acide β-naphtylamine α sulfoné — azo — acide salicylique.

Il s'applique comme la Terra cotta R. Employé
comme couleur acide, il donne un jaune résistant
bien à la lumière et au foulage. — Sur mordant de
chrome, il donne un jaune olive solide.

(C) COULEURS DISAZOÏQUES PRIMAIRES.

298. — Cette classe de couleurs azoïques comprend celles qui contiennent deux groupes azoïques, et
qui sont produites par l'action sucessive de deux composés azoïques analogues ou différents, sur une amine
ou un phénol. — On les applique à la laine et à la soie
comme couleurs acides.

Brun acide G (Ber)

Aniline-azo — chrysoïdine sulfonée.

Brun acide R (Ber)
Acide-naphtionique-azo — chrysoïdine.

Brun de résorcine (Ber)
Xylidine-azo — jaune de résorcine.

Brun solide G (Ber)
2 moléc.-acide sulfanilique azo — α naphtol

Brun solide (M)
2 moléc. xylidine sulfoné-azo — α naphtol.

Les couleurs ci-dessus donnent toutes des couleurs brun-jaune analogues, résistant mal à la lumière.

(D) COULEURS DISAZOÏQUES SECONDAIRES.

299. — Cette classe importante comprend les couleurs contenant deux groupes azoïques, qu'on produit en diazotant un composé amido-azoïque, et en combinant le produit avec une amine ou un phénol. On les applique à la laine et à la soie en bain acide, et beaucoup donnent des couleurs résistant bien à la lumière.

Azo-Coccine 7 B (Ber)
Amido-azobenzène-azo — acide α naphtol sulfoné N W.

On l'appelle aussi rouge pour drap G (By).
Elle donne un rouge légèrement brunâtre résistant à la lumière. La couleur résiste bien au foulage, si on a préalablement mordancé la fibre avec du bichromate de potasse.

Crocéine B (Sch)

Amido-azobenzène-azo — acide α-naphtol disulfoné Sch.

Elle donne un rouge bleuâtre, assez résistant à la lumière.

Crocéine brillante (C)

Amido-azobenzène-azo — acide- β-naphtol disulfoné γ.

On l'appelle aussi Crocéine brillante M (C) Ecarlate pour coton (B).

Elle donne un écarlate brillant, résistant à la lumière. On teint le coton en employant un bain concentré (soit 2 grammes par litre, avec addition de 10 0/0 d'alun et 40 0/0 de sel ordinaire), et l'on sèche sans laver, mais cette teinture résiste mal au lavage.

Ponceau SS extra (Ber)

Amido-azobenzène-azo — acide β-naphtol disulfoné R.

Il donne un écarlate brillant, peu résistant à la lumière.

Ponceau 5 R (M)

Amido-azobenzène-azo — acide β-naphtol trisulfoné.

Appelé également Erythrine X (B) ; il donne un rouge bleuâtre brillant, résistant bien à la lumière.

300. — *Crocéine 3 B* (Sch)

Amido-azotoluène-azo — acide α-naphtol disulfoné Sch.

Elle donne un rouge bordeaux, résistant bien à la lumière.

Rouge pour drap G (Oe)

Amido-azo-toluène-azo — acide β-naphtol sulfoné S.

Appelé aussi rouge pour drap G extra (By), il donne

un rouge bordeaux, assez résistant à la lumière. Après
teinture sur un tissu mordancé au chrome, cette couleur résiste au foulage.

Rouge pour drap 3 G extra (By)
Amido-azo-toluène-azo — acide β naphtylamine sulfoné **Br**.

Il donne un rouge bordeaux, peu résistant à la lumière.

Rouge pour drap B (By)
Amido-azo-toluène-azo — acide α-naphtol sulfoné **NW**.

Il donne un rouge bordeaux, résistant bien à la lumière.

Rouge pour drap 3 G extra (By)
Amido-azo-toluène-azo -acide β naphtylamine sulfoné.

Il donne un rouge bordeaux, peu résistant à la lumière.

301. —   *Bordeaux BX* (By)
Amido-azo-xylène azo — acide β-naphtol sulfoné.

Il donne un rouge bordeaux, peu résistant à la lumière.

Rouge orseille A (B)
Amido-azo-xylène-azo — acide β-naphtol disulfoné **R**.

Il donne un rouge violet terne, assez résistant à la
lumière.

302. —   *Ecarlate solide* (B).
Acide-amido-azo-benzène-azo-β-naphtol.

Appelé aussi écarlate double (K), il donne un rouge
brillant résistant bien à la lumière.

Écarlate de Crocëine 3 B (By)

Acide-amido-azo-benzène-sulfoné-azo — acide-β- naphtol-sulfoné B.

On l'appelle aussi Ponceau 4 RB (Ber) ; il donne un
écarlate brillant, résistant bien à la lumière.

Écarlate de Biebrich (K)

Acide-amido-azobenzène-disulfoné-azo — β-naphtol.

Appelé aussi ponceau 3 R B (Ber), Ponceau B (M),
Ponceau solide B (B). Écarlate B (P), Rouge nouveau L (K), Écarlate impérial (By).

Il donne un écarlate brillant, résistant bien à la
lumière.

Ponceau S extra (Ber)

Acide-amido-azobenzène-disulfoné-azo — acide β-naphtol-di-
sulfoné R.

Appelé aussi Ponceau solide 2 B (B), il donne un
rouge brillant, résistant bien à la lumière.

303. — *Orseilline 2 B* (By)

Acide-amido-azo-toluène-sulfoné-azo — acide α-naphtol sulfoné NW.

Elle donne un rouge orseille, solide à la lumière.

Écarlate de Crocëine 7 B (By)

Acide amido-azo-toluène sulfoné azo — acide β-naphtol sulfoné B.

Il donne un écarlate brillant, résistant bien à la
lumière ; on l'appelle aussi Ponceau 6 RB (Ber)

Bordeaux G (By)

Acide amido-azo-toluène sulfoné-azo — acide β-naphtol sulfoné S.

Il donne un rouge bordeaux, assez résistant à la
lumière.

304. —   *Violet solide rougeâtre* (By)

Acide p-sulfanilique-azo-α-naphtylamine-azo-acide-β-naphtol
sulfoné S.

Il donne un violet terne, peu résistant à la lumière.

Violet solide bleuâtre (B)

P-toluidine-sulfoné-azo-α-naphtylamine-azo-acide β-naphtol-
β-sulfoné

Il donne un violet terne, peu résistant à la lumière.

305. —   *Noir pour laine* B. (Ber)

Acide amido-azo-benzène-disulfoné-azo-p-tolyl-β-naphtylami[ne]

On obtient le noir sur laine avec 8 à 10 0/0 de couleur ; avec une quantité moindre, on obtient le violet.
Cette couleur se décomposant sous l'influence de l'a-
cide sulfurique étendu, il faut éviter un excès d'acide,
et il vaut mieux employer le bisulfate de soude. La
couleur résiste assez bien à la lumière.

Noir jais R (By)

Acide-amido-benzène-disulfoné-azo-α-naphtylamine-azo-
phényl-α-naphtylamine.

Avec 5 0/0 du colorant, on obtient un beau noir sur
laine. On ajoute 10 0/0 de sel ordinaire, et il faut
éviter les cuves en cuivre. La couleur résiste assez
bien à la lumière, aux acides étendus, aux alcalis.

306. — *Noir naphtylamine D* (G)

Acide-α-naphtylamine-disulfoné-azo-α-naphtylamine-azo-
α-naphtylamine.

On l'appelle aussi noir naphtylamine 4B (C).
Avec 5 0/0 de couleur, on obtient le noir sur laine ;
on ajoute 10 0/0 de sel ordinaire et 6 0/0 d'acide acétique (densité 1,04). La couleur résiste assez bien à la
lumière et au foulage.

Noir anthracite B (C)

Acide-α-naphtylamine-β-di-sulfoné-azo-α-naphtylamine-azo-
diphényl-m-phénylène-diamine.

Avec 5 0/0 de couleur, 10 0/0, de sel de Glauber,
5 0/0 de bisulfate de soude, on obtient sur laine
un bon noir assez résistant à la lumière, au foulage
et aux acides étendus.

Noir bleu B (B)

Acide-β-naphtylamine-sulfoné-azo-α-naphtylamine-azo-acide-
β-naphtol-disulfoné R.

On l'appelle aussi noir azoïque (M). Avec 5 0/0
de couleur, on obtient un bon noir sur laine, noir
assez résistant à la lumière, aux acides et aux alcalis.
Pour obtenir des nuances régulières, on se sert d'un
bain neutre, auquel on ajoute peu à peu 10 0/0 de
sulfate de soude et 6 0/0 d'acide sulfurique.

Noir naphtol B (C)

Acide-β-naphtylamine-disulfoné-azo-α-naphtylamine-azo-
acide-β-naphtol-disulfoné R.

On l'appelle aussi noir brillant B (B).

Noir naphtol 3 B (C)

Acide-α-naphtylamine-disulfoné-B-azo-α-naphtylamine-azo-
β-naphtol-disulfoné R.

Noir naphtol 6 B (C)

Acide-α-naphtylamine-disulfoné (Dahl) azo-α-naphtylamine
azo-acide-β-naphtol-disulfoné R.

Ce noir et les deux précédents s'appliquent de la
même manière que le noir bleu B.

Leurs propriétés sont aussi analogues.

307. —   *Noir Victoria B* (By)

Acide-p-sulfanilique-azo-α-naphtylamine-azo 1.8 acide-dioxy-
naphtalène-sulfoné.

Il donne sur laine un bon noir, résistant bien à
la lumière. On ajoute au bain de teinture du sulfate
de soude et de l'acide sulfurique, et on brunit dans un
bain séparé avec le bichromate de potasse.

Noir diamant (By)

Acide amido-salicylique-azo-α-naphtylamine-azo-acide-α-
naphtol sulfoné NW.

Cette couleur s'applique à la soie ou à la laine avec
addition de sulfate de soude, ou comme couleur tirant
sur mordant.

Avec 3 0/0 du colorant, on obtient un beau noir sur
laine. On mordance la laine avec 3 0/0 de bichromate de potasse, 1 0/0 d'acide oxalique, et l'on teint
dans un bain séparé ; ou bien l'on fait bouillir pendant 1 heure, en ajoutant 10 0/0 de sulfate de soude,
et l'on brunit pendant une 1/2 heure à l'ébullition
dans un bain séparé, avec 2 0/0 de bichromate de po-

tasse. La couleur résiste bien à la lumière, au foulage, aux acides et aux alcalis. Elle ne convient pas au coton.

308. —

Vert diamant (By).

Acide amido-salicylique-azo-α naphtylamine-azo-dioxynaphtalène sulfoné.

Son mode d'application et ses propriétés générales sont analogues à ceux du noir diamant. Avec un mordant de chrome. il donne des nuances vert foncé et noir verdàtre. Ces couleurs résistent bien à la lumière, au foulage, aux acides et aux alcalis.

Vert azoïque (By)

m-amido-tétra-méthyl-p-amido-triphényl-méthane-azo-acide-salicylique.

On obtient cette couleur en oxydant le composé azoïque produit par les deux substances nommées. Il est vendu sous forme de pâte vert foncé, et on l'applique à la laine comme couleur tirant sur mordant à la manière ordinaire. Avec les mordants de chrome, il donne un vert terne, peu résistant à la lumière ou au foulage. Pour teindre la soie, on ajoute de l'acide acétique.

(c) COULEURS TÉTRAZOÏQUES

309. — Cette classe, dont les membres sont souvent appelés Couleurs Congo (à cause du nom de rouge congo donné à la couleur de ce groupe qui a été découverte la première), comprend les couleurs contenant deux groupes azoïques produits en diazotant

certaines diamines, et quelquefois leurs acides sulfonés. comme la benzidine, le diamido-stilbène, etc.
et en combinant le produit diazoïque ainsi obtenu
avec divers phénols ou amines d'ordinaire sulfonés.
A cause de leur arrangement atomique symétrique,
il possè lent la propriété caractéristique de teindre le
coton sans nécessiter l'emploi d'un mordant, mais
simplement celui d'auxiliaires tels que le chlorure de
sodium et le savon etc., et s'appliquent alors comme
des couleurs directes sur coton. La laine et la soie se teignent, soit de la même manière, soit bien souvent
comme couleurs acides. Dans quelques cas, par
exemple, l'acide salicylique forme l'élément constituant de la couleur ; on les applique comme couleurs
à mordants. Il faut éviter les eaux calcaires. Plusieurs
de ces couleurs appliquées à la soie ou à la laine, résistent très bien à la lumière, et il est surtout à re-
marquer qu'appliquées à la laine, la plupart de ces
couleurs résistent très bien au foulage.

Elles donnent des nuances régulières sur le coton et
les autres fibres végétales, mais malheureusement, la
couleur dégorge très facilement au lavage à l'eau ou
au savon, surtout à chaud, et dans le cas où il y a
des fibres blanches, elles se trouvent ainsi tachées.
On emploie en général des bains concentrés, ceux-ci
ne s'épuisant pas. Les additions à faire habituellement, sont : 1 à 3 0/0 de carbonate de soude, 5 0/0
de phosphate de soude, 5 0/0 de savon, 20 0/0 de
chlorure de sodium ou de sulfate de soude.

Dans le cas de bains peu concentrés, une quantité
plus considérable de chlorure de sodium est nécessaire ; avec 0,2 grammes de colorant par litre, on peut

ajouter avec chaque couleur les quantités de NaCl mentionnées dans la suite. Les couleurs teintes sur les fibres végétales sont pour la plupart très sensibles à la lumière, et beaucoup résistent mal aux acides (tels sont de nombreux rouges) ou aux alcalis (tel est le cas de bien des jaunes), ou bien aux sels métalliques avec lesquels elles forment des laques, de sorte qu'il faut, dans certains cas, éviter l'emploi de cuves en cuivre. Possédant un caractère plus ou moins acide, il peut y avoir formation de composés plus ou moins insolubles, avec les couleurs basiques ou les oxydes métalliques ; de cette façon, les nuances des fibres peuvent être modifiées par une nouvelle teinture avec des couleurs basiques, ou rendues plus résistantes à la lumière et au lavage, en passant dans des solutions de sels métalliques (sulfate de cuivre ou de zinc).

Les couleurs tétrazoïques s'adaptent admirable ment dans beaucoup de cas, aux tissus mêlés (coton et. laine, ou coton et soie), mais il faut avoir soin de choisir un colorant convenable, parce que les différentes fibres ne se comportent pas de la même façon à son égard.

310. — *Rouge-Congo* (Ber) (By) (L),

Benzidine-azo, — (2 moléc.) acide naphtionique.

Pour teindre la laine et le coton, on ajoute un peu de carbonate de soude, et l'on obtient un rouge brillant, sensible à la lumière et aux acides étendus. Ces derniers le font virer au bleu.

Congo G . R. (Ber) (By) (L).

Benzidine-azo $\Big\langle$ acide amido-benzène-sulfoné
acide naphtionique.

Ses applications et ses propriétés sont analogues à celles du rouge Congo.

Congo brillant G (Ber) (By) (L).

Benzidine-azo $\Big\langle$ acide β naphtylamine disulfoné R.
acide β naphtylamine sulfoné Br.

Employé en bain alcalin avec 10 grammes de sel ordinaire par litre, il donne un rouge brillant, sensible à la lumière et aux acides.

Brun diamine V (C).

Benzidine-azo $\Big\langle$ acide γ amido naphtol sulfoné.
m-phénylène diamine.

On teint le coton ou la laine en bain neutre ou alcalin (5 à 10 grammes de chlorure de sodium par litre), et l'on obtient un brun violet On peut le diazoter sur la fibre, et le développer avec des solutions d'amines ou de phénols, pour fixer et foncer la teinte.

Ecarlate diamine (C).

Benzidine $\Big\langle$ acide β naphtol-γ-di sulfoné.
phénol (éthylé ensuite).

Cette couleur s'appelle aussi Rouge direct B.

On teint le coton en bain légèrement alcalin 10 ou 20 grammes de Na Cl par litre), et l'on obtient une couleur d'un rouge brillant, légèrement sensible aux acides.

On teint la laine ou la soie en bain acide ou neutre (20 gr. de Na Cl par litre).

Azo-orseilline (By).

Benzidine-azo. — 2 moléc. acide α-naphtol sulfoné N W.

On teint le coton en bain alcalin (**2 gr**. NaCl par litre), et l'on obtient un violet peu résistant à la lumière. La laine et la soie se teignent en bain acide.

311. — *Orangé de Toluylène R* (Oe).

O. — Tolidine-azo — 2 moléc. Acide m-toluylène diamine sulfoné.

Pour teindre le coton, on emploie un bain alcalin (40 gr. NaCl par litre), auquel on ajoute 2 °/₀ savon et 10 °/₀ phosphate de soude. La laine et la soie se teignent dans un bain neutre (20 grammes NaCl par litre). La couleur est rouge orangé.

Rouge coton (B).

O-m-Tolidine-azo — (2 moléc.) acide naphtionique.

Le coton se teint dans un bain alcalin, et l'on obtient un écarlate.

Benzo-purpurine 4 B (By) (Ber) (L).

O-Tolidine-azo. — (2 moléc.) acide naphtionique.

Le coton et la laine se teignent dans un bain alcalin (10 à 20 gr. NaCl par litre). et l'on obtient un rouge brillant. On obtient aisément des dessins rongeants, en imprimant de l'acétate de protoxyde d'étain.

Benzo-Purpurine 6 B (By) (Ber) (L).

O.-Tolidine-azo. — 2 moléc. Acide z-naphtylamine sulfoné (Laurent).

Ses applications et ses propriétés générales sont

analogues à celles de la Benzo Purpurine **4 B.** Elle donne un rouge plus bleuâtre.

Benzo-Purpurine B (By) (Ber) (L).

O-Tolidine-azo. — (2 moléc.) acide β-naphtylamine-sulfoné **Br.**

On se sert pour le coton, la laine et la soie, d'un bain alcalin (10 à 40 gr. NaCl par litre), et l'on obtient un rouge jaunâtre brillant.

Delta-Purpurine 5 B (By) (Ber) (L).

O-Tolidine-azo⟨ acide β-naphtylamine-δ-sulfoné.

acide β-naphtylamine sulfoné Br.

On obtient un rouge brillant sur le coton, la soie, la laine, en se servant d'un bain alcalin.

Congo brillant R (By) (Ber) (L).

O-Tolidine-azo⟨ acide β-naphtylamine-disulfoné R.

acide β-naphtylamine-sulfoné Br.

Le coton et la laine sont teints dans un bain alcalin (40 à 80 gr. NaCl par litre), et l'on obtient un rouge brillant.

Delta-Purpurine 7 B (By) (Ber) (L).

O-Tolidine azo — (2 moléc.) acide β-naphtylamine-δ-sulfoné,

On l'appelle aussi Rouge diamine 3 B.

Le coton, la laine et la soie se teignent en bain alcalin (20 grammes NaCl par litre), et l'on obtient une couleur rouge.

Rozazurine B (By) (Ber) (L).

O-Tolidine azo. — (2 moléc.) acide-méthyl-β-naphtylamine-δ-sulfoné.

On teint le coton et la laine dans un bain alcalin

(20 grammes NaCl par litre), et l'on obtient un rouge bleuâtre. Les tissus formés de coton et soie sont teints avec addition de savon (5 %) et de carbonate de soude (3 %. On obtient facilement des dessins rongeants, en imprimant de l'acétate de protoxyde d'étain.

Rosazurine G (By) (Ber) (L).

O-tolidine-azo $\Big\langle$ acide méthyl-β-naphtylamine-δ-sulfoné.
acide-β-naphtylamine-δ-sulfoné.

Ses applications et ses propriétés sont analogues à celles de la Rosazurine B. Elle donne un rouge plus jaunâtre.

Purpurine brillante (Ber).

O-tolidine-azo $\Big\langle$ acide β-naphtylamine-disulfoné R.
acide naphtionique.

Le coton se teint en bain alcalin (80 gr. NaCl par litre), et on obtient un écarlate brillant. La laine est teinte en bain neutre, avec 5 gr. NaCl par litre.

Orangé Congo R (Ber) (L).

O-tolidine-azo $\Big\langle$ acide β-naphtylamine-disulfoné R,
phénol (éthylé ensuite).

On teint le coton et la soie en bain alcalin (20 gr. NaCl par litre), et la laine en bain neutre. On peut aussi teindre la laine et la soie en bain acide. On obtient un orangé rougeâtre brillant, qui sur laine, résiste assez bien à la lumière.

Rouge Congo 4 R (Ber) (By) (L).

O-tolidine-azo < acide naphtionique,
Résorcine.

On obtient un rouge sur coton au moyen d'un bain alcalin (20 gr. NaCl par litre).

Congo Corinthe B (By) (Ber) (L).

O-tolidine-azo < acide naphtionique.
acide α-naphtol-sulfoné NW.

On obtient des teintes modes violacées sur coton et sur laine, au moyen d'un bain alcalin (5 gr. NaCl par litre). On peut aussi teindre la soie et la laine dans un bain acide. On obtient aisément des dessins rongeants, en imprimant de l'acétate de protoxyde d'étain.

Bleu diamine 3 B (C).

O-tolidine-azo-2-molé-acide-amido-naphtol-disulfoné-H (combiné en solution alcaline).

Le mode d'application et les propriétés générales de cette couleur sont analogues à ceux du Bleu diamine 2 B.

Bleu diamime B X (C).

O-tolidine-azo < acide α naphtol-sulfoné N W.
acide amido-naphtol-disulfoné H.

Pour le coton, on emploie un bain neutre (40 gr. NaCl par litre). Pour la laine, on ajoute 10 gr. NaCl par litre.

Azo mauve (Oe).

O-tolidine-azo $\Big\langle$ acide amido-naphtol-disulfoné.

α-naphtylamine.

Pour le coton, on emploie un bain alcalin (10 gr. NaCl par litre), pour la laine, un bain neutre. La couleur obtenue est un violet-bleu terne.

Bleu azoïque (By) (Ber)
O-tolidine-azo-2-moléc.-acide-α-naphtol-sulfoné N W.

Pour le coton, on se sert d'un bain alcalin (10 gr. NaCl par litre). Pour la laine et la soie, on emploie soit un bain alcalin, soit un bain acide. On obtient un bleu violet terne, peu sensible aux acides et aux alcalis étendus. On obtient aisément des dessins rongeants en imprimant de l'acétate de protoxyde d'étain.

Gris direct B (S. C. I.)
O-tolidine-azo-2moléc.-acide-dioxy-naphtoïque-sulfoné.

Son mode d'application et ses propriétés générales sont analogues à ceux du gris direct R, mais il donne un gris plus bleuâtre.

Bleu direct R (S. C. I.)

O-Tolidine-azo $\Big\langle$ acide-dioxy-naphtoïque-sulfoné.

acide-α-naphtol-p-sulfonique.

On obtient sur coton un violet noirâtre, en bain neutre.

312. — *Rouge diamine N O* (C.)

Ethoxy-Benzidine-azo $\Big\langle$ acide-β-naphtylamine-β-sulfoné,

acide-β-naphtylamine-β-sulfoné F.

Pour le coton, on emploie un bain alcalin (40 gr.

NaCl par litre), pour la laine, un bain neutre (20 gr.
NaCl par litre). On obtient un rouge bleuâtre.

Bleu diamine B (C)

Ethoxy-benzidine-azo $\Big\langle$ acide-β-naphtol-disulfoné.

acide-α-naphtol-sulfoné N. W.

On l'appelle aussi bleu diamine BX, 2 B, 3B (C),
Benzo Bleu BX, 2 B, 3 B (By). Pour le coton, on emploie un bain alcalin (15 gr. NaCl par litre), pour la
laine, un bain neutre ou légèrement acide, (acide
acétique), pour la soie, un bain acide. Il convient
très bien à la teinture de la soie et du coton (10 %
savon), et à celle des tissus formés de coton et laine
(30 % NaCl et 5 % phosphate de soude). Il donne un
bleu relativement pur.

Bleu diamine 3 R (C)

Ethoxy-benzidine-azo-2 moléc.-acide-α-naphtol-sulfoné-N W.

Propriétés et applications analogues à celles du
Bleu diamine B — Il donne un bleu violet.

Noir diamine B (C)

Ethoxy-benzidine-azo-(2 moléc.) -acide-amido-naphtol-sulfoné
(combiné en solution alcaline.)

Propriétés et applications analogues à celles du
Noir diamine BO. Il donne un noir bleuâtre.

Noir bleu diamine E (C)

Ethoxy-benzidine-azo $\Big\langle$ acide-β-naphtol-δ-disulfoné.

acide-γ-amido-naphtol-sulfoné.
(combiné en solution alcaline).

Propriétés, applications analogues à celles du
noir diamine R O. — Il donne un noir bleuâtre.

313. — *Benzo purpurine 10 B* (By) (L).
Di-anisidine-azo-(2 moléc.)-acide-naphtionique.

Pour le coton et la laine, on emploie un bain alcalin (20 à 40 gr. NaCl par litre). Pour les tissus formés de soie et de coton, on ajoute 3 0/0 de carbonate de soude et 5 0/0 de savon. On obtient un rouge bleuâtre.

Héliotrope (By) (Ber) (L).
di-anisidine-azo(2-moléc.)acide-méthyl-β-naphtylamine-
δ-sulfoné.

Pour le coton, on emploie un bain alcalin (15 gr. NaCl par litre); pour la laine, un bain neutre. On obtient une nuance violette ou héliotrope.

Violet azoïque (By) (Ber) (L).

Dianisidine-azo$\Big\langle$ acide naphtionique.
acide-α-naphtol-sulfoné **N W**.

Pour le coton, on emploie un bain alcalin (10 gr. NaCl par litre); pour la laine, un bain acide ou un bain neutre. Il convient bien à la laine, au coton et aux mélanges de soie et coton. Il donne un violet terne, rendu plus bleu et plus solide à la lumière et au lavage par traitement au moyen du sulfate de cuivre. On imprime des rongeants au moyen de l'acétate de protoxyde d'étain.

Benzo-azurine G (By) (Ber) (L).
Dianisidine-azo(2-moléc.)acide-α-naphtol-sulfoné **N W**.

Pour le coton, on emploie un bain alcalin (15 gr. NaCl par litre), pour la laine, un bain neutre ou un bain acide; on obtient un bleu violet. Elle convient

bien au coton, à la laine, aux mélanges de soie et
coton, et dans ce dernier cas, on ajoute 3 0/0 de carbonate de soude et 5 0/0 de savon. Lorsque les tissus sont chauds, ils paraissent plus rouges, mais ils
deviennent bleus en se refroidissant. En traitant par
le sulfate de cuivre, la couleur devient plus résistante à la lumière et au lavage. On la ronge aisément par l'acétate de protoxyde d'étain.

Benzo-azurine 3 G (By) (Ber) (L).
Di-anisidine-azo(2-moléc.)acide-α-naphtol-sulfoné (Clève).

Ses propriétés générales et ses applications sont
analogues à celles de la Benzo-azurine G. Elle
donne un bleu plus pur. En traitant par le sulfate de cuivre, la couleur devient d'un bleu beaucoup plus verdâtre.

Azurine Brillante 5 G (By) (L)
Dianisidine-azo-2 moléc.-dioxy-naphtalène sulfoné (au moyen
de l'acide-α-naphtol-disulfoné Sch).

On teint le coton dans un bain d'acide acétique
étendu (20 0/0 NaCl par litre). La laine et la soie se
teignent en bain acide (5 gr. NaCl par litre). Elle
donne un bleu plus pur que les deux couleurs précédentes, et qui devient encore meilleur en traitant
au sulfate de cuivre.

Bleu direct B (S. C. I.)
Dianisidine-azo < acide-dioxy-naphtoïque-sulfoné. / acide-α-naphtol-p-sulfoné.

Le coton se teint dans un bain neutre, et l'on obtient des couleurs allant du bleu d'acier au bleu noir.

Bleu ciel diamine (C)
Diphénétidine-azo(2 moléc.)acide-amido-naphtol-disulfoné H.

Le coton se teint en bain neutre ou en bain alcalin
(60 gr. NaCl par litre). La laine se teint en bain acide
(20 gr. NaCl par litre). Il donne un beau bleu.

314. — *Pourpre de Hesse N* (L) (Ber) (By)
Acide-diamido-stilbène-disulfoné-azo(2 moléc.)-β-naph-
tylamine.

Le coton se teint en bain alcalin (20 gr. NaCl par
litre), la laine dans un bain neutre (15 gr. NaCl par
litre). Les mélangés soie et coton se teignent en ajoutant 5 0/0 de savon, 3 0/0 de carbonate de soude. Il
donne un rouge pourpre.

Pourpre brillant de Hesse (L) (Ber) (By)
Acide diamido-stilbène-disulfoné-azo-(2 moléc.) acide-β-naph-
tylamine sulfoné.

Le coton se teint dans un bain neutre ou légèrement alcalin (80 à 160 gr. NaCl par litre); la laine
dans un bain neutre (40 gr. NaCl par litre). La soie,
et les tissus mélangés soie et coton, se teignent en
ajoutant 5 grammes d'acide acétique par litre. Il
donne un rouge bleuâtre.

Pourpre de Hesse B (L) (Ber) (By)
Acide diamido-stilbène-disulfoné-azo (2 moléc.) Acide
β-naphtylamine-sulfoné Br (contenant un peu d'acide
sulfonique ♂).

Applications et propriétés générales analogues à
celles du pourpre brillant de Hesse. Il donne un rouge bleuâtre.

Pourpre de Hesse D (L) (Ber) (By)
Acide diamido-stilbène-disulfoné-azo (2 moléc).Acide
β-naphtylamine-sulfoné D.

Applications et propriétés générales analogues à
celles du pourpre brillant de Hesse. Il donne un rouge
bleuâtre.

Violet de Hesse (L) (Ber) (By).

Acide diamido-stilbène-disulfoné-azo 〈 α-naphtylamine.
〈 β-naphtol.

Le coton se teint en bain alcalin (40 gr. NaCl par
litre) ; la laine et la soie se teignent aussi en bain
alcalin (20 gr. NaCl par litre), ou avec addition de
5 0/0 de savon et de 3 0/0 de carbonate de soude. Il
donne un violet terne, sensible à l'action des acides.

Jaune brillant (L) (Ber) (By)
Acide diamido-stilbène-disulfoné-azo (2 moléc) phénol.

Le coton, la soie et la laine se teignent en bain acide
(acide acétique étendu et 80 gr. NaCl par litre). Il
donne un jaune brillant, très résistant à la lumière
sur laine et sur soie, mais sensible à l'action des
alcalis, qui le font virer au rouge.

Chrysophénine (L) (Ber) (By)

(Obtenue en éthylant le jaune brillant).

Pour le coton, on emploie un bain alcalin (40 gr.
NaCl par litre). La soie et la laine se teignent en
bain acide ou en bain alcalin (40 à 20 gr.NaCl par
litre). Les tissus coton et laine. ou coton et soie, se
teignent en ajoutant 5 0/0 de savon et 3 0/0 de
carbonate de soude. Elle donne un jaune brillant,

résistant bien à la lumière sur la laine et la soie, et résistant même bien aux alcalis. Il faut éviter l'emploi de cuves en cuivre.

Polychromine B (G)

Composition analogue à celle du jaune brillant, mais l'aniline se substitue au phénol ; on la prépare en faisant bouillir des poids moléculaires égaux d'acide p-nitro-toluène sulfoné et de p-phénylène-diamine en solution alcaline.

On obtient sur coton, un brun-orange en bain neutre ou en bain alcalin. On peut *diazoter* la couleur sur la fibre, et la développer avec la phénylène-diamine, etc : et elle donne alors diverses nuances de brun.

315. — *Ecarlate pour coton* (B K)

Diamido-di-xylyl-phényl-méthane-azo (2 moléc). Acide β-naphtol-disulfoné R.

On obtient un écarlate sur coton, en ajoutant 10 0/0 d'alun et 10 0/0 de sel ordinaire.

Rouge naphtylène (B)

Diamido-naphtalène-(1.5)-azo (2 moléc). Acide-naphtionique.

On teint le coton en bain neutre ou en bain alcalin (10 gr. par litre). La laine et la soie se teignent en bain acide (20 gr. NaCl par litre). La couleur résiste mal aux acides étendus et à la lumière.

Jaune d'or diamine (C)

Acide disulfoné (3.7) diamido-naphtaline (1.5) (2 moléc). phénol. (Le produit est éthylé).

Le coton, la laine, la soie se teignent avec addition d'acide acétique (15 à 30 gr. NaCl par litre), et l'on obtient une couleur jaune.

316. — *Noir violet* (B)

p-phénylène-diamine-azo $\Big\langle$ Acide α-naphtol-sulfoné **N W**.
$\qquad\qquad\qquad$ α naphtylamine.

On obtient cette couleur par les opérations suivantes : diazoter la p-amido-acétanilide ; copuler le produit à l'acide α-naphtol-sulfoné N W, enlever le
groupe acétyle, diazoter la base restante, et combiner avec l'α-naphtylamine.

Le coton et la soie se teignent dans un bain alcalin
(20 gr. NaCl par litre),et l'on obtient un violet terne.

Rouge saumon (B)
p-amido-acétanilide-azo acide-naphtionique.

De la couleur azoïque ainsi obtenue, on élimine le
groupe acétyle, et l'on condense 2 molécules au
moyen du phosgène $(COCl^2)$.

La couleur s'emploie dans un bain alcalin (10 gr.
NaCl par litre).Les tons clairs sont couleur chair ou
saumon ; les tons foncés, couleur orange terne. La
couleur est sensible aux acides étendus.

317. —   *Rouge St-Denis* (P)
Di-amido-azoxy-toluène-azo (2 moléc) Acide α-naphtol
sulfoné N W.

La laine la et soie se teignent en bain acide (5 gr.
NaCl par litre).Le coton ne se teint bien qu'en bain
fortement alcalin. H. Kœchlin recommande la méthode suivante : imprégner le tissu d'une solution
contenant 150 gr. de sulfate de magnésie et 50 gr.
d'alun de potasse par litre, sécher, travailler pendant
trois minutes dans une solution alcaline d'oxyde de
zinc (contenant 50 gr.de sulfate de zinc et 100 centim.

cubes deNa OH à 70° Tw, densité 1,35 par litre) et laver ensuite. — Teindre dans une solution contenant, par mètre de tissu, 3 gr. du colorant, 2 litres 1/2 d'eau, 400 à 500 gr. NaCl et 5 gr. de chaux éteinte. — Elever graduellement la température à 80° cent. et teindre pendant une 1/2 heure. — On obtient un écarlate brillant, résistant bien aux acides.

Dianthine (B) S Sp)

Applications et propriétés générales analogues à celles du rouge St-Denis.

Ecarlate acide de foulage (B S Sp)

$$\text{Di-m-amido-azoxy-toluène-azo} \begin{cases} \text{Ac.-}\alpha\text{-naphtol-sulfoné N W.} \\ \text{Ac.-}\beta\text{-naphtol-disulfoné R.} \end{cases}$$

La laine et la soie se teignent en bain acide, et on obtient un écarlate brillant, qui sur la laine, résiste bien au foulage et au dégraissage.

Ecarlate Rock Y S (B S Sp) ·

$$\text{Di-m-amido-azoxy-toluène-azo} \begin{cases} \text{Ac.-}\alpha\text{-naphtol-sulfoné N W.} \\ \beta\text{-naphtol.} \end{cases}$$

Applications et propriétés analogues à celles de la couleur précédente.

318. — Les couleurs tétrazoïques suivantes sont réunies, parce qu'elles contiennent des groupes carboxyle et hydroxyle (comme dans l'acide salicylique) situés de telle façon qu'ils leur donnent le caractère de couleurs tirant sur mordant. Elles tirent toutes sur des tissus mordancés au chrome ou à l'alumine, de préférence dans un bain légèrement acidulé par de l'acide acétique. Lorsqu'on emploie le chrome, les couleurs sont moins brillantes, mais résistent mieux à la lumière ; sur la laine elles résistent mieux au foulage.

319. — *Chrysamine G* (By) (Ber)
Benzidine-azo (2 moléc). Acide salicylique.

On l'appelle aussi Flavophénine (B)

Pour teindre le coton, on ajoute de l'acide acétique (10 gr. NaCl par litre), ou bien 5 0/0 de phosphate de soude, et 3 0/0 de savon. La laine et la soie se teignent d'une manière analogue. On obtient un jaune pur, très résistant à la lumière, sur la laine et la soie.

Jaune crésotine G (Oe)
Benzidine-azo (2 moléc). Acide crésotinique.

Le coton est teint en bain alcalin (10 gr. NaCl par litre), la laine et la soie en bain neutre (5 gr. NaCl par litre). Il donne un jaune brillant, résistant bien à la lumière, sur la soie et sur la laine.

Orangé pour drap (By)
Benzidine-azo ⟨ acide salicylique. résorcine.

Le coton se teint dans un bain alcalin (20 gr. NaCl par litre), la laine et la soie d'une manière analogue. (10 gr. NaCl par litre). On obtient un jaune brillant, peu solide à la lumière.

Brun pour drap G (By)
Benzidine-azo ⟨ acide salicylique. dioxy-naphtalène (2.7).

Pour teindre le coton, on ajoute de l'acide acétique (10 gr. NaCl par litre). Pour la laine et la soie, on n'ajoute rien. — On a un jaune brunâtre.

Brun pour drap R (By)

Benzidine-azo $\Big\langle$ acide salicylique.
acide naphtol-sulfoné.

On teint le coton dans un bain neutre (5 gr. NaCl par litre), la laine et la soie dans un bain acide ; on a un rouge brunâtre.

Benzo-orangé R (By) (Ber)

Benzidine-azo $\Big\langle$ acide salicylique.
acide naphtionique.

On teint le coton dans un bain alcalin (10 gr. NaCl par litre), la laine et la soie dans un bain neutre (20 gr. NaCl par litre) ; on a un rouge orange brillant, peu résistant à la lumière.

Jaune alcalin R (D)

Benzidine-azo $\Big\langle$ acide salicylique.
acide déhydro-thio-p-toluidine-sulfoné.

On teint le coton en bain alcalin.

Rouge diamine solide (C)

Benzidine-azo $\Big\langle$ acide salicylique.
acide-γ-amido-naphtol sulfoné.

Le coton se teint dans un bain alcalin (30 gr. NaCl par litre), la laine et la soie avec addition de 6 0/0 de bisulfate de soude (10 gr. NaCl par litre). On obtient un rouge assez brillant, résistant bien à la lumière sur la soie et sur la laine.

Rouge nouveau (S C l)

o-nitro-benzidine-azo < acide salicylique. / acide-α-naphtol-p-sulfoné.

Pour le coton, on emploie un bain alcalin ; pour la laine et la soie, un bain acide. La couleur résiste bien à la lumière.

Jaune diamine N (C)

Éthoxy-benzidine-azo < acide salicylique. / phénol.

(Le produit obtenu est ensuite éthylé).

Pour le coton, on ajoute de l'alun (10 gr. NaCl par litre), pour la soie et la laine, on emploie un bain neutre ; on obtient un jaune assez brillant, résistant bien à la lumière, sur soie et sur laine.

320. —   *Chrysamine R* (By) (Ber)
o-tolidine-azo (2 moléc) acide salicylique.

Analogue comme propriétés à la Chrysamine G ; donne un jaune-orange brillant.

Orangé de Toluylène G (Oe)

o-tolidine-azo < acide-o-crésotinique. / acide m-toluylène-diamine-sulfoné.

Pour le coton, on emploie un bain alcalin (20 gr. NaCl par litre) ; pour la laine et pour la soie, on emploie un bain neutre (15 gr. NaCl par litre) ; on obtient un orangé rougeâtre, assez résistant à la lumière sur soie et sur laine.

Jaune de Crésotine R (Oe)
o-tolidine-azo (2 moléc) acide-o-crésotinique.

Analogue comme propriétés générales au Jaune de Crésotine G ; il donne un jaune orangé brillant.

321. — *Jaune de Hesse* (L) (Ber) (By)
acide-diamido-stilbène-disulfoné-azo (2moléc) acide salicylique

Pour le coton, on ajoute de l'acide acétique (100 gr. NaCl par litre) ; pour la soie et la laine, on ne met que de l'acide sulfurique. — Il faut éviter les cuves en cuivre ; on obtient un jaune orangé brillant, qui, sur soie et sur laine, résiste très bien à la lumière.

Jaune de Carbazol (B)
diamido-carbazol-azo (**2** moléc) acide salicylique.

Pour le coton, on emploie un bain alcalin (40 gr. NaCl par litre), ou on teint avec addition de 5 0/0 de savon et de 10 0/0 de phosphate de soude. On teint la soie et la laine d'une manière analogue (10 gr. NaCl par litre) ; on obtient un jaune brillant, assez résistant à lumière, sur laine et sur soie.

Jaune pour coton G (B)
p-amido-acétanilide azo-acide salicylique.

De la couleur azoïque obtenue, on enlève le groupe acétyle, et l'on condense 2 molécules au moyen du phosgène.

Pour le coton, même procédé que dans le cas du Jaune de Carbazol (100 gr. NaCl par litre). La laine et la soie se teignent en bain acide ; on obtient un jaune brillant, résistant bien à la lumière, sur soie et sur laine.

(*f*) COULEURS POLY-AZOÏQUES

322. — Ces couleurs sont celles qui contiennent 3 ou plusieurs groupes azoïques ; on les obtient en dia·

zotant une amine ou une diamine, et en unissant le produit, respectivement avec une couleur tétrazoïque ou monazoïque, ou en diazotant une couleur tétrazoïque convenable, et en unissant le produit obtenu à une amine ou à un phénol.

323. —   *Brun Congo G* (Ber)

Acide sulfanilique-azo-benzidine–azo
/ acide salicylique.

\ résorcine (appelé aussi Orangé pour drap).

Pour le coton, on emploie un bain neutre ou un bain alcalin, ou bien on ajoute de l'acide acétique (15 gr. NaCl par litre). Pour la soie et la laine, on ajoute de l'acide sulfurique. — On obtient un brun rougeâtre.

Benzo-brun G (By)

Acide sulfanilique-azo-m-phénylène-diamine-azo-meta-phénylène-diamine (aussi appelé Brun Bismarck).

Le coton se teint en bain alcalin, la laine et la soie en bain neutre (40 gr. NaCl par litre); on obtient un brun jaunâtre.

324.   *Brun Congo R* (Ber)

                                        / acide-salicylique.
Acide-naphtionique-azo-benzidine-azo
                                        \ résorcine.

Analogue comme propriétés au Brun Congo G ; il donne un brun plus jaunâtre.

Benzo-brun B (By)

Acide-naphtionique-azo-Brun Bismarck.

Analogue comme propriétés au brun benzo G ; il donne un brun moins jaunâtre. — On emploie 15 gr. NaCl par litre.

25

Brun Cachou (Ber)

Benzène disazo-phénylène-diamine (**2** moléc.) m-phénylène-
diamine.

On obtient sur coton un brun jaune dans un bain
neutre.

325.　　　　*Brun de Hesse B B* (L)

Benzidine (2 moléc.) Acide-sulfanilique-azo-résorcine
(aussi appelé Jaune de Résorcine).

On teint le coton en bain alcalin (5 gr. NaCl par litre), la laine en bain acide. On obtient un brun rouge.

Vert diamine B (C)

Benzidine$\Big\langle$ Ac.-p-nitro-benzène-azo-amido-naphtol-sulfoné.
　　　　　　phénol.

Pour teindre le coton, on ajoute de l'acide acétique (10 gr. NaCl par litre).

Brun de Hesse MM (L)

Tolidine (2 moléc) acide-sulfanilique-azo-résorcine.

Propriétés analogues à la marque BB : il donne un
brun fortement violet.

Brun direct J (S.C.I.)

(2 moléc.) Acide m-amido-benzoïque-azo-benzène disazo-phénylène-diamine.

On obtient un brun jaune sur coton, par un bain
alcalin.

326.　　　　*Benzo bleu noir G* (By)

Benzidine-disulfo$\Big\langle$ α-naphtylamine-ac.α-naphtol-sulfonéNW.
　　　　　　　acide-α-naphtol-sulfoné NW.

Pour le coton, on emploie soit un bain alcalin,

soit un bain neutre (10 gr. NaCl par litre) ; pour la
laine, un bain acide ; on obtient un ton noir bleu.

Benzo bleu noir R (By)

Tolidine-disulfo⟨ αnaphtylamine-ac. α-naphtol-sulfoné NW.
            acide-α-naphtol-sulfoné NW.

Propriétés analogues au dernier ; il donne un violet bleu.

Benzo gris (By)

Benzidine-azo-acide-salicylique-α-naphtylamine-azo (1 moléc.)
acide-α-naphtol-sulfoné,

Pour teindre le coton, on ajoute de l'acide acétique ; pour la laine, de l'acide sulfurique, et l'on obtient des gris neutres.

Bronze diamine G (C)

Benzidine⟨ acide-amido-naphtol-disulfoné H. m-phénylène
                                          [diamine.
         acide-salicylique.

On obtient sur coton un brun olive, en ajoutant
de l'acide acétique. (10 gr. NaCl par litre).

(g) *Couleurs thioazoïques.*

327. On peut grouper dans cette catégorie, pour
plus de commodité, toutes les couleurs azoïques
produites par la thio-p-toluidine, ou par les corps
homologues ou dérivés, que l'on diazote à la manière ordinaire, laissant ensuite le produit réagir
sur une amine ou un phénol. On les applique à la
manière des couleurs tétrazoïques, soit comme couleurs directes pour le coton, soit comme couleurs
acides, pour la soie et la laine.

Rouge titan (R II). On ne connaît pas la composition de ce rouge titan, de même que celle d'autres rouges, oranges, jaunes, bruns, titans. Ils sont probablement produits en diazotant l'acide thio-p-toluidine sulfoné ou un composé de la même famille, et en combinant le produit avec divers phénols ou amines.

Pour le coton. on emploie un bain neutre où un bain alcalin (20 à 80 gr. NaCl par litre), ou avec addition d'acide acétique comme dans le cas des jaunes titan, R et Y. Pour la soie et la laine, on emploie un bain acide, ou bien un bain neutre, s'il s'agit du brun titan Y.

328. *Rouge pour drap Clayton* (CL.CO.)
Acide-déhydro-thio-p-toluidine-sulfoné-azo-β-naphtol.

Pour la laine et la soie,il est appliqué comme *couleur acide*, ou bien on mordance au chrome, et l'on teint dans un bain neutre. Il résiste assez bien, dit-on, à la lumière et au foulage.

Thiorubine (D)
Acide-déhydro-thio-p-toluidine-sulfoné-azo   acide-β-naphtol-disulfoné R.

On l'applique à la soie et à la laine, comme couleur acide.

Jaune alcalin (D)
Acide-déhydro-thio-p-toluidine-sulfoné-azo-acide-salicylique.

On l'appelle aussi jaune pour coton R (B), ou jaune Oriol (G).

Pour teindre le coton, on ajoute de l'acide acétique (10 gr. Nacl par litre) : pour la soie et la laine, on emploie un bain acide ordinaire, ou bien on mordance au chrome, d'abord. On obtient un jaune orangé, résistant bien à la lumière sur la soie et laine.

Jaune de thiazol (By)

Acide-déhydro-p-toluidine-sulfoné-azo-acide-déhydro-thio-
p-toluidine-sulfoné.

On l'appelle aussi jaune Clayton (Cl-Co) et Turmérine. (B. S et Sp).

Le coton, la soie, et la laine se teignent en bain alcalin (15 à 60 gr. NaCl par litre), ou avec addition de 5 0/0 savon et de 5 0/0 phosphate de soude. On le recommande pour les tissus formés de soie et coton. Exposé à l'air, le jaune brillant obtenu sur la laine se ternit, et devient d'une couleur chamois assez solide.

Brun pour coton Clayton (Cl-Co)

Acide-déhydro-tio-p-toluidine-sulfoné-azo-p- sulfonaphtalène-
azo-m-p-phenylène-diamine.

Pour teindre le coton, on ajoute NaCl.

329. —   *Erica B* (Ber)

Déhydro-thio-m-xylidine-azo-acide-α-naphtol-ϵ-disulfoné.

Pour le coton, on emploie un bain alcalin, (40 gr. NaCl par litre) ; pour la laine et la soie, un bain acide ; on obtient un rouge bleuâtre, et cette matière colorante est très utile pour obtenir des roses bleuâtres. Sur la laine et sur la soie, la couleur résiste assez bien à la lumière, et sur le coton, elle résiste mieux que la plupart des autres couleurs azoïques.

330. — *Brun alcalin*
Primuline-azo m-phénylène-diamine.

On obtient sur coton un brun rougeâtre en bain alcalin, avec addition de NaCl. La couleur obtenue peut être diazotée et développée avec des amines ou des phénols.

Rouge atlas (B. S et Sp)
Primuline-azo-m-toluylène-diamine.

On obtient sur coton un rouge brunâtre en bain alcalin : on obtient des tons plus foncés en diazotant la couleur teinte, et en la développant au moyen d'amines ou de phénols.

Terra-cotta F (G)
Primuline-azo-p-sulfo-naphtalène-azo-m-phénylène-diamine.

Pour le coton. on emploie un bain neutre (15 gr. NaCl par litre) ; on obtient un brun sensible à la lumière, même sur soie et sur laine.

Jaune mimosa (G)

On l'obtient en faisant bouillir le composé azoïque de la primuline avec une dissolution d'ammoniaque. Pour coton, laine, soie, on emploie un bain alcalin (10 gr. Nacl par litre), et l'on obtient un jaune brillant, très sensible à la lumière, même sur soie et sur laine.

(*h*) Couleurs azoïques développées sur fibre

331. — Un groupe de ces couleurs comprend les *couleurs azoïques insolubles*, produites directement sur

la fibre de coton. On les obtient facilement en nature, en faissant réagir l'acide nitreux AzO^2H sur
les solutions de sels des bases organiques primaires
(composés amidés), ce qui donne lieu à la formation
du composé diazoïque.

$$C^6H^5.Az.H^2.HCL + HAzO^2 = C^6H^5.Az : Az.Cl + 2H^2O$$

Chlorhydrate d'aniline, acide nitreux, chlorure de diazo-benzène

Si l'on ajoute alors au composé diazoïque la solution alcaline d'un phénol, (ou la solution acide
d'une amine), il se précipite aussitôt une couleur
azoïque insoluble, selon l'équation suivante.

$$C^6H^5.Az: AzCl + C^{10}H^7.ONa = C^6H^5.Az: Az.C^{10}H^6.OH + NaCl$$

Chlorure de   β-naphtol sodé = Benzène-azo-β-naphtol
diazo-benzène   (jaune orange)

On peut développer et fixer directement ces couleurs sur la fibre de coton, en l'imprégnant d'abord
de la solution du phénol, en séchant, et en passant
dans une solution froide du composé diazoïque. Les
opérations nécessaires à la production de ces couleurs
azoïques insolubles sur la fibre consistent donc : (1)
à imprégner la fibre avec la solution de phénol, (2)
à diazoter la base (3), à développer la couleur.

(1) Imprégner avec le phénol. — Les tissus de
coton sont imprégnés de la solution froide du phénol
(soit en foulardant, soit en immergeant, et en exprimant ensuite); on sèche rapidement, puis on développe. L'exposition à l'air et à la lumière de la fibre
mordancée donnant lieu à des irrégularités et à des
teintes faibles et non uniformes, doit être, par conséquent, évitée.

L'intensité de la couleur à produire est réglée par la concentration du phénol employé. Pour 1 moléc. de phénol, il est bon, comme on le verra par la suite, d'employer 2 moléc. de NaOH, quoiqu'une seule molécule soit réellement nécessaire pour la saturation; de la sorte, 144 gr. β naphtol seraient dissous dans 500 cmc d'eau, contenant 80 gr. NaOH, et l'on étendrait alors jusqu'à 10 litres. Pour rendre les couleurs plus vives et plus solides, on peut ajouter à la solution du sulforicinate, du stannate de soude, etc.

(2) *Diazoter la base.* — Cette opération doit toujours être faite à une température ne dépassant pas 5° cent., parce qu'à des températures plus élevées, les composés diazoïques sont très instables, et se décomposent avec dégagement d'azote. Les corps amido-azoïques, cependant, peuvent être diazotés à température ordinaire, sans décomposition.

Pour une molécule de base, il faut 1 molécule de nitrite de soude et 3 moléc. HCl ; une pour dissoudre la base, une pour libérer l'acide nitreux, la troisième en excès, pour rendre la solution diazoïque plus stable. La base étant d'abord dissoute dans l'acide, on ajoute de l'eau, et l'on refroidit la solution en y mettant des morceaux de glace ; on ajoute alors lentement la solution de nitrite de soude, en agitant continuellement. On peut, sans glace, obtenir d'excellents résultats, en mélangeant d'abord la base et le nitrite de soude, et en ajoutant alors l'acide.

Pour le cas de l'aniline, l'équation suivante indique les proportions relatives des divers ingrédients employés :

$$C^6H^5. Az. H^2. HCl + 2HCL + NaAzO^2 = C^6H^5.Az : Az.Cl$$

Chlorhydrate d'aniline   Nitrite de soude Chlorure de
diazo-benzène

$$+ NaCl + HCl + 2H^2O$$

L'excès d'acide chlorhydrique indiqué ci-dessus est neutralisé pendant le développement, par l'excès de soude caustique employée pour dissoudre le phénol.

Il est bon d'employer un léger excès de nitrite de soude, et l'on peut aisément déterminer cela en faisant agir la solution diazoïque sur du papier amidon-ioduré qui est coloré en bleu par un excès d'acide nitreux. On peut filtrer la solution avant l'emploi, si cela est nécessaire. On obtient une concentration convenable de la solution diazoïque, en prenant 1 moléc. de la base en grammes (93 gr. aniline par exemple), et en étendant le tout jusqu'à 10 litres. Avant de l'employer, il est bon d'ajouter à la solution 2 moléc d'acétate de soude, une pour neutraliser l'acide chlorhydrique en liberté et le remplacer par de l'acide acétique libre, et l'autre pour transformer le chlorure du composé diazoïque en acétate correspondant ; ou bien, si l'on vise à l'économie, il peut suffire simplement de neutraliser l'acide chlorhydrique en liberté avec 1/2 molécule de craie. Chaque base demande un traitement légèrement différent, et des instructions spéciales sont ordinairement données par les fabricants de couleurs.

Il est nécessaire, pour obtenir de bons résultats. d'opérer avec soin, et de garder les proportions exactes des divers ingrédients. Voici la table des poids relatifs employés :

```
1 molécule  Aniline                    93
1    »      Toluidine                 107
1    »      α ou β Naphtylamine       143
1    »      Méta ou paranitrani-
            line                      138 ⎫
1    »      Nitro-para-toluidine      152 ⎪ En pâtes à 25 0/0, il faut
1    »      Amido-azo-benzène         197 ⎬ prendre 4 fois ces poids.
1    »      Ortho-amido-azo-to-           ⎪
            luène                     225 ⎭
1    »      α ou β napthol            144
1/2  »      Benzidine                  92
1/2  »      Tolidine                  106


1
─ molécule  Nitrite de soude (NaAzO²)     69   (commercial 75)
3
     »      Acide chlorhydrique (HCl)    109,5 (à 32 0/0)
     »      Acétate de soude (C²H³O.ONa
                           + 3H²o)      272   (léger excès 300)
1/2  »      Carbonate de chaux (CaCO³     50
2    »      Soude (NaOH) caustique       80   (88,8 à 90 0/0 de
                                              soude)
```

3. *Développement.* — La matière, imprégnée de la
solution de phénol et séchée, est travaillée pendant
1/2 minute ou une minute entière dans la solution
diazoïque, la couleur se développant immédiatement.
Pour compléter l'opération, on fait suivre d'un bon
lavage à l'eau froide, d'un savonnage léger à 60°
cent., d'un rinçage et d'un séchage.

Le tableau suivant donne les différentes nuances
obtenues avec les bases plus généralement en
usage : —

Base	Couleur donnée par le Naphtol β	Couleur donnée par le Naphtol α
Aniline	Jaune-orange	Brun cachou
Para-toluidine	Orange-jaune	» »
Méta-nitraniline	Écarlate	Brun-orange
Nitro-para-toluidine	Orange	Brun-cachou
α Naphtylamine	Bordeaux	Rouge-puce
β Naphtylamine	Rouge brillant	» »
Amido-azo-benzène	Rouge	» »
Ortho-amido-azo-toluène	Rouge clair jaunâtre	» »
Benzidine	Couleur puce	Brun foncé
Tolidine	id. id.	» »
Para-nitraniline	Rouge vif	Orange-brun

Ces couleurs azoïques insolubles, développées sur
la fibre, sont d'un très grand usage dans la pratique,
parce qu'elles résistent bien au lavage, à l'action des
acides, des alcalis, et qu'elles ne déteignent pas. Elles
sont cependant sujettes à décharger par frottement,
et ne sont pas d'ordinaire très résistantes à la lumière. Elles conviennent moins à la soie et à la laine.

332. — Un certain nombre de couleurs tétrazoïques, après avoir été employées à la manière ordinaire, comme couleurs directes pour coton, peuvent
être diazotées sur la fibre au moyen de l'acide nitreux,
parce qu'elles contiennent des groupes amidés en
liberté. Un passage subséquent dans une solution
d'amine ou de phénol, développe sur la fibre une
nouvelle couleur azoïque, qui diffère de la couleur
primitive en ce qui concerne le ton et les propriétés.
Elle a d'abord plus de fond, et étant insoluble, elle
ne déteint pas; de plus, elle résiste mieux aux acides et aux alcalis.

Ces couleurs azoïques développées sur fibre,
ingrain, dans la fibre même, sont donc réellement
produites par le teinturier lui-même, par les trois
opérations consécutives : teinture, diazotation, développement.

La *teinture* se fait en faisant bouillir le coton pendant une 1/2 heure à 1 heure, avec 2 à 5 0/0 de matière colorante, selon la teinte voulue, avec addition de 5 0/0 de carbonate de soude, et 15 0/0 de
sulfate de soude ou autre auxiliaire convenable,
tel que le sel ordinaire.

La diazotation consiste à travailler, pendant plu-

sieurs minutes, le coton rincé dans une solution
froide d'acide nitreux, contenant 5 grammes de nitrite de soude par litre, et légèrement acidulé par de
l'acide sulfurique ou chlorhydrique. La matière diazotée est ensuite rincée dans l'eau froide, et passée immédiatement dans le bain de développement,
en évitant autant que possible l'exposition à la lumière, ou le séchage partiel du tissu. Ces précautions sont nécessaires, parce que le composé diazoïque présent sur la fibre est très instable, et si on les
négligeait, on aurait une teinture inégale.

Le *développement* consiste à travailler le tissu diazoté pendant quelques minutes, à froid, dans une
solution alcaline ou neutre de l'amine ou du phénol
convenable, et qu'on appelle généralement développeurs.

Jusqu'à présent, ce procédé a été surtout employé
à produire le bleu, le noir, le brun, mais il est sus-
ceptible d'une application plus étendue.

Pour le *bleu*, on teint le coton avec le noir diamine
RO ou BO (C), ou avec le noir bleu diamine E (C), et
après diazotation.on développe avec le β-naphtol pour
bleu marine foncé ; et avec l'éthyl-β-naphtylamine
pour des couleurs moins foncées ou plus vives, ou
avec l'acide amido-naphtol sulfoné, pour des bleus
d'une vivacité moyenne, mais résistant mieux à la
lumière.

Le développeur β-naphtol se prépare en dissolvant
70 gr. 8 β-naphtol dans 58 gr. 3 NaOH (75 Tw) (densité 1.375), et en étendant avec de l'eau jusqu'à un
litre. Pour le bain de développement, on ajoute 2
équivalents de cette solution pour 100 d'eau froide.

Le bain de développement de l'éther-naphtylamine se prépare en dissolvant dans un litre d'eau, 9 gr. de pâte éther-naphtylamine (C), ou son équivalent en poudre (2 gr. 16).

Pour le *noir*, on teint avec le noir diamine RO ou BO, et après diazotation, on développe avec la phénylène diamine, la résorcine, ou un mélange de résorcine et de β-naphtol.

La phénylène-diamine est fournie par les fabricants (C) en solution ou à l'état sec, avec les instructions nécessaires.

Le développeur résorcine se prépare en dissolvant 54 gr. 2 de résorcine, dans 116 gr. 7 de soude caustique (75°Tw), et en étendant d'eau froide jus_qu'à ce qu'on ait un litre. Pour le bain, la solution est étendue jusqu'à 50 litres.

Pour le *brun*, on teint avec le brun diamine V (C). ou le brun pour coton A et N (C), et l'on développe dans une solution froide de chrysoïdine AG (C), contenant 0, gr. 5 par litre, et rendue neutre par l'addition de 0, gr. 5 de craie précipitée.

Toutes les couleurs azoïques développées peuvent être modifiées de ton par la superposition d'autres couleurs ; par exemple, par une nouvelle teinture avec des couleurs basiques, Violet méthyle, Safranine, etc., pour lesquelles elles servent en réalité de mordants.

Comme on l'a indiqué plus haut, on obtient avec la Primuline des couleurs qui, par leurs caractères généraux, peuvent être classées parmi les couleurs que l'ont vient de citer.

CHAPITRE XXI

COLORANTS DÉRIVÉS DU THIO-BENZÉNYLE

333. — Ces couleurs dérivent de certaines bases, obtenues à haute température par l'action d'une grande quantité de soufre sur la p-toluidine ; l'une de ces bases-thio est appelée déhydro-thio-p-toluidine, et l'autre base, primuline. Bien des couleurs azoïques, dérivées de la première, ont déjà été citées comme couleurs azoïques, mais les membres de ce groupe, quoique d'une certaine importance, ne sont pas nombreux.

$$\textit{Thioflavine}\ \text{T}\ (\text{C})$$
$$CH^3Cl$$
$$CH^3.C^6H^3 \diagdown \!\!\! \begin{matrix} Az \\ S \end{matrix} \!\!\! \diagup C.C^6H^4.Az\ (CH^3)^2.$$

On l'obtient en méthylant la déhydro-thio-p-toluidine.

Elle est appliquée comme couleur basique, et donne des jaunes verdâtres très purs, mais sensibles à l'action de la lumière.

Thioflavine S (C)

C'est le sel sodé de la primuline méthylée. Pour
le coton et la laine, on emploie un bain alcalin (10 gr.
NaCl par litre), ou bien on ajoute 5 0/0 de savon ;
pour la laine, on emploie un bain neutre, avec addition de sulfate de soude ; on obtient un jaune verdâtre pur, sensible à la lumière, et qui vire au rouge
par l'action des acides étendus.

334. —   *Primuline* (B. S. Sp.) (By)

$$C\!<^S_{Az}\!>C^6H^3.C\!<^S_{Az}\!>C^6H^3.CH^3.$$

$$C^6H^3\!<^S_{Az}\!>C.C^6H^3\!<^{So^3Na.}_{AzH^2.}$$

On l'obtient en sulfonant la base primuline ; on
l'appelle également : Carnotine (Cl.Co), Polychro-
mine (G), Thiochromogène (D), Auréoline (R.H),
Sulphine (B).

Pour la laine, la soie, le coton, on emploie un bain
neutre ou un bain alcalin (10 gr. NaCl par litre), et
l'on obtient un jaune verdâtre, couleur primevère.
On peut aussi teindre la laine et la soie dans un
bain légèrement acidulé par de l'acide acétique. Le
jaune primuline n'est pas sensible à l'action des
alcalis, et n'est pas détruit par les agents oxydants,
quoique le ton change ; il rougit cependant sous
l'action des acides, et résiste mal à la lumière.

Quoique la primuline ne donne pas par elle-même
une couleur bien utile, elle contient un groupe amidé,
et peut ainsi être diazotée sur la fibre, et ensuite
développée dans des solutions de divers amines ou

phénols, produisant ainsi de nouvelles teintes dans la fibre même (*ingrain*), qui sont analogues à celles dérivées des colorants diamines, et dont il a été question dans le chapitre des *couleurs azoïques développées*.

La primuline devient donc une matière colorante très intéressante, par suite du grand nombre des couleurs que l'on en peut tirer ; de plus, les couleurs obtenues résistent bien au savonnage et au foulage, et quoique résistant assez mal à la lumière, elles sont d'une grande importance pour le teinturier en coton.

Les opérations de teinture, diazotation, développement, se font de la même manière et avec les mêmes précautions que pour les couleurs diamines. L'intensité de la couleur développée dépend de l'intensité de la primuline ; avec les développeurs phénoiques, les solutions doivent être alcalines ; avec les développeurs basiques, elles doivent être légèrement acides. Lorsqu'on emploie ces derniers, les couleurs obtenues contiennent des groupes amidés en liberté, et peuvent être ainsi diazotées et développées à nouveau avec des phénols ou des amines ; on obtient ainsi une variété de couleurs plus foncées.

Oxyphénine (ClCo)

Cette matière colorante, appelée aussi Jaune Chloramine (By), s'obtient en oxydant l'acide déhydrothio-p-toluidine-sulfoné. On teint directement sur coton en bain neutre (80 gr. NaCl par litre). La laine se teint de la même manière, ou en bain acide. Elle donne un jaune relativement terne, très résistant, sur la laine, à la lumière

CHAPITRE XXII

COLORANTS DÉRIVÉS DU DIPHÉNYLMÉTHANE

335. — *Auramine* (B) (S. C. I).

$$AzH = C \begin{cases} C^6H^4 . Az (CH^3)^2 \\ C^6H^4 . Az (CH^3)^2 HCl \end{cases}$$

On l'obtient en chauffant la tétraméthyl-diamido-benzo-phénone, avec du chlorure d'ammonium et du chlorure de zinc, à 160° cent.

On l'applique aux diverses fibres, comme *couleur basique*, et elle sert beaucoup pour la teinture du coton. Elle donne un jaune brillant, sensible à l'action de la lumière, et à celle du chlore. Sa solution aqueuse se décompose à 80° cent.

Pyronine G (L).

$$HC \begin{cases} C^6H^3 \\ C^6H^3 \end{cases} O \begin{matrix} . Az (CH^3)^2 \\ . Az (CH^3)^2 \ Cl \end{matrix}$$

On l'obtient en oxydant l'oxyde de tétra-méthyl-diamido-diphényl-méthane, obtenu par condensation de la formaldéhyde avec le diméthyl-m-amido-phénol.

Elle est appliquée comme *couleur basique*, et donne un rouge bleuâtre brillant, sensible à l'action de la lumière.

Pyronine B (L). C'est le composé éthylé correspondant à la couleur précédente. Elle a des propriétés analogues, s'applique de la même manière, mais donne un rouge plus bleuâtre.

Rouge Acridine 3 B (L). On l'obtient par oxydation de la Pyronine G par le permanganate de potasse. On l'applique de la même manière que la précédente, mais elle donne un rouge plus jaunâtre que la Pyronine G, à laquelle elle ressemble à tous les autres points de vue.

CHAPITRE XXIII

COLORANTS DÉRIVÉS DU TRI-PHÉNYL-MÉTHANE

336. — *Vert malachite* (Ber).

$$C \begin{cases} C^6H^5 \\ C^6H^4.Az\,(CH^3)^2 \\ C^6H^4.Az\,(CH^3)^2\,Cl. \end{cases}$$

On l'appelle aussi vert malachite B (B), vert Victoria (B), vert nouveau (By), Vert solide (C), Vert diamant (Mo), Vert diamant B (B), Vert de benzaldéhyde, etc.

On l'obtient en oxydant le produit de la condensation de la benzaldéhyde avec la diméthylaniline. Dans le commerce, on le trouve sous forme de sulfate, d'oxalate et de chlorhydrate de la base du colorant, ou comme chlorure double zincique. On l'applique à la soie, à la laine, au coton, comme couleur basique, et il donne un vert bleuâtre brillant, sensible à l'action de la lumière et du foulage.

Vert brillant (B) (By) (C) (M). On l'appelle aussi vert malachite G (B). Vert éthyle (Ber), Vert éme-

raude (By), Vert solide (Mo), etc. C'est le composé
éthylé correspondant au précédent ; on le vend ordinairement sous forme de sulfate ou de chlorozincate ;
on l'applique à la manière du vert Malachite ; il donne
un vert plus jaunâtre.

Vert Victoria 3 *B* (B).

$$C \begin{cases} C^6H^4Cl^2 \\ C^6H^4.Az\ CH^3)^2 \\ C^6H^4.Az\ (CH^3)^2\ Cl. \end{cases}$$

On l'appelle aussi *vert solide nouveau* 3B (S.C.I.). Il
se prépare de la même manière que le vert malachite,
mais on emploie la benzaldéhyde bichlorée au lieu
de la benzaldéhyde.

Ses propriétés et son mode d'application sont analogues à ceux du vert malachite, mais il donne un
vert plus bleuâtre.

337. *Vert lumière S. F. bleuâtre* (B).

$$C \begin{cases} C^6H^4\ SO^3\ Na \\ C^6H^4.Az\ (CH^3).CH^2.C^6H^4.SO^3Na \\ C^6H^4.Az\ (CH^3).CH^2.C^6H^4.SO^3Na \\ OH. \end{cases}$$

On l'appelle également vert acide (By), et on l'obtient par condensation de la benzaldéhyde avec la
méthyl-benzyl aniline, que l'on fait suivre de la
sulfonation et de l'oxydation.

On l'applique à la laine, à la soie, au cuir comme
couleur acide. Le jute se teint avec addition de 3 0/0
d'alun et de 2 0/0 d'acide acétique. On obtient un
vert brillant, sensible à l'action de la lumière. Cette
couleur ne peut s'appliquer au coton.

Vert lumière S. F jaunâtre (B) Appelé aussi vert acide (By) (C) (Oe), ce vert est le dérivé éthylé qui correspond au précédent. Il s'applique de la même façon, et donne un vert plus jaunâtre, qui a des propriétés analogues.

Vert de Guinée B (Ber).

$$C \begin{cases} C^6H^5 \\ C^6H^4.Az\ (C^2H^5).CH^2.C^6H^4.SO^3\ Na \\ C^6H^4.Az\ (C^2H^5).CH^2.C^6H^4.SO^3\ Na \\ OH. \end{cases}$$

Cette matière s'obtient par la condensation de la benzaldéhyde et de l'acide benzyl-éthyl-aniline-sulfoné, et par une oxydation subséquente du produit; on l'applique à la laine et à la soie, comme *couleur acide*, et elle donne un vert brillant, peu solide à l'action de la lumière.

Vert de Guinée. BV (Ber).

$$C \begin{cases} C^6H^4.Az\ O^2 \\ C^6H^4.Az\ (C^2H^5).CH^2.C^6H^4.SO^3\ Na \\ C^6H^4.Az\ (C^2H^5).CH^2.C^6H^4.SO^3\ Na \\ OH. \end{cases}$$

On l'obtient de la même manière que le précédent, mais en employant la m-nitro-benzaldéhyde, au lieu de la benzaldéhyde.

Mode d'application et propriétés très analogues à ceux du Vert de Guinée B.

Bleu patenté surfin, extra BN (M).

$$C \begin{cases} C^6H^2.OH.(SO^3)^2\ Ca \\ C^6H^4.Az\ (CH^3)^2 \\ C^6H^4.Az\ (CH^3)^2 \\ OH. \end{cases}$$

On l'obtient par condensation de la m-nitro-benzaldéhyde, avec la diméthyl-aniline. Le produit est
ensuite successivement réduit, diazoté, etc., puis
converti en composé hydroxylé correspondant, qui
est alors sulfoné, et le leuco produit obtenu est finalement oxydé. Les différents dérivés sont des composés hydroxylés comme le montre la formule ci-
dessus, ou des m-amidés correspondants, ou bien
des dérivés m-chlorés.

Ces couleurs s'appliquent à la soie et à la laine
comme *couleurs acides*. Elles donnent un bleu très pur,
ou bien un bleu verdâtre, qui résistent mieux à la
lumière que les autres bleus, mais pas au foulage ;
on obtient facilement des nuances unies. Employés
avec les violets acides, ils remplacent parfaitement
le carmin d'indigo. Pour la teinture de soie, il faut
éviter un excès d'acide.

Cyanine B (M). On l'obtient en oxydant un des bleus
précédents, auxquels elle ressemble comme propriétés et mode d'application; elle donne un bleu
verdâtre brillant.

338. — *Vert azoïque* (By).

$$C \begin{cases} C^6H^4.Az{:}Az\ C^6H^3(OH)\ CO^2 \\ C^6H^4.\quad Az\ (CH^3)^2 \\ C^6H^4.\quad Az\ (CH^3)^2 \end{cases}$$

Vendu sous forme de pâte, ce vert est produit par
la condensation de la m-nitro-benzaldéhyde avec la
diméthyl-aniline, le produit étant alors successivement réduit, diazoté, et le composé azoïque obtenu
étant uni finalement à l'acide salicylique. C'est donc

à la fois un composé azoïque et un dérivé du tri-phényl-méthane. Ce vert possède le caractère de *couleur tirant sur mordant*, à cause de la présence des groupes carboxyle et hydroxyle groupés en ortho (comme dans l'acide salicylique).

Pour la laine, on mordance d'abord au bichromate de potasse (3 0/0) et à l'acide oxalique (1 0/0) ; on teint sans rien ajouter, et l'on rince finalement dans une solution de savon. La couleur résiste mal à la lumière et au frottement, mais résiste bien au foulage.

Pour la soie, on ajoute de l'acide acétique.

Avec l'acétate de chrome, il peut servir à l'impression sur calicot.

339. — *Bleu victoria*. — B (B) (S.C.I).

$$C \begin{cases} C^6H^4.Az\,(CH^3)^2 \\ C^6H^4.Az\,(CH^3)^2 \\ C^{10}H^6.Az\,(C^6H^5)\,HCl. \end{cases}$$

On l'obtient en faisant réagir le chlorure de carbonyle sur la diméthyl-aniline et en condensant le produit (chlorure de tétra-méthyl-diamido-benzophénone) avec la phényl-α-naphtylamine.

En solution aqueuse, il est décomposé par une ébullition prolongée, à moins que l'on ajoute de l'acide acétique, la base du colorant étant précipitée.

Pour le coton, on l'applique à la manière ordinaire comme *couleur basique* sur tannate d'antimoine, en ayant soin d'ajouter de l'acide acétique au bain de teinture, pour en empêcher la décomposition. Pour la laine et la soie, on l'applique comme couleur acide, en ajoutant au bain, soit de l'acide acétique, soit de l'acide sulfurique.

On obtient un bleu brillant, résistant bien sur laine au foulage, mais pas à la lumière. Il décharge aussi très facilement par le frottement, et pour remédier à cet inconvénient, il faut procéder à un savonnage.

Bleu victoria 4 R (B) (S.C.I) C'est le composé méthyl-phényl-α-naphtylamine correspondant du bleu victoria B, auquel il est intimement lié, et dont les propriétés sont très analogues. Il donne un bleu plus rougeâtre.

Bleu de nuit (B) (S.C.I).

$$C \begin{cases} C^6H^4.Az\,(C^2H^5)^2 \\ C^6H^4.Az\,(C^2H^5)^2 \\ C^{10}H^6Az\,(C^7H^7)\ HCL \end{cases}$$

Ce bleu s'obtient d'une manière analogue à celle du bleu Victoria B, et est le dérivé p-tolyl-α naphtylamine correspondant, il se prépare avec le chlorure de tétra-éthyl-diamido-benzo-phénone.

Il donne un bleu brillant très pur, mais autrement, ses propriétés générales et son mode d'application sont analogues à ceux des bleus Victoria.

340. — *Fuchsine.* — (R.H (B) (By) (H) (C).

$$C \begin{cases} C^6H^4.AzH^2 \\ C^6H^4.AzH^2 \\ C^6H^4.AzH^2.Cl \end{cases} \quad \text{et}\quad C \begin{cases} C^6H^3(CH^3)AzH^2 \\ C^6H^4.AzH^2 \\ C^6H^4.AzH^2.Cl \end{cases}$$

Ce produit est aussi appelé Roséine (B S.Sp), Magenta (RH), Rubine (Ber), etc. De la fuschine très

impure est vendue sous le nom de cerise, grenadine,
marron, etc. La couleur pure est un mélange de
chlorhydrate de p-rosaniline et de rosaniline, comme
l'indique la formule ci-dessus. On la produit en
oxydant un mélange d'aniline, d'o-toluidine et de
p-toluidine, au moyen de l'acide arsénique, ou par
une autre méthode.

On l'applique au coton, à la laine et à la soie, à la
manière ordinaire, comme *couleur basique*; et elle
donne un rouge bleuâtre brillant, peu résistant à la
lumière et au foulage.

Fuchsine nouvelle (M).

$$C \begin{cases} C^6H^3(CH^3).AzH^2 \\ C^6H^3(CH^3).AzH^2 \\ C^6H^3(CH^3).AzH^2.Cl. \end{cases}$$

Cette matière colorante, appelée aussi Isorubine,
est produite au moyen de la formaldéhyde et de
l'o-toluidine.

Ses propriétés et son mode d'application sont
analogues à celles de la fuchsine, mais elle est beaucoup plus soluble dans l'eau, et donne un rouge
plus bleuâtre.

341. — *Fuchsine acide.* — (B).

$$C \begin{cases} C^6H^3(SO^3.Na).AzH^2 \\ C^6H^3(SO^3Na).AzH^2 \\ C^6H^3(SO^3Na).AzH^2 \\ OH. \end{cases}$$

On l'appelle aussi Rubine S (B), fuschine S
(Ber), etc., et elle est obtenue par l'action de l'acide
sulfurique sur la fuchsine. On l'applique à la laine et

à la soie comme *couleur acide* ; elle ne s'applique pas au coton. Elle donne des tons réguliers, très analogues à ceux de la fuchsine ordinaire, mais possède un pouvoir colorant moitié moindre. Ces couleurs résistent mal à la lumière et au foulage. On vend des fuchsines acides impures, sous les noms de Marron S (B), Cerise acide (M) (P), Rouge cardinal S., etc.

Violet rouge 4RS (B).

$$C \begin{cases} C^6H^2 (SO^3Na).\ CH^3.AzH (CH^3) \\ C^6H^3 (SO^3Na).\ AzH (CH^3) \\ C^6H^3 (SO^3Na).\ AzH. \end{cases}$$

On l'obtient par l'action de l'acide sulfurique fumant. sur la diméthyl-rosaniline. Appliqué à la laine et à la soie comme *couleur acide*, il donne un rouge plus bleuâtre que la fuchsine acide. La couleur résiste mal à la lumière ou au foulage, et est très sensible à l'action des alcalis.

Violet rouge 5RS (B).

$$C \begin{cases} C^6H^2 (SO^3Na).\ CH^3.AzH^2 \\ C^6H^3 (SO^3Na).\ AzH (C^2H^5) \\ C^6H^3 (SO^3Na).\ AzH. \end{cases}$$

On l'obtient par l'action de l'acide sulfurique fumant, sur l'éthyl-rosaniline. Propriétés générales et mode d'application analogues à ceux du Violet rouge 4RS. Il donne un rouge un peu plus bleuâtre :

342. — *Violet méthyle* B (Ber) (B) (By) (C) (M) (Oe).

$$C \begin{cases} C^6H^4.Az (CH^3)^2 \\ C^6H^4.Az (CH^3)^2 \\ C^6H^4.Az (CH^3) HCl. \end{cases}$$

Appelé aussi violet de Paris (P), il est produit par
l'oxydation de la diméthyl-aniline, au moyen de
chlorure cuivrique. Appliqué au coton, à la soie, à
la laine comme couleur basique, il donne un violet
brillant, peu résistant à la lumière ou au foulage.

Violet cristallisé (B) (S. C. I)

$$C \begin{cases} C^6H^4.Az\,(CH^3)^3 \\ C^6H^4.Az\,(CH^3)^2 \\ C^6H^4.Az\,(CH^3)^2.Cl. \end{cases}$$

On l'obtient par l'action du chlorure de carbonyle
sur la diméthyl-aniline, en présence de chlorure de
zinc. Propriétés générales et mode d'application
analogues à ceux du Violet méthyle B ; il donne un
violet bleuâtre brillant.

Vert méthyle (By).

$$C \begin{cases} C^6H^4.Az\,(CH^3)^2 \\ C^6H^4.Az\,(CH^3)^2.CH^3Cl + ZnCl^2 \\ C^6H^4.Az\,(CH^3)^2.Cl. \end{cases}$$

On le produit par l'action du chlorure de méthyle
sur le Violet méthyle. Il a le défaut de se décomposer
en Violet méthyle et en chlorure de méthyle lorsqu'on
le porte à 100° cent. ; il faut employer un mordant
pour teindre sur laine. Il n'est plus guère employé,
et est remplacé par le Vert malachite.

Le coton est mordancé au tannate d'antimoine, et
teint en bain neutre, à basse température (50° cent.).

La laine est mordancée au soufre, en la faisant
bouillir dans une solution acidulée de thiosulfate de
soude (hyposulfite de soude), puis en la séchant, et

en la teignant dans un bain, auquel on a ajouté 4 0/0
de borax ou d'acétate de soude.

On teint la soie dans un bain acidulé par de l'acide
acétique, avec addition de savon coupé ; on obtient
un vert bleuâtre, peu résistant à la lumière et au
foulage.

343. — *Violet benzylé.*

$$C \begin{cases} C^6H^4.Az\,(CH^3)^2 \\ C^6H^4.Az\,(CH^3)^2 \\ C^6H^4.Az\,(CH^3)\,(CH^2.C^6H^5)\,Cl. \end{cases}$$

Appelé aussi Violet de Paris 6B, Violet méthyle
6B extra (Ber) (C) (M) (P), Violet 5B et 6B (By) ; on
l'obtient par l'action du chlorure de benzyle sur le
violet méthyle. Il est appliqué au coton, à la laine,
à la soie, comme *couleur basique*, et il donne un violet très bleu, peu résistant à la lumière ou au foulage.

Vert solide (By).

$$C \begin{cases} C^6H^4.Az\,(CH^3)^2 \\ C^6H^4.Az\,(CH^3)^2 \\ C^6H^4.Az\,(CH^2.C^6H^4.So^3Na)^2 \\ OH. \end{cases}$$

Appelé aussi vert solide extra bleuâtre (By) ; on
l'obtient par l'action de la m-nitro-benzaldéhyde
sur la diméthyl-aniline, le produit étant ensuite
réduit, benzylé et sulfoné, et l'acide leuco-sulfoné,
finalement obtenu, étant alors oxydé.

On l'applique à la laine et à la soie comme *couleur
acide*, et il donne un vert bleuâtre brillant, peu ré-

sistant à la lumière ou au foulage. Il donne des
nuances très unies, et convient très bien en combinaison avec d'autres couleurs acides.

344. — *Violet Hofmann* (B. S. Sp.).

$$C \begin{cases} C^6H^3 (CH^3).AzH (C^2H^5) \\ C^6H^4.AzH (C^2H^5) \\ C^6H^4.AzH (C^2H^5) Cl. \end{cases}$$

Appelé aussi violet rouge 5R extra (B), violet 5R
(By), violet R et RR (Mo) ; il est appliqué au coton,
à la soie, à la laine comme *couleur basique*, et il donne
un violet rouge brillant, peu résistant à la lumière.

Violet Ethyle (B) (S. C. I).

$$C \begin{cases} C^6H^4.Az (C^2H^5)^2 \\ C^6H^4.Az (C^2H^5)^2 \\ C^6H^4.Az (C^2H^5)^2 Cl. \end{cases}$$

Appelé aussi violet éthyle 6B ; on l'obtient par
l'action du chlorure de carbonyle sur la diéthylani-
line, en présence du chlorure de zinc. Il est appliqué
au coton, à la laine, à la soie comme *couleur basique*,
et c'est lui qui donne le violet le plus bleuâtre de tous
les violets méthyle.

Vert éthyle.

$$C \begin{cases} C^6H^4.Az (CH^3)^2 \\ C^6H^4.Az (CH^3)^2 (C^2H^5) Br + Zn Cl^2 \\ C^6H^4.Az (CH^3)^2 Cl. \end{cases}$$

Appelé aussi vert méthyle (By) ; on l'obtient par
l'action du bromure d'éthyle sur le violet méthyle.

Il est appliqué au coton, à la laine, à la soie, comme *couleur basique*, et donne un vert brillant, peu résistant à la lumière et au foulage.

345. — *Violet acide* 4BN (B).

$$C \begin{cases} C^6H^4.Az\ (CH^3)^2 \\ C^6H^4.Az\ (CH^3)^2 \\ C^6H^4.Az\ (CH^3)\ (CH^2.C^6H^4.SO^3Na) \\ OH. \end{cases}$$

Appelé aussi violet acide 6B (By), et violet acide 4B extra (By); on l'obtient par oxydation du produit sulfoné de la leucobase du Violet benzylé; on l'applique à la laine et à la soie comme couleur acide, et il donne un violet bleuâtre brillant, peu résistant à la lumière et au foulage.

Violet acide 6BN (B) (S. C. I).

$$C \begin{cases} C^6H^4.Az\ (CH^3)^2 \\ C^6H^4.Az\ (CH^3)^2 \\ C^6H^2.(OC^2H^5)\ (AzHC^6H^4.CH^3)\ (SO^3Na) \\ OH. \end{cases}$$

On l'obtient par condensation du chlorure de tétraméthyl-diamido-benzophénone et de la m-éthoxyphényl-p-tolyl-amine, et en sulfonant le produit obtenu ; appliqué à la soie et à la laine comme *couleur acide*, il donne un violet bleuâtre brillant.

Violet acide 7B (B) (S. C. I).

$$C \begin{cases} C^6H^4.Az\ (C^2H^5)^2 \\ C^6H^4.Az\ (CH^3)\ (C^6H^4.SO^3Na) \\ C^6H^4.Az\ (CH^3)\ (C^6H^4.SO^3Na) \\ OH. \end{cases}$$

On l'obtient en sulfonant la diéthyl-diméthyl-di-
phényl-rosaniline, et on l'applique à la laine et à la
soie comme *couleur acide* ; il donne un bleu violet
brillant.

Violet acide 6B (Ber).

$$\left\{ \begin{array}{l} C^6H^4.Az\,(CH^3)^2 \\ C^6H^4.Az\,(C^2H^5)\,(CH^2\,C^6H^4.SO^3Na) \\ C^6H^4.Az\,(C^2H^5)\,(CH^2.C^6H^4.SO^3Na) \\ OH. \end{array} \right.$$

On l'obtient par la condensation de la diméthyl-p-
amido-benzaldéhyde, et de l'acide-éthyl-benzyl-ani-
line-sulfoné, et par oxydation du produit ; appliqué
à la laine et à la soie comme couleuracide, il donne
un violet très bleu.

Violet formyle S4B (C).

$$C \left\{ \begin{array}{l} C^6H^4.Az\,(C^2H^5)^2 \\ C^6H^4.Az\,(C^2H^5)\,(CH^2.C^6H^4.SO^3Na) \\ C^6H^4.Az\,(C^2H^5)\,(CH^2.C^6H^4.SO^3Na) \\ OH. \end{array} \right.$$

Appelé également violet acide 6B (G) ; on l'obtient
par l'action de la formaldéhyde sur l'acide éthyl-
benzyl-aniline sulfoné. Le produit est alors oxydé,
condensé avec la diéthyl-aniline, et l'acide leuco
obtenu, est finalement oxydé. Il s'applique à la laine
et à la soie comme *couleur acide*, et donne un violet
très bleu.

346. — *Pourpre Régina* (B. S. Sp).

$$C \left\{ \begin{array}{l} C^6H^4.AzH\,(C^6H^4.CH^3) \\ C^6H^4.AzH^2 \\ C^6H^4.AzH.(C^2H^4O^2). \end{array} \right.$$

Appelé aussi violet Régina : on l'obtient par l'action des échappés (principalement o-toluidine) lors de la préparation de la fuchsine (méthode de l'acide arsénique) sur la base rosaniline, en présence d'acide acétique. On l'applique à la laine comme couleur basique, et il donne un pourpre ou rouge violet, relativement terne.

Violet Régina (soluble dans l'alcool) (Ber)

$$C \begin{cases} C^6H^3\,(CH^3)\,AzH^2 \\ C^6H^3AzH\,(C^6H^5) \\ C^6H^4Az\,(C^6H^5)\,HCl \end{cases}$$

On l'obtient comme produit accessoire dans la fabrication de la fuchsine, par la méthode du nitrobenzène.

Violet Régina (soluble dans l'eau) (Ber)

$$C \begin{cases} C^6H^2\,(CH^3)\,(SO^3Na)\,AzH^2 \\ C^6H^3\,(SO^3Na)\,AzH\,(C^6H^5) \\ C^6H^3\,(SO^3Na)\,Az\,(C^6H^5) \end{cases}$$

On l'obtient par l'action de l'acide sulfurique sur la couleur précédente ; on l'applique à la laine et à la soie comme *couleur acide*, et il donne un violet rouge.

347. — *Bleu de Diphénylamine* (soluble dans l'alcool)

$$C \begin{cases} C^6H^4.AzH\,(C^6H^5) \\ C^6H^4.AzH\,(C^6H^5).HCl \\ C^6H^4.Az.C^6H^5 \end{cases}$$

Appelé aussi bleu de Bavière (Ber) ; on le prépare
en chauffant la diphénylamine avec de l'acide oxalique. On l'applique à la laine et à la soie ; mais
comme c'est une couleur coûteuse, et seulement
soluble dans l'alcool, on en limite l'emploi à la soie,
à laquelle on l'applique comme *couleur acide*. Il donne
des bleus verdâtres, sensibles à l'action de la lumière.

348. — *Bleu alcalin* D (Ber)

$$C \begin{cases} C^6H^4.AzH\,(C^6H^5) \\ C^6H^4.AzH\,(C^6H^5) \\ C^6H^4.Az.C^6H^4\,(SO^3Na) \end{cases}$$

On l'obtient par l'action de l'acide sulfurique concentré sur le bleu de diphénylamine. Il ne peut s'appliquer qu'à la laine et à la soie. Quoique ce soit
une *couleur acide*, il ne peut être appliqué par la méthode ordinaire, à cause de l'insolubilité du colorant
libre.

La laine est d'abord teinte dans un bain rendu légèrement alcalin par l'addition de carbonate de soude,
d'ammoniaque ou de borax, etc. Dans cette opération, la fibre prend la matière colorante sous forme
de composé alcalin incolore. Le développement
de la couleur, c'est-à-dire le précipité dans la fibre
d'acide mono-sulfoné coloré en bleu, s'effectue dans
un bain séparé, légèrement acide.

On ajoute au bain de teinture la quantité de couleur nécessaire pour obtenir le ton voulu (0,5 à 50,0)
et l'on y dissout 1 à 4 0/0 de cristaux de carbonate
de soude. On introduit la laine à 40° centigrades ; et

l'on porte rapidement la température à 80° ou 100° centigrades ; on laisse bouillir pendant 1/2 heure ou 3/4 d'heure ; on retire la laine, on la lave bien, et on l'immerge dans un bain contenant de l'eau légèrement acidulée par de l'acide sulfurique (5 0/0 acide sulfurique 168° Tw) ; on la manipule dans ce bain pendant 15 à 20 minutes, à 60° centigrades, jusqu'à complet développement de la couleur, et on lave pour éliminer l'acide. Si le premier bain ou *bain de teinture*, comme on peut l'appeler, est suffisamment alcalin, la laine y acquiert seulement une teinte bleuâtre très pâle ; mais en la passant dans le deuxième bain, qu'on peut appeler *bain acide* ou de *développement*, le bleu se développe aussitôt. Le bain de teinture n'est jamais épuisé, et doit être conservé. Par contre, il n'est pas bon de développer différents tons de bleu dans le même bain acide. Ce dernier bain ne doit jamais être employé à une température supérieure à 80° centigrades, autrement la couleur perd de son brillant.

Pour obtenir un bleu donné, il faut prendre de temps en temps dans la masse, pendant la teinture, un petit échantillon, et le porter dans le bain acide, pour développer le bleu. La soie se teint comme la laine, en employant 5 0/0 de savon, 2 0/0 de borax dans le bain de teinture, de préférence au carbonate de soude. On obtient des couleurs bleu verdâtre pures, résistant bien au foulage, mais pas à la lumière.

Bleu de Bavière DSF (Ber)

$$C \begin{cases} C^6H^4.AzH\ (C^6H^5) \\ C^6H^4.AzH\ (C^6H^4.SO^3Na) \\ C^6H^4.Az.C^6H^4\ (SO^3Na) \end{cases}$$

On le prépare de la même manière que le précédent. Il est applicable à la laine et à la soie, comme *couleur acide*, mais on ne l'emploie d'ordinaire que pour la soie. La couleur obtenue résiste mal à la lumière.

Bleu de Bavière DBF (Ber)

$$C \begin{cases} C^6H^4.AzH\ (C^6H^4.SO^3Na) \\ C^6H^4.AzH\ (C^6H^4.SO^3Na) \\ C^6H^4.Az\ (C^6H^4.SO^3Na) \end{cases}$$

Appelé aussi bleu soluble 8 B et 10 B; il se prépare comme les deux précédents. Il peut s'appliquer à la laine et à la soie, comme couleur acide. Etant une couleur acide véritable, il ne convient pas au coton, mais néanmoins, il était autrefois très employé pour la teinture de cette fibre. La méthode qu'on employait d'ordinaire, consistait à mordancer le coton avec du tannate d'antimoine, et à teindre avec addition d'alun, ce dernier corps étant simplement ajouté pour rendre le bain acide. Le tissu teint était séché sans lavage, à cause du peu de solidité de la couleur.

Bleu méthyle (C)

Même composition que le précédent, mais préparation différente : on sulfone le Bleu à l'alcool obtenu en chauffant la p-rosaniline avec l'aniline, en présence d'acide benzoïque. — On le connaît également sous les noms de Bleu méthyle MBI pour coton (Oe), Bleu verdâtre brillant pour coton (By), Bleu soluble XL (B.S.Sp.), Bleu méthyle à l'eau (B) ; on l'applique comme le bleu de Bavière DBF.

349. — *Bleu d'aniline* (soluble dans l'alcool) (B.S.Sp.) (C)

$$C \begin{cases} C^6H^3 (CH^3).AzH (C^6H^5) \\ C^6H^4.AzH (C^6H^5) \\ C^6H^4.Az.C^6H^5.HCl \end{cases}$$

On l'appelle également bleu opale B.S.Sp, (C), Bleu à l'alcool (B.S.Sp.)(B)(By)(L), *Bleu* de *gentiane* 6 B (Ber), Bleu de Hesse (L); pour le préparer, on fait agir l'aniline sur la rosaniline contenant un peu de p-rosaniline, en présence d'acide acétique ou benzoïque. Les dérivés de ce bleu et des autres bleus (bleus alcalins, bleus solubles), sont marqués de 3R à 6 B, selon la teinte rouge ou la teinte verdâtre obtenue en teinture, qui dépend du nombre de groupes phényle (C^6H^5) introduits dans la rosaniline. On l'applique à la laine et à la soie, comme *couleur acide*. La couleur résiste mal à la lumière.

350. — *Bleu alcalin* (B.S.Sp.) (Ber) (B) (By) (C) (L) (M)

$$C \begin{cases} C^6H^3 (CH^3).AzH (C^6H^4.SO^3Na) \\ C^6H^4.AzH (C^6H^5) \\ C^6H^4.Az.C^6H^5 \end{cases}$$

Appelé également bleu Nicholson (B.S.Sp.), Bleu solide (B.S.Sp.) ; on l'obtient par l'action de l'acide sulfurique concentré sur la couleur précédente. Les qualités inférieures sont appelées Bleu Guernesey, bleu sergé, etc. La laine et la soie se teignent comme dans le cas du bleu alcalin D.

Bleu soluble (B.S.Sp.)

$$C \begin{cases} C^6H^3 (CH^3).AzH (C^6H^4.SO^3H) \\ C^6H^4.Az.H (C^6H^4.SO^3.H) \\ C^6H^4.AzC^6H^4.SO^3H \end{cases}$$

On l'appelle aussi Bleu à l'eau (B) (By), Bleu à l'eau 6B extra (Ber), bleu de Chine (B.S.Sp.) (Ber) (By), Bleu de Londres extra (B.S.Sp.), Bleu coton (L) Bleu opale (C) etc.

On l'applique en teinture de coton, de laine, de soie comme *couleur acide*, de la même façon que le bleu de Bavière DBF.

Bleu alcalin XG (B.S.Sp.) — On le produit par l'action de la naphtylamine β sur la rosaniline, et en sulfonant le produit obtenu ; on l'applique à la laine et à la soie, comme le bleu alcalin, mais il donne un bleu plus verdâtre.

Bleu soluble XG (B.S.Sp.). — Appelé également Bleu coton sans mordant (B.S.Sp.) ; il est d'une composition analogue à celle du précédent.

Violet alcalin (B)

$$C \begin{cases} C^6H^4.Az (C^2H^5,^2 \\ C^6H^4.Az (C^2H^5)^2 \\ C^6H^4.Az (CH^3) (C^6H^4.SO^3Na) \\ OH \end{cases}$$

On l'obtient en sulfonant le produit de condensation de la tétra-éthyl-diamido-benzo-phénone, et de la méthyl-diphényl-amine. On l'applique à la laine et à la soie, de la même manière que le bleu alcalin D, ou simplement dans un bain neutre ou dans un bain

acide, et il donne un violet bleuâtre, résistant bien
au lavage, au savonnage, mais pas à la lumière.
Pour le coton, on l'emploie comme couleur basique.

Bleu nouveau Hoechst (M)

$$C \begin{cases} C^6H^4.Az\,(CH^3)\,(C^6H^4.SO^3Na) \\ C^6H^4.Az\,(CH^3)\,(C^6H^4.SO^3Na) \\ C^6H^4.Az\,(CH^3)\,(C^6H^4.SO^3Na) \\ OH \end{cases}$$

On l'obtient en sulfonant le produit résultant de
l'action du chlorure de carbonyle sur la méthyl-
diphényl-amine ; on l'applique à la soie et à la laine,
comme couleur acide, ou à la manière du bleu alcalin D, pour avoir des couleurs égales. Il donne
un bleu pur, assez résistant au foulage, mais pas à
la lumière.

351. — *Vert pour laine* S (SCI) (B)

$$C \begin{cases} C^6H^4.Az\,(CH^3)^2 \\ C^6H^4.Az\,(CH^3)^2 \\ C^{10}H^4.OH.(SO^3Na)^2 \\ OH \end{cases}$$

On l'obtient en sulfonant le produit de condensation du chlorure de tétra-méthyl-diamido-benzophénone, avec le β naphtol.

On l'applique à la laine et à la soie, comme *couleur acide*, et il donne un vert bleuâtre brillant, résistant bien à l'action des alcalis.

Vert au Chrome (By)

$$C \begin{cases} C^6H^4.Az\,(CH^3)^2 \\ C^6H^4.Az\,(CH^3)^2 \\ C^6H^4.COOH \\ OH \end{cases}$$

On l'obtient par oxydation de la leuco base, qui résulte de la condensation du tétra-méthyl-diamido-diphényl-carbinol et de l'acide benzoïque. On l'applique à la laine comme couleur tirant sur mordant, la fibre étant d'abord mordancée au bichromate de potasse. Il convient mieux à l'impression sur calicot, avec le mordant d'acétate de chrome, qu'à la teinture.

Les *Violet au Chrome* (By) et *Bleu au Chrome* (By), se préparent d'une manière analogue au vert précédent, en employant d'autres substances à la place de l'acide benzoïque, telles que pyrogallol, résorcine, dioxynaphtalène, etc,. Leur mode d'application est analogue à celui du Vert au Chrome.

353. — B. Couleurs dérivées de l'acide rosolique. — Les couleurs de ce groupe de 2ᵉ ordre sont intimement liées aux couleurs de rosaniline, dont les groupes amidés (AzH²) sont remplacés par les groupes hydroxyles (OH) et carboxyles (COOH). A cause de la présence de ces groupes atomiques, elles ont toutes un caractère acide, mais elles sont de peu d'importance en teinture, à cause du peu d'affinité que possèdent pour elles les fibres textiles.

354. — *Aurine*

$$C \begin{cases} C^6H^4.OH \\ C^6H^4.OH \\ C^6H^4.O \end{cases}$$

On la prépare par l'action de l'acide oxalique et de l'acide sulfurique, concentré sur le phénol. Les produits vendus dans le commerce contiennent, avec l'aurine, d'autres principes combinés.

La laine et la soie peuvent être teintes dans un bain contenant une faible quantité de savon ; la couleur rouge orange est très sensible à l'action de la lumière, et on ne l'emploie plus dans ce but. On l'emploie parfois en impression sur calicot et sur laine, pour produire une laque d'un écarlate brillant.

355. — *Violet au Chrome* (G)

$$C \begin{cases} C^6H^3.OH.COONa \\ C^6H^3.OH.COONa \\ C^6H^3.OH.COONa \\ OH \end{cases}$$

On l'obtient par l'action de la formaldéhyde sur une solution d'acide salycilique, dans l'acide sulfurique concentré.

On l'applique comme *couleur tirant sur mordant*, en impression sur calicot, pour produire des couleurs violettes, résistant bien au savonnage ; le mordant employé est l'acétate de chrome.

356. — C. — Phtaléines. — Ces couleurs sont reliées aux dérivés de l'acide rosolique, et s'obtiennent par l'action de l'anhydride phtalique sur divers phénols ; le produit est traité, dans quelques cas, par le brome ou l'iode. Un grand nombre de ces couleurs, surtout les rouges, sont remarquables par leur grand éclat.

Uranine. — (B) (Ber) (L) (M) (B. S. Sp).

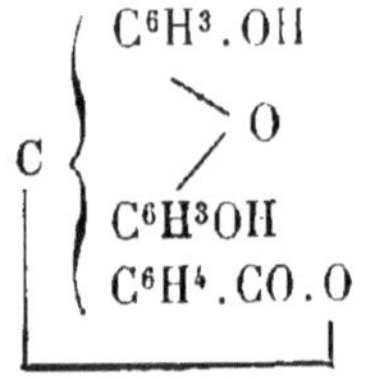

$$C \begin{cases} C^6H^3.OH \\ \quad\quad > O \\ C^6H^3OH \\ C^6H^4.CO.O \end{cases}$$

ou

$$NaO.C^6H^3 \begin{array}{c} O \\ \diagup \diagdown \\ C \end{array} C^6H^3.ONa$$
$$| \\ C^6H^4.CO.O$$

C'est le composé sodé de la fluorescéine, et on l'obtient par l'action de l'anhydride phtalique sur la résorcine, en présence d'acide sulfurique ; on l'applique à la soie comme *couleur acide*, et elle donne un jaune très sensible à la lumière.

Chrysoline (Mo).

$$OH.C^6H^3 \begin{array}{c} O \\ \diagup \diagdown \\ C \end{array} C^6H^3CH^2C^6H^5$$
$$| \\ C^6H^4.CO.O$$

On l'obtient par l'action de l'anhydride phtalique et du chlorure de benzyle sur la résorcine, en présence de l'acide sulfurique ; on l'applique à la soie comme couleur acide, et elle donne un jaune orange peu solide à la lumière.

357. — *Eosine* (B).

$$NaO.C^6HBr^2 \begin{array}{c} O \\ \diagup \diagdown \\ C \end{array} C^6HBr^2.ONa$$
$$| \\ C^6H^4.CO.O$$

On l'appelle aussi éosine, ton jaune (Ber) (B.S Sp), éosine A (B), éosine GGF (C), éosine soluble dans l'eau (Mo), éosine A extra (D.H), éosine 3 J. 4 J. extra (L).

On l'obtient par l'action du brome sur la fluorescéine ; on l'applique à la laine et la soie comme *couleur acide*, avec addition d'acide acétique (4 0/0) au bain de teinture ; s'il s'agit de laine, on peut employer 5 à 10 0/0 d'alun, mais celui-ci rend la fibre plus dure au toucher, et la couleur peut être inégale. La couleur rouge orange brillante obtenue résiste bien au foulage et à l'acide sulfureux, mais bien peu à lumière.

Erythrine (B).

$$O : C^6HBr^2 \diagdown \begin{matrix} O \\ C \end{matrix} \diagup C^6HBr^2.OK$$
$$|$$
$$C^6H^4.CO.O (CH^3)$$

On l'appelle aussi éosine à l'alcool (B), éosine méthylée (Mo) (S.C.I) ; on l'obtient par l'action du chlorure de méthyle sur l'éosine. La couleur est soluble dans l'alcool.

On l'applique à la soie et à la laine, de la même manière que l'éosine, et elle donne un rose brillant, qui possède des propriétés analogues.

La matière colorante est ajoutée au bain de teinture, sous forme de solution alcoolique. Son emploi est pratiquement limité à la soie ; la soie teinte a une fluorescence très prononcée.

Eosine S. (B).

$$O : C^6HBr^2 \diagdown \begin{matrix} O \\ C \end{matrix} \diagup C^6HBr^2.OK$$
$$|$$
$$C^6H^4.CO.O (C^2H^5)$$

On l'appelle aussi éosine BB (S.C.I), et éosine éthylée.

On l'obtient par l'action du chlorure d'éthyle sur l'éosine.

Eosine BN (B).

$$O : C^6HBr\,(AzO^2) \diagup\!\!\!\!\!\diagdown \begin{smallmatrix} O \\ C \\ | \end{smallmatrix} \diagdown\!\!\!\!\!\diagup C^6HBr.(AzO^2).OK$$

$$C^6H^4.CO.OK$$

On l'appelle également Safrosine (S.C.I) (B.S.Sp), éosine méthyle (Ber), écarlate J, JJ, V. (Mo), écarlate éosine B. (c), Eosine B (L).

On l'obtient par l'action de l'acide nitrique sur la dibromo-fluorescéine.

Son mode d'application et ses propriétés générales sont analogues à ceux de l'éosine, mais l'éosine BN donne un rouge bleuâtre, un peu plus résistant à la lumière.

358. — *Erythrosine* (B) (M) (S.S.Sp).

$$O : C^6HI^2 \diagup\!\!\!\!\!\diagdown \begin{smallmatrix} O \\ C \\ | \end{smallmatrix} \diagdown\!\!\!\!\!\diagup C^6HI^2.ONa$$

$$C^6H^4.CO.ONa$$

On l'appelle aussi Erythrosine D (C), Erythrosine B (Ber), Pyrosine B, (Mo) Eosine J (B), Dianthine B, etc.

On l'obtient par l'action de l'iode sur la fluorescéine ; son mode d'application et ses propriétés sont analogues à ceux de l'éosine ; elle donne un cerise bleuâtre.

Erythrosine G (B).

$$O : C^6H^2I \left\langle \begin{matrix} O \\ C \end{matrix} \right\rangle C^6H^2I.ONa$$

$$\underset{|}{} C^6H^4.CO.ONa$$

On l'appelle également Pyrosine J (M.), Dianthine G, etc.

On la prépare comme la précédente ; elle a des propriétés analogues, mais donne des tons plus jaunâtres.

359. — *Phloxine P* (B).

$$O : C^6HBr^2 \left\langle \begin{matrix} O \\ C \end{matrix} \right\rangle C^6HBr^2OK$$

$$\underset{|}{} C^6H^2Cl^2.CO.OK$$

On l'obtient par l'action du brome sur la dichloro-fluorescéine ; ses propriétés et son mode d'application sont analogues à ceux de l'éosine ; elle donne un rouge bleuâtre.

Cyanosine.

$$O : C^6HBr^2 \left\langle \begin{matrix} O \\ C \end{matrix} \right\rangle C^6HBr^2OK.$$

$$\underset{|}{} C^6H^2Cl^2CO.O(CH^3)$$

On l'obtient par l'action du chlorure de méthyle sur la Phloxine P, qui possède les mêmes propriétés ; elle donne cependant un rouge plus bleuâtre.

Rose Bengale (B).

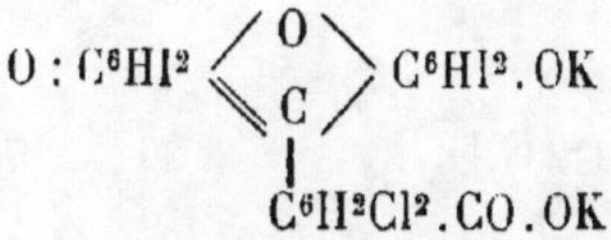

$$O : C^6HI^2 \left\langle \begin{matrix} O \\ C \\ | \\ C^6H^2Cl^2.CO.OK \end{matrix} \right\rangle C^6HI^2.OK$$

On l'appelle également Rose bengale N (C), et on l'obtient par l'action de l'iode sur la dichloro-fluorescéine ; on l'applique à la manière de l'éosine, et il donne un rouge très bleuté.

360. — *Phloxine* TA (Mo).

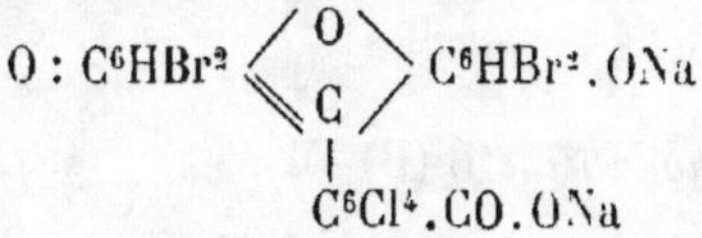

$$O : C^6HBr^2 \left\langle \begin{matrix} O \\ C \\ | \\ C^6Cl^4.CO.ONa \end{matrix} \right\rangle C^6HBr^2.ONa$$

On l'appelle également Phloxine (M), et Erythrosine B (S.C.I).

On l'obtient par l'action du brome sur la tétra-chloro-fluorescéine.

On l'applique de la même manière que l'éosine, et elle donne un rouge bleuâtre.

Cyanosine B (S.C.I).

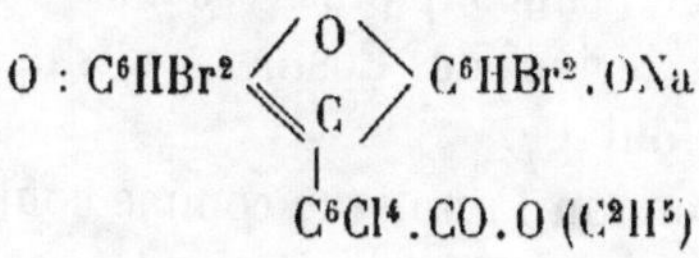

$$O : C^6HBr^2 \left\langle \begin{matrix} O \\ C \\ | \\ C^6Cl^4.CO.O(C^2H^5) \end{matrix} \right\rangle C^6HBr^2.ONa$$

On l'obtient par l'action du chlorure d'éthyle sur la tétrachloro-tétrabromo-fluorescéine.

On l'applique comme la précédente, dont elle a à

peu près les propriétés, et elle donne un rouge bleuâtre.

Rose bengale B (S.C.I).

$$O : C^6H^2 \diagup\!\!\!\diagdown\begin{smallmatrix}O\\C\end{smallmatrix}\diagdown\!\!\!\diagup C^6H^2.OK$$

$$C^6Cl^4.CO.OK$$

On l'appelle aussi rose bengale (B) (C) ; on l'obtient par l'action de l'iode sur la tétrachloro-fluorescéine. Elle ressemble aux couleurs précédentes, comme mode d'application et comme propriétés générales.

361. — *Rhodamine* B (B) (M).

$$Cl.(C^2H^5)^2Az : C^6H^3 \diagup\!\!\!\diagdown\begin{smallmatrix}O\\C\end{smallmatrix}\diagdown\!\!\!\diagup C^6H^3.Az (C^2H^5)^2$$

$$C^6H^4.COOH$$

On l'obtient en chauffant l'anhydride phtalique, avec le diéthyl-m-amido-phénol.

On l'applique à la soie et à la laine comme *couleur acide*, et elle donne des roses bleuâtres, remarquablement brillants, et ayant une fluorescence très grande ; ils sont beaucoup plus résistants à la lumière que tous ceux dérivés des Eosines, mais ils sont peu résistants au foulage.

Pour le coton, on l'applique comme couleur basique : si la fibre est mordancée au tannate d'antimoine, la couleur est rouge violet ; si elle l'est à l'oléate d'alumine, on obtient un rouge bleuâtre brillant.

Les *Rhodamines G et 6G*. (B) sont des couleurs analogues à la précédente, mais on n'en connaît pas encore la composition. Elles donnent des roses plus jaunâtres ; le dérivé 6G donne sur le coton, même mordancé au tannate d'antimoine, un rose brillant qui peut remplacer le rose de carthame.

362. — *Rhodamine* S (By).

$$\text{Cl }(CH^3)^2\,Az : C^6H^3 \diagup\!\!\genfrac{}{}{0pt}{}{O}{C}\!\!\diagdown C^6H^3 . Az\,(CH^3)^2$$
$$C^2H^4.CO.OH$$

On l'obtient en chauffant l'anhydride succinique avec le diméthyl-m-amido-phénol ; ce n'est donc pas une couleur du triphényl-méthane, mais il est préférable de la placer ici avec les autres rhodamines.

On l'applique à la manière de la Rhodamine B, dont les propriétés générales sont analogues. Elle a cependant une plus grande affinité pour le coton non mordancé, et elle convient bien sans mordant pour la teinture des tissus formés de coton et soie.

Rhodamine S (By) (B).

$$\text{Cl }(C^2H^5)^2\,Az : C^6H^3 \diagup\!\!\genfrac{}{}{0pt}{}{O}{C}\!\!\diagdown C^6H^3 . Az\,(C^2H^5)^2$$
$$C^2H^4.CO.OH$$

C'est le composé diéthylé correspondant au précédent, auquel il ressemble comme propriétés et mode d'application.

363. — *Anisoline* (Mo).

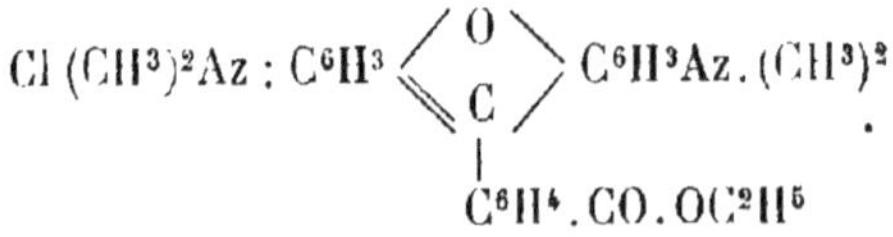

$$Cl\,(CH^3)^2Az : C^6H^3 \diagup{O}\diagdown{C} \diagdown C^6H^3Az\,.(CH^3)^2$$

$$C^6H^4\,.\,CO\,.\,OC^2H^5$$

On l'obtient en chauffant la Rhodamine B (B) avec le chlorure d'éthyle ; elle est appliquée à la soie, à la laine, au coton, comme couleur basique, et elle donne un rouge bleuâtre brillant, qu'on dit assez résistant à la lumière.

364. — *Violamine* R (M).

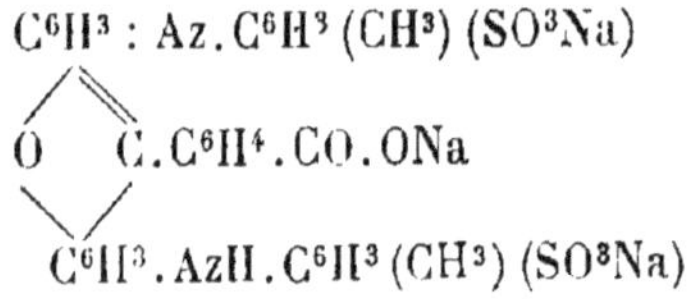

$$C^6H^3 : Az\,.\,C^6H^3\,(CH^3)\,(SO^3Na)$$

$$O \qquad C\,.\,C^6H^4\,.\,CO\,.\,ONa$$

$$C^6H^3\,.\,AzH\,.\,C^6H^3\,(CH^3)\,(SO^3Na)$$

On l'appelle également violet acide solide R (M) ; on l'obtient en sulfonant le produit de la réaction de o-toluidine, sur le chlorure de fluorescéine ; elle est appliquée à la soie et à la laine, comme *couleur acide*, et elle donne un rouge violet, assez résistant à la lumière, au foulage, et aux alcalis étendus.

Violamine B (M). — Appelée également violet acide solide B (M), elle est le produit correspondant de la p-toluidine de la couleur précédente, à laquelle elle ressemble comme propriétés et mode d'application ; elle donne un violet.

365. — *Cyclamine* (Mo).

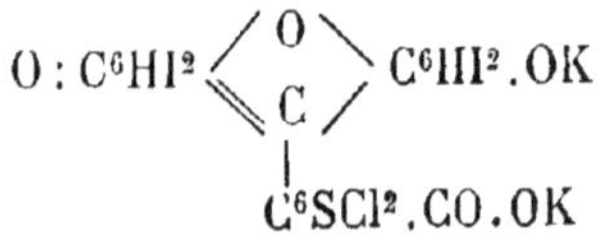

$$O : C^6HI^2 \diagup{O}\diagdown{C} \diagdown C^6HI^2\,.\,OK$$

$$C^6SCl^2\,.\,CO\,.\,OK$$

On l'obtient par l'action de l'iode sur la thio-di-chloro-fluorescéine.

Elle est appliquée à la soie et à laine comme *couleur acide*, de la même manière que l'éosine, et elle donne un rouge violet, très sensible à la lumière.

366. — *Galléine* (B) (By) (M).

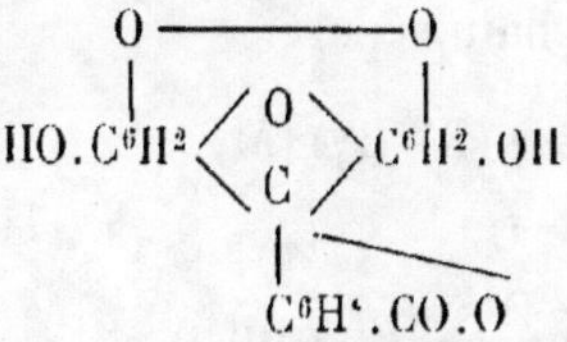

$$O \underline{\hspace{3em}} O$$
$$\mathrm{HO.C^6H^2} \!\!\begin{array}{c} O \\ \diagup \diagdown \\ C \end{array}\!\! \mathrm{C^6H^2.OH}$$
$$\mathrm{C^6H^4.CO.O}$$

On l'appelle également violet d'alizarine ou d'anthracène ; on l'obtient en chauffant l'anhydride phtalique avec le pyrogallol ; on la vend sous forme de poudre ou de pâte, à 10 0/0 ; elle n'est pas très soluble dans l'eau froide, mais elle est très soluble dans l'eau chaude ; on l'applique aux diverses fibres, comme couleur tirant sur mordant. Le coton est mordancé au chrome, à l'alumine ou au fer, et on le teint avec la galléine en bain séparé.

La laine est mordancée avec 2 0/0 de bichromate de potasse, et placée dans un bain de teinture, d'abord froid, dont on élève graduellement la température jusqu'au bouillon. La couleur est sensible à l'influence des oxydants ; dès lors, il faut éviter un excès de mordant, ou même l'addition d'acide sulfurique. On obtient le violet avec le mordant de chrome ; le violet rougeâtre, lorsque la laine est mordancée avec 8 0/0 de sulfate d'alumine et 7 0/0 de crème de tartre ; on obtient un violet terne en employant comme mordant 10 0/0 de sulfate de protoxyde de fer, et 6 0/0 d'acide oxalique. Le bichromate de potasse est le mordant le plus utile que l'on puisse employer ; et les couleurs obtenues résistent bien au foulage, mais seulement moyennement à la lumière.

La soie peut être mordancée au chrome ou à l'alumine, et teinte en bain séparé.

367. — *Céruléine* (B) (By) (M).

$$\text{C}^6\text{H}^4 \diagdown \overset{\displaystyle \text{O}}{\underset{\text{C}}{\overset{\text{C}}{\big|}}} \diagup \text{C}^6\text{H (OH)}.\text{O}$$

$$\text{O}.\text{C}^6\text{HOH} \underline{\hspace{4cm}} \text{O}$$

On l'obtient en chauffant la galléine avec de l'acide sulfurique concentré.

On la vend, soit sous forme de pâte noire contenant 10 à 20 0/0 de Céruléine, soit en poudre. La première n'est que peu soluble dans l'eau, même bouillante, tandis que la seconde, connue sous le nom de *Céruléine* S, est très soluble dans l'eau froide, étant composé de Céruléine et de bisulfite de soude.

$$(\text{C}^{20}\text{H}^8\text{O}^6 \times 2\text{NaHSO}^3)$$

On l'applique aux différentes fibres comme *couleur tirant sur mordant*, et elle donne des teintes remarquables par leur résistance à la lumière, au foulage, etc.

Tous les mordants donnent des couleurs vert olive ; les mordants de chrome sont les plus utiles. Il faut éviter l'emploi de cuves en cuivre, dans le cas où l'on se sert de Céruléine insoluble, parce qu'il se forme des laques de cuivre d'une couleur terne ; cet inconvénient ne se présente pas avec la Céruléine S. Lorsqu'on teint avec celle-ci, il faut avoir soin de teindre pendant un temps très long (une heure), à 60° cent., avant d'élever la température au point d'ébullition, parce qu'au-dessus de cette température, il y a décomposition de la Céruléine S en bisulfite de soude, et en céruléine insoluble.

Pour le coton, on mordance avec l'oléate d'alumine, comme dans le cas du rouge d'alizarine, et l'on teint dans un bain séparé, avec la Céruléine S.

La laine est mordancée avec 3 0/0 de bichromate de potasse, et teinte dans un bain séparé contenant de la Céruléine ou de la Céruléine S. Il est bon d'ajouter un peu d'acide acétique au bain de teinture, surtout si l'on se sert d'eau dure ; on obtient de belles couleurs solides lorsqu'on l'emploie avec l'alizarine, le bleu d'alizarine, le brun d'anthracène.

La soie est mordancée en la plongeant pendant 12 heures dans du sulfate d'alumine basique (60 gr. par litre), et en fixant à froid avec du silicate de soude, 1° Tw (densité 1.005); on teint en bain séparé, avec addition de savon coupé et d'acide acétique. Au lieu de sulfate d'alumine basique, il est aussi avantageux d'employer une solution de chlorure de chrome, à 39° Tw (densité 1.16).

CHAPITRE XXIV

OXYQUINONES

368. — Les matières colorantes qui font partie de ce groupe contiennent un ou plusieurs groupes Cétoniques (CO), mais il y a aussi, en plus de cela, deux ou plusieurs groupes hydroxyles (OII). Elles appartiennent à la classe des couleurs tirant sur mordants, et leur propriété caractéristique de former des laques avec les sels métalliques, et de teindre les tissus préparés ou mordancés auparavant avec ces sels, est due à la position relative des groupes cétone et hydroxyle, dans la molécule. Un groupe hydroxyle doit être placé symétriquement (par exemple le suivant) à un groupe cétone, et en général, deux groupes hydroxyles doivent également être voisins l'un par rapport à l'autre.

La classe tout entière est très importante, car elle comprend toutes les matières colorantes dérivées du goudron de houille, qui donnent des couleurs solides. L'alizarine en faisant partie, on appelle quelquefois couleurs d'alizarine tous les membres de cette classe, et cela, pour plus de commodité. Quelques-unes des matières colorantes jaunes sont groupées sous le nom de *xanthones*, étant des dérivés hydroxylés de la Xanthone $C^6H^5 \left\langle {}^{O}_{CO} \right\rangle C^6H^5$. Elles ont un intérêt spécial, parce qu'elles sont intimement liées, comme compositon chimique, au bois jaune et à l'écorce de Quercitron, etc.

La méthode générale d'application des couleurs oxyquinone consiste à mordancer les fibres (soie, laine, ou coton), selon l'un ou l'autre des procédés déjà cités, et à teindre en bain séparé, ordinairement avec addition d'acide acétique, afin de neutraliser l'eau rendue alcaline par la présence du bicarbonate de chaux, et quelquefois avec addition d'acétate de chaux; on peut employer dans certains cas la méthode du bain unique.

369. — *Jaune d'alizarine* A (B).

$$C^6H^5CO.C^6H^2(OH)^3$$

On le produit par la condensation de l'acide benzoïque ou du trichlorure de benzol, avec le pyrogallol.

On l'emploie en teinture de coton, et en impression sur calicot ; et il donne, avec les mordants d'alumine, un jaune orange, assez résistant à la lumière et au savonnage ; on obtient les meilleurs résultats en employant comme mordant l'oléate d'alumine, comme pour le rouge turc.

Jaune d'alizarine C (B).

$$CH^3.CO.C^6H^2(OH)^3 (1.2.3)$$

On le produit par condensation de l'acide acétique et du pyrogallol, en présence de chlorure de zinc.

On l'applique, comme couleur tirant sur mordant, de la même manière que le jaune d'alizarine A en teinture de coton et en impression sur calicot, et il donne un jaune verdâtre avec le mordant d'alumine.

Jaune d'anthracène (**By**).

$$C^6(OH)^2Br^2 < \begin{array}{l} O-CO \\[2pt] \qquad | \\[2pt] C=CH \\[2pt] | \\[2pt] CH^3 \end{array}$$

On l'obtient en traitant par le brome la dioxy-β-méthyl-coumarine.

On l'applique comme *couleur tirant sur mordant*, en teinture de laine et en impression sur calicot, et il donne, avec le mordant de chrome, un jaune olive verdâtre.

370. — *Galloflavine* (B). — On la produit par oxydation modérée de l'acide gallique en solution alcaline, par l'air ; on l'applique comme *couleur tirant sur mordant* (au moyen du chrome), en teinture et impression sur soie, laine ou coton ; elle donne un jaune olive, résistant bien au foulage, et assez bien à la lumière.

Les couleurs ci-dessus se comportent, en teinture, à la manière des matières colorantes jaunes naturelles, et donnent un jaune olivâtre avec le chrome, un jaune plus pur avec l'alumine, et un olive verdâtre foncé avec les mordants de fer.

371. — *Noir d'alizarine* S (B).

$$C^{10}H^4(OH)^2O^2 + NaHSO^3.$$

On l'appelle également naphtazarine S ; on l'obtient par l'action du zinc et de l'acide sulfurique concentré sur le dinitro-naphtalène, et en traitant par le bisulfite de soude la dioxy-naphto·quinone formée; on le vend sous forme de pâte noire, et on l'applique comme *couleur tirant sur mordant* en teinture et en impression sur soie, laine et coton.

En teinture ou en impression sur soie, on peut employer un mordant de chrome ou un mordant de fer, et l'on obtient des noirs résistant bien à la lumière, au savonnage et aux acides.

La laine est mordancée, comme d'ordinaire, au bichromate de potasse, et teinte en bain séparé, avec addition d'acide acétique, jusqu'à ce que le bain soit légèrement acide. Il faut avoir soin de teindre pendant une heure environ, à une température ne dépassant pas 60° cent.; de la sorte, la matière colorante reste à l'état soluble, sous forme de composé bisulfitique. Lorsque le bain est presque incolore, la température est élevée graduellement jusqu'au bouillon, et l'ébullition est continuée pendant deux heures, jusqu'à ce que la couleur soit convenablement développée.

On peut aussi teindre la laine par la méthode du bain unique, en ajoutant au bain à 50° cent., 6 0/0 d'acétate de chrome, à 32° Tw (densité 1.16), en chauffant à 100° cent., en faisant bouillir pendant une heure, en refroidissant à 70° cent, en ajoutant 25 à 50 0/0 de couleur en pâte, et en faisant bouillir pendant une autre heure. La couleur est finalement développée en ajoutant 3 à 4 0/0 d'ammoniaque (titre 20 0/0), et en faisant encore bouillir pendant une 1/2 heure.

Le noir résiste bien à la lumière, au foulage et aux acides, et il convient très bien à la teinture des chapeaux, ou des tissus qui doivent être chauffés après teinture.

Le coton se mordance avec le mordant de chrome GAH, et il est teint dans un bain concentré (30 0/0 de couleur), avec addition d'acide acétique (3 gr. à 9° Tw par litre) et de sel ordinaire (25 0/0). La température est élevée graduellement à 100° cent. et l'ébullition se continue pendant deux heures. Le ton roux du noir obtenu se corrige en teignant avec addition de la Céruléine, ou d'autres couleurs d'alizarine.

372. — *Alizarine.*

$$C^{14}H^6O^2(OH)^2$$

On l'appelle aussi Alizarine V_1 (B), Alizarine N° 1 (M), Alizarine Ip (By) Alizarine (ton bleu), etc.

On l'obtient en oxydant l'anthracène. pour obtenir l'anthraquinone, en traitant cette dernière par de l'acide sulfurique concentré, pour la sulfo conjuguer, et en fusionnant, avec de l'alcali caustique, l'acide anthraquinone-monosulfoné ainsi obtenu. L'alizarine est un excellent type de ces matières colorantes qui se teignent seulement avec l'emploi d'un mordant, et comme elle a une grande importance commerciale, son mode d'emploi sera traité avec détails. Par elle-même, elle n'a que peu ou point de pouvoir colorant. Elle possède cependant la propriété précieuse de former des précipités insolubles. ou laques, diversement colorés, lorsqu'elle se combine avec les oxydes métalliques. Son composé avec l'a-

lumine est rouge : avec l'étain, orangé ; avec le
chrome, grenat brun ; et avec le fer, violet. Toutes les
couleurs obtenues sur les fibres textiles, au moyen
de ces mordants, résistent parfaitement à la lumière,
à l'ébullition avec le savon, au foulage.

Application au coton. — L'alizarine sert principalement à la production du rouge turc, dont il a été
question dans le chapitre de la garance. Pour cet
emploi, elle a complètement supplanté la garance
et la garancine, parce que la couleur qu'elle fournit
est beaucoup plus vive, aussi solide et moins coûteuse.

On teint le coton en rouge turc, sous forme de fil
ou de tissu. Le procédé de la teinture *du fil* paraît
n'avoir subi que peu de modifications, depuis le
temps où l'on employait la garance ; il peut servir
comme type des anciennes méthodes de la teinture
en rouge turc, et l'on peut, pour le distinguer,
l'appeler *procédé par émulsion*.

La méthode actuelle de teinture du *tissu* en rouge
turc diffère considérablement, dans la première partie, de celle qui sert pour le fil, et qu'on appelle
procédé Steiner (du nom de l'inventeur). Des difficultés
pratiques ont empêché l'adoption de cette méthode
en teinture de fil.

La méthode la plus récente pour la teinture en
rouge turc, applicable à la fois au fil et au tissu,
peut être appelée *procédé au sulforicinate* ; il existe
plusieurs modifications ; on obtient d'ordinaire, par
cette méthode, une couleur inférieure, à différents
points de vue, aux méthodes plus anciennes.

373. — *Procédé par émulsion pour teindre en rouge turc 500 kgs de fil.* — On noue d'abord légèrement, au moyen d'un fil de coton, les fils qui composent chaque écheveau, afin d'empêcher qu'ils se mêlent pendant les diverses opérations. Les extrémités de ces attaches sont également nouées. une ou plusieurs fois, pour reconnaître les divers lots.

1re *Opération. Décreusage.* — On fait bouillir le fil pendant 6 à 8 heures, dans une solution de carbonate de soude, à 1^0 Tw (densité 1.005) ; on lave bien à l'eau, on exprime, puis on sèche dans une étuve, à 55^0 ou 60^0.

2e *Opération. Premier bain vert.* — Ce bain est une émulsion faite avec 75 kgs d'huile d'olive, 8 kgs de crottin de mouton et 1000 litres d'eau ; et une quantité suffisante de solution de carbonate de soude concentrée, pour amener la concentration à 2^0 Tw (densité 1.01).

On travaille les écheveaux séparément dans cette émulsion, à 30 ou 40^0 cent.,jusqu'à ce qu'ils en soient complètement imprégnés (environ une 1/2 minute); on les tord aussi régulièrement que possible. Cette opération porte le nom de trempe.

La fig. 74 représente une machine à exprimer, construite par Duncan Stewart et Cie, de Glasgow.

Elle se compose de deux grands disques, portant de gros crochets en fer, communiquant avec des ressorts, et d'un système de roues d'engrenage, de telle sorte qu'un des deux disques peut tordre, tandis que les deux rangées de crochets peuvent se rapprocher l'une de l'autre lorsque les deux disques tournent. Les écheveaux sont convenablement trempés

dans l'émulsion, puis chacun d'eux est placé sur une
paire de crochets. Lorsque les disques ont fait 1/4 de
tour, les crochets tordent et expriment l'excès de
liquide ; pendant le deuxième 1/4 de tour, les cro-

Fig. 74. — Machine pour exprimer le fil à teindre en
rouge turc.

chets détordent, et les écheveaux sont enlevés à l'extrémité opposée, par une paire de bras verticaux.

La fig. 75 représente une machine à imprégner de
A. Weser, de Barmen, qui imprègne et tord les
écheveaux, la seule manipulation consistant à mettre
et à retirer ceux-ci. Elle se compose essentiellement

de la cuve à liquide E, au-dessus de laquelle sont fixés le cylindre moteur B, et le cylindre mobile A, sur lequel on suspend les écheveaux. D est un levier en forme de L, dont la partie horizontale traverse l'écheveau, et le force à passer dans la liqueur. C est un cylindre en fer. qui frotte contre B, et sert à imprégner le fil de la solution.

Les divers mouvements de la machine sont réguliers et automatiques. Les écheveaux sont placés sur A et B, lorsque le levier D est dans la position horizontale ; ce levier tombe aussitôt, et fait plonger le fil dans le liquide ; les cylindres tournent alors pendant un temps très court. Le levier D reprend la position horizontale, B cesse de tourner, et le cylindre A tord d'abord, puis détord les écheveaux : l'ouvrier peut ensuite les enlever.

Les écheveaux restent en tas pendant 10 à 20 heures. et sont séchés à l'étuve. La température est élevée graduellement jusqu'à 55 ou 60° C., et on la maintient pendant deux heures. Il faut avoir soin de laisser s'échapper la vapeur qui se forme au début du séchage, sans quoi la fibre pourrait s'affaiblir.

Troisième et quatrième opérations. 2° et 3e bains verts. — Ces opérations sont, presque exactement, la répétition de la 2°, le bain étant préparé séparément, avec les mêmes substances, et dans les mêmes proportions. La seule différence est qu'il n'est pas nécessaire de laisser les écheveaux en tas pendant toute une nuit ; au lieu de cela, dans le cas où il ne pleut pas, on les suspend sur des tringles de fer étamé, et on les expose à l'air pendant 2 à 4 heures, avant le séchage.

Il est évident qu'après le séchage, le fil est chargé de carbonate de soude, et comme il est très important que tous les bains conservent la densité initiale, on a l'habitude de ne pas renvoyer dans la cuve de trempe la liqueur exprimée pendant la torsion, excepté dans le cas du 1er bain vert : on la recueille à part et on l'étend d'eau, si cela est nécessaire, avant de l'employer.

5e, 6e, 7e, 8e *opérations*. 1er, 2e, 3e, 4e *bains blancs*. — La solution employée ici est simplement du carbonate de soude, à 2° tw, (densité 1,01) ; mais après qu'on y a passé les écheveaux pendant un certain temps, elle devient nécessairement une émulsion d'huile, à cause de l'huile qui provient du fil. à part celle qui a déjà été laissée par les lots précédents.

Comme dans les opérations précédentes, le fil est trempé dans la liqueur, tordu, exposé à l'air, et séché à l'étuve.

9e *Opération. Dégommage.* — On plonge le fil pendant 20 à 24 heures, dans de l'eau chauffée à 55° cent. ; on lave bien, et l'on sèche à l'étuve, à 60° cent. Si le fil contient beaucoup d'huile non transformée, on peut employer une solution de carbonate de soude à $1/2^o$ tw. (densité 1,0025) ; dans ce cas, une deuxième immersion de 2 heures dans l'eau tiède est nécessaire avant lavage, etc.

10° *Opération. Traitement au sumac.* — On fait une décoction de sumac, en faisant bouillir 60 kgs de sumac de bonne qualité pendant 1/2 heure, avec une quantité d'eau suffisante pour que la solution marque $1\ 1/2^o$ tw. (densité 1,0075). Le fil séché et

encore chaud est plongé dans de grandes cuves
contenant cette décoction, aussi chaude (40 à 50°)
que peuvent la supporter les gamins qui, ordinairement foulent les écheveaux, les pieds nus. Après une
immersion de 4 à 6 heures, on fait écouler le liquide,
et l'on expulse l'excès au moyen de l'essoreuse.

11ᵉ Opération. Mordançage. — On prépare une solution basique d'alun, en dissolvant dans de l'eau chaude
4 parties d'alun de roche ; et lorsque la dissolution
est presque froide, on ajoute à la solution 1 partie
de cristaux de carbonate de soude. La solution doit
marquer 8° tw. (densité 1,04). Quelquefois, quoique
cela ne soit pas essentiel, on fait une addition de 150
à 200 cm³ de mordant rouge 6° tw (densité 1,08), et
de 5 à 7 gr. de sel d'étain ($SnCl^2$) par kg. d'alun. Le
fil qui a subi le traitement au sumac, encore humide,
est passé dans la solution indiquée à une température de 40 à 50° cent., et on le laisse immergé pendant 20 heures ; on le lave bien, puis on l'essore.

12ᵉ Opération. Teinture. — On teint, avec 150 à
180 gr. d'alizarine (10 0/0), 30 gr. de sumac en poudre, et environ 300 gr. de sang de bœuf, par kg. de
fil de coton. Si l'eau contient peu ou point de chaux,
on ajoute également de la craie en poudre, dans la
proportion de 1 0/0 du poids d'alizarine (10 0/0) employé. Le fil est entré à froid, et la température
est portée graduellement à 100° cent. pendant une
heure ; on continue l'ébullition pendant 1/2 heure
à 1 heure. Après teinture, on lave le fil, quoique
cela ne soit pas absolument nécessaire.

13ᵉ Opération. 1ᵉʳ avivage. — On fait bouillir le fil
pendant 4 heures, à environ 1/4 d'atmosphère de

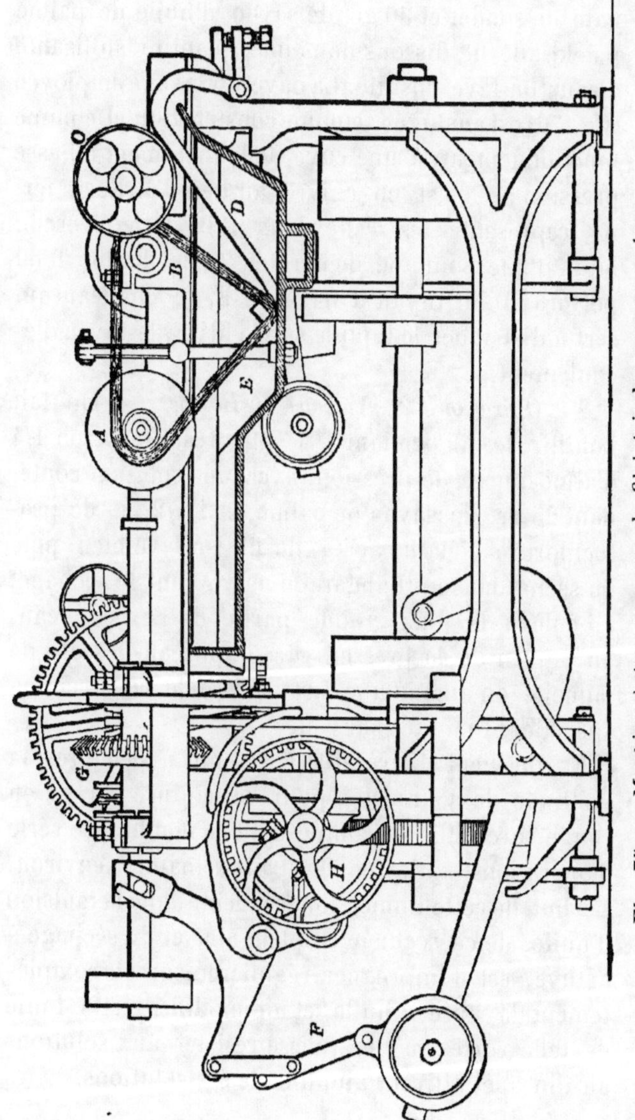

Fig. 75. — Machine à tremper pour le fil à teindre en rouge turc.

pression, avec environ 30 gr. de cristaux de carbonate de soude, et 30 gr. de savon d'huile de palme par kg. de fil, dissous dans une quantité suffisante d'eau ; on lave ensuite. La cuve d'avivage employée (fig. 76) est analogue, comme construction et comme fonctionnement, à une cuve de b'anchiment à basse pression ; elle est en cuivre au lieu d'être en fer. A, représente les écheveaux ; B, le couvercle, muni d'une soupape de sûreté ; C, le double fond perforé ; D, le tuyau d'arrivée ; E, le chapeau qui sert à distribuer le liquide sur le fil ; F, le tuyau d'écoulement.

11ᵉ Opération. 2ᵉ Avivage ou Rosage. — On fait bouillir le fil pendant 1 à 2 heures, à environ 1/4 d'atmosphère de pression, avec une solution contenant 25 gr. de savon de palme, et 1 1/2 gr. de protochlorure d'étain par kg. de fil. On lave bien, puis on sèche dans un hangar ouvert. Avant le séchage, on enlève la plus grande partie de l'excès d'eau, au moyen de la presse hydraulique, au-dessous de laquelle on amène une forte caisse de construction spéciale, et montée sur roues.

Ce qui vient d'être dit représente à peu près la méthode de l'émulsion pour la teinture du fil en rouge turc. Elle se compose d'une nombreuse série d'opérations, qui prennent trois semaines, environ. Le but de cette immersion fréquente dans l'émulsion d'huile, de ce séchage en plein air, et du séchage à l'étuve, est d'imprégner régulièrement et complètement la fibre d'huile, et de modifier cette huile de telle sorte qu'elle puisse résister aux solutions alcalines, et attirer l'alumine de ses solutions.

On a employé bien des espèces d'huile, mais
la pratique a prouvé que l'huile d'olive donne
les résultats les meilleurs et les plus certains. La

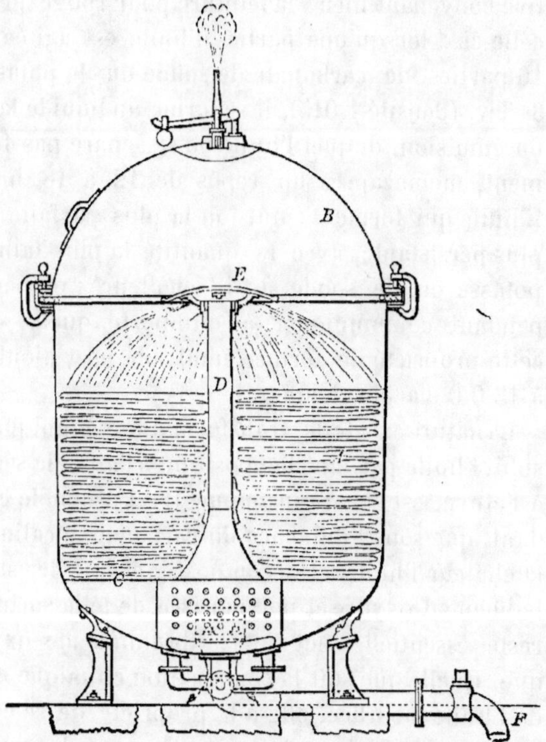

Fig. 76. — Chaudière pour l'avivage.

meilleure huile à employer est celle qu'on obtient
par un deuxième pressage des olives, après qu'elles
ont un peu fermenté, et ont été immergées dans l'eau
bouillante (*huile tournante*) ; elle contient des matières extractives et azotées qui la font rancir. surtout par l'exposition à l'air, c'est-à-dire qu'elle se

décompose, et qu'une partie de la glycérine et des acides gras (acide oléique et margarique) sont mis en liberté. Une des caractéristiques d'une huile d'olive convenant bien à la teinture pour rouge turc, est celle-ci : lorsqu'une partie d'huile est agitée avec 16 parties de carbonate de soude ou de potasse, à 3° Tw. (densité 1,015), il se forme un liquide laiteux ou émulsion, duquel l'huile ne se sépare pas facilement, même après un repos de 12 à 18 heures. L'huile qui forme l'émulsion la plus parfaite et la plus persistante, avec la quantité la plus faible de potasse ou de soude, est la meilleure ; on peut cependant communiquer à n'importe quelle huile cette propriété de former émulsion, en y ajoutant 5 à 15 0/0 d'acide oléique.

La nature exacte des transformations chimiques que subit l'huile pendant l'exposition à l'air et le séchage à l'étuve, est encore inconnue. Il est probable cependant, que sous l'influence du carbonate alcalin et de la chaleur, l'huile est décomposée, et qu'elle est probablement oxydée et polymérisée, de telle sorte qu'il reste essentiellement sur la fibre un acide oxyoléique. Quelle que soit la composition chimique exacte de l'huile modifiée, elle a la propriété de se combiner avec l'alumine, et de la fixer ; et le composé ainsi formé peut ensuite se combiner avec l'alizarine pour former une laque rouge. La propriété qu'elle a de donner à la couleur produite un grand brillant et une grande solidité, est due, en partie du moins, à son action physique d'envelopper la laque colorée d'un vernis huileux transparent, qui la protège plus ou moins contre les influences extérieures. Toute huile non modifiée doit être éliminée (voir 9ᵉ opération). La préparation du coton en tânnin, fixe une quantité d'alumine supplémentaire sur la fibre, et tend à donner des nuances plus foncées et plus profondes. Son emploi, cependant. n'est pas essentiel.

Pendant l'immersion dans la solution d'alun, il se forme un composé insoluble basique d'alumine, avec l'huile modifiée, de même qu'avec l'acide tannique, si l'on emploie ce dernier. Le mordant complexe (oxyoléate et tannate d'alumine) ainsi fixé sur le tissu, se combine avec l'alizarine dans le bain de teinture suivant, pour former la laque rouge turc. Le sang de bœuf empêche, dit-on, par la coagulation de l'albumine, que certaines impuretés qui accompagnent l'alizarine se fixent sur le coton ; mais les teinturiers en rouge turc disent que l'albumine du sang, la colle, et d'autres matières analogues employées, ne peuvent le remplacer complètement. Il contribue certainement à donner du brillant et de la pureté à la couleur.

Le 1ᵉʳ avivage a pour but d'éliminer les impuretés que le mordant peut avoir attirées du bain de teinture.

Le rosage, introduit, dit-on, dans la laque colorée, extrêmement complexe déjà, une petite quantité de protoxyde d'étain ; il va sans dire qu'il enlève toute trace de fer qui pourrait exister.

Le but de cette opération est de communiquer à la couleur son maximum de pureté et de brillant.

374. — *Méthode de Steiner, pour teindre 500 kgs de*

tissu en rouge turc. — La différence principale entre
cette méthode et la précédente, réside dans le mode
d'application de l'huile. Le tissu est imprégné, en
une seule opération, de la quantité d'huile nécessaire,
par exemple. en le foulardant à chaud dans de l'huile
pure, au lieu de le passer dans une émulsion d'huile ;
après quoi, on le fait passer dans des solutions faibles de carbonate alcalin.

On obtient, par cette méthode, un rouge turc d'un
brillant et d'une intensité exceptionnels, supérieur
à celui de la méthode de l'émulsion.

1re Opération. Décreusage. — Les pièces sont bien
lavées et bouillies pendant 2 à 3 heures dans de
l'eau seulement, puis ensuite pendant 10 à 12 heures, avec 22 litres de soude caustique, à 70° Tw.
(densité 1,35) ; on les lave, puis on les fait bouillir
une 2e fois, pendant 10 heures, avec 16 l. de soude
caustique, à 70° Tw. ; on lave, on immerge finalement pendant 2 heures dans de l'acide sulfurique à
2° Tw. (densité 1,01) ; on lave, puis on sèche.

Afin d'éviter que la fibre s'affaiblisse dans l'opération suivante par des traces d'acide pouvant rester
dans le tissu, on fait passer celui-ci dans une solution de carbonate de soude (densité 1,02), puis on
lave et on sèche.

2° Opération. Huilage. — Le tissu est passé au
arge dans de l'huile d'olive, maintenue à la température constante de 110° cent.

La fig. 77 représente une section de la machine
construite par Duncan. Stewart et C°, pour cette opération. Elle se compose d'une cuve en fer B, doublée
de cuivre à l'intérieur, pour contenir l'huile ; elle est

chauffée à la vapeur, et elle est pourvue d'une série de roulettes, à la partie supérieure et à la partie
inférieure ; au-dessus, se trouvent une paire de cylindres exprimeurs pesants.C. Le tissu passe comme
l'indique la figure. Il est bien ouvert et bien tendu
avant d'entrer dans l'huile, au moyen des barres

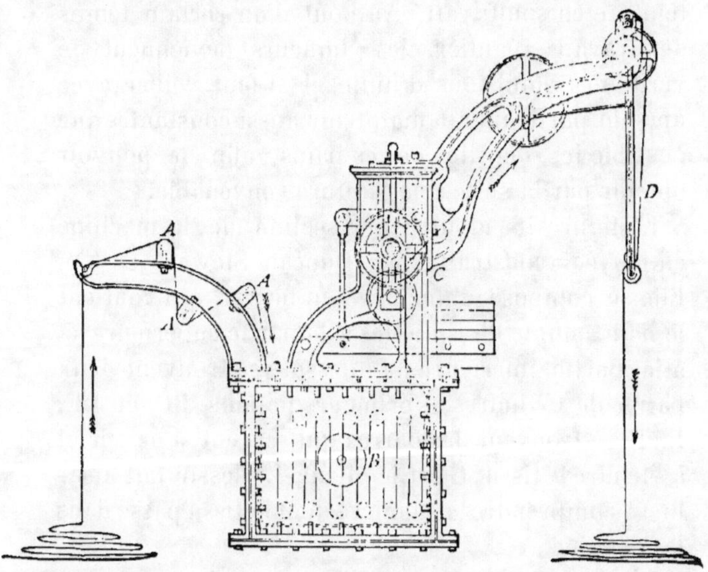

Fig. 77.

AAA, et il est ensuite plié par la plieuse D. Le tissu
est ensuite suspendu à raison de dix plis par pièce,
dans une étuve dont on élève la température aussi
rapidement que possible à 70° cent., température
que l'on maintient pendant 2 heures.

3°, 4°, 5°, 6°, 7°, 8°, 9° *Opérations. Dégraissage.*
— On fait passer 7 fois le tissu au large dans une
solution de carbonate de soude à 4° Tw. ; après

chaque passage, on place le tissu à l'étuve, en maintenant dans chaque cas la température à 75 ou 77° cent. pendant 2 heures. En hiver, les bains doivent avoir de 35 à 40° cent. ; en été, ils ont la température ambiante, car s'ils sont trop chauds, l'huile peut être enlevée d'une façon telle que la teinture en souffrirait. Au bout d'un certain temps de travail régulier, les liqueurs deviennent de véritables émulsions d'huile, et il faut veiller avec un soin particulier à maintenir aussi constantes que possible les densités de ces bains, afin de pouvoir obtenir par la suite une teinture convenable.

La figure 78 montre une section de la machine employée (construite par Duncan Stewart et C°). Elle se compose d'une cuve en bois A, qui contient le bain, munie de roulettes à la partie supérieure et à la partie inférieure ; au-dessus, se trouvent deux paires de cylindres exprimeurs pesants BC et DE. En F, se trouvent des barres qui servent à ouvrir et à étendre le tissu ; G est le plieur. Le dessin fait aisément comprendre la manière dont le tissu passe dans la machine.

L'opération de la mise à l'étuve consiste à suspendre le tissu dans de grandes chambres en briques, chauffées par un foyer situé dans le sous-sol. Les gaz chauds circulent dans des conduits en briques réfractaires et dans des tuyaux en fer, avant de s'échapper dans la cheminée. La partie supérieure de la chambre est divisée, au moyen de grilles de fer horizontales, en 3 ou 4 étages ; chacun d'eux est pourvu d'un système de charpentes, supportant deux traverses horizontales l'une au-dessus de l'autre ;

ces traverses sont munies de courtes chevilles en bois. On attache à ces chevilles le tissu par une de ses lisières ; l'autre pend librement ; on va alternativement de droite à gauche. De la sorte, lorsque la chambre est pleine, chaque étage se trouve rempli de deux couches de tissu, suspendu de telle manière que l'air chaud venant du bas peut aisément passer entre chaque pli.

L'étuve pour les écheveaux est d'une construction analogue, mais dans ce cas, les perches soutenant les écheveaux sont supportées par des traverses horizontales, exemptes de chevilles.

Un autre mode de suspension du tissu, consiste à n'avoir qu'une seule chambre dans l'étuve. Près du toit, sont fixées plusieurs traverses en bois, solides et lisses. On y suspend le tissu en longs plis qui descendent à 60 ou 70 cm. de la grille defer, immédiatement au-dessus des gaz chauds.

Dans l'un et l'autre cas, on obtient une ventilation efficace au moyen de nombreuses fenêtres latérales, que l'on peut aisément ouvrir et fermer à volonté.

10ᵉ Opération. Dégommage. — On fait passer le tissu, ouvert dans toute sa largeur, dans une machine composée d'une grande cuve, divisée en plusieurs compartiments. Les premiers compartiments sont remplis d'une solution de carbonate de soude (dens. 1.0025), chauffée à 40° cent. Le dernier est seulement rempli d'eau. Le tissu est ensuite bien lavé, et séché dans une étuve à 53° C. environ.

11ᵉ, 12ᵉ, 13ᵉ, 14ᵉ Opérations. — Ces opérations consistent à *mordancer, teindre* et *aviver*, et sont identiques à celles déjà décrites pour la teinture du fil.

Il est bon de dire que le nombre de passages dans la solution étendue de soude, varie selon la quantité d'huile que l'on veut fixer sur le tissu. Un bon rouge turc contient environ 10 0/0 d'huile modifiée sur la fibre.

375. — *Procédé au sulforicinate* pour teindre 500 kgs de *Fil* ou de *Tissu*. — On n'emploie pas les passages répétés dans les émulsions d'huile, ou dans le carbonate de soude, suivis de la mise au séchoir. L'huile d'olive est remplacée par une solution de sulforicinate alcalin avec laquelle il ne faut qu'une seule immersion, suivie d'un séchage.

1re Opération. Blanchiment ou lessivage. — Opération identique à celle déjà décrite pour le fil ou le tissu.

2e Opération. Huilage. — Le coton sec est bien imprégné d'une solution froide ou tiède de 10 à 15 kgs de sulforicinate neutralisé (50 0/0) pour 100 litres d'eau. On exprime, et le coton est simplement séché à l'étuve, ou bien on le chauffe 1 à 2 heures, à 75° cent.

3e Opération. Vaporisage. — Le coton préparé et séché est soumis à l'action de la vapeur, de 0 k. 45 à 0 k. 36 de pression, pendant 1 heure à 1 h. 1/2.

4e Opération. Mordançage. — On plonge le coton, et on le travaille pendant 2 à 4 heures dans une solution d'acétate d'alumine du commerce (mordant rouge), ou plus économiquement, dans du sulfate d'alumine basique, $Al^2(SO^4)^2(OH)^2$ (dens. 1,04).

Après mordançage, l'excès de solution d'alumine est éliminé par la torsion ou au moyen de l'esso-

reuse, le coton est séché, et ensuite simplement
bien lavé dans l'eau froide, ou d'abord travaillé
pendant 1/2 heure dans un bain de craie à 40° ou
50°, contenant 20 à 30 gr. de craie pulvérisée par

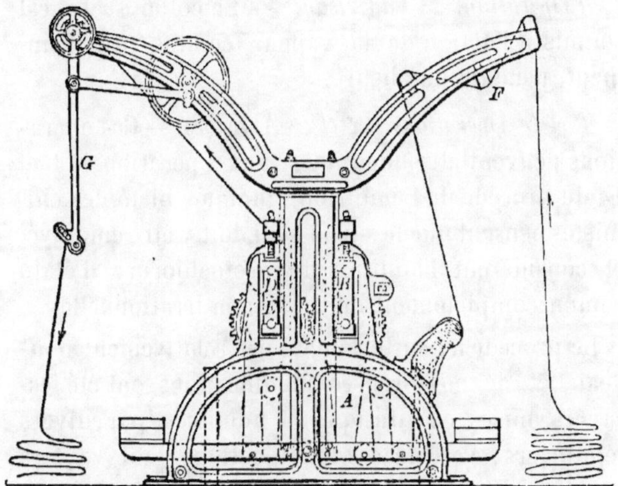

Fig. 78.

litre. Une solution de phosphate de soude peut remplacer le bain de craie.

5ᵉ Opération. Teinture. — On teint avec 15 0/0 d'a-
lizarine (pâte à 10 0/0), avec addition de 1 0/0 du colorant de craie ou d'acétate de chaux. Le coton est
travaillé à froid d'abord, pendant 1/2 heure, pour
assurer la régularité de la teinte ; la température
est ensuite graduellement élevée à 70° cent. dans
l'intervalle d'une heure, et la teinture se prolonge à
cette température jusqu'à ce que le bain soit épuisé.
On lave bien le coton (il faut éviter une eau très
calcaire) ; on essore, et on sèche.

6° Opération. 2° Huilage. — Le coton teint et séché est de nouveau imprégné d'une solution étendue de sulforicinate neutralisé (c'est-à-dire 50 à 60 gr. de sulforicinate [50 0/0] par litre), puis séché.

7° Opération. 2° Vaporisage. — Le coton séché est soumis à l'action de la vapeur, comme précédemment, pendant une heure.

8° et 9° Opérations. 1° et 2° Avivages. — Ces opérations peuvent être identiques aux opérations 13 et 14 du procédé de l'émulsion, quoique bien des chimistes pensent que le savon seul doit y être employé, et considèrent l'addition du protochlorure d'étain comme complètement inutile, sinon irrationnelle.

Le procédé au sulforicinate est relativement nouveau, et de nombreuses modifications ont été essayées, mises en pratique et adoptées par divers teinturiers ; c'est de ces modifications qu'il va être question.

Le sulforicinate employé est toujours soigneusement neutralisé, soit avec de la soude caustique, soit avec de l'ammoniaque. En règle générale, on préfère ce dernier, car l'addition d'un excès d'ammoniaque n'a pas d'effet nuisible, à cause de sa volatilité : de plus, le composé ammoniacal du sulforicinate est plus aisément décomposé par le vaporisage que le composé sodé, et il en résulte une fixation plus complète de l'huile.

On peut employer soit de l'huile d'olive, soit de l'huile de ricin : on obtient même de très bons résultats par le simple emploi d'un savon d'huile de ricin convenablement préparé, qui étant très soluble, et

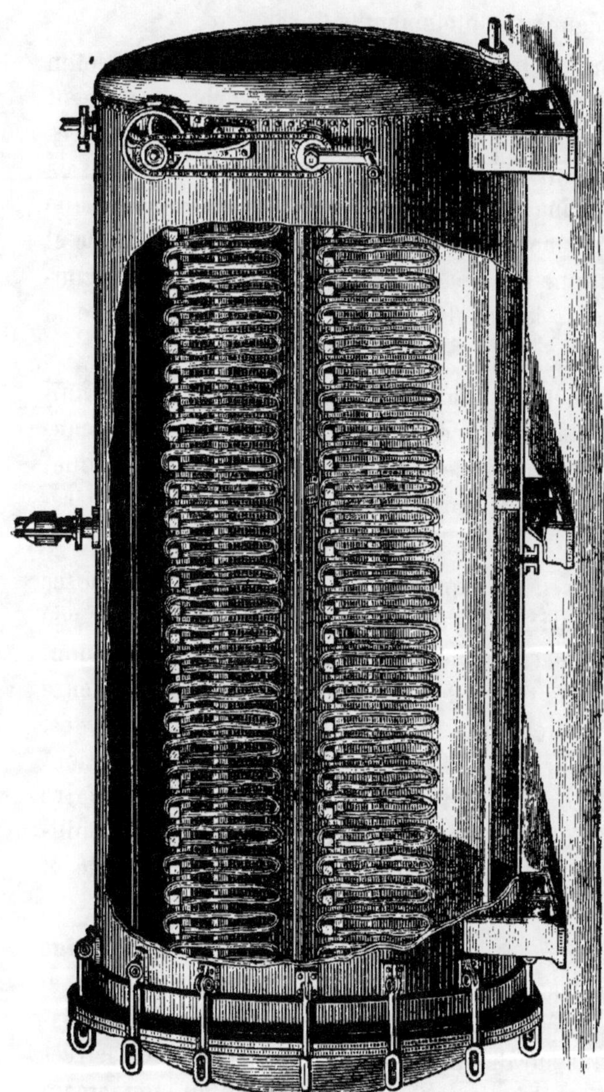

Fig. 79.

donnant des solutions claires, convient bien pour imprégner complètement la fibre.

Lors de la préparation en sulforicinate, le coton n'attire et ne fixe pas d'huile. Il absorbe simplement une quantité déterminée de la solution. Il est très important de connaître le tant pour cent exact de sulforicinate contenu dans la solution, parce que cela permettra de déterminer la quantité d'huile et d'alumine fixée par la suite sur le coton, et par conséquent, la beauté, le brillant, et la solidité de la couleur.

La méthode pratique la plus simple pour déterminer le tant pour cent, consiste à acidifier une quantité déterminée de la solution dans un verre gradué, et à noter le volume de la couche d'huile qui se sépare.

Le premier vaporisage a pour but de décomposer le sulforicinate absorbé à l'état d'acide gras oxydé et polymérisé, comme dans le procédé de l'émulsion. En même temps, le vaporisage produit une meilleure pénétration de la fibre par les acides gras oxydés. On supprime pourtant quelquefois cette opération. La décomposition du sulforicinate peut alors se faire en chauffant le bain de teinture au point d'ébullition, au lieu de 70° cent. ; le bain devient acide, et le brillant de la couleur se développe aussitôt.

La fig. 79 représente l'appareil de vaporisage pour les écheveaux, construit par MM. Tulpin et frères de Rouen. Les écheveaux de coton sont suspendus sur des traverses carrées en bois, encastrées dans un châssis en fer, et animées d'un mouvement de rotation permettant le vaporisage de toutes les parties de l'écheveau.

Le châssis est monté sur roulettes, et peut être introduit dans le cylindre après avoir été garni d'écheveaux. La cuve de vaporisage se compose d'un cylindre horizontal, avec une porte mobile à l'une des extrémités. Pour éviter les condensations, une plaque de cuivre laissant un espace libre entre elle et la paroi du cylindre se trouve à la partie supérieure.

La vapeur est introduite par un tuyau perforé, disposé au fond du cylindre, et recouvert par une plaque de fer perforée.

Les étoffes de coton peuvent être vaporisées de la même manière, ou traitées à la continue dans une chambre en briques, où l'on fait arriver de la vapeur sous faible pression.

Après le mordançage et le lavage, il reste sur la fibre une faible quantité d'un sel basique d'alumine et d'acide gras transformé ; cela peut provenir des eaux calcaires, ou de traces de chaux.

Si, avant le lavage, on emploie un bain chaud de craie, il se forme un composé d'alumine plus calcaire. Pendant ces opérations, il s'est formé probablement un composé d'alizarine d'un oxy ou trioxyoléate basique d'aluminium et de calcium.

Sil,'huile fait défaut sur la fibre, les nuances brillantes sont toujours obtenues à la plus basse température indiquée (70° C.), mais dans le cas où le mordant gras est en excès, la température peut être élevée au point d'ébullition.

La seconde préparation et le vaporisage ont pour

but de neutraliser le composé basique qui se trouve sur la fibre. Ce vaporisage après teinture est d'un effet remarquable: il donne du brillant et de la solidité à la teinture, surtout si elle a été faite à basse température. Si la teinture est faite à 100° C., l'effet brillant est produit en grande partie dans le bain de teinture.

Comme il a été indiqué ci-dessus, quelquefois on supprime la seconde préparation, que l'on remplace par l'addition d'une petite quantité de sulforicinate neutralisé au bain de teinture.

Un des faits les plus intéressants se rapportant à l'application de l'alizarine est la nécessité de la présence d'un sel de chaux dans le bain de teinture, pour obtenir un bon résultat. D'après les recherches de Schlumberger, Rosenstiehl et autres, en vue d'élucider ce point, il semble que la laque rouge d'alizarine fixée sur les fibres textiles n'est pas un simple composé d'alumine et d'alizarine, mais que le calcium en est un constituant indispensable.

D'autres procédés de teinture seront brièvement décrits dans les paragraphes suivants.

376. — *Procédé du rouge d'alizarine employé pour l'impression.* — 1° Mordancer avec l'acétate d'alumine commercial (densité 1,025 — 1,04), étendre pendant 1 ou 2 jours les tissus suspendus dans une chambre chauffée à 50° C., et ayant un certain degré d'humidité.

Pendant cette exposition, une grande partie de l'acide acétique se dégage, et un sous-acétate basique d'alumine se fixe sur la fibre.

2º Dans cet état, on fixe l'alumine plus complètement en passant le coton pendant quelques minutes à 60º C., dans un bain d'arséniate ou de silicate
de soude, à raison de 5 à 10 grammes par litre, puis
on lave bien.

3º *Teinture avec l'alizarine à chaud.* — On fait une
petite addition de chaux, si cela est nécessaire. A cet
état, le coton ne contenant pas d'huile, il est essentiel pour obtenir une couleur brillante, que la teinture s'exécute à une température ne dépassant pas
70 à 75º C.

4º Préparer le coton avec une solution du sulforicinate, 50 à 100 grammes (50 pour 100) par litre, et
sécher.

5º Vaporiser pendant 1/2 heure à 3/4 d'heure, à
0 k. 254 de pression.

6º *Avivage.* — Comme il a été précédemment indiqué.

377. — *Procédé du rouge d'alizarine de Schlieper.*
— Il se compose des opérations suivantes :

1º Mordançage du coton avec une solution d'aluminate de soude, préparée de la façon suivante :

Dissoudre 100 kilos de gelée d'alumine dans 160
litres de soude caustique (densité 1,310), dissoute
dans 750 litres d'eau. Ajouter 21 litres d'acide chlorydrique (densité 1,155) ; faire avec le tout 1.550
litres, et étendre d'eau avec quatre fois son volume.
On peut ajouter une petite quantité d'une solution
alcaline d'un hydrate stanneux. Après le foulardage
dans cette liqueur, le coton est séché pendant 24
heures.

2º Fixage de l'alumine par un passage dans une

solution de chlorure d'ammonium ou de silicate de soude, et finalement, dans un bain tiède de craie.

3° Teinture avec l'alizarine au jigger à la température de 90 à 95° C., avec addition d'eau de chaux claire (8 grammes par gramme d'alizarine).

Les opérations suivantes de préparation avec le sulforicinate, vaporisage et avivage, sont identiques à celles décrites dans le procédé précédent.

378. — *Procédé d'Erban et Specht pour rouge d'alizarine.* — 1° Imprégner le coton avec une solution d'alizarine dans l'ammoniaque, et sécher ; la solution peut aussi contenir de l'aluminate de soude, du savon, du stannate de soude, ou du sulforicinate.

2° Passer le coton dans un bain contenant de l'acétate d'alumine, et sécher.

3° Passer le coton dans une dissolution de savon ou de sulforicinate, et sécher.

4° *Vaporisage.* — 1 ou 2 heures à 1-2 atm. de pression.

Après la première opération, le coton contient de l'alizarine insoluble, uniformément distribuée sur la fibre. La formation de la laque colorée commence dans l'opération suivante, et se trouve complètement terminée seulement dans la quatrième opération.

379. — *Roses et violets d'alizarine sur coton.* — Les roses d'alizarine sont obtenus par la même méthode employée pour les rouges. On emploie les mordants d'alumine, acétate d'alumine (densité 1.05) ; les mordants basiques doivent être écartés, car ils donnent des couleurs inégales. On peut employer de même le sulfate normal d'aluminium ; la quantité d'alizarine (20 pour 100 en pâte) peut être réduite à 1 pour 100 du poids du coton, et la proportion de la préparation d'huile se trouve diminuée.

380. — Les nuances très résistantes de violet et de lilas sont obtenues au moyen de l'alizarine, avec ou sans la préparation d'huile. Quand le coton est préparé en huile, on emploie pour cette préparation soit le procédé d'émulsion de Steiner, soit le procédé pour rouge turc.

Le coton est mordancé en le trempant pendant très peu de temps dans une dissolution de sulfate de fer, densité (1,015 — 1,02) ; on l'abandonne pendant une nuit, et il est finalement bien lavé.

Après le mordançage en fer, le coton est bien lavé, et teint avec 5 — 25 pour cent d'alizarine (à 10 pour cent). Si l'eau n'est pas suffisamment calcaire, il est indispensable d'ajouter la quantité nécessaire d'acétate de calcium au bain de teinture (1 — 2 pour cent). Après la teinture, le coton sera lavé et savonné à la température de 60° C.

Pour les nuances violettes plus foncées, le coton subira une forte préparation à l'huile, tandis que pour les nuances claires, une préparation légère suffira.

Le mordant sera toujours entièrement saturé par l'alizarine dans le bain de teinture, car un excès du mordant non combiné donne à la couleur un aspect rougeâtre désagréable.

L'emploi du pyrolignite de fer donne des tons plus brillants et plus bleus que le sulfate.

Les violets noirs foncés sont obtenus avec ou sans une légère préparation à l'huile, en trempant le coton, avant le mordançage, dans une infusion de noix de galle ou autres substances tannantes. Quand il n'est pas préparé à l'huile, le coton est préparé au tannin, en le travaillant dans une infusion froide de matières tannantes ; il est mordancé dans une solution de pyrolignite de fer (densité 1,005 — 1.015), et finalement lavé.

On peut aussi mordancer le coton en l'imprégnant avec le pyrolignite de fer à 1^0 — 12 Tw.

On essore, on met à l'étendage pendant 48 heures, on passe pendant 10 minutes à 50^0, dans une solution contenant 20 centimètres cubes de silicate de soude (densité 1,08) par litre, et on lave.

381. — *Nuances variées. Puce, Bordeaux, etc.* — Elles sont obtenues avec l'alizarine, en mordançant le coton préparé à l'huile avec un mélange de mordant, d'aluminium et de fer, l'un et l'autre à l'état de sulfate ou d'acétate.

Si le coton est préparé à l'huile, suivant le procédé de l'émulsion de Steiner, ou par la méthode au sulforicinate, il est bon de le passer dans un bain faible de tannin avant le mordançage, spécialement pour les nuances foncées ; une plus grande proportion de fer se trouve fixé par ce moyen.

Les différentes nuances sont produites en variant les proportions du mordant d'alumine et de fer.

Après le mordançage, le coton est lavé, teint avec l'alizarine, préparé avec une légère solution de sulforicinate, vaporisé, savonné comme cela a été précédemment décrit.

D'autres nuances grenat peuvent être obtenues en mordançant le coton préparé à l'huile avec une solution de chlorure de chrome (densité 1,16) ; trempage, 12 heures ; essorage, lavage soigné avant le séchage.

382. — *Application à la laine.* — L'alizarine peut produire un certain nombre de belles nuances sur laine, selon le mordant employé et ses proportions ; on obtient des couleurs résistant bien à la lumière et au foulage.

Pour obtenir le rouge d'alizarine sur laine, on mordance celle-ci avec du sulfate d'aluminium et de la crème de tartre, on lave et l'on teint dans un bain séparé, avec 10 — 15 pour 100 d'alizarine (20 pour 100), et 4 à 6 pour 100 d'acétate de chaux. Pour obtenir une couleur bien égale. on travaille la laine pendant une demi-heure dans le bain de teinture froid, on monte la température graduellement pendant une heure jusqu'au bouillon, et l'on maintient l'ébullition pendant une heure, jusqu'à ce que le bain soit épuisé.

Pour que la couleur résiste au foulage, on recommande d'ajouter en outre au bain de teinture, une petite quantité de savon neutre et d'acide tannique $\left(\dfrac{1}{10} \text{ et } \dfrac{1}{20} \text{ de l'alizarine employée} \right)$.

Pour obtenir des tons orangés plus brillants, on emploie, avec le mordant de sulfate d'aluminium, 1 à 4 pour 100 de chlorure stanneux, et dans ce cas, une légère addition de 1 — 4 pour 100 de crème de tartre est nécessaire.

L'addition au bain de teinture d'acétate de chaux est aussi nécessaire, si l'eau employée n'est pas suffisamment calcaire.

Sans chaux, la couleur est terne et mauvaise, et le bain de teinture n'est pas épuisé ; avec un excès, le rouge est plus foncé.

Pour obtenir l'orangé d'alizarine sur laine, on mordance la laine avec 5 pour 100 de chlorure stanneux, et une égale quantité de crème de tartre.

On teint avec 10 pour 100 d'alizarine (à 20 pour 100), sans addition d'acétate de chaux.

Avec l'addition de 4 — 5 0/0 d'acétate de chaux, on obtient un rouge orangé brillant, mais sans cette addition, la couleur est plus jaune. L'orangé d'alizarine peut être aussi obtenu dans un bain unique, en employant 5 pour 100 de chlorure stanneux, et 1.5 pour 100 d'acide oxalique.

Des nuances très riches de puces peuvent être obtenues en mordançant *la laine* avec 3 pour 100 de bichromate de potasse, et 1 pour 100 d'acide sulfurique (densité 1,84), et en teignant avec 10 pour 100 d'alizarine (à 20 pour cent). De bonnes teintures sont obtenues par la méthode du bain unique, en employant 1 pour 100 de bichromate de potasse, et 1 pour 100 SO^4H^2 (densité 1.84). Plusieurs nuances solides de brun, olive, violet, etc., sont obtenues par la réunion avec l'alizarine de plusieurs matières colorantes telles que la galléine, la céruléine, etc.

De très bonnes nuances allant du bleu-violet au bleu-ardoise, sont obtenues en mordançant la laine avec 8 pour 100 de sulfate ferreux, et 8 pour 100 de crème de tartre, et en teignant dans un bain séparé, avec 10 pour 100 d'alizarine (à 20 pour 100), et 4 pour 100 de carbonate de chaux.

Par la méthode du bain unique, les couleurs sont plus foncées ; on obtient des bruns plus foncés en employant 7 pour 100 de sulfate ferreux, et 2 à 3 pour 100 d'acide oxalique.

Avec le sulfate de nickel ammoniacal, et les sels d'uranium employés comme mordants, l'alizarine produit des nuances délicates grises et ardoises.

Application à la soie. — L'alizarine est moins employée pour la teinture de la soie. De bonnes teintures peuvent être obtenues en mordançant la soie par les méthodes ordinaires, et en ajoutant au bain de teinture un cinquième de son volume de savon coupé, neutralisé par l'acide acétique. Après teinture, lavage complet, ébullition avec le savon, et lavage final avec de l'eau contenant une petite quantité d'acide acétique.

383. — *Alizarine* S (B).

$$C^6H^4 \diagup {\overset{CO}{\underset{CO}{}}} \diagdown C^6H(OH)^2(SO^3Na).$$

Cette matière colorante est connue sous le nom de carmin d'alizarine, et vendue en poudre sous les noms suivants : (alizarine W (M) et alizarine en poudre W (By). Elle est produite par l'action de l'acide sulfurique concentré sur l'alizarine ; elle est le sel sodé de l'alizarine monosulfonée.

L'alizarine S est seulement employée pour la laine et la soie, et donne avec les différents mordants des nuances semblables à celles obtenues avec l'alizarine, mais avec des tons plus brillants.

Grâce à sa solubilité dans l'eau, elle peut être employée dans de bonnes conditions dans les machines à teindre, à circulation de liquide, comme la machine d'Obermayer, et aussi pour la teinture des tissus qui doivent être pénétrés complètement. Pour une bonne nuance moyenne sur laine, on emploie 4 pour 100 de la matière colorante en poudre.

L'alizarine S peut être employée par le procédé du *bain unique*; mais les couleurs obtenues, quoique résistant bien à la lumière, ne sont pas très résistantes au foulage.

384. — *Anthrapurpurine.*

$$HOC^6H^3 \diagup_{\diagdown CO}^{CO} \diagdown_{\diagup} C^6H^2(OH,^2$$

Cette matière colorante est aussi appelée isopurpurine, et est isomère de la purpurine ; elle est vendue sous les noms suivants : Alizarine SX et GD (B), alizarine RX (M), alizarine extra (By). Elle forme la plus grande partie des alizarines connues sous le nom d'alizarines jaunâtres ; elle est mélangée légèrement à l'alizarine, et préparée par fusion de l'acide antraquinone β disulfoné, avec la soude caustique. Elle est appliquée aux différentes fibres, exactement de la même manière que l'alizarine. Avec les mordants d'aluminium, elle donne une nuance écarlate rougejaune, et avec le fer, des tons plus gris. C'est pour cette raison qu'elle est moins employée pour les violets d'alizarine.

Avec les autres mordants, il n'y a rien de particulier à noter.

Alizarine 2 S (B). — C'est le sel sodé de l'acide anthrapurpurine mono-sulfoné ; il est obtenu par l'action de l'acide sulfurique concentré sur l'anthrapurpurine, et il est employé de plusieurs manières comme l'alizarine S.

385. — *Flavopurpurine.*

$$HO \cdot C^6H^3 \diagdown\!\!\!\diagup \begin{matrix} CO \\ CO \end{matrix} \diagup\!\!\!\diagdown C^6H^2 (OH)^2$$

Cette matière colorante est isomère de la purpurine, et forme une partie importante de l'alizarine commerciale ; elle est vendue sous les noms suivants :

Alizarine RG et GI (B), Alizarine SDG (M).

Alizarine X (By).

Elle est obtenue par fusion de l'acide anthraquinone α-disulfoné, avec la soude caustique.

Elle est employée de la même manière que l'alizarine, et donne avec le mordant d'aluminium un rouge plus jaune que celui donné par l'anthrapurpurine.

Alizarine 3 S (B). — C'est le sel sodé de l'acide mono-sulfoné de la flavopurpurine. Il est employé de la même manière que l'alizarine S.

386. — *Purpurine* B (By).

$$C^6H^4 \diagdown\!\!\!\diagup \begin{matrix} CO \\ CO \end{matrix} \diagup\!\!\!\diagdown C^6H (OH)^3$$

Cette matière colorante est aussi vendue comme

alizarine n° 6 (M) ; elle est produite par l'oxydation de l'alizarine par le bioxyde de manganèse ou l'acide arsénique ; mais comme elle est plus coûteuse que l'alizarine, on s'en sert beaucoup moins. Elle est employée de la même manière que l'alizarine, et donne avec le mordant d'aluminium un rouge brillant, qui résiste bien au savon, mais moins bien à la lumière que le rouge d'alizarine ; il est aussi plus sensible à l'action du chlorure stanneux, ce qui fait que l'avivage employé dans le procédé de teinture en rouge turc est supprimé. Par le fait de sa solubilité, plus grande que celle de l'alizarine, elle peut être employée avec avantage dans certains cas de la teinture de la laine.

387. — *Brun d'anthracène* B (By) (M).

$$C^6H^4 \begin{matrix} CO \\ CO \end{matrix} C^6H\,(OH)^3$$

Cette matière colorante, aussi appelée anthragallol, est obtenue en chauffant un mélange d'acide gallique et d'acide benzoïque, avec de l'acide sulfurique. Il est vendu sous forme de pâte brun foncé (20 pour 100), très peu soluble même dans l'eau bouillante.

Le coton est d'abord mordancé en oléate d'alumine, comme pour le rouge turc, ou en chrome, et teint en bain séparé.

Une bonne nuance moyenne est obtenue avec 20 pour 100 de la couleur en pâte.

La laine est mordancée avec le bichromate de potasse, et teinte avec addition d'acide acétique au bain. Le brun d'anthracène est une matière colorante importante pour la teinture de la laine, car il donne des bruns rouges remarquables par leur résistance à la lumière et au foulage.

Pour une bonne couleur bien fournie, on emploie 15 pour 100 pour une étoffe quelconque.

En la mélangeant avec les autres couleurs d'alizarine, on obtient une série d'excellentes nuances composées.

Le brun d'anthracène S W (B) est vendu en poudre ; sous cette forme, il est soluble dans l'eau, et il est employé pour la teinture de la laine.

Quand on emploie cette marque. la température du bain de teinture est portée à 60° C. en une demi-heure. A cette température, la matière colorante est lentement précipitée pendant une heure par des additions graduelles d'acide acétique, pour assurer l'égalité de la teinture. Le bain est graduellement chauffé à 100° C., et l'ébullition est maintenue pendant un certain temps.

La soie est mordancée avec l'alumine ou le chrome, et teinte en bain séparé, contenant la liqueur de savon coupé et de l'acide acétique. Avec 20 pour 100, on obtient de bonnes nuances moyennes, résistant à la lumière et au savon.

388. — *Bordeaux d'alizarine* B (By).

$$(OH)^2 \; C^6H^2 \diagdown \!\!\!\! \begin{array}{c} CO \\ CO \end{array} \!\!\!\! \diagup C^6H^2 \, (OH)^2$$

Cette matière colorante est aussi appelée quinalizarine, et est obtenue par oxydation de l'alizarine par l'acide sulfurique fumant à 180° C. ; elle est vendue sous forme de pâte brune, insoluble dans l'eau froide.

Avec le mordant d'alumine, on obtient un Bordeaux ; avec les mordants de chrome et de fer, on obtient des violets bleus et des violets noirs. Toutes ces couleurs résistent à la lumière et au savon. Les cuves en cuivre doivent être évitées. Le coton est mordancé avec l'oléate d'alumine ou avec le chrome, et teint en bain séparé. La laine est mordancée avec l'alun de chrome (12 pour 100) et l'acide oxalique (3 pour 100), ou avec le bichromate de potasse (4 pour 100), l'acide sulfurique (2 pour 100), et le tartre (5 pour 100).

La teinture se fait en bain séparé, avec ou sans addition d'acide acétique. On peut aussi employer comme mordant le fluorure de chrome (4 pour 100), avec l'acide oxalique (2 pour 100). On peut encore se servir de la méthode du bain unique.

La soie est mordancée avec l'aluminium ou le chrome, et teinte en bain séparé.

389. — *Alizarine cyanine* R (By).

$$(OH)^2C^6H^2 \diagdown \genfrac{}{}{0pt}{}{CO}{CO} \diagup C^6H(OH)^3$$

Cette matière colorante est produite par l'oxydation du bordeaux d'alizarine par le bioxyde de manganèse et l'acide sulfurique ou l'acide arsénique ; elle est vendue sous forme d'une pâte brun foncé, insoluble dans l'eau froide.

Avec les mordants d'aluminium et de chrome, elle produit des violets rouges, des bleus violets, couleurs résistant à la lumière et au savon. Comme ces matières colorantes sont sensibles à l'action des sels métalliques, il faut éviter les cuves en cuivre.

Elle est appliquée au coton et à la laine de la même manière que le bordeaux d'alizarine B

390. — *Alizarine cyanine* G (By).

Cette matière colorante s'obtient en traitant l'alizarine cyanine R au contact de l'air par l'ammoniaque ; sa composition chimique n'est pas définitivement établie. Elle est vendue sous forme de pâte noire, insoluble dans l'eau froide.

Avec les mordants de chrome et d'aluminium, elle donne des bleus et des verts bleus, qui résistent à la lumière et au savon.

Elle est appliquée au coton, à la laine et à la soie, de la même manière que le bordeaux d'alizarine B.

391. — *Bleu d'anthracène* (B).

$$(OH)^3(C^6H)\!\!<\!\!{{CO}\atop{CO}}\!\!>\!\!C^6H\,(OH)^3$$

Cette matière colorante est produite en chauffant la di-o-nitro-anthraquinone, avec l'acide sulfurique fumant.

Différentes marques (WR. WB, WG) sont vendues sous forme de pâte, mais on les vend aussi sous forme de poudres (SWR etc.), plus solubles dans l'eau. Avec les mordants de chrome et d'aluminium, les couleurs obtenues varient du violet au bleu.

Quoique généralement employées pour la laine, ces différentes marques sont applicables à la soie et au coton.

La méthode est la même que pour le bordeaux d'alizarine B ; vu leur sensibilité à l'action des sels métalliques, les récipients en cuivre doivent être rejetés. La solubilité de ces couleurs permet de les employer dans les machines à teindre.

Cette matière colorante et les deux précédentes sont remarquables par leur résistance à la lumière, au foulon et aux alcalis, mais elles ne résistent pas aussi bien aux acides que le bleu d'alizarine.

Elles remplacent parfaitement les bleus d'indigo.

392. — *Marron d'alizarine* (B).

$$C^6H^4 \underset{CO}{\overset{CO}{\diagdown\diagup}} C^6H(OH)2(AzH^2)$$

C'est une amidoalizarine obtenue par réduction de la β nitroalizarine.

Il est vendu sous forme de pâte brun rougeâtre foncé (20 pour 100), insoluble dans l'eau froide. Avec les mordants de chrome et d'aluminium, on obtient des nuances cramoisies et marrons.

Il est appliqué au coton, à la laine et à la soie, comme l'alizarine.

393. — *Orangé d'alizarine.*

$$C^6H^4 \underset{CO}{\overset{CO}{\diagdown\diagup}} C^6H(AzO^2)(OH)^2$$

Appelé également β nitro-alizarine ; on l'obtient par l'action de l'acide nitrique sur l'alizarine. On le vend sous forme de pâte jaune (20 0/0), insoluble dans l'eau froide, et il est connu sous le nom d'Orangé d'alizarine A (B) (M), Alizarine OR (By), Alizarine OG (By). On le vend aussi sous forme de poudre, comme sel sodé acide, soluble dans l'eau. Avec les mordants de chrome, d'alumine et de fer, on obtient respectivement un brun rougeâtre, un orangé et un violet ; toutes ces couleurs résistent bien à la lumière et au savon.

On applique cette couleur au coton, à la laine et à la soie, de la même manière que l'alizarine. La laine mordancée avec le bichromate de potasse, et teinte en orangé d'alizarine, donne un brun rouge, très analogue à celui que donne la garance, de sorte que, quand on désire des teintes composées sur mordant, on peut substituer l'orangé d'alizarine à la garance, ce que l'on pratique souvent.

Le protochlorure d'étain ne convient pas comme mordant, parce que la quantité de protochlorure que l'on emploie ordinairement (4 0/0), ne donne qu'un brun terne, la couleur orangée normale donnée par de plus petites quantités étant évidemment détruite par l'action réductrice du mordant.

394. — *Bleu d'Alizarine* (B)(M).

$$C^6H^4 \diagdown_{CO}^{CO} \diagup C^6(OH)^2 \diagdown_{CH=CH}^{Az=CH}$$

Appelé également Bleu d'alizarine R et GW (By) ; on l'obtient par l'action de la glycérine et de l'acide sulfurique sur la β nitro-alizarine. On peut le considérer comme la quinoléine d'alizarine, et il a, par conséquent, à la fois des propriétés basiques et acides. On le vend sous forme de pâte noir foncé, insoluble dans l'eau. Il forme avec la chaux un composé insoluble, de sorte qu'il faut éviter l'eau calcaire dans le bain de teinture, ou bien il faut la neutraliser par l'acide acétique

On emploie ce bleu en teinture de laine et de coton, ordinairement avec un mordant de chrome, parce que ce dernier donne les couleurs les plus solides et les plus utiles. Le coton est mordancé avec le sulforicinate et le chrome, et il est teint dans un bain séparé, avec addition d'acide acétique.

La laine est mordancée avec 3 0/0 de bichromate de potasse et teinte en bain séparé, avec addition d'acide acétique. Il faut soigneusement éviter un excès de mordant, surtout pour les tons clairs, parce que le bleu d'alizarine étant très sensible à l'action oxydante, devient rapidement gris. L'emploi d'acide tartrique. simultanément avec le bichromate de potasse, ou l'emploi d'alun de chrome et d'acide oxalique comme mordant fait disparaître cet inconvénient, et c'est une méthode bonne à suivre. Pour la teinture, la température doit être élevée peu à peu jusqu'à 100°, et l'on maintient l'ébullition jusqu'à ce qu'on obtienne un ton indigo brillant. Lorsque l'ébullition n'est pas suffisante, il se peut que la matière colorante ne soit fixée sur la fibre que superficiellement, et que la combinaison avec le mordant ne soit pas complète. Pour la teinte normale, il faut 20 0/0 de matière tinctoriale.

En teinture de laine, le bleu d'alizarine sert comme couleur bleue dans de très nombreux tons composés, et c'est également un substitut avantageux du bleu d'indigo, plus spécialement lorsque d'autres couleurs

sont employées simultanément, pour donner le fond
nécessaire à la couleur.

395. — *Bleu d'alizarine* S (B)

$$(C^{17}H^9AzO^4 + 2NaHSO^3)$$

C'est le composé avec bisulfite de soude du bleu
d'alizarine insoluble précédent. On l'obtient par l'action prolongée du bisulfite de soude sur le bleu d'alizarine, à la température ordinaire.

On le vend sous forme de poudre violet foncé,
facilement soluble dans l'eau, et donnant une solution brun rougeâtre, ou sous forme de pâte (20 0/0).
Sa solution aqueuse, chauffée à 70° cent., se décompose en bleu d'alizarine insoluble ordinaire, et en bisulfite de soude, chose dont on doit se souvenir lors
de la teinture. A cause de sa solubilité, ce bleu d'alizarine est même plus utile que le précédent, puisque,
en teinture de laine, il pénètre complètement la fibre.
On le regarde comme remplaçant parfaitement le
bleu d'indigo. Il a, en effet, quelques avantages : la
couleur est plus facile à appliquer, moins suscep-
tible de décharger par frottement, ou de devenir
grise lorsqu'elle est soumise à un grand frottement,
comme aux coutures et aux boutonnières d'un vête-
ment. Elle ne laisse rien à désirer quant à la résistance à la lumière et au foulage.

Le Bleu d'alizarine S, s'applique au coton, à la
laine et à la soie, au moyen d'un mordant de
chrome.

On teint en bleu d'alizarine de la même manière
que lorsqu'il s'agit de bleu d'alizarine insoluble. Il

faut avoir soin de ne pas élever la température du bain de teinture au-dessus de 70° cent., jusqu'à ce que la matière colorante ait été bien absorbée par la fibre ; ce n'est qu'alors que la température est portée à 100° cent., lorsque, comme on l'a dit plus haut, le composé de bisulfite est décomposé, et que le bleu d'alizarine mis en liberté, se combine avec le mordant. Il faut éviter l'emploi d'eau calcaire, et il faut ajouter de l'acide acétique au bain de teinture.

On mordance la soie en la plongeant dans le chlorure de chrome, et en fixant au moyen du silicate de soude ; on teint avec addition de savon coupé et d'acide acétique. Pour une couleur normale, on emploie 8 0/0 de poudre de bleu d'alizarine S.

396. — *Vert d'alizarine S (B)*

$$C^6H^2(OH)^2 \diagdown \!\! \begin{array}{c} OH.SO^3Na \\ | \\ C \\ \\ C \\ \| \\ OH.SO^3Na \end{array} \!\! \diagup C^6(OH)^2 \diagdown \!\! \begin{array}{c} Az = CH \\ | \\ CH = CH \end{array}$$

Cette matière colorante est le composé de bisulfite de soude du vert d'alizarine, produit de l'oxydation du bleu d'alizarine, obtenu par l'action de l'acide sulfurique fumant sur le bleu d'alizarine, et par traitement subséquent du produit par le bisulfite de soude. On le vend sous forme de pâte, ou de poudre brun foncé.

On l'applique au coton. à la laine, à la soie, de la même manière que le bleu d'alizarine S, et il donne, avec le mordant de chrome, des tons bleu verdâtre, solides, mais ternes.

397. — *Bleu indigo d'alizarine* S (B)

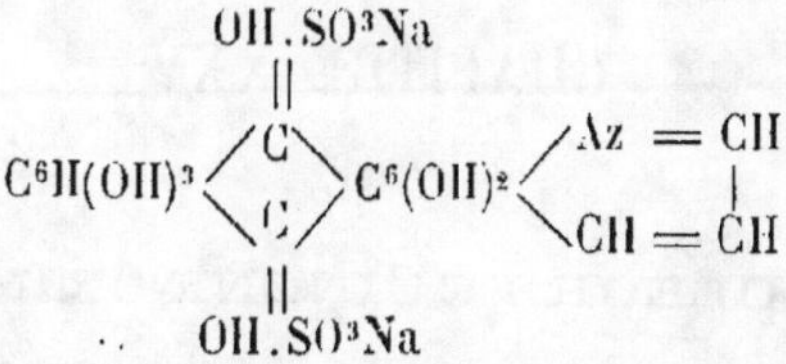

$$C^6H(OH)^3 \diagdown C \diagup C^6(OH)^2 \diagdown \substack{OH.SO^3Na \\ \| \\ Az = CH \\ | \\ CH = CH \\ \| \\ OH.SO^3Na}$$

C'est aussi le composé de bisulfite de soude du produit de l'oxydation du bleu d'alizarine, obtenu par l'action de l'acide sulfurique fumant sur le vert d'alizarine, et le traitement subséquent par le bisulfite de soude. On le vend sous forme de pâte, ou de poudre brun foncé.

On l'applique au coton, à la laine et à la soie, de la même manière que le bleu d'alizarine S, et il donne, avec le mordant de chrome, des tons bleu verdâtre, solides, analogues à ceux que donne l'indigo.

Cette couleur et la précédente sont employées comme substituts de l'indigo en teinture de laine.

CHAPITRE XXV

COULEURS QUINONE-OXIMES

398. — Les couleurs de ce groupe s'obtiennent par l'action de l'acide nitreux sur les phénols, et étaient autrefois considérées comme nitroso-phénols. Elles ont par elles-mêmes peu de pouvoir colorant, mais elles possèdent la propriété de former des laques de couleur brune avec le chrome, et des laques vert foncé avec le fer.

Vert foncé (B)

$$C^6H^2(O.AzOH)^2$$

On l'appelle également vert solide (C), Chlorine (D. ii.), Vert russe (L), Vert d'Alsace, etc. — On le vend sous forme de pâte grise, et il est produit par l'action de l'acide nitreux sur la résorcine. Avec le fer, il forme une laque vert foncé.

Il est très utilisé en teinture de coton ; on le prépare d'abord en acétate de fer, on met à l'étendage, on fixe avec le silicate de soude, et l'on teint dans un bain neutre. On obtient un vert foncé, résistant bien à la lumière et au savon.

La laine est mordancée avec le sulfate de protoxyde

de fer et l'acide oxalique, et teinte en bain séparé.
La couleur vert olive foncé obtenue est remarquable par sa grande résistance. On obtient des bruns
assez résistants, au moyen du bichromate de potasse.

Gambine R (H)

$$C^{10}H^6O\,AzOH$$

On la vend sous forme de pâte vert olive, et elle
s'obtient par l'action de l'acide nitreux sur l'α naphtol. On l'emploie en teinture de laine, et elle s'applique de la même manière que le vert foncé, auquel
elle est analogue par ses propriétés générales.

Gambine Y (H). — On l'appelle également vert
d'Alsace J ; elle est isomère de la couleur précédente, étant produite de la même manière avec le
β naphtol.

On l'emploie en teinture de laine, de la même manière que le vert foncé.

Dioxine (L)

$$C^{10}H^5\,(OH)\,(O.AzOH)$$

On la vend sous forme de pâte rouge, et on l'obtient par l'action de l'acide nitreux sur la $(2,7)$ dioxy-
naphtaline. En teinture de laine, on l'applique
comme le vert foncé ; elle donne avec le fer un vert
jaunâtre très résistant à la lumière, et avec le mordant de chrome, un brun peu résistant.

Vert naphtol B (C).

$$C^{10}H^5\,(SO^3Na)\,O.\,AzOFeAzO.O.\,(SO^3Na)\,C^{10}H^5$$

On l'obtient par l'action de l'acide nitreux sur l'a-

cide β-naphtol-mono-sulfoné S, que l'on convertit en
sel de protoxyde de fer sodé. On le vend sous forme
de poudre vert foncé, soluble dans l'eau ; on l'applique en teinture de laine comme *couleur acide*, en
ajoutant cependant au bain du sulfate de protoxyde
de fer (10 %), et 2 % d'acide sulfurique. Il donne un
vert olive très résistant à la lumière, assez résistant
au foulage avec savon, mais plus sensible au carbonate de soude. La soie se teint avec addition d'acide
tartrique.

CHAPITRE XXVI

QUINONE-IMIDES

399. — On comprend, sous cette dénomination, un certain nombre de couleurs qui, tout en ayant entre elles une certaine relation, sont cependant divisées, pour plus de commodité, en groupes secondaires, selon leur composition chimique. On les applique principalement comme couleurs *acides*, et comme couleurs *basiques*.

a) *Indamines*. — Ce groupe comprend les couleurs obtenues par l'oxydation d'une paradiamine, en présence d'une monamine ; tels sont : le bleu d'indamine, le vert de Bindschedler, et le bleu de toluylène, qui sont tous des *couleurs basiques*, mais sans utilité en teinture, étant trop sensibles à l'action des acides.

400. — b) *Indophénols*. — On les obtient en oxydant une paradiamine, en présence d'un phénol. Ce sont des bases faibles qui, à l'état libre, possèdent une couleur violette ou bleue. La couleur suivante est la seule qui, en pratique, ait de l'importance.

Bleu indophénol (DH)

$$Az \begin{cases} C^6H^4Az\,(CH^3)^2 \\ C^{10}H^6O \end{cases}$$

On l'obtient par l'oxydation de l'amido-diméthyl-aniline et de l'α-naphtol, ou par l'action de la nitroso-diméthyl-aniline sur l'α naphtol ; on le vend sous forme de poudre bleu foncé, insoluble dans l'eau. Sous l'influence des agents réducteurs (par ex : l'acétate de protoxyde d'étain), le bleu indophénol est transformé en *blanc indophénol* qui, sous forme de sel d'étain, était autrefois vendu pour l'impression sur calicot. Dans ces dernières années, le bleu d'indophénol a été employé avec l'indigo, le mélange étant réduit au moyen de l'hydro-sulfite de soude. Le coton ou la laine sont alors teints dans la solution alcaline, exactement comme s'il s'agissait d'indigo. Les proportions suivantes sont recommandées par les fabricants : mélanger 150 litres d'eau, 6 k. 75 de poudre de zinc, et 36 litres de bisulfite de soude, à 55° Tw (densité 1,275) ; on agite bien pendant 1/4 d'heure, en conservant le mélange froid ; on ajoute alors 18 l. de solution de soude caustique, à 71° Tw (densité 1.355), on remue bien, et l'on ajoute le mélange suivant, préparé préalablement : 7 k. 5 d'indigo, 3 k. 3 d'indophénol bleu, 2 l. de soude caustique a 71° Tw, et 30 l. d'eau. Le tout est porté à 500 lit., et on laisse reposer dans une cuve couverte pendant 48 heures, jusqu'à ce que la réduction soit complète. La liqueur est prête pour la teinture lorsqu'elle a une couleur jaune pâle.

En comparant avec la teinture en indigo pur, l'économie est de 11 à 25 0/0 pour le coton, et la résistance à la lumière et aux alcalis est satisfaisante.

401. — c) *Thiazines et Thiazones.* — Ces matières colorantes, qui contiennent du soufre, correspondent respectivement aux indamines et aux indophénols, et sont dérivées de la thio-diphényl-amine.

$$C^6H^4 < \overset{\overset{\text{H}}{Az}}{S} > C^6H^4$$

Bleu méthylène B et BG (B).

$$Cl\,(CH^3)^2\,AzC^6H^3 < \overset{Az}{S} > C^6H^3Az\,(CH^3)^2$$

Cette matière colorante importante, est aussi appelée bleu méthylène BB en poudre, extra (B) (M) (Ber), et bleu éthylène (Oe) ; on la prépare en oxydant un mélange de diméthyl-p-phénylène-diamine et de diméthyl-aniline, en présence de thiosulfate de soude ; le produit est porté à l'ébullition avec une solution de chlorure de zinc, et le produit leuco obtenu et oxydé, donne le bleu méthylène. On le vend sous forme de poudre cristalline bleu foncé, soit comme chlorhydrate, soit comme sel double de zinc. On l'emploie surtout en impression et teinture de coton comme *couleur basique*, sur un mordant de tannate d'antimoine, avec addition d'un peu d'acide acétique dans le bain. Il donne un bleu verdâtre assez brillant, résistant bien au savon, et moins sensible à la lumière que les autres bleus brillants basiques. Sur un mordant de tannate de fer, il donne des tons bleu indigo foncé.

La laine et la soie peuvent être teintes dans un bain alcalin, avec addition d'ammoniaque ou de carbonate de soude (2 0/0). La couleur résiste mal à la lumière sur ces fibres.

Vert méthylène (M). — C'est le bleu méthylène mononitré, obtenu par l'action de l'acide nitreux sur le bleu méthylène. On l'applique de la même manière que le bleu méthylène, comme couleur basique, et il donne un vert bleuâtre, qui a des propriétés analogues.

· *Bleu thionine* GO extra (M) (Ber).

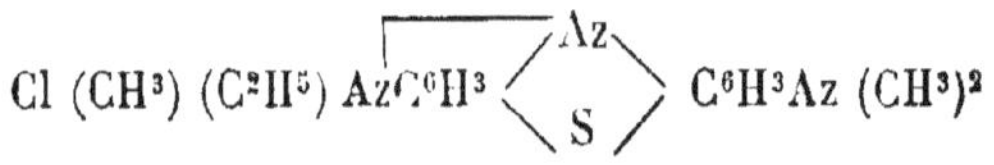

$$Cl\ (CH^3)\ (C^2H^5)\ AzC^6H^3 \underset{S}{\overset{Az}{\diamondsuit}} C^6H^3Az\ (CH^3)^2$$

On le prépare à peu près comme le bleu méthylène, auquel il ressemble comme propriétés et mode d'emploi ; on le vend sous forme de chlorozincate.

Bleu de toluidine (B) (M) (Ber).

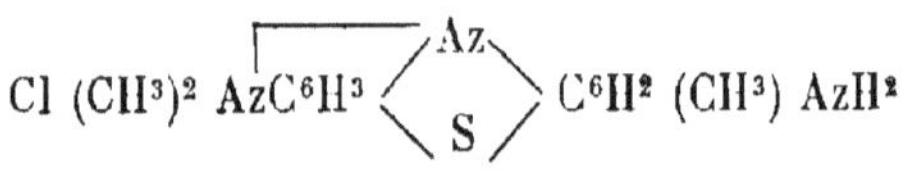

$$Cl\ (CH^3)^2\ AzC^6H^3 \underset{S}{\overset{Az}{\diamondsuit}} C^6H^2\ (CH^3)\ AzH^2$$

On le prépare à peu près comme le bleu méthylène, auquel il ressemble comme propriétés et mode d'emploi. On le vend sous forme de chlorozincate.

Bleu de méthylène nouveau N (C).

$$ClH\ (C^2H^5)\ AzC^6H^2\ (CH^3) \diagdown_{\ S\ }^{\ Az\ } \diagup C^6H^2\ (CH^3)\ AzH\ (C^2H^5)$$

Il est analogue au bleu méthylène. comme propriétés et mode d'emploi.

Thiocarmin R (C).

$$C^6H^3Az\ (C^2H^5)\ (CH^2.C^6H^4.SO^3Na)$$

$$\diagup^{\ }\diagdown_{Az\quad\ S}$$

$$C^6H^3Az\ (C^2H^5)\ (CH^2.C^6H^4.SO^3)$$

Cette couleur est reliée au bleu méthyléne, mais
c'est un produit sulfoné, à cause de l'emploi, dans
sa fabrication, d'acide éthyl-benzyl-aniline sulfoné ;
on l'applique à la laine à la soie comme *couleur acide* ; elle donne des tons bleu verdâtre très réguliers, ce qui la fait recommander comme substitut
de l'extrait d'indigo, quoiqu'elle ne résiste pas
aussi bien à la lumière.

402. — *Violet méthylène.*

$$HCl\ (CH^3)^2\ AzC^6H^3 \diagdown_{\ S\ }^{\ Az\ } \diagup C^6H^3O$$

Cette couleur thiazone s'obtient en faisant bouillir
le bleu de méthylène avec de la potasse caustique.

Sur la soie, avec bain de savon, il donne un violet.

Bleu d'alizarine brillant (By). On l'obtient par l'action de l'acide β-naphto-quinone-sulfoné, sur l'acide thio-sulfoné de la diméthyl-p-phénylène-diamine. Il donne un ton bleu d'alizarine, sur la laine mordancée au chrome.

Gallothionine.

$$(CH^3)^2\ AzC^6H^3 \big\langle \begin{smallmatrix} Az \\ S \end{smallmatrix} \big\rangle C^6H\,(OH.CO.OH)\,O$$

Elle est produite par l'oxylation simultanée de l'acide gallique et du bisulfite de diméthyl-p phénylène-diamine, en solution alcaline.

On l'applique comme couleur tirant sur mordant, et elle donne un violet bleu sur laine mordancée au chrome.

403. — d) *Oxazines et oxazones*. — Elles dérivent respectivement de la phénoxazine

$$C^6H^4 \big\langle \begin{smallmatrix} H \\ Az \\ O \end{smallmatrix} \big\rangle C^6H^4$$

et de la phénoxazone

$$O.C^6H^3 \big\langle \begin{smallmatrix} Az \\ O \end{smallmatrix} \big\rangle C^6H^4$$

Elles correspondent aux thiazines et thiazones, mais contiennent de l'oxygène au lieu de soufre.

Bleu de Capri (L).

$$Cl.(CH^3)^2\ Az\,C^6H^2\,(CH^3) \big\langle \begin{smallmatrix} Az \\ O \end{smallmatrix} \big\rangle C^6H^3Az\,(CH^3)^2$$

On l'obtient par l'action du nitroso-diméthyl-m-
amido-phénol sur la diméthyl-aniline. On l'applique
comme *couleur basique* ; le coton est mordancé en
tannate d'antimoine et teint en un bain neutre ; la
soie est teinte en un bain de savon. Il donne un
ton bleu très verdâtre.

404. — *Bleu de Nil* A (B) (By).

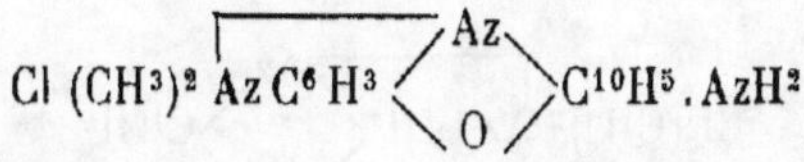

$$Cl\ (CH^3)^2\ Az\ C^6H^3 < \begin{smallmatrix} Az \\ O \end{smallmatrix} > C^{10}H^5 . AzH^2$$

Il est produit par l'action du nitroso-diméthyl-m-
amido-phénol sur la α-naphtylamine. Le chlorhydrate étant peu soluble dans l'eau, on le vend sous
forme de sulfate. On l'emploie comme *couleur basique*,
et ses propriétés sont analogues à celles du bleu de
Capri.

Bleu de Nil 2 B (B),

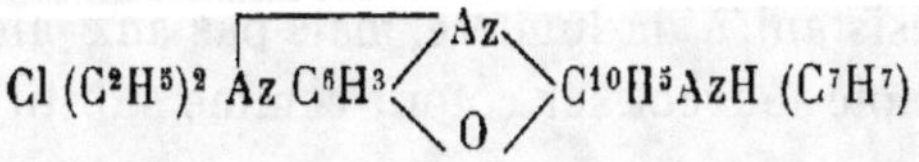

$$Cl\ (C^2H^5)^2\ Az\ C^6H^3 < \begin{smallmatrix} Az \\ O \end{smallmatrix} > C^{10}H^5AzH\ (C^7H^7)$$

On l'obtient par l'action du nitroso-diéthyl-m-ami-
do-phénol sur la benzyl α-naphtylamine. Propriétés
et mode d'emploi comme couleur *basique*, analogues
à ceux du bleu de Nil A. Il donne un bleu verdâtre.

405. — *Noir solide* (L).

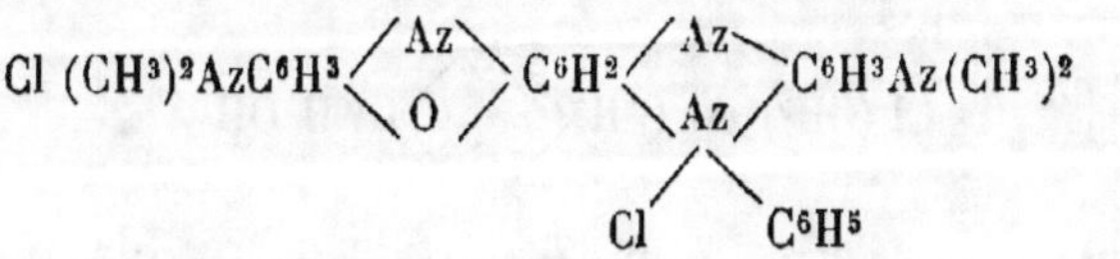

$$Cl\ (CH^3)^2AzC^6H^3 < \begin{smallmatrix} Az \\ O \end{smallmatrix} > C^6H^2 < \begin{smallmatrix} Az \\ Az \end{smallmatrix} > C^6H^3Az(CH^3)^2$$
$$\begin{smallmatrix} Cl \quad\quad C^6H^5 \end{smallmatrix}$$

On l'obtient par l'action de la nitroso-diméthyl-aniline, sur la m-oxydiphénylamine.

On l'applique au coton comme couleur basique, sur tannate d'antimoine, et il donne un noir bleuâtre. Pour un ton normal, on emploie 10 0/0 de couleur en pâte.

406. — *Bleu de Meldola.*

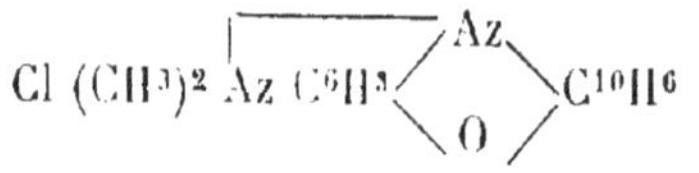

$$\mathrm{Cl\ (CH^3)^2\ Az\ C^6H^3}\!\!<\!\!\overset{\displaystyle Az}{\underset{\displaystyle O}{}}\!\!>\!\mathrm{C^{10}H^6}$$

On l'appelle également bleu nouveau (C) (By), bleu de naphtylamine R cristallisé (By), bleu solide 2B pour coton (Ber), bleu solide R cristallisé pour coton (Ber), bleu pour coton R (Ber), bleu métamine B et G (L).

On l'obtient par l'action de la nitroso-diméthyl-aniline sur le β-naphtol. On l'applique au coton comme *couleur basique*, et il donne des tons violet foncé et bleu indigo résistant à la lumière, mais pas aux alcalis. On l'emploie souvent sur coton, comme substitut de l'indigo.

Bleu de méthylène nouveau GG (C). — Il est produit par l'action de la diméthyl-aniline et des agents oxydants, sur le bleu de Meldola. On l'applique au coton comme *couleur basique*, et il donne un bleu très verdâtre.

Muscarine (DH).

$$\mathrm{Cl\ (CH^3)^2\ Az\ C^6H^3}\!\!<\!\!\overset{\displaystyle Az}{\underset{\displaystyle O}{}}\!\!>\!\mathrm{C^{10}H^5OH}$$

Elle est produite par l'action de la nitroso-diméthy

aniline sur la (2.7) dioxy-naphtaline. On l'applique
au coton comme couleur *basique*, et elle donne une
couleur analogue au bleu de Meldola, mais moins
violette.

407. — *Azurine* (B).

$$Cl\,(CH^3)^2\,Az\,C^6H^3 \overset{Az}{\underset{O}{\diamond}} C^6H^2\,(OH)\,(CO.OH)$$

On l'obtient par l'action de la nitroso-diméthyl-
aniline sur l'acide dioxy-benzoïque. On l'applique
comme *couleur tirant sur mordant* à la laine et au coton, la matière étant mordancée à la manière ordinaire avec le chrome, et ensuite teinte en bain neutre.
Elle donne une couleur bleu violet assez brillante.

Gallocyanine (D.H)

$$Cl\,(CH^3)^2\,Az\,C^6H^3 \overset{Az}{\underset{O}{\diamond}} C^6H\,(OH)^2\,(CO.OH)$$

On l'appelle également violet solide (DII), et on l'obtient par l'action du chlorhydrate de nitroso-diméthyl-aniline, sur l'acide gallique ou tannique. Quelques chimistes la regardent comme une oxazone.
Elle se vend sous forme de pâte de couleur foncée.

On l'applique comme *couleur tirant sur mordant* à la
laine et au coton, mordancés au chrome, et elle donne
un violet bleuâtre foncé. Elle est très employée en
teinture de laine, et en impression sur calicot. On
peut également l'employer comme *couleur basique* sur
un mordant de tannate d'antimoine. La Gallocyanine
BS (D. H) est un composé de bisulfite de soude de

la couleur précédente, et s'emploie de la même manière.

Bleu-dauphin (K.S.) — On l'appelle également bleu solide Crumpsall. C'est l'acide sulfoné d'un produit obtenu en chauffant la gallocyanine avec l'aniline. On l'applique comme *couleur tirant sur mordant*, de la même manière que la gallocyanine, mais il donne des couleurs bleues d'un ton plus vert et plus pur.

408. — *Prune* (K.S.)

$$Cl\ (CH^3)^2\ Az\ C^6H^3 \underset{O}{\overset{Az}{\diagup\diagdown}} C^6H\ (OH^2)\ (CO^2CH^3)$$

On l'obtient par l'action de la nitroso-diméthylaniline, sur l'éther méthylique de l'acide gallique. On l'applique au coton comme *couleur basique*, ou comme *couleur tirant sur mordant*. La laine est mordancée au chrome; on obtient des tons prunes, résistant assez bien au savon.

Bleu de gallamine (G.)

$$Cl(CH^3)^2AzC^6H^3 \underset{O}{\overset{Az}{\diagup\diagdown}} C^6H(OH)^2(COAzH^2)$$

On l'obtient de la même manière que la gallocyanine, mais l'acide gallique est remplacé par l'acide gallaminique ; on le vend sous forme de pâte vert terne, assez soluble dans l'eau ; on l'emploie comme la gallocyanine, et il donne un violet bleuâtre analogue.

409. — *Violet gallanilique* BS (D.H.)

$$Cl\,(CH^3)^2\,Az\,C^6H^3 \underset{O}{\overset{Az}{<\quad>}} C^5H\,(OH)^2.CO$$
$$C^6H^5AzH.CO.C^6H^2\,(OH^2)\,O \qquad | + NaHSO^3$$

On l'obtient par l'action de la nitroso-diméthyl-
aniline sur la gallanilide, et en chauffant le produit
avec du bisulfite de soude ; on le vend sous forme
de pâte vert olive, insoluble dans l'eau. Propriétés
générales et mode d'application analogues à ceux
de la gallocyanine.

Bleu gallanilique (D.H.) — On l'obtient par l'action
de la nitroso-diméthyl-aniline sur la gallanilide, et
en chauffant ensuite le produit avec de l'aniline. Il
se comporte comme la gallocyanine, mais donne un
ton plus bleu.

Indigo gallanilique PS (D.H.) — C'est l'acide sulfoné dérivé du bleu gallanilique ; on le vend sous
forme de pâte bleu foncé. Il est appliqué comme
couleur acide, et donne un bleu verdâtre, analogue
à celui du carmin d'indigo, mais plus solide

410. — *Bleu fluorescent* (S.C.I.)

$$O.C^6HBr^2 \underset{O}{\overset{Az}{<\quad>}} C^6HBr^2.HO$$

On l'appelle également bleu de résorcine (K.S.) ; on
l'obtient en soumettant à l'action du brome, la réso-
rufine, produit obtenu en chauffant la nitroso-ré-
sorcine avec la résorcine, en présence de l'acide
sulfurique concentré.

On l'applique à la soie comme *couleur acide*, et l'on teint dans un bain de savon, acidulé par de l'acide acétique. Il donne un violet bleu, remarquable par sa fluorescence rouge. La couleur résiste assez bien à la lumière et aux acides.

411 c) — *Dérivés aziniques*. — On peut ranger dans ce groupe toutes les couleurs regardées comme dérivant des azines, et dont le type le plus simple est la phénazine.

$$C^6H^4 \diagdown \begin{matrix} Az \\ | \\ Az \end{matrix} \diagup C^6H^4$$

Elles comprennent toutes les matières colorantes, autrefois regardées comme safranines, ou comme y étant intimement liées. Pour plus de commodité, on partage ce groupe en Eurhodines et Safranines.

412 a. — *Eurhodines*. — Ce sont les dérivés amidés des azines.

Violet neutre (C)(DH)

$$(CH^3)^2AzC^6H^3 \diagdown \begin{matrix} Az \\ Az \end{matrix} \diagup C^6H^3AzH^2HCl$$

On l'obtient par l'action de la nitroso-diméthyl-aniline sur la m-phénylène-diamine. On le vend sous forme de poudre noire, soluble dans l'eau, avec une couleur violette.

On l'applique au coton comme *couleur basique*, sur mordant de tannate d'antimoine, et il donne un violet terne, résistant mal à la lumière. La température du bain ne doit pas dépasser 50° cent. Cette couleur n'est utilisée ni pour la laine, ni pour la soie.

Rouge neutre (C)(D H.)

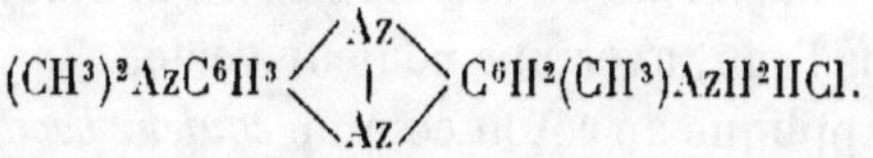

$$(CH^3)^2 AzC^6H^3 \diamond \!\!\!\!\begin{array}{c} Az \\ | \\ Az \end{array}\!\!\!\! \diamond C^6H^2(CH^3)AzH^2HCl.$$

On l'appelle aussi rouge de toluylène, et on l'obtient par l'action de la nitroso-diméthyl-aniline sur la m-toluylène-diamine. On le vend sous forme de poudre noire soluble dans l'eau, avec une couleur rouge clair.

On l'applique au coton comme *couleur basique*, à la manière du violet neutre. Il donne un rouge bleuâtre, peu résistant à la lumière.

Il ne convient ni pour la laine, ni pour la soie.

413 *b.* — *Safranines.* — Elles dérivent du chlorure de phényl-phénazonium.

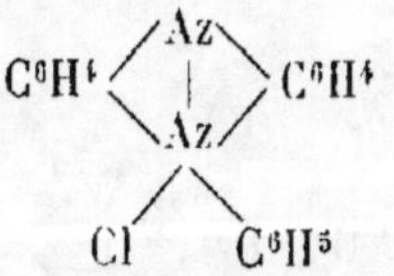

$$C^6H^4 \diamond \!\!\!\!\begin{array}{c} Az \\ | \\ Az \end{array}\!\!\!\! \diamond C^6H^4$$
$$Cl \quad C^6H^5$$

Elles comprennent des rouges, des violets et des verts foncés, ayant tous un caractère fortement basique.

Phéno-safranine.

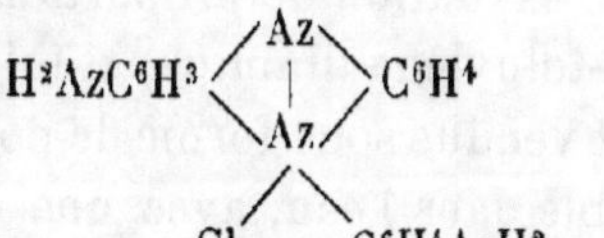

$$H^2AzC^6H^3 \diamond \!\!\!\!\begin{array}{c} Az \\ | \\ Az \end{array}\!\!\!\! \diamond C^6H^4$$
$$Cl \quad C^6H^4AzH^2$$

On l'appelle aussi safranine B extra (B), et elle est produite par l'oxydation d'une molécule de p-phé-

nylène-diamine et de deux molécules d'aniline. On
la vend sous forme de cristaux verts brillants, solubles dans l'eau, avec une couleur verte.

On l'applique au coton comme *couleur basique*, sur
mordant de tannate d'antimoine, et la teinture se
fait à basse température (50° cent.) Elle donne un
rouge brillant, résistant bien au savon, mais pas à
la lumière.

Avec addition de jaunes basiques, tels que l'auramine et la chrysoïdine, on obtient de bons écarlates.
On vend quelquefois ces mélanges sous le nom d'é-
carlate de safranine, écarlate pour coton, etc. Pour la
laine et la soie, la phéno-safranine ne convient
guère, quoiqu'elle teigne ces fibres en bain neutre ou
alcalin, et la première, dans un bain légèrement
acide. Les couleurs obtenues sont très sensibles à
la lumière.

414. — *Safranine*

$$H^2AzC^6H^2(CH^3)\diagdown \begin{matrix} Az \\ | \\ Az \end{matrix} \diagup C^6H^4$$
$$Cl \qquad C^6H^3(CH^3)AzH^2$$

On l'appelle également safranine T (B), safranine
extra G (Ber), safranine S (C), et rose d'aniline. On
l'obtient par oxydation de proportions moléculaires
égales de .p-toluylène-diamine, o-toluidine et d'aniline. Elle est vendue sous forme de poudre brun rougeâtre, soluble dans l'eau, avec une couleur rouge.

Elle s'applique au coton comme *couleur basique*,
de la même manière que la phéno-safranine, et
donne un ton rouge analogue, mais plus jaune.

415. — *Giroflé* (D.H).

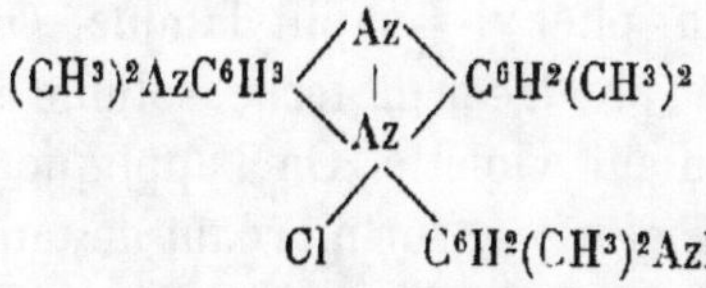

$$(CH^3)^2AzC^6H^3 \diagdown \!\!\! \begin{array}{c} Az \\ | \\ Az \end{array} \!\!\! \diagup C^6H^2(CH^3)^2$$

$$Cl \quad\quad C^6H^2(CH^3)^2AzH^2$$

On l'appelle aussi violet de méthylène (D.H) ; on l'obtient par l'action de la nitroso-diméthyl-aniline sur un mélange de chlorhydrates de m- et p-xylidine.

Mauve.

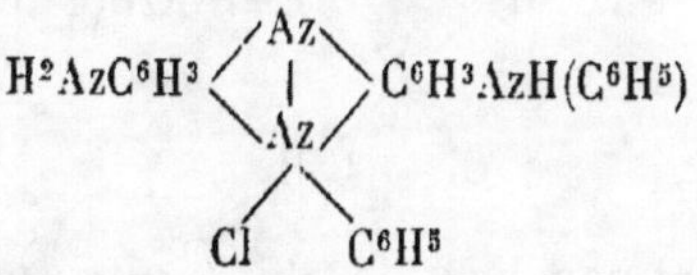

$$H^2AzC^6H^3 \diagdown \!\!\! \begin{array}{c} Az \\ | \\ Az \end{array} \!\!\! \diagup C^6H^3AzH(C^6H^5)$$

$$Cl \quad\quad C^6H^5$$

C'est la première matière colorante extraite de l'aniline, en 1856, par W. H. Perkin ; on le prépare en oxydant le chlorhydrate d'aniline avec le bichromate de potasse. On le vend sous forme de pâte, sous le nom de Rosolane (P). On l'applique comme couleur basique, et il teint la soie en violet. On l'emploie surtout pour teinter la soie blanche.

Rosolane (M). — On l'obtient par oxydation d'un mélange de la p-amido-diphénylamine et de l'o-toluidine. Il est intimement lié au mauve, tant au point de vue chimique qu'à celui des propriétés générales ; on l'applique de la même manière, et il donne une couleur violette.

416. — *Bleu neutre* (C).

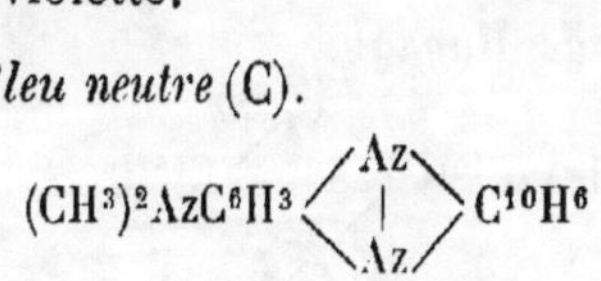

$$(CH^3)^2AzC^6H^3 \diagdown \!\!\! \begin{array}{c} Az \\ | \\ Az \end{array} \!\!\! \diagup C^{10}H^6$$

$$Cl \quad\quad C^6H^5$$

On l'obtient par l'action de la nitroso-diméthyl-aniline sur la phényl-β-naphtylamine. On le vend sons forme de poudre brun terne, soluble dans l'eau, avec une couleur violette. On l'applique au coton comme *couleur basique*, sur mordant de tannate d'antimoine, et il donne un bleu terne,peu résistant à la lumière ou au savon.

Vert azine (L).

$$(CH^3)^2AzC^6H^3 < \begin{matrix} Az \\ | \\ Az \end{matrix} > C^{10}H^5AzH(C^6H^5)$$
$$Cl \quad C^6H^5$$

On l'obtient par l'action de la nitroso-diméthyl-aniline sur la (2,6) diphényl-naphtylène-diamine. Deux qualités GO et TO sont vendues sous forme de poudres vert foncé, solubles dans l'eau avec une couleur verte. On l'applique comme couleur basique.

Le coton est mordancé au tannate d'antimoine, et l'on obtient, dans un bain neutre, une couleur vert foncé, résistant bien au savon et assez bien à la lumière.

La laine se teint dans un bain légèrement alcalin, avec addition de phosphate de soude (3 0/0). La soie se teint avec addition de savon.

417. — *Rose de Magdala.*

$$H^2AzC^{10}H^5 < \begin{matrix} Az \\ | \\ Az \end{matrix} > C^{10}H^6$$
$$Cl \quad C^{10}H^6AzH^2$$

On l'appelle aussi rose de naphtaline et rose de
naphtylamine. On le prépare en oxydant un mélange
de p-naphtylène diamine et d'α-naphtylamine. C'est
une poudre brun foncé, soluble dans l'alcool, avec une
couleur rouge ; la couleur produit une forte fluorcs-
cence.

A cause de son prix très élevé, on ne l'emploie
que pour la soie, à laquelle il s'applique comme *couleur basique* dans un bain de savon ; on teint à
60° cent. ; on obtient un rose bleuâtre brillant, sensible à l'action de la lumière.

418 *b*. — *Indulines*. — Intimement reliées aux safranines, ces matières colorantes doivent être considérées comme des dérivés d'une p-quinone-di-imidée
et phénylée. Elles comprennent des matières colorantes bleues, violettes et rouges.

Induline.

$$ClH^2Az = C^6H^3 \begin{array}{c} \diagup Az \diagdown \\ \diagdown Az \diagup \\ | \\ C^6H^5 \end{array} C^6H^4$$

La formule donnée ci-dessus est celle de l'induline
la plus simple, préparée en chauffant un mélange de
chlorhydrate d'amido-azo-benzène, et de chlorhydrate d'aniline pendant un temps très court, à basse
température. Si l'on chauffe pendant un temps plus
long, à des températures plus élevées, on obtient des
indulines plus bleues. On obtient des matières colorantes analogues, appelées nigrosines, en chauffant
un mélange de nitro-benzène ou de nitro-phénol
avec de l'aniline ou du chlorhydrate d'aniline. Les ma-

tières colorantes ainsi préparées sont solubles dans l'alcool seulement ; pour les rendre solubles dans l'eau, et par suite, utilisables en teinture, il faut les sulfoner en les traitant par de l'acide sulfurique concentré.

Ces couleurs solubles sont vendues sous les dénominations suivantes : Induline soluble (By) (B. S. Sp) ; Induline NN (B) ; Bleu solide R (Ber) (B) (C) Bleu solide R (Ber) (B) (C) Bleu solide 3R (C) ; Nigrosine soluble (Ber) (B) ; Slocline RS et BS (B. S. Sp.) ; Bleu solide B (Ber) (By) ; Bleu solide verdâtre (B) ; Induline 3B et 6B.

On les applique comme couleurs acides à la soie et à la laine ; il faut prendre certaines précautions dans le cas de la laine, pour obtenir des couleurs régulières.

La laine se teint en la faisant bouillir pendant 1 heure à 1 h. 1/2 dans la solution du colorant, avec addition de 5 à 10 0/0 de carbonate de soude ou d'ammoniaque, et en acidifiant graduellement le bain avec une solution de sulfate d'alumine, ou avec de l'acide sulfurique étendu. On obtient plus sûrement une couleur égale en soumettant d'abord la laine à l'action du chlore, et en la traitant pendant un temps très court par une solution de chlorure de chaux (de dens. 1,01) acidulée par de l'acide chlorhydrique. On fait suivre d'un lavage. Cependant, ce traitement altère les propriétés de la laine pour le foulage.

Les diverses indulines donnent des tons bleu indigo foncés, résistant assez bien à la lumière, mais pas aux alcalis et au foulage.

La soie se teint avec l'induline, dans un bain contenant du savon coupé acidulé par de l'acide sulfurique, comme pour les couleurs acides qui, dans certains cas, remplacent les bleus d'indigo.

419. — *Indamine* (M) (W. N).

On l'obtient en chauffant certaines indulines avec
la p-phénylène diamine et le chlorhydrate de p-phénylène diamine. On l'appelle également indophénine
(By) et Bleu azindone G et R. On la vend sous forme
de poudre noire.

On l'applique au coton comme couleur basique,
sur un mordant de tannate d'antimoine. Elle donne
un bleu indigo foncé résistant bien au savonnage et
assez bien à la lumière. En faisant passer le tissu
teint, pendant un temps très court, dans une solution
de bichromate de potasse (0,2 à 1 0/0) à 60° cent.,
on rend la couleur beaucoup plus solide.

Bleu de toluylène (Oe).

On le prépare par l'action de la p-toluylène-diamine
sur l'induline soluble dans l'alcool.

On l'applique au coton comme *couleur basique* sur
un mordant de tannate d'antimoine, mais pour obtenir des tons bleu indigo plus foncés, on recommande
d'ajouter au bain de teinture de l'alun (3 0/0) ou de
l'acétate de chrome, à 25° Tw (densité 1.125). La couleur résiste bien au savonnage, et assez bien à la lumière.

420. — *Violet neutre solide* B (C).

On l'obtient par l'action du chlorhydrate de nitroso-diméthylaniline sur la diéthyl-m-phénylène-diamine. On le vend sous forme de poudre bronze foncé, soluble dans l'eau, avec une couleur violette. On l'applique au coton comme couleur *basique*, sur un mordant de tannate d'antimoine, et l'on obtient un violet résistant bien à l'action de la lumière.

Indazine **M** (C)

$$ClHC^6H^5Az = C^6H^3 \underset{Az}{\overset{Az}{\diagup\diagdown}} C^6H^5Az\ (CH^3)^2$$
$$| \atop C^6H^5$$

On l'obtient par l'action du chlorhydrate de nitroso-diméthyl-aniline sur la diphényl-m-phénylène-diamine. C'est une poudre bronze foncé, soluble dans l'eau, avec une couleur bleue.

La laine et la soie peuvent se teindre en *bain acide*, mais elle s'applique au coton comme *couleur basique*, sur un mordant de tannate d'antimoine, le bain de teinture étant légèrement acidulé par de l'alun ou de l'acide acétique. On obtient des tons bleu indigo foncés, résistant au savonnage.

Bleu de méta-phénylène B (C).

On l'obtient par l'action de la nitroso-diméthyl-aniline sur la di-o-tolyl-m-phénylène-diamine. On l'applique comme l'indazine **M** ; il donne des tons bleu indigo analogues, possédant des propriétés similaires.

421. — *Bleu de para phénylène* R (D).

$$\text{ClHH}^2\text{AzC}^6\text{H}^4.\text{Az} = \text{C}^6\text{H}^3 \underset{\text{Az}}{\overset{\text{Az}}{<}} \text{C}^6\text{H}^4$$
$$|$$
$$\text{C}^6\text{H}^5$$

Appelé également Bleu solide nouveau pour coton ; on l'obtient par l'action de la p-phénylène-diamine sur le chlorhydrate d'amido-azo-benzène.

On l'applique au coton comme *couleur basique* sur un mordant de tannate d'antimoine. On obtient un ton bleu indigo foncé, solide à la lumière et au savonnage. La couleur devient encore plus résistante par un passage subséquent dans une solution de bichromate de potasse, comme on l'a indiqué pour les indamines. On obtient, dit-on, des couleurs plus pures et plus solides en mordançant d'abord comme d'habitude, puis en plongeant pendant 2 heures dans un bain d'acétate de chrome (dens. 1,005), contenant 2 0/0 de tartre émétique, et en lavant avant la teinture.

422. — *Violet de para phénylène* (D).

On obtient cette matière colorante en faisant fondre un mélange d'amido-azo-naphtalène avec de la p-phénylène-diamine. On l'applique au coton comme couleur basique, de la même façon que la couleur précédente, et elle donne un violet foncé, résistant bien à la lumière.

423. — *Rosinduline* (K).

$$\text{HAz} = \text{C}^{10}\text{H}^5 \underset{\text{Az}}{\overset{\text{Az}}{<}} \text{C}^6\text{H}^4$$
$$|$$
$$\text{C}^6\text{H}^5$$

Le produit commercial est le sel sodé de l'acide di-sulfoné du composé ci-dessus, que l'on obtient par l'action de la benzène-azo-α-naphtylamine sur l'aniline.

On l'applique à la laine et à la soie comme *couleur acide* ; la rosinduline G et GG donne des rouges brillants très sensibles à la lumière ; les marques B et BB donnent des rouges bleuâtres ou violets, beaucoup plus résistants à l'action de la lumière.

Azo carmin (B)

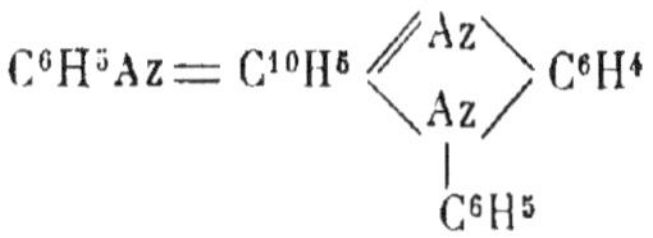

$$C^6H^5Az = C^{10}H^6 \underset{\underset{\displaystyle C^6H^5}{|}}{\overset{Az}{\underset{Az}{\diagup\diagdown}}} C^6H^4$$

Appelée également Rosazine E (P), cette matière colorante est le sel de l'acide sulfoné de la phényl-rosinduline de la formule ci-dessus, que l'on obtient en chauffant un mélange de benzène-azo-α-naphtylamine et de chlorhydrate d'aniline et d'aniline.

On la vend sous forme de poudre rouge brunâtre, ou comme pâte rougeâtre, avec reflet bronzé, relativement soluble dans l'eau.

On l'applique à la laine et à la soie comme *couleur acide*.

Elle donne un écarlate brillant assez résistant à la lumière, et remarquable parce qu'il donne des tons très réguliers, de sorte qu'elle peut servir, simultanément avec un bleu ou un jaune acide donnant des tons réguliers, à remplacer l'orseille dans la teinture de divers tons composés.

424. — *Bleu de Bâle* BB (D.H)

$$Cl\,(CH^3)^2 = Az = C^6H^3 \underset{Az}{\overset{Az}{\diagdown\diagup}} C^{10}H^5AzH\,(C^6H^5)$$
$$|$$
$$C^6H^5$$

On l'obtient par l'action de la nitroso-diméthyl-aniline sur la diphényl-naphtylène-diamine.

On l'applique au coton comme *couleur basique* sur un mordant de tannate d'antimoine : la teinture se fait à basse température. On obtient un bleu indigo assez résistant au savon et à la lumière.

Le bleu de Bâle R lui est intimement lié, et on l'obtient d'une manière analogue avec la (2.7) ditolyl-naphtylène-diamine. Il donne un bleu plus rougeâtre.

Les bleus de Bâle BBS et RS sont les dérivés de l'acide sulfoné des couleurs ci-dessus, et s'appliquent à la soie et à la laine comme *couleurs acides* sur un mordant de chrome.

425. — *Violet naphtyle* (K)

$$HAz = C^{10}H^5 \underset{Az}{\overset{Az}{\diagdown\diagup}} C^{10}H^3AzH\,(C^6H^5)$$
$$|$$
$$C^6H^5$$

Cette matière colorante est le sel soudé de l'acide sulfoné d'un produit de la composition ci-dessus, que l'on obtient en chauffant la benzène-azo-α-naphtylamine avec le chlorhydrate d'α-naphtylamine et l'aniline.

On l'applique à la laine et à la soie comme *couleur*

acide, et elle donne un violet bleu émettant une fluorescence accentuée sur la soie.

Bleu naphtyle (K).

$$C^6H^5Az = C^{10}H^5 \begin{matrix} \diagup Az \diagdown \\ \diagdown Az \diagup \end{matrix} C^{10}H^5AzH \; (C^6H^5)$$
$$\mid$$
$$C^6H^5$$

On l'obtient de la même manière que la précédente. Ses propriétés chimiques et tinctoriales sont
analogues à celles du violet naphtyle. Il donne un bleu
sur la laine et la soie en un bain acide.

CHAPITRE XXVIII

NOIR D'ANILINE

426. — *Noir d'aniline*. — Contrairement à ce qui
se passe avec les autres couleurs, le noir d'aniline
n'est pas un produit commercial ; le teinturier
doit le produire sur la fibre. On connaît peu de
chose sur sa composition chimique ; c'est le produit de l'oxydation d'un sel d'aniline, généralement
du chlorhydrate d'aniline. Ce noir est quelque peu
sensible à l'action des acides minéraux, particulièrement de l'acide sulfureux, qui le rend verdâtre. On
ne peut reconstituer la couleur primitive que par le
traitement par une solution alcaline. Ce noir est remarquable par sa grande résistance aux alcalis et à la
lumière ; c'est l'une des teintures les plus solides
que l'on connaisse.

Application au coton. — On employait, depuis bien des
années, la méthode suivante du bain unique pour le
coton à l'état de fibre, le fil de coton, la bonneterie : la
matière traitée (100 k) était immergée dans une quantité d'eau (la plus petite possible), contenant de 16 à
20 kgs d'acide chlorhydrique (dens. 1,17), 20 kgs So^4H^2

(dens. 1,84), 8 à 10 k. d'aniline, 14 à 20 k. de bichromate de potasse, et 10 k. de sulfate de protoxyde de fer. Le tissu est plongé pendant 3 heures environ, dans cette solution à froid, qui contient en réalité une solution acide de chlorhydrate d'aniline, d'acide chromique et de sulfate de peroxyde de fer; pendant cette période, l'aniline est oxydée graduellement, et du noir d'aniline insoluble est précipité lentement sur la fibre. En règle générale, on ajoute d'abord au bain la moitié de la totalité des ingrédients, l'autre moitié étant ajoutée vers le milieu de l'opération.

Après teinture, on lave bien, et on fait bouillir avec une solution contenant du savon et du carbonate de soude.

Le grand défaut du noir ainsi obtenu est de décharger par frottement; c'est pourquoi, dans ces dernières années, on a remplacé peu à peu cette méthode par une adaptation de la méthode de l'impression sur calicot, qui donne un noir exempt de ce défaut, parce qu'il est formé au contact direct avec la fibre.

Pour la teinture du fil de coton, A. Lehne donne la méthode suivante : on prépare un empois d'amidon avec 400 gr. d'amidon et 5 litres d'eau, auquel on ajoute une solution de 600 gr. de chlorate de soude dans 3 lit. d'eau, 100 gr. de pâte de sulfure de cuivre, et 1 k. de chlorhydrate d'aniline dans 2 lit. d'eau. Le fil est imprégné de cette solution, et tordu 2 ou 3 fois. On le suspend ainsi sur des perches en le tournant fréquemment, et on l'expose à une atmosphère humide pendant 1 à 2 jours, à 30° cent. On le fait passer pendant 10 minutes, à 80° cent, dans un bain contenant 0,6 gr. de bichromate de potasse, et 0 gr. 4 d'a-

cide sulfurique (dens. 1.84) par litre. On lave finale-
lement dans l'eau froide, et l'on fait passer à 70°cent.
dans un bain contenant 1 gr. de savon, et 0 gr. 6. de
carbonate de soude par litre.

Une autre méthode est celle recommandée par les
Farbenfabriken d'Elberfeld (F. Bayer et Cie), dans laquelle le fil est imprégné d'un empois clair d'amidon
contenant du chlorate de potasse, du fluorure d'aniline, et de l'azotate de cuivre ou de fer ; on sèche ensuite, puis l'on oxyde dans des chambres au travers
desquelles passe un courant d'air maintenu à une
température de (52° cent.), et ayant un certain degré
d'humidité.

Ces chambres contiennent des rouleaux animés
d'un mouvement de rotation, sur lesquels les écheveaux sont placés (2 heures) pendant le développement
du noir. L'opération se termine par un passage au
chrome, un lavage et un savonnage.

Le coton à l'état de fibre est traité d'une manière
analogue, le séchage et l'oxydation se faisant dans
des chambres closes, de construction spéciale, dans
lesquelles le coton est continuellement travaillé, et
toujours maintenu bien ouvert.

On peut traiter le calicot d'une manière analogue,
ou bien par le procédé indiqué par A. Kielmeyer :
le tissu est d'abord préparé au ferrocyanure de cuivre. Dans ce but, on le fait passer dans une solution
froide de sulfate de cuivre (5 à 6 gr. par litre), puis
dans une solution de ferrocyanure de potassium (4
à 5 gr. par litre) chauffé à 60° cent., puis on lave. Le
calicot ainsi préparé est passé dans une solution de
chlorate d'aniline, préparé comme suit : 1 k. 3 de chlo-

rate de potasse,et 1 k. 3 d'acide tartrique,dissous séparément dans 5 l. d'eau ; les deux solutions chaudes
sont mélangées : on ajoute ensuite 1 k. 3 d'huile d'aniline, à la temp. de 70° cent. Après refroidissement
on ajoute une solution froide de 2 k. 3 de chlorhydrate d'aniline,et 1 k. de chlorure d'ammonium dans
14 l. d'eau.Après filtration,on ajoute les quantités suivantes pour clarifier le liquide : 10 l. d'eau ; 120 gr.
d'acide chlorhydrique (dens. 1,18), 120 gr. acide tartrique, et le bain est prêt. Après que le tissu a été
séché à basse température, on l'oxyde en le suspendant dans une chambre chauffée à 32° cent, pendant
3 jours. Le tissu vert foncé est passé dans 3 bains de
soude (contenant 25 à 35 gr. de carbonate de soude
par litre) chauffés respectivement à 30°, 60° et 80°
cent., puis on lave et on savonne.

Pour développer le noir, on peut employer avantageusement la machine bien connue de C. A. Preibisch. Dans cette machine, le tissu est séché à basse
température dans la première partie de la chambre,
et oxydé à une température plus élevée (45°) dans les
autres parties. On accélère le séchage au moyen de
ventilateurs, et on élimine aussi les vapeurs acides,
de façon que la fibre s'affaiblisse le moins possible.

Application à la laine. — On ne peut employer le
même procédé que pour le coton. On obtient cependant
de bons résultats en soumettant la laine à l'action du chlore, en la plongeant dans une solution à
froid, contenant du chlorure de chaux et de l'acide
chlorhydrique. On fait passer la matière d'abord
lavée, puis séchée, dans une solution contenant 128

gr. de chlorhydrate d'aniline, 47 gr. de chlorate de
soude, 82 gr. de ferrocyanure de potassium, et 63
gr. de glycérine. Après séchage, on vaporise, on lave,
puis on savonne.

Application à la soie. — On peut employer les méthodes dont on se sert actuellement pour le coton.

CHAPITRE XXIX

DÉRIVÉS QUINOLÉIQUES

427. — Ces couleurs dérivent de la quinoléine
C^9H^7Az, et quoiqu'on en connaisse plusieurs, une seule
présente actuellement de l'importance pour le teinturier.

Jaune de quinoléine. — (Soluble dans l'eau) (Ber)
(B) (By).

$$C \begin{cases} CHC^9H^4Az\,(SO^3Na)^2 \\ C^6H^4CO.O \end{cases}$$

On l'obtient par l'action de l'acide sulfurique concentré sur la solution alcoolique de jaune de quinoléine
obtenue en chauffant la quinaldine ($C^9H^6\,(CH^3)\,Az$)
avec l'anhydride phtalique et le chlorure de zinc. On
l'applique à la laine et à la soie comme *couleur acide*,
et il donne un jaune verdâtre brillant, semblable à
celui obtenu avec l'acide picrique, mais qui en diffère
en ce qu'il ne devient pas orangé par l'exposition à
la lumière.

CHAPITRE XXX

DÉRIVÉS ACRIDINIQUES

428. — Ce sont des dérivés de l'acridine $C^{13}H^9Az$, qui ne comprennent jusqu'à présent que des couleurs basiques, orangé et jaune.

Jaune d'acridine (L)

$$(CH^3)^2 \, AzC^6H^3 \left\langle \begin{matrix} CH \\ | \\ Az \end{matrix} \right\rangle C^6H^3Az \, (CH^3) \, H^2Cl$$

On l'obtient par l'action de la formaldéhyde sur la m-toluylène-diamine, conversion du tétra-amido-ditolyl-méthane en diamido-hydro-acridine, par élimination de l'ammoniaque, et l'oxydation au perchlorure de fer.

On l'applique au coton, à la laine et à la soie, comme *couleur basique*. Il donne sur la soie un jaune verdâtre, possédant une fluorescence verte. La couleur n'est pas solide à la lumière.

Orangé d'acridine (L)

$$(CH^3)^2 \, AzC^6H^3 \left\langle \begin{matrix} CH \\ | \\ Az \end{matrix} \right\rangle C^6H^3Az \, (CH^3)^2 \, HCl$$

On l'obtient de la même manière que la couleur précédente, en remplaçant la m-toluylène-diamine par la m-amido-diméthyl-aniline.

On l'applique au coton, à la laine et à la soie comme *couleur basique*, et il donne un orangé peu résistant à la lumière. On le recommande spécialement pour la teinture du cuir.

Phosphine (B. S. Sp.)

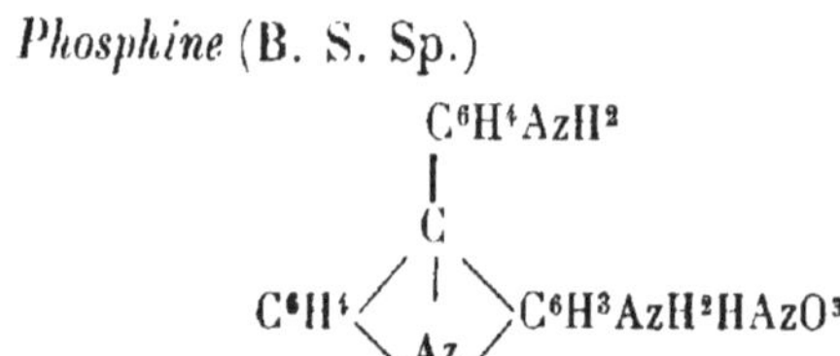

appelée également chrysaniline, orangé d'aniline, etc. on l'obtient comme produit accessoire dans la fabrication de la fuchsine. On l'applique au coton, à la laine, à la soie, comme couleur *basique*, et elle donne un orangé peu résistant à la lumière, et employé aussi pour la teinture du cuir.

Benzoflavine (Oe)

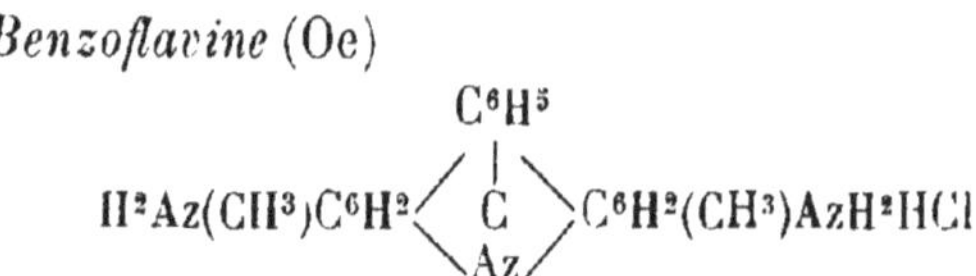

On l'obtient de la même manière que le jaune d'acridine, mais on remplace la formaldéhyde par la benzaldéhyde.

On l'applique au coton, à la laine et à la soie, comme couleur *basique*, mais on l'emploie surtout sur coton. Elle donne un jaune pur, analogue à celui que donne l'auramine, sur laquelle elle possède l'avantage de supporter plus facilement les hautes températures dans le bain de teinture.

CHAPITRE XXXI

MATIÈRES COLORANTES DIVERSES

429. — *Cachou de Laval* (P).

On l'obtient en fondant du sulfure de sodium avec
des matières végétales ou animales. On l'applique
spécialement au coton, et il donne diverses couleurs,
grises ou chamois, très résistantes aux acides, aux
alcalis, à la lumière.

Application au coton. — On teint le coton pendant
1/2 heure à 60° cent., dans une solution un peu concentrée (100 gr. par litre). Après teinture, on lave
bien, puis on fait passer pendant 5 à 10 minutes à
50°, dans une des solutions suivantes : bichromate
de potasse. sulfate de protoxyde de fer, sulfate de
cuivre, acide sulfurique, acide chlorhydrique. On
lave, puis on sèche Le cachou de Laval agit aussi
comme mordant, de sorte qu'on peut obtenir divers
tons en teignant ensuite dans des solutions de matières colorantes basiques, extraites du goudron.

On peut aussi appliquer les extraits de bois de
teinture, puisqu'ils sont attirés en raison de l'oxyde
métallique existant dans le cachou.

APPLICATION DES MATIÈRES COLORANTES
MINÉRALES

430. — Les matières colorantes minérales employées en teinture sont très peu nombreuses, et sont presque toutes réservées aux fibres végétales, l'exception la plus importante étant le bleu de Prusse.

Jaune de chrome. — Outre les méthodes décrites pour l'application du bichromate de potasse et des sels de plomb au coton, on peut employer la méthode suivante, tout spécialement pour l'orangé.

On prépare un bain de plombite de chaux, en ajoutant 15 à 25 k. de pyrolignite de plomb à un lait de chaux contenant 20 à 30 k. de chaux, et 500 l. d'eau. On agite bien, et on laisse reposer 2 heures.

Le coton est plongé dans le liquide surnageant pendant 1 à 2 heures, puis essoré et lavé. On teint dans une solution froide ou tiède (40 à 50°), contenant 5 0/0 de bichromate de potasse, et 1/2 à 1 0/0 d'acide sulfurique (dens. 1,84). On lave, puis on développe l'orangé en passant le coton dans de l'eau de chaux claire, bouillante ; on lave, puis on sèche. Il faut que le coton soit retiré de l'eau de chaux lorsque la couleur orange est complètement développée, sans cela la couleur perd de son brillant.

431. — *Chamois au fer*. — Cette couleur est simplement un peroxyde de fer. On le produit en imprégnant d'abord le coton avec une solution de sel

de protoxyde de fer, puis en le passant dans une solution alcaline de carbonate de soude, ammoniaque
ou lait de chaux, pour précipiter l'hydrate de protoxyde de fer ; celui-ci est transformé en hydrate
de peroxyde par une simple exposition à l'air, ou de
préférence, en passant le coton dans une solution
étendue de chlorure de chaux, à froid. Au lieu d'un
sel de protoxyde de fer, on peut également employer
un sel de peroxyde, sulfate ou nitrate de peroxyde
de fer ; dans ce cas, l'hydrate de peroxyde de fer est
immédiatement précipité sur la fibre, et une oxydation subséquente n'est pas nécessaire ; les couleurs
chamois au fer résistent très bien à la lumière et
aux solutions alcalines bouillantes, mais sont sensibles à l'action des acides.

432. — *Bistre de manganèse*. — La production de
cette couleur sur coton est complètement identique
à la production de la couleur chamois au fer, au
moyen des sels de protoxyde de fer. Le procédé est
simplifié en ajoutant un peu d'hypochlorite de soude
à une solution de soude caustique ; on passe immédiatement dans cette solution le coton imprégné de
chlorure de manganèse, et séché. Dans ce cas, le
précipité et l'oxydation se produisent immédiatement.

Le brun de manganèse résiste très bien à la lumière, aux alcalis, mais il blanchit rapidement
sous l'action de l'acide sulfureux, et autres agents
de réduction.

433. — *Bleu de Prusse. Application au coton*. — Le
coton est d'abord teint en couleur chamois au fer, et
ensuite dans une solution froide de ferrocyanure de

potassium, 20 gr. par litre, avec addition de 10 gr. d'acide sulfurique (dens. 1,84).

On lave, puis on sèche. L'intensité du bleu dépend de la quantité de peroxyde de fer fixée sur la fibre en teignant en chamois.

Les solutions alcalines décomposent rapidement le bleu de Prusse, en laissant un peroxyde de fer brun sur la fibre. Une exposition prolongée aux rayons solaires fait passer le bleu, mais on le régénère en faisant séjourner pendant un certain temps dans l'obscurité.

Application à la laine. — Les meilleurs bleus de Prusse sur laine s'obtiennent avec le prussiate rouge de potasse, c'est-à dire le ferricyanure de potassium.

Le procédé repose sur ce fait que lorsqu'on ajoute un acide minéral à sa solution, l'acide ferricyanhydrique correspondant est mis en liberté ; cet acide est absorbé par la laine, se décompose sous l'influence de la chaleur et par l'oxydation, et produit un bleu de Prusse insoluble, qui se fixe sur la laine.

La laine est plongée dans un bain froid, contenant 10 0/0 de prussiate rouge de potasse, et 20 0/0 d'acide sulfurique (dens. 1,84). La température est élevée peu à peu, au bout d'une heure, à 100° cent., température que l'on conserve pendant 1/2 heure, à 3/4 d'heure. La couleur est rendue plus brillante et plus violette, en ajoutant 1 à 2 0/0 de protochlorure d'étain, pendant les trois derniers quarts d'heure de l'ébullition.

Application à la soie. — On s'en sert rarement pour la soie, si ce n'est comme fond pour noir.

CHAPITRE XXXII

TEINTURE DES TISSUS MÉLANGÉS.

Tissus coton et laine

434. — Les tissus mélangés peuvent présenter les caractères les plus variés : la laine et le coton peuvent être mélangés dans tous les fils du tissu, ou plus généralement, chaque fibre sert à faire des fils séparés, qui composent soit la trame, soit la chaîne.

Une des grandes classes, qui comprend les cachemires, les orléans, etc., se compose de tissus légers pour dames. Ces tissus ont la chaîne en coton et la trame en laine, et peuvent servir de types pour les méthodes générales employées pour la teinture des tissus mêlés.

Ces tissus se font de deux manières :

1° La chaîne de coton peut être teinte *avant le tissage*, et dans ce cas, la trame de laine est seule teinte postérieurement ;

2° Lorsqu'on ne désire que des tons clairs, aucune des deux fibres n'est teinte avant tissage. On les teint alors en pièces. On peut aussi teindre en foncé sur ce tissu.

Le premier mode est toujours préféré pour les tissus de première qualité ou de qualité moyenne, parce qu'il est possible de teindre et le coton et la laine en choisissant le meilleur procédé pour chaque fibre.

435. — *Teinture des tissus mêlés.* — Pour les nuances claires ou moyennes, *la laine* est teinte *la première*, d'après les méthodes employées pour la laine. Il faut toujours avoir soin de tenir le ton un peu plus pâle que celui que l'on désire obtenir, parce que la laine prendra un ton plus foncé par la teinture subséquente du coton. Après lavage, essorage, et après avoir ouvert le tissu, on passe à la teinture de la chaîne de coton.

La teinture du coton se compose spécialement de trois opérations distinctes, qui sont : 1° passage de la fibre dans l'acide tannique ; 2° dans le nitrate de fer, perchlorure d'étain ou tartre émétique, et 3° dans une solution de la matière colorante. Afin d'éviter une action trop grande sur la teinte de la laine, on fait toutes ces opérations à froid.

Pour les tons unis, il faut, de la part du teinturier, beaucoup de coup d'œil et de pratique pour donner à la laine et au coton une couleur aussi identique que possible, comme nuance et comme intensité.

Quelquefois, il est nécessaire de donner aux deux fibres deux couleurs distinctes (vert et rouge par exemple), pour produire un effet analogue à celui qui est obtenu lorsque la chaîne et la trame sont teintes avant le tissage ; on peut obtenir facilement cet effet depuis l'introduction des couleurs dérivées du goudron. La méthode générale consiste à teindre la laine à la manière ordinaire, avec une *couleur acide*, à laver, à mordancer le coton en acide tannique et en tartre émétique, à laver et à teindre à froid, avec une *couleur basique* convenable.

Les tissus de laine épais, contenant une chaîne de coton, se teignent d'une manière analogue à celle des tissus légers.

Même en teinture de tissus tout laine, il est souvent nécessaire d'employer les méthodes dont on se sert pour les tissus mêlés, afin de recouvrir ou de teindre les petits filaments de fibres végétales que l'on trouve à la surface du tissu, et qui sont dues à la présence de gratterons dans la laine employée.

Pour le *noir*, on mordance le coton en le passant pendant 2 à 3 heures dans une infusion de tannin à froid, puis pendant environ 1 heure dans du nitrate de fer (dens. 1,02) ; ensuite, on lave.

On mordance la laine en faisant bouillir pendant 1/2 heure à 1 heure, avec 2 à 3 0,0 de bichromate de potasse, puis on lave.

On teint le coton et la laine simultanément, en faisant bouillir avec du campêche et du bois jaune.

La teinture des tissus mêlés *coton et soie* et *laine et soie*, a beaucoup moins d'importance. On l'emploie cependant pour le barège, la grenadine (soie et laine), les étoffes pour parapluies (soie, laine et coton) etc., et pour une nouvelle teinture de tissus ayant déjà servi. Les tissus coton et soie doivent être traités

comme ceux de coton et laine, ou à peu près, tandis
que ceux composés de laine et soie peuvent être teints
par des méthodes convenables soit pour la laine,
soit pour la soie seule.

CHAPITRE XXXIII

PROCÉDÉS EMPLOYÉS POUR LES ESSAIS DE TEINTURE

436. — Ce chapitre est consacré à donner une idée de la manière dont le teinturier procède pour découvrir les meilleures méthodes d'application des matières colorantes aux fibres textiles.

Expériences pour l'acide tannique. — En ajoutant une solution de tartre émétique à une solution d'acide tannique (surtout si l'on ajoute du chlorure d'ammonium), on obtient un précipité blanc considérable, qui est reconnu, par expérience, avoir la propriété d'attirer les matières colorantes basiques dérivées du goudron de houille, de leurs solutions, et de former avec elles des laques colorées insolubles, même dans les solutions de savons. D'après ces préliminaires, supposons que le teinturier veuille déterminer, par une série d'expériences, quelles sont les conditions les plus favorables à la production de laques colorées sur coton.

La manière de procéder consiste d'abord à préparer plusieurs solutions de tannin à différents degrés de concentration, contenant 2 gr. 1/2, 5, 10, 15, 20 gr. d'acide tannique chimiquement pur. On plonge dans ces solutions un échantillon de calicot pendant un temps déterminé, soit 3 heures ; après avoir éliminé l'excès de liquide par essorage, etc., on divise chaque échantillon en 3 parties. Une partie peut être passée *immédiatement*, c'est-à-dire encore *humide*, dans une solution de tartre émétique ; une 2ᵉ partie peut être d'abord *séchée*, et une 3ᵉ partie peut être séchée et soumise ensuite au vaporisage. Tous les échantillons sont plongés ensemble dans le même bain, si l'on est sûr qu'il y a excès de tartre émétique. Après une immersion d'un quart d'heure, on lave bien, pour enlever toute trace de précipité n'adhérant que faiblement, puis on fait passer dans la solution d'une couleur basique dérivée du goudron, de bleu méthylène par exemple. On a soin d'agiter pendant l'immersion. On teint pendant 1/2 heure environ ; de temps en temps, on ajoute un peu de matière colorante; le bain est alors graduellement porté à 60° cent., et on laisse les échantillons jusqu'à ce qu'ils aient atteint leur maximum d'intensité.

On les retire, on les lave bien, et chaque partie est divisée en deux lots. Une partie est séchée, l'autre est passée pendant 1/4 d'heure dans un bain de savon chauffé à 60° cent. ; on la rince à l'eau, puis on sèche. Il va de soi que chaque échantillon séparé est marqué par des trous coupés près du bord, afin de le distinguer des autres ; on peut aussi les coller dans le carnet d'échantillons, avec les remarques en regard. Si l'on compare les différents morceaux, on peut faire les déterminations suivantes :

1º La quantité d'acide tannique qu'il faut employer pour obtenir un ton bleu foncé.

2º L'effet produit sur le coton préparé au tannin par le séchage ou le vaporisage.

Quant à la concentration convenable du bain de tartre émétique à employer, on ne peut la bien déterminer sur une aussi faible échelle.

L'addition de sels tels que le chlorure d'ammonium dans le bain de fixage, pour faciliter le précipité, peut aussi être essayée.

La température convenable du bain de fixage peut être déterminée par une seule série d'expériences.

Le perchlorure d'étain, l'acétate de zinc, etc., précipitent aussi l'acide tannique de ses solutions, et si, par économie, on veut les substituer au tartre émétique, il faut déterminer les conditions les plus favorables de température et de concentration.

On peut faire une comparaison entre les meilleurs modes d'emploi des agents fixateurs, et l'on peut choisir le meilleur.

437. — *Expériences avec les matières colorantes.* — S'il s'agit d'une couleur dérivée du goudron pour la soie ou la laine, il faut déterminer si la teinture doit se faire dans un bain acide ou dans un bain neutre ; et s'il faut un bain acide, il faut déterminer l'acide convenable et sa proportion. On peut aussi essayer l'emploi des sels acides : alun, crème de tartre, au lieu de l'acide libre. Il faut également faire des expériences pour l'élévation de la température, et pour savoir en quel laps de temps il faut que celle-ci atteigne son point le plus élevé.

En étudiant l'application des matières colorantes qui nécessitent l'emploi d'un mordant, le travail expérimental nécessaire devient même plus difficile que dans les cas déjà cités. Il faut tenir compte des considérations suivantes (1) : la nature, la quantité, concentration du mordant à employer ; (2) conditions du mordançage (durée, température) ; (3) fixage du mordant. Quant aux expériences de teinture, elles peuvent être assimilées aux précédentes. Comme exemple, prenons l'application d'un sel d'alumine au coton et à la laine.

438. — *Expériences sur le mordançage du coton.* — On considérera ici le produit composé Al^2SO^4 $(C^2H^3O^2)^4$.

On peut faire plusieurs solutions contenant ce composé d'une concentration telle qu'elles correspondent par exemple à 10, 20, 40, 60, 80, 100 gr. de $Al^2(SO^4)^3.18H^2O$ par litre.

Des échantillons différents de calicot ou d'écheveaux de coton sont imprégnés de chacune de ces solutions, aussi régulièrement que possible, et sont ensuite exposés pendant 2 jours environ à une atmosphère chaude et humide, afin de faire évaporer l'acide acétique. Après ce traitement, il reste sur la fibre un sel basique de la composition $Al^2(SO^4)(OH)^4$. Il devient évident que pour obtenir un précipité complet sur la fibre, celle-ci doit être passée dans un bain alcalin faible, afin d'enlever l'acide sulfurique présent.

Dans ce but, on peut comparer l'emploi de silicate, d'arséniate, de phosphate et de carbonate de soude ou d'ammoniaque, ou simplement de la craie en suspension dans l'eau. Il est bon pour cela d'employer des solutions à différents degrés de concentration, mais contenant des *quantités égales* de substance. On emploie ces solutions à la fois à froid et à 50 ou 60° cent. Le coton y est plongé pendant 2 à 3 minutes, jusqu'à ce qu'il soit bien humecté, puis on lave bien, et on teint en employant un léger excès de matière colorante, l'alizarine par exemple.

Si les échantillons ne semblent plus prendre de couleur, c'est-à-dire si le mordant est saturé, on les rince bien dans l'eau, et une moitié de chacun est savonnée convenablement. Après séchage, on compare les échantillons entre eux, au point de vue de la couleur, et avec un peu de pratique, on est bientôt à même de déterminer le bain de fixage qui donne les meilleurs résultats.

439. — *Expériences sur le mordançage de la laine.* — Ce mordançage différant de celui du coton, les expériences seront différentes. En ce qui concerne les mordants d'alumine, par exemple, le procédé ordinaire consiste à faire bouillir la laine avec une solution d'alun ou de sulfate d'alumine, avec addition de crème de tartre, et il faut déterminer les quantités à employer, afin d'obtenir, par exemple, le meilleur rouge avec l'alizarine.

Dans ce but, on prépare 6 bains de mordançage, contenant 1 litre d'eau distillée, et des quantités de $Al^2(SO^4)^2 18H^2O$, égales à 2, 3, 4, 6, 8, 10 0/0 de la laine employée. Il est bon de prendre 10 gr. de laine dans chaque récipient. Les bains sont alors chauffés simultanément, de façon que leur température puisse être élevée au bouillon, par exemple dans un laps d'une heure, et on prolonge l'ébullition pendant 1/2 heure. Les morceaux sont bien lavés et teints simultanément dans des bains séparés, avec des poids égaux d'alizarine. S'il y a un excès d'alizarine, il faut l'éliminer en faisant bouillir les morceaux teints dans de l'eau distillée.

Après séchage, on compare les échantillons, et l'on choisit la meilleure quantité de sel d'alumine à employer (6 à 8 0/0). Il faut alors faire une 2ᵉ série d'expériences de mordançage, dans laquelle des poids égaux de laine sont mordancés avec 60/0 de sulfate d'alumine seulement, et aussi avec addition de quantités croissantes de crème de tartre.

Il est bon de représenter la quantité de sulfate d'alumine employée comme constituant une molécule du sel, et l'on ajoute la crème de tartre, dans la proportion de 0, 1, 2, 3, 4, 6 molécules. On fait le mordançage et la teinture comme précédemment. On compare, et l'on voit si l'addition de crème de tartre a été utile, et dans ce cas, quelle quantité il faut en employer.

Comme on peut appliquer le mordant avant ou simultanément avec la matière colorante, d'autres expériences sont nécessaires pour déterminer laquelle de ces méthodes est préférable.

En comparant les échantillons, non seulement il faut tenir compte de l'intensité, de la pureté du brillant, de la régularité etc., de la couleur, mais il faut voir comment se comporte la fibre au lavage, au sa-

vonnage, au dégraissage, au foulage, au frottement,
à l'exposition à la lumière, etc.

En résumé, l'ensemble des expériences sur l'application des matières colorantes à la teinture, consiste, pour le teinturier qui veut déterminer l'effet produit par chaque substance employée, à faire simultanément deux ou un plus grand nombre d'expériences distinctes, dans lesquelles on soumet des poids égaux de la même matière textile à toutes les opérations nécessaires dans les mêmes conditions, excepté en ce qui concerne la quantité de la substance que l'on étudie.

Quel que soit l'agent dont on veut déterminer l'influence, que ce soit la durée ou la température du mordançage ou de la teinture, le caractère ou la quantité des substances employées, etc., cet *agent seul* changera, tandis que les autres resteront invariables. De la sorte, on peut faire une série systématique d'expériences ; on se rend soigneusement compte, successivement, de la nature et de la valeur de chaque influence individuelle, jusqu'à ce qu'on ait parfaitement déterminé *la totalité des conditions* produisant les meilleurs résultats. Le nombre actuel des opérations à faire avant de connaître à fond les propriétés tinctoriales d'une matière colorante est indéfini, et dépend plus ou moins du caractère de la matière colorante, et des connaissances chimiques de l'opérateur.

Les appareils nécessaires sont relativement simples ; un bain d'eau ou de vapeur, un bain d'huile ou de glycérine, chauffés au gaz ou à la vapeur, munis d'un couvercle perforé pour la réception des cuves

de teinture, et qui sert pour les chauffer régulièrement.

Le *Journal of the Society of Chemical Industry* (volume XII, pages 909, 996) décrit une disposition
excellente due à W. Marshall. Les cuves de teinture
doivent être en porcelaine de Worcester, bien émaillée, et pouvant contenir environ 800 cm³ ou même
1 litre Les récipients en métal quels qu'ils soient,
quoique très utiles pour un travail spécial, doivent
être évités surtout lorsqu'on expérimente la teinture
de la laine, parce que les acides ou les sels acides, si
fréquemment employés en mordançage, dissolvent
des traces du métal qui ont une action sur le résultat
final. Pour la même raison, les tringles pour remuer
pendant le mordançage et la teinture, doivent aussi
être en verre. Une bonne balance, quelques verres
de laboratoire, des vases en porcelaine, des verres
gradués, des burettes. des pipettes et des hydromè-
tres, complètent le matériel nécessaire.

440. — *Exposition des échantillons teints aux influences extérieures*. — On vient d'exposer la méthode qu'il faut employer pour obtenir les couleurs
les plus brillantes, les plus intenses. les meilleures ;
le teinturier doit également connaître comment se
comporte la teinte vis-à-vis de la lumière, du foulage, du dégraissage, etc. ; enfin, comment elle se
comporte vis-à-vis des influences, soit naturelles,
soit artificielles, auxquelles le tissu peut être soumis, et auxquelles les teinturiers doivent soumettre
systématiquement divers échantillons. Il faut ensuite
les comparer avec soin aux échantillons primitifs.

441. — *Solidité des couleurs*. — Le terme de « couleur solide » implique généralement que la couleur en question ne passe pas à la lumière, mais il peut aussi impliquer que la couleur résiste au lavage avec le savon et l'eau, ou à l'action des acides et des alcalis, du dégraissage, du foulage, du blanchiment, etc. Dans son sens le plus étendu, cela veut dire que la couleur n'est pas altérée par l'une ou l'autre des influences auxquelles elle est soumise.

Bien des couleurs résistent bien au lavage avec le savon et l'eau, et sont cependant très sensibles à l'action de la lumière ; ou bien elles peuvent résister très bien à l'action de la lumière, et être sensibles à l'action des acides ou des alcalis.

Le terme de couleur faux teint signifie généralement que la couleur est partiellement enlevée, ou entièrement éliminée par le lavage avec l'eau, ou avec une solution de savon. Il peut également vouloir dire que la couleur résiste mal à la lumière.

Le mot de couleur inaltérable veut dire une couleur qui résiste bien à la lumière et aux autres influences.

Une couleur fugace se dit généralement d'une couleur qui ne résiste pas à la lumière, ou qui disparaît plus ou moins sous l'action de la chaleur.

Vu l'absence de désignations bien arrêtées pour les termes ci-dessus, il faut, en parlant de la solidité d'une couleur, signaler spécialement les influences auxquelles elle résiste ou ne résiste pas.

442. — *Influence de la lumière sur les couleurs*. — L'action chimique des rayons solaires est bien connue. Sous l'influence prolongée de la lumière et de l'air, presque toutes les couleurs passent, et selon la manière relative dont elles se comportent dans ce cas, on les a divisées en deux classes : 1° Couleurs résistant bien à l'action de la lumière ; 2° Couleurs ne résistant pas à cette action.

Il n'y a cependant pas de ligne de démarcation définie entre les deux, et l'on rencontre des couleurs avec tous les degrés possibles de résistance.

Selon Chevreul, la présence de l'oxygène et de l'humidité aide matériellement à faire passer la couleur, de telle sorte que des couleurs fugaces ne passent pas si on les expose à la lumière dans de l'oxygène sec, ou dans le vide. Chevreul a également montré que la nature de la fibre influe beaucoup. En règle générale, les couleurs résistent mieux sur la laine et la soie que sur le coton. L'action essentielle de la lumière est une oxydation ou une réduction, ou son action varie avec chaque matière colorante ; cela n'a pas encore été déterminé.

Quelques couleurs, l'alizarine par exemple, donnent des couleurs solides avec tous les mordants ; d'autres : le bois de Lima; le bois de fustet, ne semblent pouvoir donner que des couleurs fugaces : d'autres encore, le bois de campèche, donnent des couleurs solides et des couleurs fugaces, selon le mordant employé. Le caractère fugace des teintes obtenues avec le bois de campèche, au moyen des mordants d'étain et d'alumine, comparé à la solidité moyenne des couleurs obtenues avec les mordants de cuivre, de chrome ou de fer, est remarquable.

Quelques couleurs ont des propriétés remarquables. La laine mordancée avec des mordants d'alumine et d'étain, et teinte avec le bois de Camwood, donne des tons brun rougeâtre, qui pendant l'exposition à l'air, deviennent d'abord considérablement plus foncés, et seulement après, commencent à passer. Le jaune verdâtre pur obtenu avec l'acide picrique, présente un caractère analogue ; par l'exposition, il devient rapidement orange, et cette couleur passe peu à peu.

En étudiant la manière dont se comportent les couleurs dérivées du goudron vis-à-vis de la lumière, on est frappé de l'influence manifeste de leur constitution chimique dans ce cas. Toutes les couleurs dont l'arrangement atomique est analogue à celui de la fuchsine, sont fugaces à la lumière, de la même manière ; exemple : le violet méthyle, le vert benzaldéhyde, etc. ; la même analogie s'étend à l'aurine et à la safranine.

D'un autre côté, les matières colorantes alliées à l'alizarine possèdent toutes les qualités de résistance à la lumière. Il y a cependant des cas où une différeuce de constitution, légère en apparence, donne des différences remarquables en ce qui concerne la résistance à la lumière. Comparez, par exemple, le caractère fugace du carmin d'indigo, avec la solidité du bleu d'indigo.

L'idée très répandue que les couleurs dérivées du goudron de houille sont fugaces, tandis que celles que donnent les bois de teinture sont solides, est complètement fausse, et n'est signalée ici que parce qu'elle est encore ancrée dans l'esprit de certaines personnes.

L'origine d'une matière colorante n'a rien à voir avec ses propriétés ; celles-ci sont, pour une grande partie, sinon toutes, dépendantes de sa composition chimique.

443. — *Teinture des tons composés.* — Relativement peu de couleurs employées pour la teinture des fibres résultent de l'emploi d'une seule couleur ; il est donc nécessaire pour le teinturier de savoir comment il doit appliquer simultanément deux ou un plus grand nombre de couleurs.

On peut acquérir cette connaissance par une série d'expériences spéciales de teinture. et même alors, il faut une grande expérience pour obtenir une teinte composée donnée.

Un point dont il faut tenir compte, c'est que toutes les matières colorantes employées simultanément doivent être appliquées de la même manière. Une matière colorante qui doit être appliquée dans un bain acide, ne doit pas être employée simultanément avec une autre qui se teint mieux dans un bain neutre.

Si la couleur composée doit résister à une influence quelconque, lumière, foulage, etc., il faut que les teintes données par les matières colorantes résistent également à cette influence.

Quoique les teinturiers appliquent fréquemment des couleurs fugaces simultanément avec des couleurs solides, pour produire des tons composés, ou pour augmenter le brillant d'une couleur donnée, cela est toujours irrationnel, et doit être évité autant que possible.

444. — *Influence du foulage*. — Le foulage consiste à saturer le tissu de laine d'une forte solution de savon (quelquefois de carbonate de soude), et à le soumettre à un violent battage ou pressage dans les foulons. Ce traitement demande que la couleur résiste au frottement, qu'elle ne soit pas soluble dans les alcalis étendus, ou ne soit pas décomposée par eux, et que toute couleur qui décharge par frottement n'aille pas colorer les fibres voisines. En général, les meilleures couleurs, en ce qui concerne ce dernier point, sont celles qui nécessitent l'emploi d'un mordant, alizarine, campêche, etc.

Les couleurs basiques et les couleurs acides sont très sujettes à se dissoudre, et à colorer les fibres voisines.

Quelques couleurs acides ne conviennent pas parce qu'elles sont plus ou moins altérées par l'action des alcalis : comme la fuchsine acide, etc. Dans certains cas, la couleur primitive peut être rétablie plus ou moins par un passage dans de l'acide étendu, de l'acide acétique de préférence.

445. — *Estimation de la valeur des matières colorantes*. — Afin que le teinturier produise un travail satisfaisant et régulier, il est bon que les conditions dans lesquelles il travaille soient aussi régulières que possible. Les mordants et les matières colorantes qu'il emploie doivent être de bonne qualité, exempts de substances étrangères, et d'une composition constante.

La certitude de réaliser ces conditions ne s'obtient qu'en faisant son choix avec soin et intelligence ;

ce choix devrait toujours être basé sur les résultats de l'analyse ou de l'expérience pratique.

La pureté et la valeur des mordants peut, en règle générale, se déterminer par les méthodes ordinaires de l'analyse chimique. Il n'en est pas de même avec les matières colorantes, dont les méthodes d'analyse sont moins développées.

La détermination rapide du pouvoir colorant relatif de toute matière colorante, au moyen du colorimètre, n'a résolu le problème que partiellement et imparfaitement, et elle n'a généralement que peu de valeur en pratique.

La méthode pratique et satisfaisante pour estimer la valeur relative des matières colorantes, consiste à faire une série d'expériences de teinture sur une petite échelle.

La fibre employée dans ces expériences doit être la même que celle sur laquelle on devra plus tard appliquer la couleur, et on doit employer, autant que possible, le même procédé de teinture ; toutes les opérations subséquentes nécessaires doivent être faites de la même manière que lorsqu'on opère sur une grande échelle.

FIN

CHAPITRE IV. — **Soie**

CHAPITRE V. — **Opérations précédant la teinture**

Blanchiment du coton

CHAPITRE VI.— **Blanchiment du lin**

CHAPITRE VII. — **Dégraissage et blanchiment de la laine**

CHAPITRE VIII. — **Décreusage et blanchiment de la soie**

Laval. — Imprimerie parisienne, L. BARNÉOUD et Cie.

9 782329 309323